CSS+DIV
网页布局技术详解

邢太北 许瑞建◎编著

清华大学出版社
北 京

内 容 简 介

CSS 布局是目前最流行的网页制作技术。本书通过实例讲解了 CSS 各个属性的使用方法和怎样使用 CSS 进行页面的制作。全书内容包括 Web 标准布局的本质、XHTML 书写规范、CSS 基础与书写规范、网页头部元素的详细定义、CSS 基本布局属性、CSS 容器属性、CSS 定义文本属性、元素的修饰和 CSS 常见应用、DIV+CSS 布局基础、关于整站样式表的分析、关于标准的校验以及各种制作实例等内容。

本书适合广大 Web 网站设计人员、网站设计的初学者、网站管理维护人员、大专院校学生和社会培训学生阅读。

图书在版编目（CIP）数据

CSS+DIV 网页布局技术详解/邢太北，许瑞建编著. —北京：清华大学出版社，2014
（网站开发非常之旅）
ISBN 978-7-302-34573-2

I. ①C… II. ①邢… ②许… III. ①网页制作工具 IV. ①TP393.092

中国版本图书馆 CIP 数据核字（2013）第 283761 号

责任编辑：朱英彪
封面设计：刘　超
版式设计：文森时代
责任校对：王　云
责任印制：沈　露

出版发行：清华大学出版社
网　　址：http://www.tup.com.cn，http://www.wqbook.com
地　　址：北京清华大学学研大厦 A 座　　邮　　编：100084
社 总 机：010-62770175　　邮　　购：010-62786544
投稿与读者服务：010-62776969，c-service@tup.tsinghua.edu.cn
质 量 反 馈：010-62772015，zhiliang@tup.tsinghua.edu.cn
印 刷 者：清华大学印刷厂
装 订 者：三河市李旗庄少明印装厂
经　　销：全国新华书店
开　　本：203mm×260mm　印　张：27.75　插　页：1　字　　数：758 千字
（附 DVD 光盘 1 张）
版　　次：2014 年 3 月第 1 版　　印　　次：2014 年 3 月第1 次印刷
印　　数：1～5000
定　　价：58.80 元

产品编号：053964-01

前　　言

随着 Web 技术的不断发展，互联网已经由被动接受型的 Web 1.0 向主动参与型的 Web 2.0 过渡了，越来越多的技术需要 Web 页面具有清晰的语义、严格的结构，传统的采用表格布局的页面带来的缺点表现得越来越明显。随着 Web 2.0 技术的逐渐成熟以及更多的基于 XML 技术的出现，使用 CSS 进行网页布局的技术显得越来越重要，这也是未来互联网的发展趋势。现在，已经有越来越多的新建网站使用了 CSS 布局的技术，同时也有很多的大型门户网站采用 CSS 布局对原有网站进行了重构。

为了使广大网页设计师和即将参加到网页制作这个行列的初学者们能够更方便地掌握和使用 CSS 布局的技术，特编写了本书，力求让读者在学完本书之后，能够独立使用 CSS 进行网页的布局。

本书的特点

1. 技术全面，内容充实

本书详细讲解了现在网页布局中通常使用的 CSS 属性。全书将所有属性分成布局属性、容器属性、文本属性和其他属性等几个部分，详细讲解了每个属性取值的具体含义和应用。

2. 注重实践，联系实际

由于 CSS 中属性很多，取值复杂，很多读者了解了某个 CSS 属性的语法和取值后并不知道如何在制作页面时灵活应用。本书通过示例对各个属性的具体应用方法和需要注意的问题进行了详细讲解，通过本书的学习，读者可以掌握各 CSS 属性在页面中的应用技巧和注意事项。

3. 注重思想，把握本质

本书力求建立起网页布局的新观念，使读者能够了解 CSS 布局页面的本质思想，而不是单纯地进行技术层面的讲解。本书编写努力做到知其然，亦知其所以然，因为不从根本上建立起新的布局观念，就不能在实际制作中更好地应用，也不能达到应用 CSS 布局的根本目的。

4. 实例经典，举一反三

Web 页面千变万化，其布局和修饰方式千差万别，因此不可能对每一个页面的制作方法都一一进行介绍。本书将通过几个具体的实例和一些单独的示例，讲解利用 CSS 进行页面布局的技巧，力求在实例和示例的制作过程中让读者了解 CSS 布局的原理和 CSS 布局的核心内容，方便以后实际应用中制作各种布局的页面。

5. 图文并茂，重点突出

本书对每个 CSS 属性的应用效果都用图片的方式展示出来，做到明确直观。同时，对每个示例中需要特别注意和说明的地方都使用了单独的格式，使读者能够快速地把握知识的重点。

6. 与时俱进，注重知识的更新

当前互联网的发展速度很快，浏览器也在不断更新换代，而每次更新后的浏览器所支持的 CSS 属性都会有所区别。为此，本书不但讲述了当前广泛使用的浏览器中 CSS 的使用效果，同时也介绍了最新发布的浏览器的特性，使读者学到的知识具有更好的时效性。

本书的内容

第 1 章：主要讲述了 Web 标准布局的本质——表现和结构相分离。本章是利用 CSS 布局页面的思想基础，很好地理解本章的内容，将有助于后面知识的学习。

第 2 章：详细介绍了 XHTML 书写规范。虽然本书主要讲解关于 CSS 属性和应用的知识，但是良好的 XHTML 结构是 CSS 控制页面表现的桥梁，因此掌握 XHTML 书写规范是应用 CSS 布局页面时不可缺少的。

第 3 章：从宏观上对 CSS 的各部分作了一个比较详细的介绍，让读者能够对 CSS 有一个整体的了解。同时还介绍了 CSS 语法结构等基础知识。

第 4 章：主要讲解了网页头部元素的详细定义，包括制作网页头部时要注意的问题和各头部标签的详细设置。

第 5 章：重点介绍了 CSS 基本布局属性，包括怎样使用浮动属性和布局属性更改元素的默认排列方式和进行布局的基础知识。

第 6 章：主要讲解了 CSS 容器属性。介绍了关于容器属性的详细知识，同时讲解了怎样通过容器属性进一步控制元素精确位置的知识。

第 7 章：主要介绍了 CSS 定义文本属性。对使用 CSS 控制文本的显示方式、链接的修饰以及内容的水平和垂直居中显示等进行了详细讲解。

第 8 章：主要讲解了怎样对页面中各种元素进行修饰，以及页面中导航部分的详细修饰方法。

第 9 章：主要讲解了 DIV+CSS 布局基础。在对 CSS 技术的基础知识有了一定的掌握后即可开始学习 DIV+CSS 布局的方法。DIV+CSS 的布局方法简单来说就是使用 div 标签作为容器、使用 CSS 技术来排布 div 标签的布局方法。常用的 CSS 布局方式有浮动、定位等。本章是学习 CSS 技术最重要的一个部分，读者应多实践本章中的各个实例。

第 10 章：主要讲解了关于整站样式表的分析。介绍了怎样规划整站的 CSS 样式表，并通过实例讲解了页面中二级页面的制作。

第 11 章：主要介绍了关于标准的校验问题，包括标准校验的方法和标准校验中会遇到的问题。

第 12 章：主要讲解了 DIV+CSS 页面布局设计。DIV 页面布局的优势在于布局灵活，便于维护，代码清晰，能加快网页解析的速度，缺点是浏览器的兼容性问题，但这可通过 CSS 和 JavaScript 来解决。很多新手，甚至一些从事多年网页制作工作的人都有一个误区，认为有了 DIV 就可以丢弃表格。其实，我们要从数据本身去考虑，如果内容本身是表格形式的，那就不能为了用 DIV 而用。

第 13 章：介绍了新闻系统的页面布局，分为首页、栏目页、列表页和内容页 4 个方面。

第 14 章：介绍了微博系统的页面布局。微博是当前比较热门的信息获取方式，分析和设计微博页面，可以让读者锻炼一种能力，养成分析各种热点网页的习惯。

第 15 章：介绍了论坛系统的页面布局。论坛系统也是一种长盛不衰的 Web 应用，其内容发布自有其独到之处，本章分析论坛的布局方法和各种关键页面的设计，读者可从中体会设计较大型系统的方法。

第 16 章：介绍了商城系统的页面布局。商城系统的页面比较多而杂，算得上大型系统。作为系统本身来说，需要设计的内容并不是很多，主要是根据需要进行商品设计，本章主要学习商城系统首页

的设计。

适合的读者

- ☑ 网页表现层开发人员。
- ☑ Web 2.0 开发人员。
- ☑ 网页专业设计人员。
- ☑ 网页维护人员。
- ☑ 网页制作爱好者。
- ☑ 大中专院校的学生。
- ☑ 社会培训学生。

本书作者

本书由邢太北和许瑞建编写。其中，贵州航天职业技术学院的邢太北老师负责编写第 1～12 章，许瑞建老师负责编写第 13～16 章，同时参与编写的工作人员还有宫磊、谷原野、黄其武、李延琨、林家昌、刘林建、孟富贵、孙雪明、王世平、文明、徐增年、银森骑、张家磊、周伟杰、朱玲和张昆等，由于时间仓促，书中难免存在疏漏和不足之处，恳请广大读者批评指正。

编　者

目 录

第1篇 CSS布局基础知识

第2篇 CSS页面布局技巧

第 3 篇 整站的 CSS 定义技巧

第 4 篇 DIV+CSS 布局实例

第1篇　CSS布局基础知识

第 1 章　Web 标准布局的本质

了解 Web 标准布局的本质，掌握关于内容、结构和表现的相关知识，学会使用新的思维方式进行思考，是能否成功使用 CSS 布局页面的关键。本章将详细讲解 Web 标准的本质、Web 标准的概念、使用 Web 标准的好处，着重介绍了 CSS 布局和传统布局的本质区别，帮助读者建立起全新的网页布局观念。

通过本章的学习，读者需要重点掌握页面中内容、结构和表现的概念，了解使用 CSS 布局页面的思考方式。

1.1　为什么要建立 Web 标准

传统的网页布局（使用 Table 进行布局），已经有很长的历史和较成熟的技术规范了，但其存在着明显的缺点：页面的内容和修饰没有分离，导致了改版的困难；页面代码的语义不明确，导致了数据利用的困难。而使用 CSS 进行网页布局，分离了结构和表现，所以能够成功解决这些问题。

1.1.1　建立 Web 标准的目的

建立 Web 标准的目的是解决网站中由于浏览器升级、网站代码臃肿、代码不易用等带来的问题。Web 标准是在 W3C（W3C.org 万维网联盟）的组织下建立的，其主要目的如下所示。

☑　使用统一的标准，使得更多的网站用户有了最多的利益。

☑　实现结构和表现相分离，确保网站文档的长期有效性。

☑　简化代码，降低成本。

☑　可以容易地调用不同的样式文件，使得网站更容易使用，适合不同用户和网络设备。

☑　实现向后兼容，当浏览器版本更新或者出现新的网络交互设备时，所有应用能够继续正确运行。

1.1.2　使用 Web 标准的好处

使用 Web 标准可以大大缩减页面代码，提高浏览速度，缩减带宽成本。由于其清晰的结构，能使网页更容易被搜索引擎所搜索到。具体的好处主要体现在以下两个方面。

1. 对网站浏览者的好处

☑　由于页面代码量减少，文件下载速度更快，浏览器显示页面的速度也更快。

☑　由于清晰的语义结构，使得内容能被更多的用户（包括部分残障人士）所访问。

☑　由于实现了结构与表现相分离，内容能被更多的设备（包括手机、打印机等）所访问。

☑　由于样式文件的独立性，使用户选择自己喜欢的界面变得更容易。

☑　由于可以调用独立的打印样式文件，便于页面的打印。

2．对网站拥有者的好处

☑ 由于代码变得更简洁，组件用得更少，使得维护变得很容易。
☑ 由于对带宽的要求降低，节约了成本。
☑ 由于页面结构清晰的语义性，使得搜寻引擎的搜索变得更容易。
☑ 由于实现了结构与表现相分离，使得修改页面外观很容易，同时可以不变动页面内容。
☑ 由于可以调用不同的样式文件，使得提供打印版本变得更容易。
☑ 由于清晰合理的页面结构，提高了网站的易用性。

1.2　什么是 Web 标准

Web 标准可以分为三方面：结构标准语言（主要包括 XHTML 和 XML）、表现标准语言（主要包括 CSS）和行为标准（主要包括对象模型、ECMAScript）。下面简单介绍一下这些标准。

1．结构标准语言

结构标准语言包括两个部分，即 XML 和 XHTML。其具体区别如下所示。

☑ XML：The Extensible Markup Language 的简写，是一种扩展式标识语言。XML 设计的目的是作为 HTML 的补充，具有强大的扩展性。XML 可以用于网络数据的转换和描述，并具有简洁有效、易学易用、具有开放的国际化标准、高效可扩充等特点。
☑ XHTML：The Extensible HyperText Markup Language 的缩写，是基于 XML 的标识语言。它是在 HTML 4.01 的基础上，用 XML 的规则对其进行扩展而建立的，是 HTML 向 XML 的过渡。

2．表现标准语言

CSS 是 Cascading Style Sheets（层叠样式表）的缩写。目前，推荐遵循的是 W3C 于 1998 年 5 月 12 日推出的 CSS 2。CSS 标准建立的目的是以 CSS 进行网页布局，控制网页的表现。CSS 标准布局与 XHTML 结构语言相结合，可以实现表现与结构相分离，提高网站的使用性和可维护性。

3．行为标准

行为标准也包括两个部分，即 DOM 和 ECMAScript。其具体区别如下所示。

☑ DOM：Document Object Model（文档对象模型）的缩写。W3C 建立的 W3C DOM 是建立网页与 Script（或程序语言）沟通的桥梁，实现了访问页面中标准组件的一种标准方法。
☑ ECMAScript：ECMA（European Computer Manufacturers Association）制定的标准脚本语言。

1.3　结构和表现

内容、结构和表现是一个网页必不可少的组成部分。其中，内容是页面传达信息的基础，表现使得内容的传达变得更加明晰和方便，而结构则是内容和表现之间的纽带。下面通过实例详细说明三者的区别和联系。

1. 内容

内容就是网页实际要传达的信息，包括文本、图片、音乐、视频、数据和文档等，不包括修饰的图片、背景音乐等。下面是一个页面的内容部分，如图 1-1 所示。

生查子·元夕欧阳修去年元夜时①，花市灯如昼②。月到柳梢头，人约黄昏后。今年元夜时，月与灯依旧。不见去年人，泪满春衫袖。注释①元夜：正月十五为元宵节。这夜称为元夜、元夕。②花市：繁华的街市。赏析这是首相思词，写去年与情人相会的甜蜜与今日不见情人的痛苦，明白如话，饶有韵味。词的上阕写“去年元夜”的事情，花市的灯像白天一样亮，不但是观灯赏月的好时节，也给恋爱的青年男女以良好的时机，在灯火阑珊处秘密相会。“月到柳梢头，人约黄昏后”二句言有尽而意无穷。柔情密意溢于言表。下阕写“今年元夜”的情景。“月与灯依旧”，虽然只举月与灯，实际应包括二三句的花和柳，是说闹市佳节良宵与去年一样，景物依旧。下一句“不见去年人”“泪满春衫袖”，表情极明显，一个“满”字，将物是人非，旧情难续的感伤表现得淋漓尽致。

图 1-1　页面内容

> **注意：** 页面的内容只包含所要传达的基本信息，不包含任何修饰的成分，也不包含任何布局和排版的部分。

2. 结构

虽然在图 1-1 中已经完全包括了页面所有要传达的信息，但是这些信息简单地罗列在一起，难以阅读，内容的信息并不能很清晰地传达给阅读者。将如图 1-1 所示的页面内容进行整理，分成文章标题、作者、文章内容、段落、段落标题、段落内容和列表等各个部分，如图 1-2 所示。

〈文章标题〉　生查子·元夕
〈作者〉　欧阳修
〈文章内容〉　去年元夜时①，花市灯如昼②。月到柳梢头，人约黄昏后。今年元夜时，月与灯依旧。不见去年人，泪满春衫袖。
〈段落1标题〉　注释
〈段落1内容列表〉　①元夜：正月十五为元宵节。这夜称为元夜、元夕。②花市：繁华的街市。
〈段落2标题〉　赏析
〈段落2内容〉　这是首相思词，写去年与情人相会的甜蜜与今日不见情人的痛苦，明白如话，饶有韵味。词的上阕写“去年元夜”的事情，花市的灯像白天一样亮，不但是观灯赏月的好时节，也给恋爱的青年男女以良好的时机，在灯火阑珊处秘密相会。“月到柳梢头，人约黄昏后”二句言有尽而意无穷。柔情密意溢于言表。下阕写“今年元夜”的情景。“月与灯依旧”，虽然只举月与灯，实际应包括二三句的花和柳，是说闹市佳节良宵与去年一样，景物依旧。下一句“不见去年人”“泪满春衫袖”，表情极明显，一个“满”字，将物是人非，旧情难续的感伤表现得淋漓尽致。

图 1-2　页面结构

在图 1-2 中，用来标记内容各个部分的“文章标题”、“作者”、“文章内容”和“段落”等标签就是页面的结构。页面结构说明了内容各个部分之间的逻辑关系，使内容更便于理解。

3. 表现

以上虽然从结构上对页面内容进行了区分，但是页面内容的外观并没有改变。“文章标题”、“作者”和“文章内容”等各个部分仍然是一样的字体和颜色，而且内容还依然是简单地罗列在一起。要让阅读者能更好地阅读页面内容，就需要设置内容部分的字体样式、对齐方式和背景修饰等，所有这些外观的效果称为表现。加入表现后的内容如图 1-3 所示。

从图 1-3 可以看出，页面内容增加了背景，标题部分的文字进行了加粗设置，并且合理地排列了各部分内容的位置，经过“表现”处理后的页面更加美观和便于阅读。

Web 标准的另一个部分是行为，就是对内容的交互及操作效果。举例来说，内容好比人的身体，

结构则标明了身体的各个部分（哪里是头，哪里是脚），表现好比装扮身体的衣服，而行为就是走、跑、跳等动作。

图 1-3　页面表现

1.4　两种思考方式

使用 Table 的传统布局和使用 CSS 的标准布局，有着截然不同的思考方式。在传统布局中，页面的结构部分和表现部分混杂在一起。而在标准布局中，结构部分由 XHTML 控制，表现部分由 CSS 控制，实现了表现与结构相分离。下面详细介绍两种思考方式的具体区别。

1．传统的 HTML 布局

在传统布局中使用的主要布局元素是 table 元素。一般用 table 元素的单元格将页面分区，然后在单元格中嵌套其他的表格定位内容。通常使用 table 元素的 align、valign、cellspacing 和 cellspadding 等属性（关于 table 元素的属性参看第 2 章）控制内容的位置，用 font 元素来控制文本的显示。下面是用 table 元素进行布局的简单示例，其代码如下所示。

```
<table border="0" cellpadding="0" cellspacing="0" width="100%">    <!--定义表格的表现-->
<tr>
    <td align="center">                                            <!--定义内容的居中-->
<font color="red">生查子・元夕</font><br />                         <!--定义文本的表现-->
欧阳修<br />去年元夜时，花市灯如昼。<br />月到柳梢头，人约黄昏后。<br />今年元夜时，月与灯依旧。<br />
不见去年人，泪满春衫袖。
</td> </tr></table> <!--对应的结束元素-->
```

代码中使用 table、tr、td 3 个元素定义了一个表格，在 td 元素中定义了文本居中，在 font 元素中定义标题为红色。其应用到网页中的效果如图 1-4 所示。

示例中使用 font 元素控制文本的颜色为 red，用 td 的 align 属性控制内容的居中。从显示效果来看并没有什么问题，但是由于表现部分嵌入到了结构部分之中，当制作了大量的类似页面之后，修改页面表现就会很困难。例如，页面中有几十首诗词，现在要将页面中诗词标题的字体颜色改为 blue，那么就要更改几十个 font 元素中的 color 值。如果有成千上万的页面，这样的操作就会花费大量的时间。

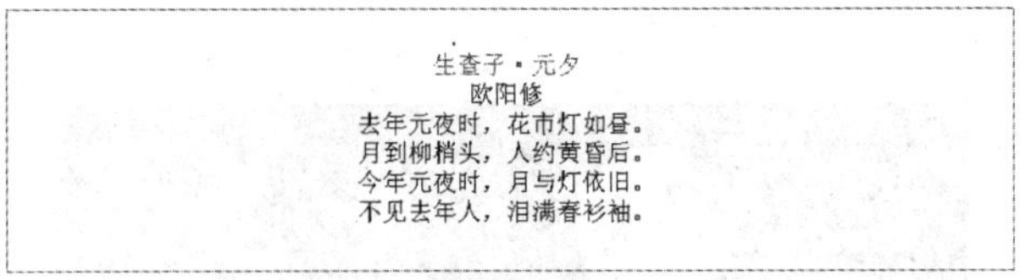

生查子・元夕
欧阳修
去年元夜时，花市灯如昼。
月到柳梢头，人约黄昏后。
今年元夜时，月与灯依旧。
不见去年人，泪满春衫袖。

图 1-4　table 布局的页面

2．Web 标准布局

Web 标准布局中，结构部分和表现部分是各自独立的。结构部分是页面的 XHTML 部分，表现部分是调用的 CSS 文件。XHTML 只用来定义内容的结构，所有表现的部分放到单独的 CSS 文件中。下面是 Web 标准布局的示例，其代码如下所示。

```
<!--关于代码中各个元素的含义可以参看第 2 章和第 3 章-->
<head>
<meta http-equiv="Content-Type" content="text/html; charset=gb2312" />
<title>div 布局示例</title>
<link href="style.css" type="text/css" rel="stylesheet" />    <!--引用样式文件代码 -->
</head>
<!--以上是页面头部 -->

<body>                                                  <!--页面主体部分开始-->
  <div>
    <span>生查子・元夕</span><br />
    欧阳修<br />去年元夜时，花市灯如昼。<br />月到柳梢头，人约黄昏后。<br />今年元夜时，月与灯依旧。<br />
不见去年人，泪满春衫袖。
    </div>
</body>
```

其中代码：

```
<link href="style.css" type="text/css" rel="stylesheet" />
```

调用了名为 style 的 CSS 文件，CSS 文件中的代码如下所示。

```
div {
   width:100%;
   text-align:center;}        /*定义文本水平居中显示*/
span {
   color:red;}                /*定义文本的颜色*/
```

将代码应用到网页中，其效果如图 1-5 所示。

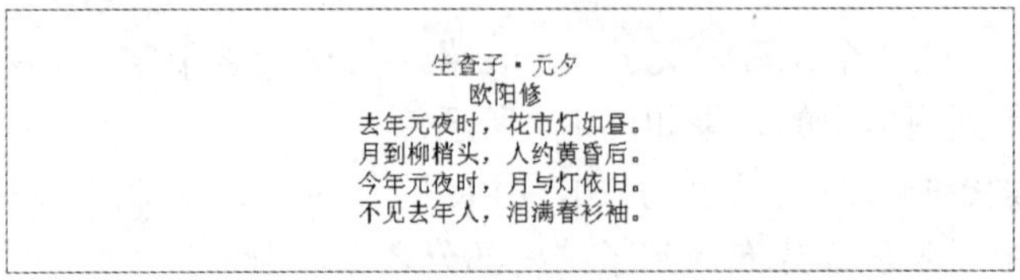

生查子・元夕
欧阳修
去年元夜时，花市灯如昼。
月到柳梢头，人约黄昏后。
今年元夜时，月与灯依旧。
不见去年人，泪满春衫袖。

图 1-5　div 布局的页面

采用标准布局之后，结构部分和表现部分完全分离了。要更改诗词标题的字体颜色为 blue，只需更改 CSS 中 span 元素的 color 属性。如果网站中所有页面都调用相同的 CSS 文件，那么更改网站所有诗词标题的颜色，也只需更改这一句代码。语义清楚的 XHTML 和合理的 CSS，使得网站的改版非常容易。页面的结构和表现相分离后，带来的好处主要体现在以下几个方面。

☑　由于内容可以使用不同的样式文件，使内容可以适应各种设备。

☑　由于页面的表现部分由样式文件独立控制，使得网站改版更加容易。

☑　由于 XHTML 清晰的结构，使得数据的处理更加简单。

☑　由于 XHTML 明确的语义性，使得搜索变得更加容易。

注意： 使用CSS的标准布局，并不是简单地用div等元素代替table元素，而是要从根本上改变对页面的理解方式，达到结构和表现相分离。

1.5　Web 标准的前景

随着越来越多的网站（特别是一些大型的门户网站）改版成符合 Web 标准的版本，Web 标准也逐渐被网站设计者所了解和认可。Web 标准之所以能从原来的被质疑、争论，到现在的被应用和认可，其主要的原因是 Web 标准能给使用者带来真正的好处。在传统的 Table 布局中，页面内容要等表格中的内容加载完后才能显示。而使用 CSS 布局的页面，内容边加载边显示，所以大大提高了显示速度。同时，由于标准布局的代码更加简洁，增加了关键字占网页总代码的比重，实现了搜索引擎优化。

2005 年以来，Web 2.0 的提出和应用给 IT 界带来了很大的冲击。而 Web 标准正是 Web 2.0 技术的基础，这也在很大程度上推动了 Web 标准的发展。随着 Web 技术的不断革新、越来越多支持 Web 标准的浏览器的出现，采用 Web 标准的网页布局将变得更加容易和普遍。

1.6　Web 标准网站欣赏

虽然使用 CSS 布局和传统布局有着本质上的区别，但是从表现效果来看却没有太大差别。使用传统布局所能达到的效果，用 CSS 一样能够实现。使用 CSS 布局的页面，不但表现效果精美，而且具有更加简洁合理的页面结构。下面介绍一些使用 CSS 布局的精美站点。

1．www.macrabbit.com

这是一个高度只有一屏左右的简洁站点，整个页面分成头部导航和内容两大部分。页面中合理地使用了圆角的图片，使界面看上去很美观，如图 1-6 所示。

2．www.mp3.com

mp3 的站点较为复杂一点，大体上纵向分为 3 个部分：头部（包括导航）、主体内容部分和底部信息。主体内容部分依然采用两列的布局方式。沉稳的黑色给人一种很时尚的感觉，如图 1-7 所示。

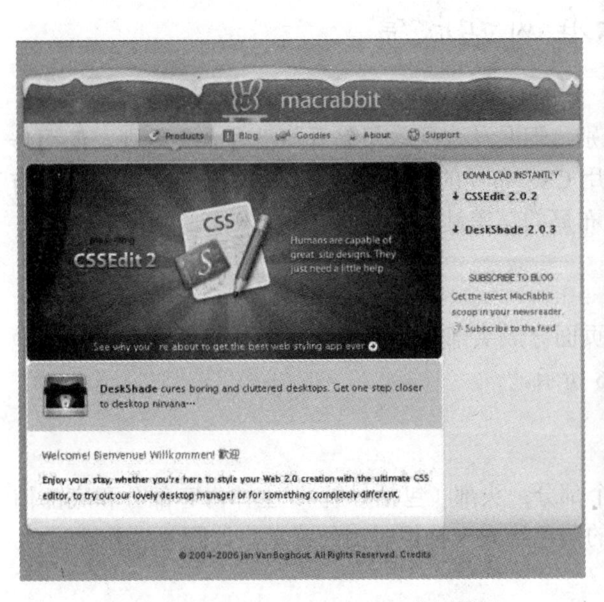

图 1-6　www.macrabbit.com 首页效果

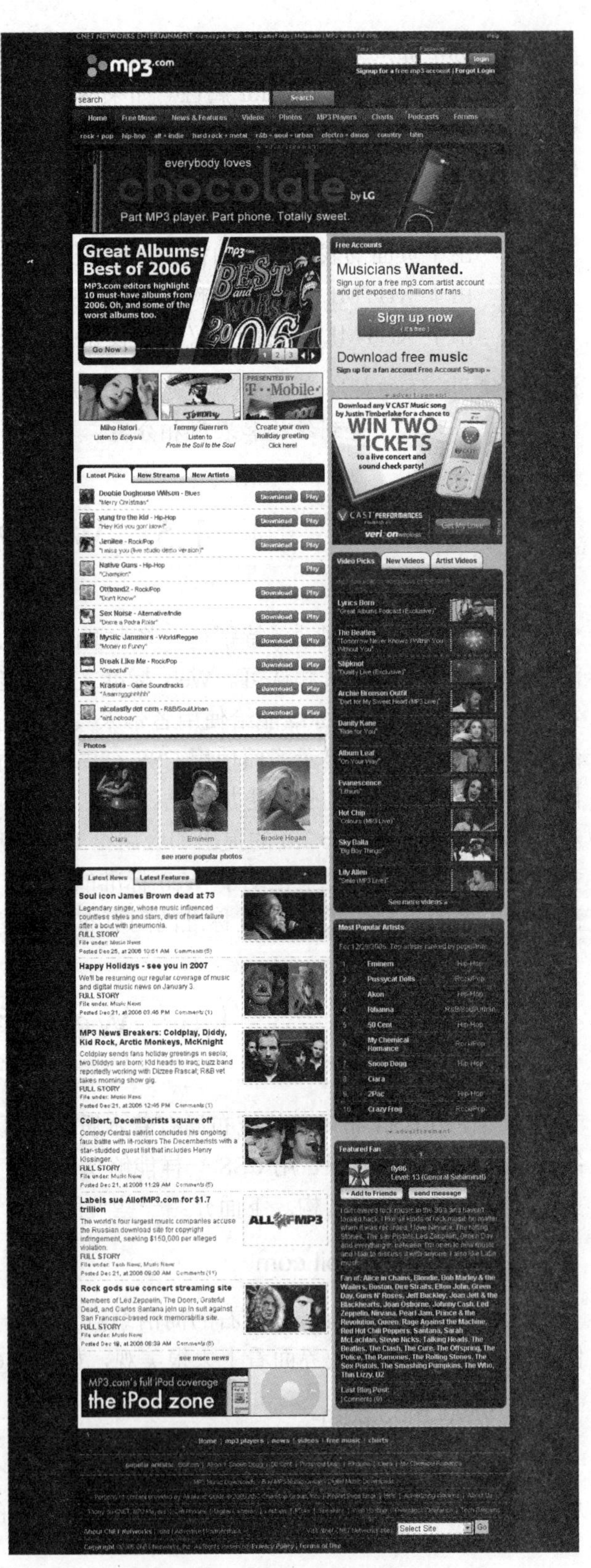

图 1-7　www.mp3.com 的首页效果

3．www.stopdesign.com

该站点使用一种简洁的布局方法，给人一种洗练、简约的感觉，如图 1-8 所示。

4．www.vh1.com

该站点大量使用图片，页面采取纵横分割的综合布局，给人一种华丽、充实的感觉，如图 1-9 所示。

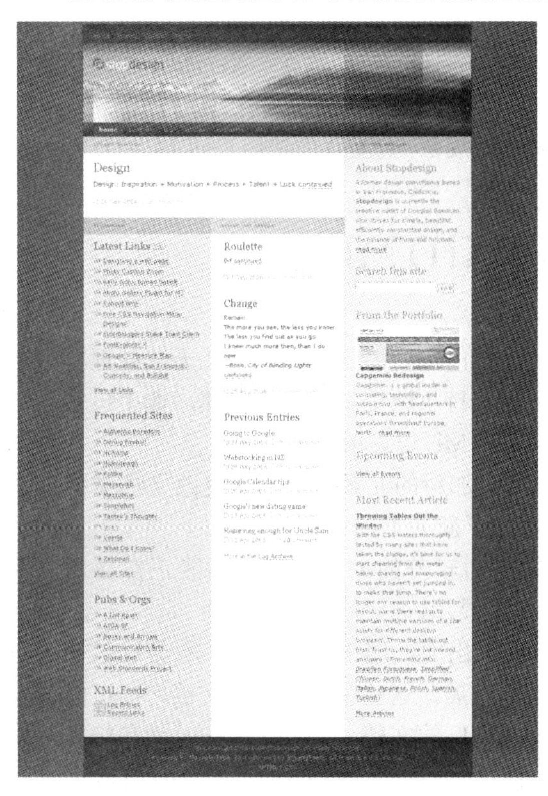

图 1-8　www.stopdesign.com 首页的效果

图 1-9　www.vh1.com 首页的效果

第2章　XHTML书写规范

在 Web 标准布局中，XHTML 主要用来标记页面中的各种内容，也就是结构和表现相分离中的结构部分。本章将详细讲解关于 XHTML 的基础知识，主要包括 XHTML 的概念、XHTML 中使用的主要元素以及各种元素的简单应用，同时还讲解 XHTML 和传统 HTML 的区别和联系。

通过本章的学习，读者能够掌握 XHTML 的基本语法和书写规范，为正确地使用 CSS 属性打下基础。

2.1　为什么要使用 XHTML

众所周知，HTML 语言没有足够的可扩展性：HTML 文档的创建要素有限，因此无法处理非常规的内容，如乐谱、数学表达式等；同时，HTML 不能很好地支持不断更新的显示媒体，如手机等。而使用 XHTML 能很好地解决这些问题。下面详细介绍使用 XHTML 语言的优点。

- ☑ 现有的 HTML 并不要求非常良好的格式，所以当添加新的元素时，需要更改文档类型定义（DTD）。而 XHTML 具有良好的格式，极大地简化了新元素的开发和集成。
- ☑ 现有的 HTML 不要求非常良好的格式，在计算能力较差的浏览设备上不能正常显示。而 XHTML 具有良好的格式，可以在非台式设备中正常显示。

浏览器对代码显示的宽容性，导致了大量有错误的网页的出现。现在网络中存在着数以亿计的网页，其中许多都不能与 XHTML 兼容。随着 Web 技术的不断发展，这些带有缺陷的文档，很可能在未来的浏览器中出现问题。将现有的大量页面整理成兼容 XHTML 的文档，需要太多的时间和精力，几乎不太可能，但是在新建立的 Web 文档中使用 XHTML，将会使文档具有更好的扩展性和兼容性。

2.2　什么是 XHTML

XHTML 是 The Extensible HyperText Markup Language（可扩展标识语言）的缩写，是 HTML 语言向 XML 过渡的一种语言。2000 年底，国际 W3C 组织公布发行了 XHTML 1.0 版本。该版本是在 HTML 4.01 的基础上的一种过渡语言，其中使用的元素均为 HTML 中使用的元素，摒弃了一些不合理的表现元素，同时使用更加严格的语法规范。下面对 XHTML 中通常使用的元素作详细介绍。

1. 文档结构

XHTML 的文档结构和 HTML 相同，定义文档开始和结束时使用 html 元素。页面分为 head 和 body 两个部分，其中 head 部分内容不显示在页面上。其文档结构的代码如下所示。

```
<html>
<head>
```

```
</head>

<body>
</body>
</html>
```

其中，head 部分还含有 meta 和 title 等元素，具体将在第 5 章中进行详细讲解。

2. 文本基础元素

文本基础元素包括 div、p、b、strong 和 br 等，主要用来容纳文本等内容。下面分别进行简单介绍。

☑ div 元素：属于块元素（关于块元素和内联元素将在第 3 章中详细讲解），可以将文档分成不同的部分。在此基础上，还可以使用 class 和 id 属性进一步控制页面表现。div 元素是 CSS 布局中使用最多的元素。

☑ p 元素：属于块元素，表示一个文本段落。

☑ 标题元素：属于块元素，用来定义文本中的各种标题。包括的元素有 h1、h2、h3、h4、h5 和 h6，每个元素都对应有默认的字体样式。下面是一个使用标题元素的示例，其代码如下所示。

```
<h1>文本内容</h1>
<h2>文本内容</h2>
<h3>文本内容</h3>
<h4>文本内容</h4>
<h5>文本内容</h5>
<h6>文本内容</h6>
```

其默认显示效果如图 2-1 所示。

文本内容
文本内容
文本内容
文本内容
文本内容
文本内容

图 2-1　标题元素的默认显示效果

说明： *在以后的章节中将会讲解使用CSS控制标题元素显示效果的方法。*

☑ strong 元素：属于内联元素，使文本以粗体显示。

☑ b 元素：属于内联元素，显示效果为文本加粗。

☑ span 元素：属于内联元素，用来区分文本中的一个部分。

☑ br 元素：使文本换行显示。

3. 分隔线、图像等修饰元素

☑ hr 元素：块元素，用来分隔页面的各个部分。

☑ img 元素：内联元素，用来插入图像文件。
☑ bgsound 元素：用来添加背景音乐。

4．链接元素

☑ a 元素：属于内联元素，用来定义页面中的超链接。

5．列表元素

☑ ul 元素：属于块元素，用来定义一个无序列表。
☑ li 元素：属于块元素，用来定义列表中具体的条目。

6．表单元素

☑ form 元素：用来定义一个表单，同时定义处理表单的服务器等。
☑ input 元素：用来定义通常的表单控件，如输入文本等。

7．表格元素

☑ table 元素：用来定义一个表格。
☑ tr 元素：用来定义表格中的行。
☑ td 元素：用来定义表格中的单元格。

2.3 XHTML 语法基础

本节将学习 XHTML 语法的一些基础内容，包括完整的 XHTML 页面结构、元素的书写格式、属性的添加格式、各种元素中使用的属性等。由于本书主要介绍使用 CSS 进行页面布局，所以会忽略一些非控制表现的属性。

2.3.1 XHTML 页面结构

一个最基本的 XHTML 页面结构代码如下所示。

```
<!DOCTYPE html PUBLIC "-//W3C//DTD XHTML 1.0 Transitional//EN"
 "http://www.w3.org/TR/xhtml1/DTD/xhtml1-transitional.dtd">
<html xmlns="http://www.w3.org/1999/xhtml">
<head>
<title>页面标题</title>
</head>

<body>
 这里是页面内容部分，注意内容与浏览器边缘的距离。
</body>
</html>
```

在代码中，首先是关于文档类型的声明。然后是文档的开始元素<html>，在这里声明了名称空间（关于文档类型和名称空间的详细内容参看第 4 章）。在文档开始元素之后的 head 元素中，可以用来

声明该文档的作者、文字编码等相关的内容，其中必须含有文档的标题。

接下来的 body 元素，用来显示页面的内容部分，可以包含文本、图片、表单等页面元素。以上的代码在浏览器中只显示 body 元素所包含的部分，由于内容是独立的文本，所以会显示在浏览器的左上角，其在 IE 浏览器中的效果如图 2-2 所示。

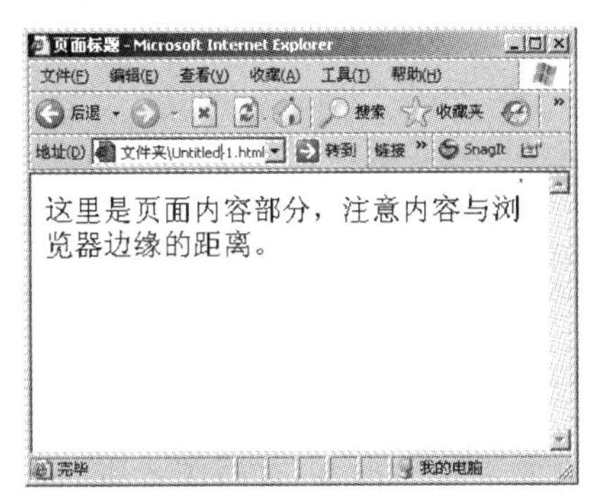

图 2-2　最基本的 XHTML 文档在 IE 浏览器中的显示效果

从图 2-2 可以看出，首先，文档头部定义的内容不出现在页面之中，但是有一些会出现在浏览器的其他位置。例如，代码中定义的文档标题会出现在浏览器的标题栏中。

其次，文档的内容没有刚好显示在浏览器的左上角，而是和浏览器的边界分隔开一段距离。在不同的浏览器中，这个距离也不相同。该文档在 Firefox 浏览器中的显示效果如图 2-3 所示。

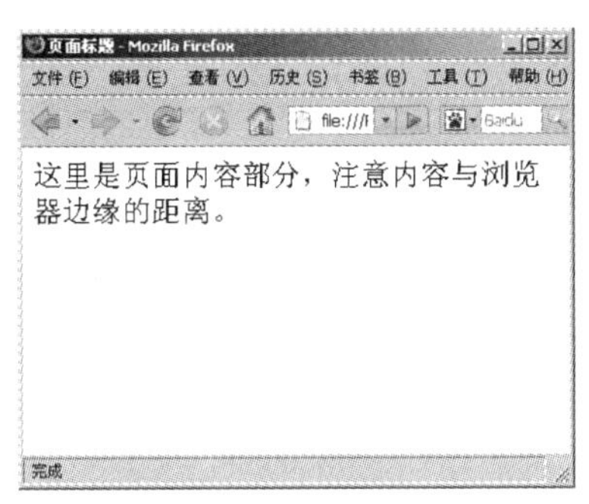

图 2-3　最基本的 XHTML 文档在 Firefox 浏览器中的显示效果

说明： 不同的浏览器在显示相同的XHTML元素时会存在差别。关于元素在不同浏览器中的显示效果可以参看第9章。

2.3.2　元素的书写格式和属性

在 XHTML 中，元素名称必须包含在“<>”符号之中。元素名称均用英文字母书写（可以使用大写字母，也可以使用小写字母）。使用相同大写字母和小写字母定义的元素，将会被解释为不同的元素。结束元素使用“</元素名称>”的格式。

下面是一个 XHTML 元素的书写示例。

```
<div>元素内容</div>
```

注意： 元素的内容要写在开始元素和结束元素之间。

在 XHTML 文档中如果只使用元素布局页面，页面很难达到预期的显示效果，所以还要在元素中添加各种属性。

添加属性的语法结构如下所示。

```
<元素名称 属性名称="属性值"></元素名称>
```

下面列出一个元素中使用属性的代码。

```
<table width="400" height="100" bgcolor="#cccccc">
    <tr>
        <td>元素内容</td></tr></table>
```

其中，width、height 和 bgcolor 分别是元素的宽度、高度和背景颜色属性。

注意：在XHTML文档中，元素的宽度和高度属性的取值是没有单位的（取值单位会默认为像素）。在HTML中属性的取值可以不使用引号，但在XHTML文档中必须使用引号。

定义了属性后，元素的显示效果如图 2-4 所示。

去除元素中定义的属性，页面显示效果如图 2-5 所示。

图 2-4　table 元素定义属性后的显示效果

元素内容

图 2-5　元素取消属性后的显示效果

2.3.3　各种元素的属性

下面接着讲解不同元素中可以使用的属性。由于本书主要涉及使用 CSS 布局页面的知识，所以会忽略某些属性。

1．body 元素

body 元素含有很多属性，布局页面时使用的是外观属性和级联样式表属性。下面列出 body 元素的常用外观属性和含义。

☑　background 属性：定义 body 元素的背景图片。

☑　bgcolor 属性：定义 body 元素的背景颜色。

☑　leftmargin 属性：定义 body 元素与浏览器左边界的距离。

☑　topmargin 属性：定义 body 元素与浏览器上边界的距离。

body 元素的级联样式表属性和含义如下所示。

☑　class 属性：链接级联样式。

☑　style 属性：直接定义级联样式。

在使用 CSS 布局页面时，很少使用外观属性，通常使用级联样式属性来控制页面表现。下面列举一个使用级联样式表属性的示例。

```
<body class="body">
  页面内容部分
</body>
```

注意：因为body元素是文档中的唯一元素，所以也可以通过类型选择符的方式为body元素添加CSS样式。

2. 文本元素

文本元素（包括 div、p 和标题等元素）中常用的外观属性是 align 属性，用来定义文本的水平对齐方式，其级联样式属性依然是 class 和 style 属性。

从文本元素的属性可以看出，能够控制文本元素外观的属性很少，所以其外观的控制主要通过级联样式属性实现。

在文本元素中，还有一个比较特殊的元素——pre 元素。在浏览器中，通常的文本显示方式会忽略掉空白符号（包括空格和换行等），而使用 pre 元素则可以保持文本原有的格式。

下面是使用 pre 元素的一个示例。

```
<pre>       这是一段文本


    这里进行了换行
        增加了空          格</pre>
```

查看其页面显示效果，可以看到保留的空白内容，如图 2-6 所示。

```
        这是一段文本


          这里进行了换行
               增加了空          格
```

图 2-6　pre 元素的显示效果

在 CSS 中也有相应的属性可以实现相同的效果，具体内容可以参看本书第 7 章。

3. 修饰元素

对于修饰元素，这里主要讲解 hr 元素和 img 元素两种。

hr 元素的外观属性及含义如下所示。

- ☑ align 属性：控制对齐方式。
- ☑ color 属性：控制显示颜色。
- ☑ size 属性：控制分隔线的高度。
- ☑ width 属性：控制分隔线的宽度。

同样，可以通过级联样式属性控制 hr 元素的外观。

img 元素中常用的属性如下所示。

- ☑ src 属性：是 img 元素必须使用的属性，用于指定图片所在的路径。
- ☑ alt 属性：指定替代图片的文本，即当图片无法显示时在浏览器中代替图片的文本。取消该属性并不影响图片的显示，但在 W3C 制定的标准中，规定 img 元素中必须使用 alt 属性。

☑ width 属性：定义图片的宽度
☑ height 属性：定义图片的高度。
☑ align 属性：定义图片的对齐方式。
☑ border 属性：定义图片的边框。

注意：其中，src属性是必须使用的，因为不指定正确的路径则无法显示图片。

下面是一个使用 img 元素的示例，其代码如下所示。

```
<img src="images/show.jpg" align="right" width="100" height="100" alt="pic" />
```

其显示效果如图 2-7 所示。
若没有找到指定的图片文件，其显示效果如图 2-8 所示。

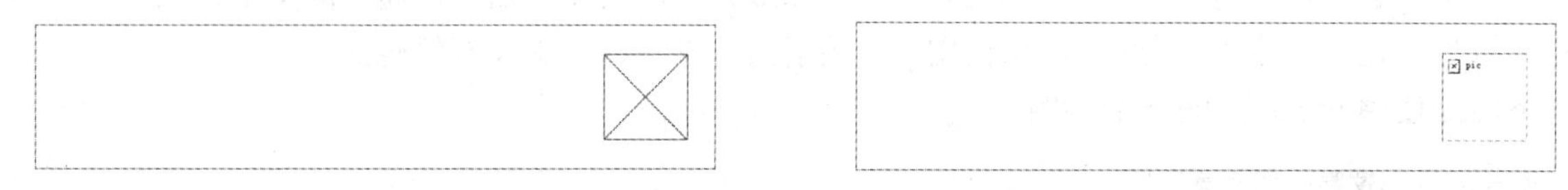

图 2-7 使用 img 元素的示例　　图 2-8 当路径不正确时的显示效果

4. 链接元素

链接元素 a 中使用的属性及其含义如下所示。

☑ href 属性：指定链接的路径。
☑ target 属性：指定链接的显示位置。

说明：关于href属性的取值可以参看本书第3章。

下面是一个使用链接元素的示例，其代码如下所示。

```
<a href="www.163.com" target="_blank" ></a>
```

其中，target 属性的取值及其含义如下所示。

☑ _blank：浏览器在新的窗口中打开链接的页面。
☑ _self：在页面所在的窗口显示链接的页面，也是链接的默认值。
☑ _parent：在父窗口中打开链接页面。
☑ _top：在本窗口中取代框架内容并打开链接页面。

其中，通常使用_blank 和_self 值。

5. 列表元素

列表元素 ul 和 li 通常一起使用，用来显示无序列表内容。下面是一个使用列表元素的示例。

```
<ul>
    <li>列表内容 1</li>
    <li>列表内容 2</li>
    <li>列表内容 3</li></ul>
```

其显示效果如图 2-9 所示。

- 列表内容1
- 列表内容2
- 列表内容3

图 2-9　列表元素的显示效果

从图 2-9 可以看出，列表的默认显示方式是换行显示，同时列表前含有项目符号（列表前的修饰部分）。

6. 表单元素

表单元素包括 form 元素和 input 元素，下面分别进行介绍。

form 元素中使用的属性及其含义如下所示。

☑ action 属性：表单中必须使用的属性，指定处理提交的数据的程序路径。

☑ method 属性：设置传送数据的方法，含有两个值——POST 和 GET。

☑ id 属性：用来标记表单。

☑ class 属性：使用级联样式控制表单的表现。

input 元素中使用的属性及其含义如下所示。

☑ type 属性：指定元素的类型。

☑ size 属性：指定表单的宽度。

☑ border 属性：指定表单的边框。

根据所选择的类型不同，input 元素将有不同的表现效果。

关于表单的详细内容可以参看本书第 8 章。

7. 表格元素

表格元素相对于以上元素来说显得略有些特殊。其主要区别在于，在表格元素中，要通过几个元素一起构成一个完整的结构，包括 table、tr 和 td 等。其中，各个元素的含义如下所示。

☑ table：用来定义一个表格。

☑ tr：定义表格中的行元素。

☑ td：定义表格的单元格。

一个最小化的表格元素代码如下所示。

```
<table>
    <tr>
        <td>内容</td>
    </tr>
</table>
```

注意： *在没有定义任何属性时，表格在页面中没有表现效果。*

下面讲解表格中常用的表现属性。

☑ align 属性：定义内容的水平对齐属性。

☑ border 属性：定义表格的边框属性。

☑ bgcolor 属性：定义表格的背景颜色。

☑ background 属性：定义表格的背景图片。
☑ cellspacing 属性：控制表格相邻单元格的间距。
☑ cellpadding 属性：设置单元格边缘和内容之间的距离。
☑ valign 属性：定义单元格中内容的垂直对齐方式。
☑ width 属性和 height 属性：定义表格或者单元格的宽度和高度。
☑ colspan 属性：合并表格的列。
☑ rowspan 属性：合并表格的行。

以上只是表格中常用的部分属性，由于表格含有很多控制表现的属性，所以只有在传统布局中才会使用表格元素。

2.4 XHTML 代码规范

虽然 HTML 中的绝大部分代码都是和 XHTML 兼容的，但是 XHTML 仍具有更加严格的规范，主要表现在如下几个方面。

1．区分大小写

XHTML 对大小写是敏感的。在 XHTML 文档中，使用相同字母的大写和小写定义的元素是不同的。例如，<h>和<H>表示的是不同的元素（在 HTML 中却代表相同的元素）。习惯使用 HTML 的设计者一定要注意这个区别。在 XHTML 中规定，使用小写字母定义页面中的元素和属性（包括 CSS 样式表定义中也要使用小写字母）。

2．正确嵌套所有元素

XHTML 中规定，当元素进行嵌套时，必须按照打开元素的顺序进行关闭。下面是一个正确嵌套元素的代码。

```
<ul><li></li></ul>
```

错误的嵌套元素的代码如下所示。

```
<ul><li></ul></li>
```

XHTML 中还有一些严格强制执行的嵌套限制，包括以下几点。

☑ <a>元素中不能包含其他的<a>元素。
☑ <pre>元素中不能包含<object>、<big>、<img>、<small>、<sub>或<sup>元素。
☑ <botton>元素中不能包含<input>、<textarea>、<label>、<select>、<botton>、<form>、<iframe>、<fieldset>或<isindex>元素。
☑ <label>元素中不能包含其他的<label>元素。
☑ <form>元素中不能包含其他的<form>元素。

3．元素必须要结束

在 XHTML 中，所有的页面元素都要有相应的结束元素。例如，<body>对应的结束元素是</body>。

其中独立的元素，例如
等，也必须要结束。方法是，在元素的右尖括号前加入一个“/”来结束元素，例如，
就是
结束后的写法。如果元素中含有属性，则“/”出现在所有属性的后面，示例代码如下所示。

```
<img src="pic.jpg" />
```

4．属性必须加上双引号

XHTML 中所有的属性，包括数字值，都必须加上双引号，其示例代码如下所示。

```
<table width="400">
```

5．明确所有属性的值

XHTML 中规定，每一个属性都必须有一个值，没有值的属性也必须用自己的名称作为值。例如，在 HTML 中 checked 属性是可以不取值的，但在 XHTML 中必须用它自身的名称作为值，其示例代码如下所示。

```
<input type="checkbox" name="box1" value="abc" checked="checked" / >
```

6．特殊字符要用编码表示

在 XHTML 中，页面内容含有的特殊字符都要用编码表示。例如，“&”必须用“&”的形式。下面的 HTML 代码：

```
<img src="pic.jpg"   src="abc & def">
```

在 XHTML 中必须写成：

```
<img src="pic.jpg"   src="abc &amp def" />
```

7．使用页面注释

XHTML 中使用“<!--”和“-->”作为页面注释，其示例代码如下所示。

```
<!--这是一个注释 -->
```

说明： 在页面相应的位置使用注释，可以使文档结构更加清晰。

8．推荐使用外部链接来调用脚本

HTML 中一般在“<!--”和“-->”注释之间插入脚本，但是这在 XML 浏览器中会被简单地删除，从而导致脚本或样式的失效。因此，推荐使用外部链接来调用脚本，代码如下所示。

```
<script language="JavaScript1.2" type="text/javascript" src="scripts/menu.js"></script>
```

说明： language指所使用的语言的版本，type指所使用脚本语言的种类，src指脚本文件所在路径。

第 3 章　CSS 基础与书写规范

本章将主要讲解有关 CSS 的基础知识，包括 CSS 的定义、语法、属性、选择符、伪类、声明和单位等。由于 CSS 的相关内容很多，本章从宏观角度讲解了 CSS 的知识体系，让读者对 CSS 有一个整体的认识。同时，还介绍了使用 CSS 的技巧和学习 CSS 的方法。

通过本章的学习，读者可以重点掌握 CSS 的基础知识和语法，对于 CSS 的使用技巧和规范，也将会随着 CSS 知识的学习而逐渐掌握。

3.1　CSS 的基础知识

本节讲述的 CSS 基础知识，包括 CSS 中的属性、选择符、伪类等相关知识的概念、内容和写法等。具体到某个属性（或伪类）的取值、特性和使用方法等知识，将在以后的章节中详细介绍。

3.1.1　什么是 CSS

CSS 是 Cascading Style Sheet 的缩写，中文译作“层叠样式表”（简称为样式表）。它是 W3C 组织制定的用于控制网页样式的一种标记性语言，包括 CSS 1 和 CSS 2 两个部分。其中，CSS 2 是 1998 年 5 月发布的，包含了 CSS 1 的内容，也是现在通用的标准。下面是一个在网页中使用 CSS 的实例。

```
<!DOCTYPE html PUBLIC "-//W3C//DTD XHTML 1.0 Transitional//EN"
 "http://www.w3.org/TR/xhtml1/DTD/xhtml1-transitional.dtd">
<html xmlns="http://www.w3.org/1999/xhtml">
<head>
<meta http-equiv="Content-Type" content="text/html; charset=gb2312" />
<title>CSS 实例页面</title>
<link href="style/main.css" type="text/css" rel="stylesheet" />
<style>
<!--CSS 样式表开始-->
body{
    margin:0;
    padding:0;}
.content{
    margin:100px auto;
    margin:0px 0px;
    height:200px;
    width:450px;
    background:#cccccc url(images/background_big.gif) center no-repeat;
    line-height:200px;
    text-align:center;
    font-size:36px;}
```

```
<!--CSS 样式表结束-->
</style>
</head>

<body>
<div class="main">              <!--元素引用样式的代码-->
  <div class="content">
    使用 CSS 样式的一个实例</div></div>
</body>
</html>
```

代码中，<style>和</style>标签所包含的部分就是 CSS 样式。网页应用 CSS 样式后的效果如图 3-1 所示。

图 3-1　使用 CSS 的页面实例

取消页面中定义的 CSS 后，显示效果如图 3-2 所示。

图 3-2　取消 CSS 后的页面

从图 3-2 可以看到，取消了 CSS 后，页面只剩下了内容部分，所有的修饰部分（包括背景、字体样式、高度等）都消失了。

可见，CSS 的作用就是通过结构做桥梁来控制页面内容的表现。使用 CSS 可以使网站外观更加美观、结构更加简洁。

3.1.2　CSS 的语法

通常情况下，CSS 的语法包括 3 个方面：选择符、属性和值。其写法如下所示。

```
选择符 { 属性: 属性值; }
```

关于选择符请参看 3.1.3 节的内容。这里简要介绍一下属性的值。

☑　属性必须包含在{}号之中。

☑　属性和属性值之间用“:”分隔。

☑　当有多个属性时，用“;”进行区分。

☑　在书写属性时，属性之间使用空格、换行等并不影响属性的显示。

☑　如果一个属性有几个值，则每个属性值之间用空格分隔开。

下面是一个 CSS 语法的实例，其代码如下所示。

```
body { color : red ; }
```

关于选择符、属性和值等概念，将在以下的几个小节中详细介绍。

3.1.3 选择符

选择符中常用的是通配选择符、类型选择符、包含选择符、ID 选择符和类选择符。下面进行详细介绍。

1．通配选择符

通配选择符的写法是“*”。通配选择符的含义就是所有元素。使用通配选择符的一个示例如下所示。

```
* {font-size:12px;}
```

说明： font-size 属性是字体的大小，px 是像素。

该样式实现的效果是：页面中所有文本的字体大小为 12px。

2．类型选择符

类型选择符就是以文档语言对象类型作为选择符，即使用结构中的元素名称作为选择符。例如，body、div、p 等。使用类型选择符的一个示例如下所示。

```
div {font-size:12px;}
```

该样式实现的效果是：页面中，所有 div 元素包含的内容的字体大小为 12px。

说明： 所有的页面元素都可以作为类型选择符。

3．包含选择符

包含选择符的写法如下所示。

```
选择符 1 选择符 2
```

说明： 选择符 1 和选择符 2 之间用空格分隔。表示所有被选择符 1 包含的选择符 2。

使用包含选择符的一个示例如下所示。

```
div p{font-size:12px}
```

该样式实现的效果是：在所有被 div 元素包含的 p 元素中，文本的字体大小为 12px。

4．ID 选择符

ID 选择符的写法如下所示。

```
#name
```

说明： ID 选择符的语法格式是“#”加上自定义的 ID 名称。

使用 ID 选择符的一个示例如下所示。

```
#name{ font-size:12px;}
```

该样式实现的效果是：在所有调用 ID 名称为 name 的页面元素中，文本的字体大小为 12px。

注意： ID 选择符的名称在页面中是唯一的。例如，在页面中定义了 ID 选择符的名字为 name，则页面中其他 ID 选择符的名称不能再定义为 name。

5. 类选择符

类选择符的写法如下所示。

```
.name
```

说明： 类选择符的语法格式是“.”加上自定义的类名称。

使用类选择符的一个示例如下所示。

```
.name{ font-size:12px;}
```

该样式实现的效果是：在所有调用类名称为 name 的元素中，文本的字体大小为 12px。

注意： 类选择符的名称在页面中不是唯一的，可以通过定义相同的类名来调用同一个样式。

6. 选择符分组

当多个选择符应用了相同的样式时，可以将选择符用英文逗号分隔的方式合并为一组。选择符分组的写法如下所示。

```
选择符 1,选择符 2,选择符 3
```

使用类选择符的一个示例如下所示。

```
.name,div,p{ font-size:12px;}
```

该样式实现的效果是：在类名字为 name 的元素、div 元素、p 元素中，文本的字体大小为 12px。

3.1.4　属性

属性是 CSS 中最重要的部分，也是最复杂的部分。常用的属性包括字体属性、文本属性、背景属性、定位属性、尺寸属性、布局属性、边界属性、边框属性、补白属性、列表项目属性和表格属性。其中，某些属性只有部分浏览器支持，这使得属性的应用变得更复杂。属性的知识和应用是 CSS 应用的主体部分，将在以后的章节中详细介绍。

3.1.5　伪类和伪元素

伪类和伪元素也是一种选择符，在页面元素中用来定义超出结构所能标识的样式。伪类是能被支持 CSS 的浏览器自动识别的特殊选择符。伪类的语法结构如下所示。

```
选择符 伪类{属性:属性值;}
```

使用伪类的一个示例如下所示。

```
a:hover{font-size:12px;}
```

说明：该样式实现的效果是当鼠标指针悬停在带有链接的文本上时，文本字体大小为 12px。

伪类和伪元素一般以“:”开头。与类不同的是，伪类和伪元素在 CSS 中是指定的，不能随意命名和定义。关于伪类和伪元素的具体使用方法，将在以后的章节中详细介绍。

3.1.6 颜色单位

单位和值是 CSS 属性的基础。所有的属性都要涉及取值问题。准确理解单位和值的概念，将有助于应用 CSS 属性。其中，长度和颜色是使用最多的值，下面先介绍颜色单位。

在 CSS 中，可以通过很多方法来定义颜色，比较常用的是使用颜色名称定义颜色和使用十六进制定义颜色。

1．使用颜色名称

使用颜色名称，可以实现比较简单的颜色效果。同时，只有一定数量的颜色名称可以被浏览器支持。使用颜色名称来定义颜色的示例如下所示。

```
p {color:red}
```

该样式定义了段落中的文本颜色为红色。在主流的浏览器中，能够识别的颜色名称（包括中文翻译）主要有：red（红）、yellow（黄）、blue（蓝）、silver（银）、teal（深青）、white（白）、navy（深蓝）、olive（橄榄）、purple（紫）、gray（灰）、green（绿）、lime（浅绿）、maroon（褐）、aqua（水绿）、black（黑）和 fuchsia（紫红）。

2．使用十六进制颜色

使用十六进制颜色可以定义复杂的颜色，也是在网页设计中最常用的方法。使用十六进制颜色的示例如下所示。

```
p {color:#ff6633;}
```

说明：在使用十六进制颜色时，颜色值前一定要加“#”。6 位数字中，前两位代表红色的值，中间两位代表绿色的值，最后两位代表蓝色的值。每组色值的数字越大，代表含有的成分越多。例如，#000000 代表没有任何三原色，即为黑色。#ffffff 代表三原色均为最大值，也就是白色。

相同的颜色，在不同的操作系统或者浏览器上会显示出不同的效果，所以就出现了在各种情况下显示效果都基本相同的网络安全色。如果用十六进制表示网络安全色，则分别对应红、绿、蓝色值的为 00、33、66、99、cc、ff 的颜色组合。例如，#ff0000 就是一种网络安全色，颜色名称为 red。网页安全色有 216 种。

3.1.7 长度单位

CSS 中，长度单位有两种：绝对长度单位和相对长度单位。下面将分别进行介绍。

1. 绝对长度单位

绝对长度单位包括 in（英寸）、cm（厘米）、mm（毫米）、pt（磅）和 pc（pica）。其中，in（英寸）、cm（厘米）、mm（毫米）和实际中常用的单位完全相同。下面着重介绍 pt（磅）、pc（pica）这两个单位。

☑ pt（磅）：是标准印刷上的单位。72pt 的长度为 1 英寸。

☑ pc（pica）：也是一个印刷上用的单位。1pc 的长度是 12 磅。

绝对长度单位虽然理解起来很容易，但在网页设计中很少使用（通常用于为打印文档定义样式）。

2. 相对长度单位

相对长度单位是使用最多的长度单位，包括 em、ex 和 px。下面进行详细介绍。

☑ em：em 是定义的字体大小的值，也就是文本中 font-size 属性的值。例如，定义某个元素的文字大小为 12pt，那么，对于这个元素来说，1em 就是 12pt。单位 em 的大小会受到字体尺寸的影响。

☑ ex：ex 和 em 类似，指的是文本中字母 x 的高度。因不同的字体中 x 的高度是不同的，所以 ex 的实际大小受到字体和字体尺寸两个因素的影响。

☑ px：px 就是通常所说的像素，是网页设计中使用最多的长度单位。将显示器分成非常细小的方格，每个方格就是一个像素。表面上看好像很容易理解，实际上，px 的具体大小要受到屏幕分辨率的影响，即和划分屏幕格子的方式有关。例如，同样是 100px 大小的字体，如果显示器使用 800×600 像素的分辨率，那么，每个字的宽度是屏幕宽度的 1/8，其效果如图 3-3 所示。

更改显示器的分辨率为 1024×768 像素，此时看 100px 的字，它的宽度就变为屏幕宽度的 1/10，其效果如图 3-4 所示。

图 3-3　800×600 像素分辨率下的页面

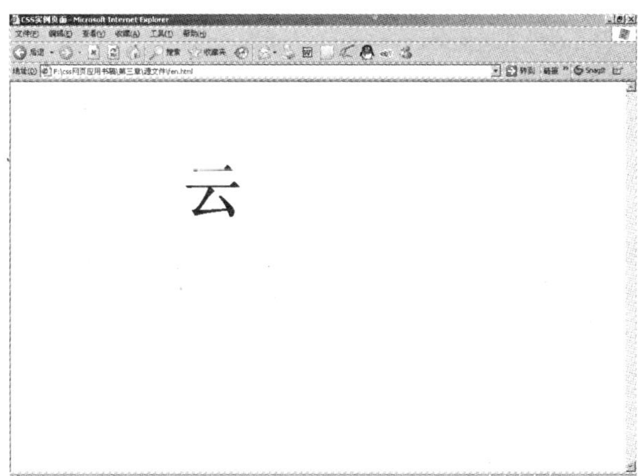

图 3-4　1024×768 像素分辨率下的页面

从视觉上看，浏览者会觉得文字变小了。

3.1.8　百分比值

百分比值和 URL 是长度和颜色以外另外两个重要的值。

百分比值的写法是“数字%”，其中数字可正可负。

百分比值总要通过另一个值来计算得到。例如，一个元素的宽度为100px，定义其中包含的子元素的宽度为20%，那么，子元素的实际宽度就是20px。

3.1.9 URL

URL 指的是文件、文档或者图片等的路径。其语法结构如下。

```
url（一个路径）
```

其中，由于路径的写法不同，URL 分为绝对 URL 和相对 URL。

1．绝对 URL

绝对 URL 指的是放在任何网页中都能正常使用的路径，通常是网络空间中的一个绝对位置。下面是一个使用绝对 URL 的示例。

```
body {background-image: url(http://www.baidu.com/img/logo.gif);}
```

说明： background-image 属性定义了 body 的背景图片，url 给定了图片的路径。

该样式实现的效果是设置 body 的背景为 logo.gif。其中，url 的值“http://www.baidu.com/img/logo.gif”无论放在任何位置，都能正确地显示。

2．相对 URL

相对 URL 是指相对于文档自身所在位置的路径。例如，CSS 文件和名称为 logo.gif 的图片文件处于相同的目录。当 CSS 中使用这个图片时，URL 的写法如下所示。

```
body {background-image: url(logo.gif);}
```

说明： url 的值“logo.gif”是相对于 CSS 文件的。当 CSS 文件的位置发生了变化，logo.gif 就不能正常显示了。

注意： 在 CSS 中使用相对 URL 时，是相对于 CSS 文件，而不是相对于 HTML（或 XHTML）文档。在书写 url 属性时，url 和后面的括号“（”之间不能插入空格，否则会导致设置失效。

3.1.10 默认值

默认值是指当 CSS 中没有明确定义属性值时属性的默认取值。大多数的默认值都是 none 或者为 0。但在不同的浏览器中，某些属性的默认值可能会不同。例如，body 元素的默认补白属性值在 IE 浏览器中为 0，在 Opera 浏览器中是 8px。不同属性的默认值会在后面介绍每个属性时具体给出。合理使用默认值，可以使代码更加简洁。

3.1.11 继承性

继承性是 CSS 的一个重要特性。如果某个属性具有继承性，则属性作用在父元素的同时，也会作用于其包含的子元素。一个关于继承性的示例如下所示。

```
div{color:#666666;}

<div>这是一个关于<p>继承性</p>的示例</div>
```

在 div 元素和其包含的子元素 p 中，文本的字体颜色为灰色。其应用于网页的效果如图 3-5 所示。

这是一个关于

继承性

的示例

图 3-5　关于继承性的一个示例

注意： 不是所有的属性都具有继承性。

3.2　CSS 编码规范

CSS 编码规范是指比较通用的 CSS 书写方法。书写方法对样式本身并没有什么影响，但按照 CSS 编码规范来书写 CSS，会使代码更加便于阅读，也便于出现问题时进行调试。下面详细讲解 CSS 编码规范的内容。

3.2.1　CSS 基本书写规范

CSS 基本书写规范包括 3 个方面：基本书写顺序、书写方式以及注释。下面分别进行详细介绍。

1．基本书写顺序

在使用 CSS 时，建议使用调用的 CSS（关于 CSS 的调用请参看第 4 章），而不是把 CSS 写在 HTML 或 XHTML 文档中。

在书写 CSS 时，建议先书写类型选择符和重复使用的样式，然后是伪类，最后是自定义的选择符。除了重复使用的选择符，其他选择符按照使用的先后顺序书写，以便于修改时寻找。

2．书写方式

在不违反语法的前提下，使用任何书写方式都能正确地被执行。但建议使用如下书写方式：书写每个属性时使用换行，并使用相同的缩进。一个 CSS 的书写示例如下所示。

```
body{ width:120px;
      height:120px;
      background-color:#333333;
      color:#000000;}
```

注意： 本书由于排版和印刷等原因，可能部分示例中不使用这种书写方式。

在书写 CSS 的属性时，还有几点需要注意的事项，如下所示。

☑ CSS 中所有的长度值都要注明单位，当值是 0 时除外。

☑ 所有使用十六进制的颜色单位都要在颜色值前加“#”号。

☑ body 元素要设置 background-color 属性（为了保持浏览器的兼容）。

3．注释

注释的语法如下所示。

```
/*这是一个注释*/
```

说明： 在 CSS 中合理地使用注释，可以使代码更加清晰易懂，便于今后修改和开发团队中其他人员使用。

3.2.2 CSS 命名参考

制作网页时要使用大量自定义的类选择符和 ID 选择符，如果没有很好的命名规则，就可能导致重复命名。当某个效果不能正常显示时，寻找相应的 CSS 代码也会相当麻烦。下面从几个方面来讲解 CSS 命名参考。

1．结构化的命名方法

人们通常会采用表现效果来进行 CSS 命名。例如，当一个元素处于页面的左侧时，就用 left 来为其命名。当文字的颜色为红色时，就用 red 来为其命名。这样的命名看起来非常直观和简便，但是却存在着一定问题，标准布局的目的就是要实现结构和表现相分离，而这样的命名方法并不能达到这种效果。例如，要标记一个人的头部，标记应该使用“头部”这个名称，而不是根据这个人的脸色比较苍白使用“白”这个名称。

推荐使用结构化的命名方法。例如，可以按照如下方式来命名页面的重要新闻部分、主导航部分和主要内容部分。

☑ 重要新闻部分：important-news。

☑ 主导航部分：main-nav。

☑ 主要内容部分：main-content。

采用结构化的命名方法，则不论内容放置在什么位置，其命名同样有意义。当页面中有相同结构时重复使用该样式也很方便。

2．部分内容的习惯命名方法

部分内容的习惯命名方法如表 3-1 所示。

表 3-1 部分内容的习惯命名方法

内　容	命　名
主导航	mainnav
子导航	subnav
页脚	footet
内容	content
头部	header
底部	footer

续表

内　　容	命　　名
商标	label
标题	title
顶导航	topnav
侧栏	sidebar
左侧栏	leftsidebar
右侧栏	rightsidebar
标志	logo
标语	banner
子菜单	submenu
注释	note
容器	container
搜索	search
登录	login

因为页面中的细节内容不同，所以没有适合所有页面的详细命名规范。不同的开发团队也可能有自己的命名规则。总之，命名只要合乎 Web 标准中结构和表现相分离的思想，做到合理易用即可。

3.2.3　CSS 样式表书写顺序

CSS 样式表推荐的书写顺序如下所示。

☑　显示属性：display、list-style、position、float、clear。

☑　自身属性：width、height、margin、padding、border、background。

☑　文本属性：color、font、text-decoration、text-align、vertical-align、white-space、other text、content。

以上只是比较常用的推荐写法，目的是方便所有使用 CSS 的设计者能够更好地合作。

3.3　怎样更好地应用 CSS

为了更好地应用 CSS，读者还要掌握一些基本的理论知识和相关技巧，同时学会 CSS 的调试方法。下面详细讲解这方面的知识。

3.3.1　块元素和内联元素

块元素和内联元素是两个重要的概念。有些 CSS 属性只适用于块元素，有些只适用于内联元素。了解什么是块元素和内联元素，并了解其特性，将有助于更好地使用 CSS 属性。

1．块元素

块元素是指类似于 div、body 这样的元素。其特点是每个块元素都从新的一行开始，可以包含其他的块元素和内联元素。在 CSS 中，可以给块元素加上浮动等属性来控制块元素的显示位置，而不是总是从新的一行开始。

2．内联元素

内联元素是指类似于 a、span 这样的元素。其特点是不必在新的一行开始，同时也不强迫其他的元素在新的一行显示。内联元素可以用作其他元素的子元素。在 CSS 中，给内联元素加上 display:block 属性，就会具有块元素的特性。

3.3.2 CSS 的一些实用技巧

在 CSS 语法允许的情况下，合理地利用选择符、属性的写法，可以使 CSS 代码更加简洁。相关的技巧介绍如下。

1．合理使用选择符分组

使用选择符分组，可以统一定义几个选择符的属性，节约大量的代码。使用选择符分组的前提是几个选择符具有完全（或部分）相同的属性。把相同的部分定义在一起，然后把特殊的部分单独定义。使用选择符分组的一个示例如下所示。

```
body,div,h1{ font-family:宋体;color:red;}
h1{ font-size:12px;}
```

2．合理地使用子选择符

合理地使用子选择符，不但可以节省代码，同时也减少了自定义选择符的数量，使页面结构更加清晰。

3．同一个元素的多重定义

有时会在一个元素中使用多个 CSS 选择符。这样可以减少自定义选择符的数量。一个元素同时使用多个选择符的示例如下所示。

```
<div class="one two" ></div>
```

说明： class="one two"是页面中调用类选择符的代码，其中，one 和 two 两个类之间用空格分开。最终的表现效果是两个类中属性的叠加。

3.3.3 怎样调试 CSS

在使用 CSS 进行网页布局时，经常会出现一些异常情况，这些情况通常是由于定义的属性之间有冲突所造成的。

在页面表现不能按照设计意图进行时，就要想办法找到出错的原因，这就涉及 CSS 的调试问题。调试 CSS 的方法有很多，每个人用的方法也不尽相同。下面介绍关于 CSS 调试的知识。

1．在哪里调试 CSS

开发 CSS 的工具通常是 Dreamweaver，这也是大多数网页制作人员常用的工具。但是很多时候，页面在 Dreamweaver 设计视图中显示的效果并不是浏览器中所显示的效果。考虑到页面最终要在浏览

器中显示给阅读者，所以最好在浏览器中进行调试。也就是说，在 Dreamweaver 等开发工具中修改 CSS 代码，然后在浏览器中查看显示效果。

由于不同的阅读者可能会使用不同的浏览器，所以在考虑兼容性的前提下，建议使用多个浏览器进行检测。现在比较常用的浏览器有 IE 浏览器、Firefox 浏览器等。

2．关于继承性和默认值带来的问题

有时会出现这种情况，即元素中出现了没有定义过的属性效果。通常的原因是这个元素继承了其父元素的属性。下面是一个因继承性产生异常的示例。

```
  ul{
   font-size:18px;}
  .ly1{
   color:#666666;}

<ul><li>这是最外层的文本
  <ul class="ly1"><li>这是第一层的文本
    <ul><li>这是第二层的文本</li></ul></li></ul></li></ul>
```

说明： *以上代码中，ul 和 li 元素是有序列表，页面的内容是 3 个有序列表进行了嵌套。*

该样式应用到网页中的效果如图 3-6 所示。

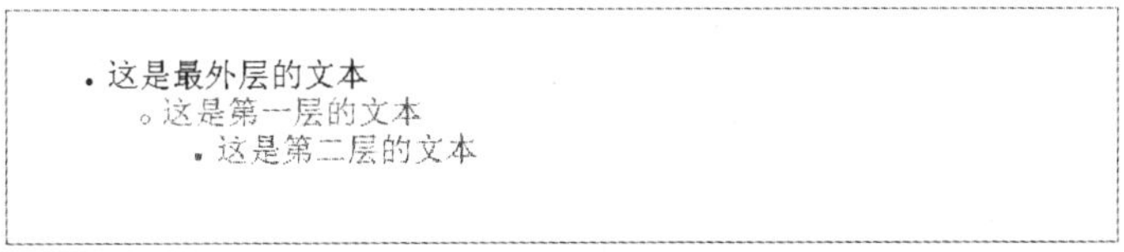

- 这是最外层的文本
  - 这是第一层的文本
    - 这是第二层的文本

图 3-6　关于继承性和默认值的示例

从图 3-6 中可以看到，每一个嵌套的列表都继承了它上一层列表的属性“font-size:18px;”，即使为列表定义了单独的样式，但只要没有显示声明 font-size 属性的值，该列表就会继承其父列表的 font-size 属性值。对于可继承的 color 属性，也存在这样的问题，这一点在示例中也表现得很明显。

另外一个要注意的效果就是列表前的修饰。虽然没有声明任何相关的属性，但是从图 3-6 中可以很明显地看到，3 层列表前的修饰部分分别是黑色圆点、空心圆圈和黑色方块。这是列表的默认属性作用于列表造成的。

解决这类问题的方法是重新定义相关属性以覆盖继承值或默认值。同时，要有清晰的嵌套结构和合理的命名，便于问题的发现和解决。

3．关于容器的大小问题

在使用 CSS 进行布局时，遇到最多的就是容器大小带来的问题，这也是调试时最麻烦的问题。因为容器的宽度或高度一旦发生变化，就会导致页面变形，所以很多时候，要知道页面中某个容器的确切大小。下面是一个由于容器大小不合适导致排版问题的示例。

```
 . div{
    width:400px;                        /*div 元素的宽度*/
    padding:20px;
```

```
        text-align:center;}
    .content , .author {
        font-size:12px;
        margin-right:20px;
        text-align:left;
        width:150px;}                    /*content 元素的宽度*/
    .author{
        text-align:center;}

 <div>
<p class="author">生查子・元夕<br />欧阳修</p>
    <p class="content">
    去年元夜时①，花市灯如昼②。<br />月到柳梢头，人约黄昏后。<br />今年元夜时，月与灯依旧。<br />不见去年人，泪满春衫袖。</p></div>
```

该样式是在指定宽度的容器中排版一首诗词，其应用到网页中的效果如图 3-7 所示。

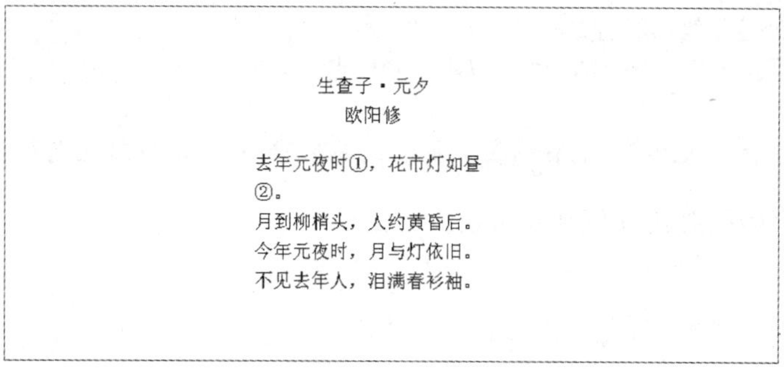

生查子・元夕
欧阳修

去年元夜时①，花市灯如昼
②。
月到柳梢头，人约黄昏后。
今年元夜时，月与灯依旧。
不见去年人，泪满春衫袖。

图 3-7 关于容器宽度的示例

从图 3-7 中可以看到，内容的第一行中由于存在两个注释信息，所以发生了文本的换行。导致这种现象的原因通常是包含内容的容器宽度不够。但是，包含这段文本的容器有几层，是哪层容器的宽度不够呢？将最近的两层容器 p 元素增加背景色#666666，div 元素增加背景色#999999，其显示效果如图 3-8 所示。

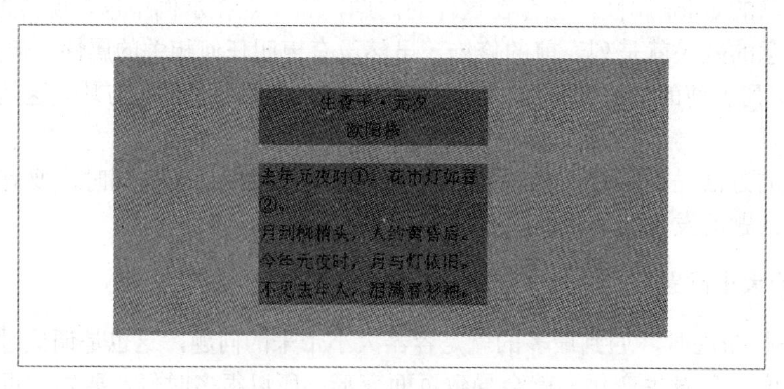

图 3-8 关于容器宽度的示例

从图 3-8 中可以明显地看出每个容器的大小，从而得知此处出现文本转行的原因是 p 元素的宽度不够。不使用边框进行调试的原因在于边框要占用一定的空间，而在精确的布局中很小的差距也会造成很大的影响。使用背景颜色可以避免这样的问题。虽然这个示例很简单，但是在实际调试中，使用

背景颜色的方法却是很常用的技巧。

3.4 关于 CSS 的学习

CSS 学习中最重要的就是关于属性的学习。CSS 中有哪些属性，每个属性该怎样使用，这是 CSS 学习中的关键。首先要了解各种内容的控制属性都有哪些。例如，布局属性有哪些，文本属性有哪些等。可以下载一个 CSS 手册，这样就可以一目了然地知道属性的分类和取值。

仅知道有哪些属性还是远远不够的，还要知道在什么样的地方使用什么属性以及怎样使用属性来实现自己的设计意图。这就需要不断地尝试。

最后，当已经基本掌握使用各种属性控制页面表现的技巧之后，还要学会使页面代码最优化的方法，使得页面代码更精简，CSS 的结构更合理。

在学习 CSS 时，最重要的就是实践。一定要自己动手尝试各种页面布局，尝试每个属性不同取值下的表现效果。参照一些优秀网页设计师的页面源代码，也是很好的方法。

第 2 篇　CSS 页面布局技巧

第 4 章　网页头部元素的详细定义

第 5 章　CSS 基本布局属性

第 6 章　CSS 容器属性

第 7 章　CSS 定义文本属性

第 8 章　元素的修饰和 CSS 常见应用

第4章　网页头部元素的详细定义

网页头部标签的合理设置对网页的正常显示有着重要的作用。本章主要讲解使用CSS布局页面时应该选择什么样的文档类型，定义什么样的文字编码，以及怎样进行搜索引擎优化等问题。同时，将重点讲解页面中调用CSS的几种方法以及各方法的优先级问题。

本章中读者需要重点掌握文档类型的选择、mete标签的定义、样式方法的调用和优先级等知识。

4.1　DOCTYPE的选择

DOCTYPE的选择决定着页面元素和定义的CSS会不会生效的问题。因为不同的DOCTYPE决定了页面中可以使用哪些元素。下面详细讲解DOCTYPE定义和选择的问题。

4.1.1　什么是DOCTYPE

DOCTYPE是Document Type（文档类型）的简写，在页面中用来指定页面所使用的XHTML（或者 HTML）的版本。要想制作出符合标准的页面，必须进行 DOCTYPE 声明。只有确定了正确的DOCTYPE，XHTML中的标识和CSS才能正常生效。

4.1.2　选择什么样的DOCTYPE

在XHTML 1.0中，有3种DTD（文档类型定义）声明可以选择，即过渡的（Transitional）、严格的（Strict）和框架的（Frameset），分别介绍如下。

1．过渡的

这是一种要求不很严格的DTD，允许在页面中使用HTML 4.01的标识（符合XHTML语法标准）。过渡的DTD的写法如下所示。

```
<!DOCTYPE html PUBLIC "-//W3C//DTD XHTML 1.0 Transitional//EN"
"http://www.w3.org/TR/xhtml1/DTD/xhtml1-transitional.dtd">
```

2．严格的

这是一种要求严格的DTD，不允许使用任何表现层的标识和属性，例如
等。严格的DTD的写法如下所示。

```
<!DOCTYPE html PUBLIC "-//W3C//DTD XHTML 1.0 Strict//EN"
"http://www.w3.org/TR/xhtml1/DTD/xhtml1-strict.dtd">
```

3．框架的

这是一种专门针对框架页面的 DTD。当页面中含有框架元素时，就要采用这种 DTD。框架的 DTD 的写法如下所示。

```
<!DOCTYPE html PUBLIC "-//W3C//DTD XHTML 1.0 Transitional//EN"
"http://www.w3.org/TR/xhtml1/DTD/xhtml1-frameset.dtd">
```

使用严格的 DTD 来制作页面当然是最理想的方式。但对于没有深入了解 Web 标准的网页设计者来说，比较合适的是使用过渡的 DTD。因为这种 DTD 允许使用表现层的标识、元素和属性，比较适合大多数的网页制作人员。

注意： DOCTYPE的声明一定要放置在XHTML文档的顶部。

4.2　名 字 空 间

名字空间的英文是 namespace，其含义是通过一个网址指向来识别页面上的标签。在 XHTML 中，用“xmlns”（XHTML namespace 的缩写）来识别 XHTML 页面标签的网址指向是“http://www.w3.org/1999/xhtml”。

定义名字空间的完整写法如下所示。

```
<html xmlns="http://www.w3.org/1999/xhtml">
```

当使用可视化网页开发工具（例如 Dreamweaver 等）新建文档时，选择适当格式的文档类型，DOCTYPE 的声明和名字空间的声明会自动生成。

4.3　编 码 问 题

声明一种合适的编码语言，页面上的文本内容才能在浏览器中正常显示。编码语言声明的代码如下所示。

```
<meta http-equiv="Content-Type" content="text/html; charset=gb2312" />
```

说明： 在这段代码中，声明编码语言的代码是charset=gb2312。gb2312是简体中文页面中常用的语言编码。当制作不同语种的页面时，要声明不同的语言编码。例如，英文中可以使用“ISO-8859-1”或者“UTF-8”等语言编码。

为了兼容旧版本的浏览器，需要在原声明下追加另一段编码语言的声明，其具体的代码如下所示。

```
<meta http-equiv="Content-Language" content="gb2312" />
```

当使用可视化的网页开发工具（例如 Dreamweaver 等）新建文档时，会自动生成一个编码语言，该编码语言是新建文件的首选参数中已定义了的。当制作不同语种的页面时，要仔细检查是否选择了正确的编码语言。

4.4 meta 标签

在制作一个 XHTML 文档头时，要大量使用 meta 标签。meta 标签包括很多的内容，例如，4.3 节中声明的页面语言编码就是 meta 标签的一种。下面详细讲解常用的 meta 标签。

1. 关键字（Keywords）

关键字是为搜索引擎提供的关键字。其语法结构如下所示。

```
<Meta name="Keywords" Content="关键词 1,关键词 2,关键词 3,关键词 4">
```

说明： 各关键词间用“,”分隔开。

2. 简介（Description）

简介用来为搜索引擎声明网站的主要内容。其语法结构如下所示。

```
<Meta name="Description" Content="网站简介">
```

3. 搜索机器人向导（Robots）

搜索机器人向导用于向搜索机器人（搜索机器人是一个通过得到的文档分析网页超链接结构，并以得到的文档为基础，不断重复操作，得到所有文档的程序）指定需要索引的页面和不需要索引的页面。其语法结构如下所示。

```
<Meta name="Robots" Content="All | None | Index | Noindex | Follow | Nofollow">
```

搜索机器人向导的每个取值的具体含义如下所示。

- ☑ All：文件允许被检索，允许分析页面上的所有链接。
- ☑ None：文件不允许被检索，不允许分析页面上的所有链接。
- ☑ Index：文件允许被检索。
- ☑ Noindex：文件不允许被检索。
- ☑ Follow：允许分析页面上的所有链接。
- ☑ Nofollow：不允许分析页面上的所有链接。

4. 站点作者信息（Author）

站点作者信息用于在站点中声明作者信息。其语法结构如下所示。

```
< Meta name="Author" Content="陈刚">
```

说明： 可以在声明时加入作者的E-mail等信息，但要用“,”进行分隔。

5. 站点版权信息（Copyright）

站点版权信息用于在站点中声明版权信息。其语法结构如下所示。

```
< Meta name="Copyright" Content="陈刚所有">
```

meta 标签的作用远不只这些。例如，meta 标签还可以指定页面的刷新时间、过期时间和显示方式等。

4.5　CSS 的调用

按照 CSS 出现在页面的位置不同，CSS 的调用可以分为 3 种方法：元素中直接使用、从页面头部调用以及采用链接的形式调用。不同的调用方式有不同的写法和优先级。下面对 CSS 的调用方法进行详细介绍。

4.5.1　调用样式表的几种方法

CSS 调用的 3 种方法介绍如下。

1．元素中直接使用

元素中直接使用样式的写法如下所示。

```
<元素名称 style="属性:属性值"></元素名称>
```

说明： 样式中直接使用CSS，语法是使用style标签。其中""中，样式的语法结构和独立样式表中完全相同。

下面是一个元素中直接使用样式的示例，其代码如下所示。

```
<div style="width:400px; height:100px; background-color:#cccccc;font-size:18px;">
    这是一个在元素中直接使用样式的示例。</div>
```

说明： 该样式中定义了元素的宽度为400px，高为100px，背景颜色为浅灰色，字体大小为18px。

其显示效果如图 4-1 所示。

这是一个在元素中直接使用样式的示例。

图 4-1　元素中直接使用样式的显示效果

2．从页面头部调用

从页面头部调用 CSS，是将 CSS 写在页面的 head 元素中，然后在页面中调用。其语法结构如下所示。

```
<style>
选择符{属性:属性值;}
</style>
```

说明：页面所有样式都可以写在<style>和</style>之间。

使用头部调用的 CSS，在页面中必须有相应的调用代码（其中，类型选择符、通配选择符、使用类型选择符号的子选择符和使用类型选择符的伪类选择符不需要使用调用代码）。其中，类选择符的调用代码如下所示。

```
<元素名称 class="类选择符名称"></元素名称>
```

ID 选择符的调用代码如下所示。

```
<元素名称 id=" id 选择符名称"></元素名称>
```

一个使用头部调用的 CSS 示例如下所示。

```
<head>                                                              <!--页面头部内容开始-->
<title>头部调用样式</title>
<style>                                                             <!--定义 CSS 样式-->
.content{
    width:400px;
    height:100px;
    color:#ffffff;
    background:#333333;}
</style>
</head>                                                             <!--页面头部内容结束-->

<body class="body">
    <div class="content">这是一个页面头部调用样式的示例。</div>          <!--调用 CSS 样式-->
</body>
```

元素调用头部的 CSS 样式后，显示效果如图 4-2 所示。

图 4-2　元素调用头部样式的显示效果

3．采用链接的形式调用

采用链接的形式调用 CSS，通常有两种写法。

（1）使用 link 元素

使用 link 元素调用 CSS 的语法如下所示。

```
<link rel="stylesheet" href="css 文件路径 " type="text/css" />
```

说明：rel="stylesheet"指的是这个link和其href之间的关联样式为样式表文件。type="text/css"指文件类型是样式表文本。

使用链接的形式调用样式表时，页面中调用样式的代码和使用头部调用样式时相同，依然使用 class 和 id 来调用类选择符和 ID 选择符。

（2）使用@import

使用@import 调用 CSS 的语法如下所示。

```
<style type="text/css" > @import url(css 文件路径);</style>
```

说明： @import的调用方法也可以写在CSS文件中，用来调用其他的CSS。

使用@import 调用和使用 link 元素调用的区别在于，@import 的调用方法只能使用在样式文件中，即只能在调用的样式文件（或者 style 元素）中才能正常使用。

下面是一个同时使用 link 和@import 调用样式的示例，其代码如下所示。

```
<link href="style/main.css" rel="stylesheet" type="text/css" />
```

以上是在页面头部中使用 link 元素链接样式的代码，其链接的 main.css 文件中的代码如下所示。

```
.@import url(css1.css);
.main{
    width:750px;
    border:1px solid #666666;
    margin:100px auto;
    padding:33px;
    font-size:20px;}
```

该样式实现了从样式表中再次调用样式文件。

4.5.2　应用样式的优先级

3 种调用样式表的方法在作用于页面元素时，优先级是不同的。在元素中直接使用的 CSS 具有最先的优先级，其次是从页面头部调用的 CSS，最后是采用链接形式调用的 CSS。下面用一个简单的示例来说明 3 种不同调用方式的优先级。XHTML 页面中的主要代码如下所示。

```
<link rel="stylesheet" type="text/css" href="main.css" />                 <!--定义表格的表现-->
<style type="text/css">                                                   <!--头部调用的部分-->
.content{
   font-size:18px;
   color:#ffffff;
   background-color:#666666;}
</style>

<p class="content content_link" style="background:#000000;">              <!--页面中直接使用的样式-->
这是一个关于三种调用样式表方式的优先级问题的一个简单示例
</p>
```

被调用页面 main.css 中的代码如下所示。

```
.content_link{
   font-size:12px;
   color:#000000;
   font-weight:bold;
   background-color:#ffffff;}
```

说明： 在直接使用的CSS中，定义了元素p的背景色为#000000（也就是黑色）。在头部调用的CSS中，定义了元素p的背景色为#666666（也就是灰色），字体颜色为#ffffff（也就是白色）。字体大小为18px。在链接形式调用的CSS中，定义了元素p的背景色为白色，字体颜色为黑色，字体大小为12px，同时定义了字体的样式为加粗。

最终页面中的文本显示效果如图4-3所示。

这是一个关于三种调用样式表方式的优先级问题的一个简单示例

图4-3　3种不同调用样式表方式的优先级

从图4-3可以看出，页面背景应用了直接使用的CSS的属性，页面字体颜色和大小使用了头部调用的CSS的属性，而字体的样式使用了链接形式调用的CSS中的属性。

当页面中有多重定义或者嵌套定义的CSS时，还会产生其他的优先级问题。下面进行详细介绍。

1．类型选择符与类选择符

当类型选择符与类选择符同时使用时，类选择符的优先级要高于类型选择符。下面是一个同时使用类型选择符和类选择符的示例。

```
p{                                           /*类型选择符中的样式*/
  font-size:12px;
  font-weight:bold;
  color:#ffffff;
  background-color:#000000;}
.content{                                    /*类选择符中的样式*/
  font-size:18px;
  color:#000000;
  background-color:#ffffff;}

<p class="content">
这是一个类型选择符与类选择符同时作用于内容的例子
</p>
```

说明： 在类型选择符p定义的样式中，设置了字体大小为12px，字体样式为加粗，背景颜色为#000000（黑色），字体颜色为#ffffff（白色）。在类选择符.content定义的样式中，设置了字体大小为18px，背景颜色为白色，字体颜色为黑色。

这段文本的最终显示效果如图4-4所示。

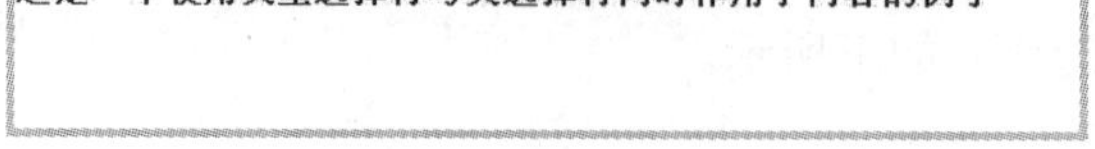

这是一个使用类型选择符与类选择符同时作用于内容的例子

图4-4　同时使用类型选择符与类选择符

图4-4中，字体大小为18px，背景颜色是白色，字体颜色是黑色，字体样式为加粗。很明显，类选择符.content定义的样式覆盖了类型选择符p定义的样式。在ID选择符.content定义的样式中，没有

显示声明的 font-weight 属性，而是以继承的方式使用了类型选择符 p 中的样式。也就是说，要使一个元素及其子元素使用相同的样式，可以在元素的类型选择符中定义。如果其中的某个子元素有其特殊的表现效果，就必须定义新的样式来覆盖继承的样式。

为了更好地理解这两个调用的优先级，将类选择符中定义的样式取消，则页面的显示效果如图 4-5 所示。

图 4-5　取消类选择符定义的样式后的显示效果

从图 4-5 可以看出，此时背景颜色变为黑色，文本颜色变为白色，同时字体大小为 12px。

2. ID 选择符

ID 选择符的优先级比类选择符更高。下面是在元素中同时使用 ID 选择符和类选择符时的示例，其代码如下所示。

```
#content{                                  /*ID 选择符中的样式*/
  font-size:18px;
  color:#ffffff;
  background-color:#000000;}
.content{                                  /*类选择符中的样式*/
   font-size:12px;
   color:#000000;
   font-weight:bold;
   background-color:#ffffff;}

<p class="content" id="content">
这是一个使用 ID 选择符与类选择符同时作用于内容的例子
</p>
```

说明： 在ID选择符content中，定义了文本颜色为白色，背景颜色为黑色，字体大小为18px。在类选择符.content中，定义了文本颜色为黑色，背景颜色为白色，字体大小为12px，同时定义了文本的样式为加粗。

将该样式作用于网页，其效果如图 4-6 所示。

这是一个使用ID选择符与类选择符同时作用于内容的例子

图 4-6　同时使用 ID 选择符和类选择符的示例

应用样式后的文本效果为：字体大小为 18px，背景颜色为黑色，字体颜色为白色，字体样式为加粗。

从结果可以看出，ID 选择符的优先级要高于类选择符。但是，类选择符中定义的 font-weight 属性仍然能作用到文字上。这就说明默认值的优先级是最低的，只要对某个属性声明了一个值，就会覆盖原来的默认值。即使 ID 选择符的优先级要高于类选择符，也不能保留默认值。

取消 ID 选择符中定义的样式后，页面的显示效果如图 4-7 所示。

这是一个使用ID选择符与类选择符同时作用于内容的例子

图 4-7　取消 ID 选择符中定义的样式后的效果

从图 4-7 可以看出，此时页面的字体颜色、背景、文本大小都发生了变化。

3．最近最优先原则

最近最优先原则是决定元素使用哪些属性的关键。例如，在上一个例子中，作用于同一个元素的 ID 选择符和类选择符，元素会使用优先级比较高的 ID 选择符。如果 ID 选择符出现在父元素中，元素会使用最近定义的样式。

下面是父元素中使用 ID 选择符的示例。

```
#content{                                   /*较远的 ID 选择符中的样式*/
  font-size:12px;
  color:#ffffff;
  font-weight:bold;
  background-color:#000000;}
.content{                                        /*较近的类选择符中的样式*/
  font-size:18px;
  color:#000000;
  background-color:#ffffff;}

<div id="content">
<p class="content">
这是一个使用 ID 选择符与类选择符同时作用于内容的例子</p></div>
```

说明： 在ID选择符content中定义了文本颜色为白色，背景颜色为黑色，字体大小为12px，字体的样式为加粗。在类选择符.content中定义了文本颜色为黑色，背景颜色为白色，字体大小为18px。

将该样式作用于网页，其效果如图 4-8 所示。

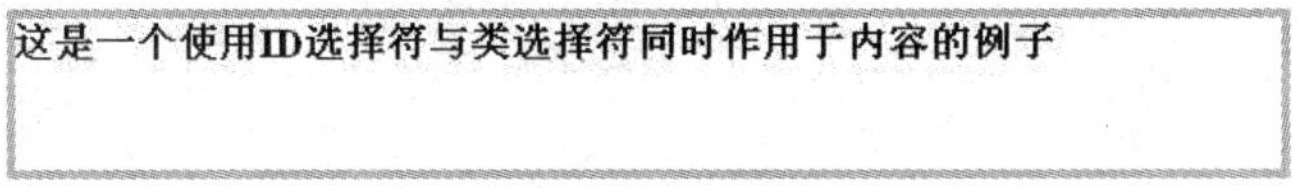

这是一个使用ID选择符与类选择符同时作用于内容的例子

图 4-8　关于最近最优先的示例

图 4-8 中，文本字体的大小为 18px，背景颜色为白色，字体颜色为黑色，字体样式为加粗。从结果可以看出，虽然 ID 选择符的优先级高于类选择符，但是内容使用的却是类选择符中的样式。这就说明了最近定义的样式是最优先的。

取消最近定义的 content 属性中的样式后，页面的显示效果如图 4-9 所示。

这是一个使用ID选择符与类选择符同时作用于内容的例子

图 4-9　取消最近定义的 content 中样式后的显示效果

从图 4-9 可以看出，由于取消了最近定义的 content 选择符中的样式，元素中的内容显示了从 ID 选择符中继承的样式。

4.6　网页头部实例

在前几章的讲解中，大部分的基础知识都已经作了介绍。接下来通过一个实例讲解网页头部的制作方法。

实际制作网页时，一般都习惯使用所见即所得的可视化开发工具，通常使用最多的就是 Dreamweaver（使用开发工具，可以方便地管理网站内容，同时可以节省很多开发时间）。下面就结合 Dreamweaver 的使用，实际制作一个符合标准的网页头部。

1．自动生成文档

在 Dreamweaver（本实例使用的是 8.0 版本）中，新建一个 HTML 文档，文档类型为 XHTML 1.0 Transitional。切换到页面的“代码”视图中，会看到如下代码。

```
<!DOCTYPE html PUBLIC "-//W3C//DTD XHTML 1.0 Transitional//EN"
 "http://www.w3.org/TR/xhtml1/DTD/xhtml1-transitional.dtd">
<html xmlns="http://www.w3.org/1999/xhtml">
<head>
<meta http-equiv="Content-Type" content="text/html; charset=gb2312" />
<title>无标题文档</title>
</head>

<body>
</body>
</html>
```

在这段代码中，使用的元素在前面的章节中已经作过介绍，所以就不再进行讲解。

2．文档代码的修改和添加

前面看到的页面代码是用软件自动生成的代码。要想制作属于自己的页面，就要修改和添加一部分页面代码。

（1）更换页面的标题

在页面 title 元素中，包含的文本部分就是页面的标题，即“无标题文档”。当别人浏览页面时，标题会出现在浏览器的标题栏和操作系统（Windows）的任务栏中。显然，“无标题文档”并不是我们希望显示的标题，这里改成目标网页的主题名称即可。

（2）添加 meta 标签

更改好网页标题后，接下来要修改页面的版权信息、作者信息，并对搜索引擎进行优化，这些都要用到 meta 标签（关于 meta 标签的用法详见 4.4 节）。

（3）新建空的 CSS 文件并做链接

使用 Dreamweaver 新建一个 CSS 文件，另存为所需要的名称（建议放在一个新建的文件夹中），然后在页面中添加调用这个文件的代码。

注意：调用链接时，可以在Dreamweaver中根据“href=”后的“浏览”提示，来找到要链接的CSS文件。如果自己添加路径，一定要注意CSS文件的相对位置。

修改后的页面代码如下所示。

```
<!DOCTYPE html PUBLIC "-//W3C//DTD XHTML 1.0 Transitional//EN"
 "http://www.w3.org/TR/xhtml1/DTD/xhtml1-transitional.dtd">
<html xmlns="http://www.w3.org/1999/xhtml">
<head>
<meta http-equiv="Content-Type" content="text/html; charset=gb2312" />
<meta name="robots" content="all" />
<meta name="author" content="陈刚" />
<meta name="Copyright" content="强锋科技" />
<meta name="description" content="使用 CSS 进行页面布局" />
<meta content="标准页面制作" name="keywords" />
<title>CSS 实例页面</title>
<link href="style/main.css" type="text/css" rel="stylesheet" />
<link href=""
</head>

<body>
</body>
      </html>
```

第 5 章　CSS 基本布局属性

使用 CSS 进行页面布局，首先要掌握布局页面时使用的最基本的布局属性。掌握了基本的布局方法，才能更进一步地进行元素的精确定位。本章的内容主要包括定义页面背景、定义元素的基本属性、定位属性、div 元素的浮动定位列表元素的各种属性，以及使用以上属性制作横向和纵向导航菜单的方法。

通过本章的学习，重点要掌握定位属性的应用、背景的定义、浮动属性的使用和列表属性的知识。

5.1　页面的制作流程和整体分析

制作页面的一般步骤是：分析效果图，切图，然后制作成 XHTML 页面。所谓效果图，就是网页设计人员用 Photoshop 等图像制作软件制作的能够显示网页整体效果的图片。在本书第 2 篇中，实例页面所用的效果图如图 5-1 所示。

首先，要给效果图进行分区。本书所用的实例是按照现在比较流行的 Web 2.0 博客系统设计的。整个页面可以分成头部、内容部分和底部 3 大部分。头部又可以分成 Banner 和导航菜单两个部分。内容部分可以分成左侧的主体内容部分和右侧的分类导航两个部分。具体的页面分区如图 5-2 所示。

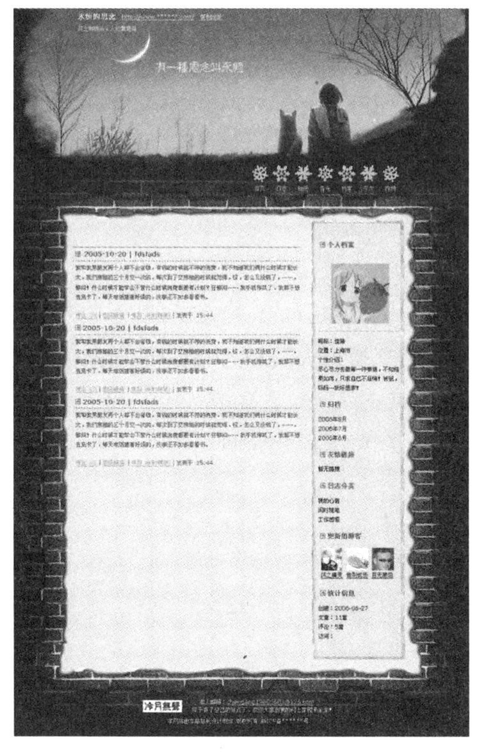

图 5-1　实例效果图

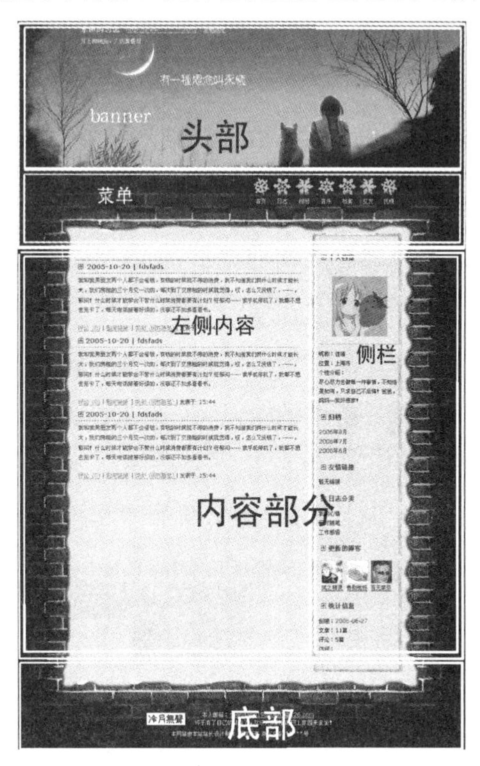

图 5-2　效果图的总体分区

给页面分区的作用有两个。

☑ 确定页面布局时 XHTML 的文档结构。

☑ 为精细的切图作准备。

将页面分区以后，即可按照分区制作页面的各个部分。关于页面的详细分区和切图的知识，将在后面的实例制作中详细讲解。

5.2 元素定位基础知识

页面元素的定位方式通常有两种：采用浮动的定位方式和使用定位属性。在制作页面时会混合使用两种方式进行定位（元素位置的精确控制还需要使用其他 CSS 属性）。

首先来学习页面中元素的默认定位方式，即不使用任何定位属性时，页面元素的排列方式是什么。由于页面元素主要分为块元素和内联元素，所以下面分别从这两个方面来介绍。

5.2.1 块元素的默认排列

块元素（例如，div 元素）在没有任何布局属性作用时，默认排列方式是换行排列。块元素默认排列的示例代码如下所示。

```
.div1{                                          /*定义相关样式，用来显示块元素*/
     width:200px;
      height:30px;
      background-color:#666666;}
.div2{                                          /*定义相关样式，用来区分两个块元素*/
     width:100px;
      height:30px;
      background-color:#000000;
      color:#ffffff;}

<div class="div1">第一个块元素</div>
      <div class="div2">第二个块元素</div>
```

说明： div1 中定义的样式属性是：宽为 200px，高为 30px，背景为#666666（灰色）。div2 中定义的样式属性是：宽为 100px，高为 30px，背景为#ffffff（黑色），为了显示包含的文本，设置了文本颜色为#ffffff（白色）。定义这些样式的目的是为了使显示效果更加明显。

将该样式应用于网页，其效果如图 5-3 所示。

图 5-3 块元素的默认定位

从图 5-3 中可以看出，块元素在没有设置任何布局属性时，总是会另起一行，并且以左侧对齐的

方式排列下来。这一点很像传统布局中的 table 元素。

5.2.2　内联元素的默认排列

内联元素（例如，span 元素）在没有任何布局属性作用时，默认的排列方式是同行排列，直到宽度超出包含它的容器宽度时才自动换行。内联元素默认排列的示例代码如下所示。

```
.span1{                                        /*使用背景和前景颜色区分两个内联元素*/
      background-color:#999999;
      color:#000000;
      font-size:14px;}
.span2{
      background-color:#000000;
      color:#ffffff;
      font-size:14px;}

<span class="span1">第一个内联元素</span><span class="span2">第二个内联元素</span>
```

说明：span1 中定义的样式属性是：背景为#999999（浅灰色），字体颜色为黑色，字体大小为 14px。Span 2 中定义的样式属性是：背景为黑色，字体颜色为白色，字体大小为 14px。

该样式应用于网页，其效果如图 5-4 所示。

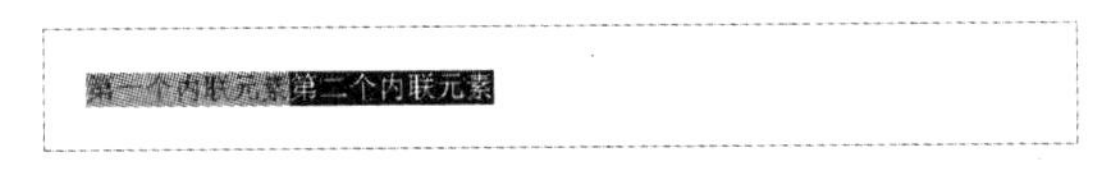

图 5-4　内联元素的默认定位

从图 5-4 中可以看出，块元素在没有设置任何布局属性时，总是在同一行中无间隙地排列下来。这一点很像在使用文本。

5.2.3　块元素和内联元素的混合默认排列

页面中既有块元素又有内联元素，且没有任何布局属性的情况下，块元素默认是不允许任何元素排列在其两边的。所以，每当遇到一个块元素时，就会另起一行。块元素和内联元素混合默认排列的示例代码如下所示。

```
.span1{                                        /*第一个内联元素背景为浅灰色*/
      background-color:#999999;
      color:#000000;
      font-size:14px;}
.div1{                                         /*第一个块元素背景为灰色*/
     width:200px;
      height:30px;
      background-color:#666666;}
.span2{                                        /*第二个内联元素背景为浅黑色*/
      background-color:#000000;
      color:#ffffff;
      font-size:14px;}
```

```
.div2{                                             /*第二个块元素背景为黑色*/
    width:100px;
     height:30px;
     background-color:#000000;
     color:#ffffff;}

<span class="span1">第一个内联元素</span><div class="div1">第一个块元素</div>
     <span class="span2">第二个内联元素</span><div class="div2">第二个块元素</div>
```

说明： 该样式中，块元素和内联元素所定义的属性与上两个示例中所使用的完全相同。

该样式应用于网页的效果如图 5-5 所示。

图 5-5　块元素和内联元素的混合默认定位

5.2.4　使用浮动属性进行定位

浮动属性即 float 属性，可以取 3 个值，分别是 auto、left 和 right。浮动属性是没有继承性的属性。关于浮动属性的特性和详细的使用方法，将在以后的章节中进行讲解。这里只介绍浮动属性的简单应用。下面是一个应用浮动属性定位的示例。其代码如下所示。

```
.div1{
   float:left;                                /*第一个元素使用了向左浮动，背景为浅灰色*/
   width:200px;
   height:80px;
   background-color:#999999;}
.div2{
   float:left;                                /*第二个元素使用了向左浮动，背景为黑色*/
   width:100px;
   height:80px;
   background-color:#000000;
   color:#ffffff;}

<div class="div1">第一个块元素</div>
     <div class="div2">第二个块元素</div>
```

该样式中，用 float 属性实现了两个块元素的并列排列。将其应用于网页，效果如图 5-6 所示。

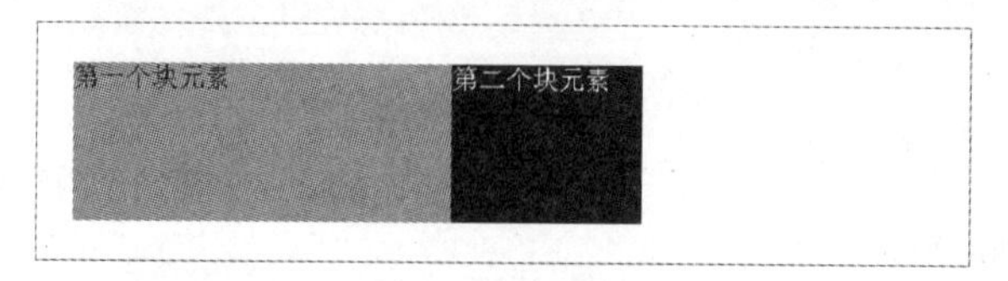

图 5-6　使用浮动属性定位的简单示例

从图 5-6 中可以看到，使用了浮动属性后，原本需要换行显示的块元素实现了并排的排列效果。通过合理地使用浮动属性，配合其他一些辅助的 CSS 属性，可以控制页面中所有元素的显示位置。使用浮动属性进行页面布局的方法是现在最常用的 CSS 布局方法。

5.3　定位属性详解

定位属性包括 3 个方面，分别是定位模式（position）、边偏移（top、right、bottom、left）和层叠定位属性（z-index）。下面分别进行详细介绍。

5.3.1　定位模式

定位模式（即 position 属性）是一个不可继承的属性。其语法结构如下所示。

```
position : static | relative | absolute | fixed;
```

各个属性值的具体含义如下所示。

- ☑ static：元素按照普通方式生成，即元素按照 HTML 的规则进行定位。
- ☑ relative：元素将保持原来的大小，偏移一定的距离。
- ☑ absolute：元素将从页面元素中被独立出来，使用边偏移进行定位。
- ☑ fixed：元素将从页面元素中被独立出来，但其位置是相对于屏幕本身，而不是文档的本身。

5.3.2　边偏移

边偏移包括 top、right、bottom 和 left 4 个属性。各属性的含义如下所示。

- ☑ top：定义元素相对于其父元素上边线的距离。
- ☑ right：定义元素相对于其父元素右边线的距离。
- ☑ bottom：定义元素相对于其父元素下边线的距离。
- ☑ left：定义元素相对于其父元素左边线的距离。

其语法结构如下所示（以 top 属性为例）。

```
top : auto | 长度值 | 百分比值;
```

5.3.3　层叠定位属性

层叠定位属性（即 z-index 属性）用来定义元素层叠的顺序。其语法结构如下所示。

```
z-index : 数字值
```

注意： z-index 属性的取值为没有单位的数字值，并且可以取负数值。

5.4 定位属性的应用

在应用定位属性时，一般要把定位的 3 个属性混合使用。用 position 属性确定定位模式，然后用边偏移属性定义元素的位置，最后用 z-index 属性确定层叠的关系。由于定位模式的不同，可以把定位的应用分为 3 个方面：绝对定位、相对定位和固定定位。下面分别进行介绍。

5.4.1 绝对定位

绝对定位，即使用 position 属性值为 absolute 的定位模式。由于定位的元素被完全从文档中独立出来，所以使用绝对定位的元素，会覆盖其他元素或者被其他元素所覆盖。使用边偏移属性确定的元素位置是指元素相对于父元素边线的距离。一个使用绝对定位的示例代码如下所示。

```
body{
    background:#cccccc;}              /*定义页面背景*/
.content{
    position:absolute;                /*定位属性值为绝对定位*/
    top:50px;
    left:50px;
    width:200px;                      /*以下代码定义了元素本身的大小和背景*/
    height:80px;
    background:#666666;
    color:#ffffff;}

<div class="content">一个使用绝对定位的元素</div>
```

说明：div 元素中定义的 CSS 属性如下：绝对定位、上边偏移和左边偏移均为 50px，宽度为 200px，高度为 80px，背景颜色为灰色，字体颜色为白色。

将该样式应用于网页，其效果如图 5-7 所示。

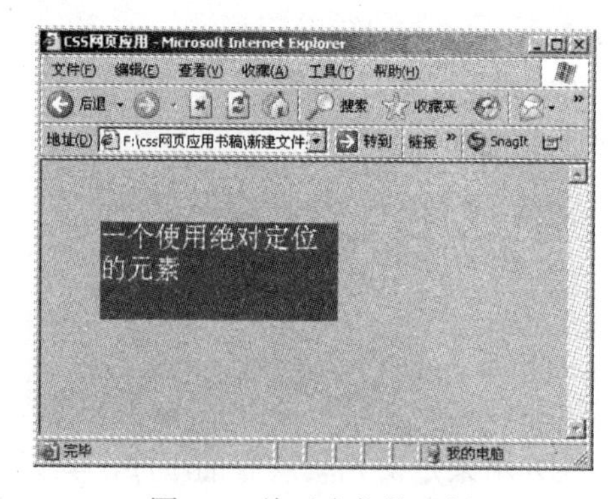

图 5-7 绝对定位的示例

说明：图 5-7 是页面左上角的部分，浅灰色的部分是页面背景，灰色部分是绝对定位的 div 元素。

从图 5-7 中可以明显看出，top 属性和 left 属性的值是相对于页面边界而言的。既然绝对定位使用

边偏移进行定位，那么使用绝对定位的两个元素可能会部分（或全部）出现在页面的同一个位置上。这样就会产生元素的重叠问题。一个元素重叠的示例代码如下所示。

```
body{
      background:#cccccc;}
.content{
    position:absolute;
    top:60px;                                        /*确定第一个绝对定位的位置*/
    left:60px;
    width:200px;                                     /*设置第一个元素的大小*/
    height:80px;
    background:#666666;
    color:#ffffff;}
.content2{
    position:absolute;
    top:80px;                                        /*确定第二个绝对定位的位置*/
    left:80px;
    width:200px;                                     /*设置第二个元素的大小*/
    height:80px;
    background:#000000;
    color:#ffffff;}

<div class="content">一个使用绝对定位的元素</div>
      <div class="content2">另一个使用绝对定位的元素</div>
```

该样式实现了在同一个页面的左上角定位两个绝对定位的元素。将其应用于网页中，效果如图 5-8 所示。

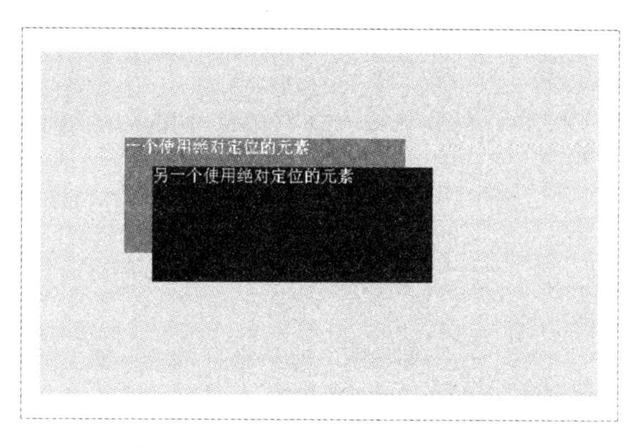

图 5-8　绝对定位时元素重叠的示例

从图 5-8 中可以看到，页面中后出现的绝对定位元素覆盖了先出现的绝对定位元素。这是元素的默认层叠方式。如果要改变这种默认的层叠方式，就要使用 z-index 属性，即在样式中加入如下代码。

```
.content{ z-index:1;}
```

在该样式中，指定了类选择符为 content 的 div 元素的层叠属性值为 1。将该样式应用于网页中，其效果如图 5-9 所示。

从图 5-9 中可以看出，由于给灰色背景的 div 元素设置了层叠属性值为 1，该元素便显示在黑色背景的 div 元素上面。元素的层叠属性值越大，就会越靠前显示。

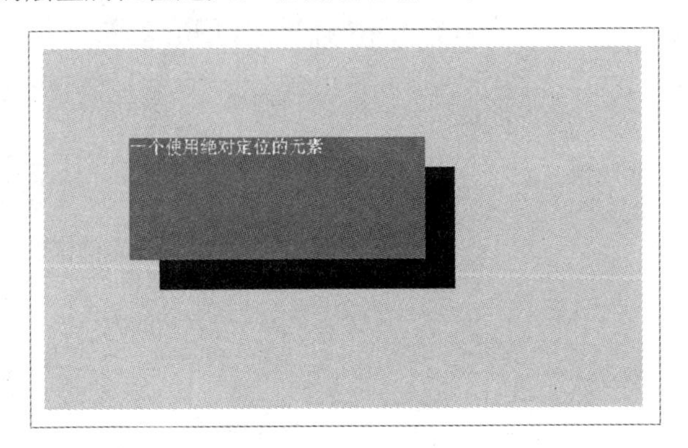

图 5-9　改变层叠方式后

注意：层叠属性的默认值是 0。

5.4.2　相对定位

相对定位，即使用 position 属性值为 relative 的定位模式。在相对定位中，虽然元素的位置做了相应的偏移，但是元素原来占有的位置并没有消失。一个使用相对定位的示例代码如下所示。

```
img{
    position:relative;
    top:0.5em;
    left:100px;}

这是一个关于<img src="images/show.jpg" alt="pic" />相对定位的示例，注意图片元素所在的位置，这将有助于更好地理解这个属性。
```

该样式实现了 img 元素向下偏移 0.5 个字符、向右偏移 100px 的效果。将该样式应用于网页，其效果如图 5-10 所示。

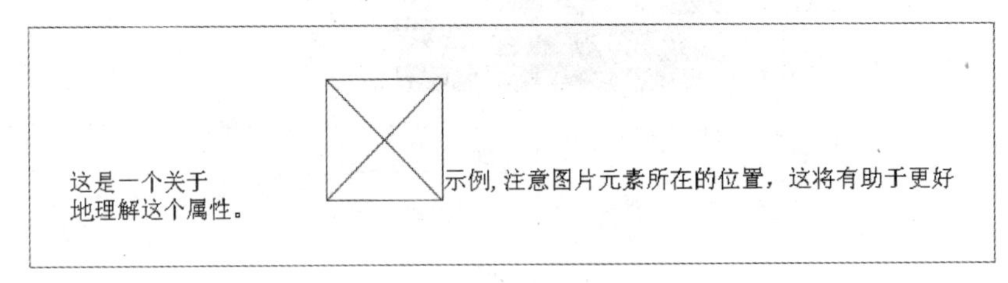

图 5-10　相对定位的示例

从图 5-10 可以看到，图片元素从原来所在的位置向右移动了 100px，并且覆盖了部分文本内容。这是因为相对定位元素的默认层叠属性值要高于其父元素。如果要使文本内容显示在图片的前面，就要使用层叠属性 z-index。在样式中加入如下代码。

```
img{ z-index:-1;}
```

将该样式应用于网页中，效果如图 5-11 所示。

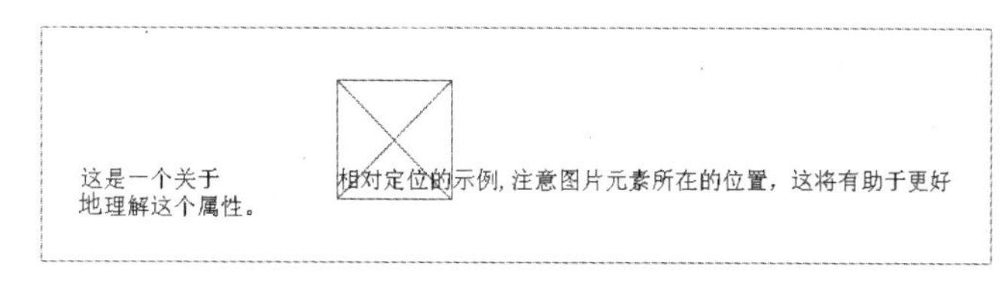

图 5-11　相对定位中使用层叠属性的示例

以上示例是没有容器嵌套时的效果。当图片和文本都处于一个有背景的容器之中时，效果就会有很大的不同。下面是加入包含容器后的示例代码。

```
.content{
    width:450px;
    height:150px;
    background:#cccccc;}                              /*定义父元素的背景*/
img{
    position:relative;
    top:0.5em;
    left:100px;}
img{
    z-index:-1;}

<div class="content">这是一个关于<img src="images/show.jpg" alt="pic" />相对定位的示例，注意图片元素所在的位置，这将有助于更好地理解这个属性。</div>
```

示例代码中，文本和图片都处于一个浅灰色的 div 容器之中。该样式应用于网页中，效果如图 5-12 所示。

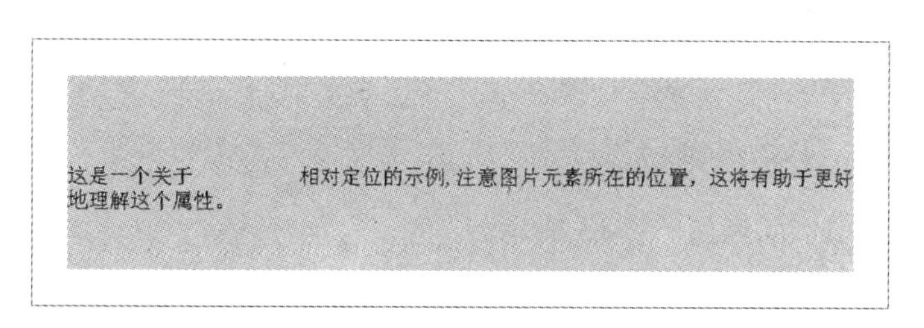

图 5-12　相对定位中有背景容器的层叠属性示例

从图 5-12 中可以看到，由于图片元素处于 div 元素的更下一层，所以图片元素被 div 元素的背景所覆盖。

5.4.3　固定定位

固定定位就是用 position 属性值为 fixed 的定位模式，它可以使一个元素固定地显示于屏幕的某个位置。当拖动滚动条浏览内容时，固定定位元素的位置将保持不动。由于目前 IE 6 还不支持此属性，无法做到兼容，所以这里暂时不作详细讲解。（IE 7 中支持此属性。）

5.4.4　层叠定位属性的使用

层叠定位属性 z-index 的取值具有相对性。在已经使用了层叠属性的元素的子元素中，再次使用层叠定位属性，则其层叠属性是相对于父元素的。一个在子元素中使用层叠定位属性的代码如下所示。

```
.one{
    position:relative;
    z-index:1;                      /*定义相对定位的第一个元素的层叠属性值为 1*/
    width:300px;
    height:150px;
    background:#000000;
    color:#ffffff;}
.two{
    position:relative;
    z-index:2;                      /*定义相对定位的第二个元素的层叠属性值为 2*/
    top:-100px;
    left:50px;
    width:300px;
    height:150px;
    background:#cccccc;}
img{
    position:relative;
    top:0.5em;
    left:100px;
    z-index:3;}                     /*定义第一个元素里图片的层叠属性值为 3*/

<p class="one">这是一个关于<img src="images/show.jpg" alt="pic" />-index 属性的示例，注意图片元素所在的位置，这将有助于更好地理解这个属性。</p>
<p class="two">这是一个关于 z-index 属性的示例，注意图片元素所在的位置，这将有助于更好地理解这个属性。</p>
```

说明： 代码中定义了两个 p 元素。浅灰色背景的 p 元素，层叠定位属性值为 2。黑色背景的 p 元素，层叠定位属性值为 1。同时，定义黑色背景的 p 元素中图片元素的层叠定位属性为 3。

将该样式应用于网页中，效果如图 5-13 所示。

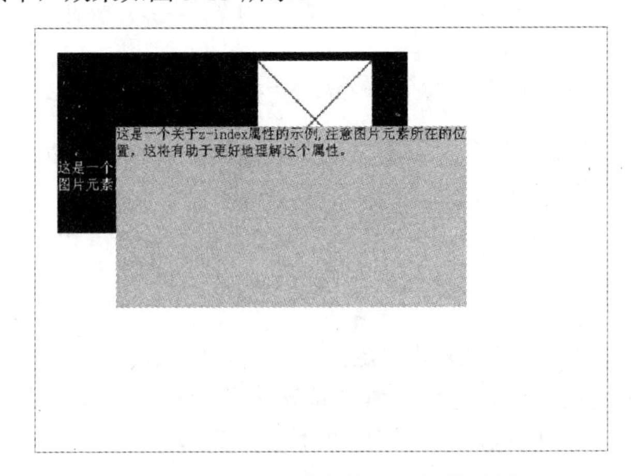

图 5-13　关于层叠属性相对性的示例

从图 5-13 中可以看出，虽然在 img 元素中，定义的层叠定位属性值大于浅灰色背景的 p 元素的层叠定位属性值，但是 img 元素却没有显示在 p 元素的前面。这是因为 img 元素所在的父元素的层叠定

位属性值小于浅灰色背景的 p 元素的层叠定位属性值。所以，即使 img 元素设置再大的层叠定位属性值，也不能出现在最前面。

单独使用定位属性进行布局的网页并不多见，但合理地使用定位属性，会使网页的布局具有更大的灵活性和可扩展性。

5.5　页面背景的设定

了解了页面的基本布局方法后，即可开始页面主体部分的制作。在开始制作页面具体内容之前，要为整个页面的元素和内容定义基础样式。这些样式包括页面背景、页面中的字体、页面中的图片、列表和链接等。下面分别进行详细介绍。

5.5.1　使用背景色定义背景

在具体制作页面时，首先要做的就是确定页面的背景。由于页面的结构千变万化，所以页面背景的设置也有很多种，包括使用背景颜色、背景图片、背景颜色和背景图片混合使用等。现详细介绍如下。

注意：以下所讲解的背景知识不但适用于整个网页的背景，也适用于页面中某个元素的背景。

使用背景色的方法比较简单。所用到的 CSS 属性为 background-color。background-color 属性是一个可继承的属性。其语法结构如下所示。

```
background-color:颜色值;
```

使用图片作为网页背景，要用到几个属性，分别是 background-image 属性、background-repeat 属性、background-position 属性和 background-attachment 属性。下面详细介绍每个属性的用法。

5.5.2　背景图片的默认使用

背景图片属性（即 background-image 属性）是一个不可继承的属性，其取值是一个 URL 值。其语法结构如下所示。

```
background-image:url(图片路径);
```

一个使用图片背景的示例代码如下所示。

```
background-image:url(images/background.jpg);
```

所使用的背景图片如图 5-14 所示。

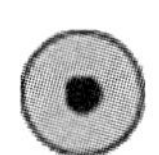

图 5-14　背景图片

该样式应用于网页中的效果如图 5-15 所示。

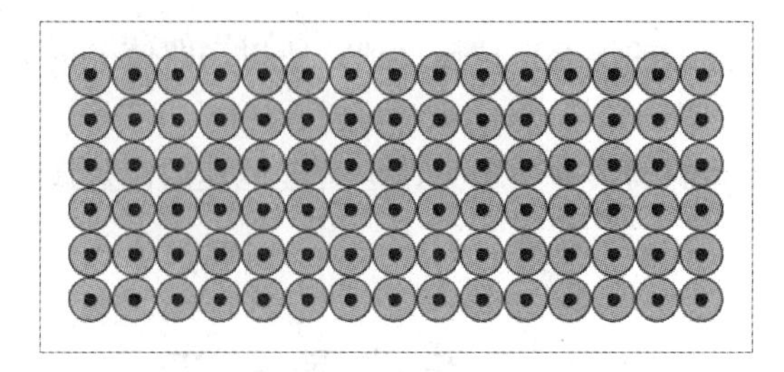

图 5-15 背景图片的默认使用

从图 5-15 中可以看到，背景图片的默认排列方式是从左到右、从上到下，直到将整个页面的背景充满为止。

5.5.3 背景图片的重复

背景图片的重复属性（即 background-repeat 属性）是一个不可以继承的属性。其语法结构如下所示。

```
background-repeat: repeat | no-repeat | repeat-x | repeat-y;
```

background-repeat 属性的 4 个取值的具体含义如下所示。

☑ repeat：背景图片按照从左到右、从上到下的顺序进行排列。

☑ no-repeat：背景图片不重复。没有定义位置时，默认出现在容器的左上角。

☑ repeat-x：背景图片横向排列。没有定义位置时，在容器顶部从左向右重复排列。

☑ repeat-y：背景图片纵向排列。没有定义位置时，在容器左侧从上向下重复排列。

其中，background-repeat 属性取 repeat 值时的效果如图 5-15 所示。使用同样的背景图片，background-repeat 属性取 repeat-y 值的代码如下所示。

```
body{
    background-image:url(images/background.jpg);
    background-repeat:repeat-y;}
```

将该样式应用于网页中，效果如图 5-16 所示。

图 5-16 背景图片的纵向排列

使用背景图片的重复属性，可以制作出很多复杂的背景，也是制作页面背景时最常使用的方式。利用背景的重复属性，可以使用一个很小的图片来构成整个页面的背景。下面是一个使用小图片制作网页背景的示例，其代码如下所示。

```
body{
    background-image:url(images/bj_03.jpg);}
```

所使用的背景图片 bj_03.jpg 如图 5-17 所示。

将该样式应用于网页中，效果如图 5-18 所示。

图 5-17　背景示例中使用的图片

图 5-18　背景应用示例

将一个宽度很大、高度很小的图片纵向排列，或者将一个宽度很小、高度很高的图片横向排列，是制作网页背景时通常采用的方法。

5.5.4　背景图片的位置

背景图片的位置属性（即 background-position 属性）是一个不可以继承的属性。其语法结构如下所示。

```
background-position:长度值 | 百分比值 | top | right | bottom |left | center;
```

background-position 属性取值的数目和其他属性有所不同。下面是一个使用 background-position 属性的示例。其代码如下所示。

```
background-position: left top;
```

从以上代码中可以看到，background-position 属性的值有两个，前一个代表横向位置的值，后一个代表纵向位置的值。各个取值的具体含义如下所示。

- ☑ 长度值和百分比值：背景图片按照设置的具体数值确定位置。
- ☑ top：背景图片出现在容器的上边。
- ☑ bottom：背景图片出现在容器的底边。
- ☑ left：背景图片出现在容器的左边。
- ☑ right：背景图片出现在容器的右边。
- ☑ center：背景图片出现在横向和纵向的居中位置。

下面是一个使用 background-position 属性的示例，其代码如下所示。

```
body{
    background-image:url(images/background.jpg);
```

```
    background-repeat:no-repeat;
    background-position:right top;}
```

其中，background-position 属性所使用的两个值之间用空格分隔开。将该样式应用于网页中，效果如图 5-19 所示。

图 5-19　使用 background-position 属性的示例

注意：如果 background-position 属性只取一个值，则另一个值的默认值为 center。

当 background-position 属性的取值为百分比值时，top、bottom、left、right、center 等值的用法基本相同。下面是在 background-position 属性中使用百分比值的示例代码。

```
body{
    background-image:url(images/background.jpg);
    background-repeat:no-repeat;
    background-position:33% 33%;}
```

将该样式应用于网页中，效果如图 5-20 所示。

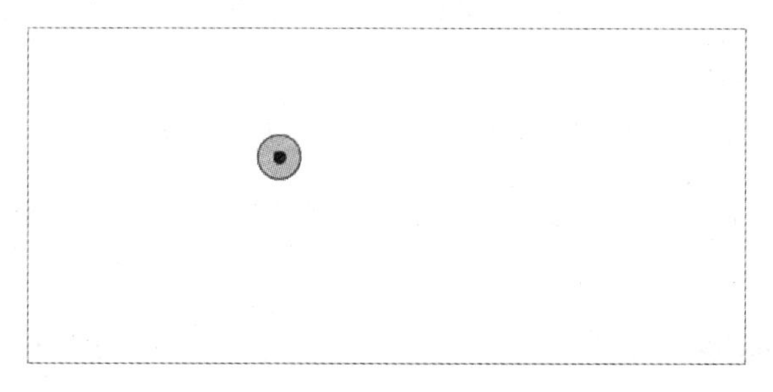

图 5-20　background-position 属性取百分比值的示例

从图 5-20 可以看出，背景图片中心出现在距离左边界和上边界的 1/3 处。

说明：百分比值所确定的位置是以左边界和上边界为基准的，是指图片中心距离两个边界的百分比值。

当 background-position 属性的取值为长度值时，各属性值的用法和使用百分比值时基本相同。但此时的长度值指的是背景图片的左上角距离容器的左上角点的水平距离和垂直距离。

注意：background-position 属性的取值可以混合使用，并且可以取负值。

下面是一个 background-position 属性使用负值的示例，其代码如下所示。

```
body{
    background-image:url(images/background_big.jpg);
```

```
    background-repeat:no-repeat;
    background-position:-50px 33%;}
```

将该样式应用于网页中，效果如图 5-21 所示。

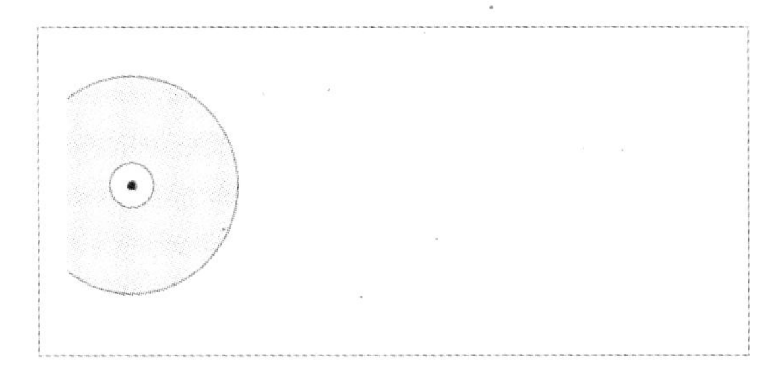

图 5-21　background-position 属性取负值的示例

说明：百分比值也可以取负值，但由于会受到一定的限制，所以不建议使用。

5.5.5　背景图片的附件

背景图片的附件属性（即 background-attachment 属性）是一个不可以继承的属性。其语法结构如下所示。

```
background-attachment : scroll | fixed :
```

background-attachment 属性各取值的具体含义如下所示。

☑　scroll：背景图像随内容滚动。

☑　fixed：背景图像固定。

scroll 是 background-attachment 属性的默认值。当拖动滚动条时，背景图像会随着内容一起滚动，这是页面中最常见的效果。下面是一个 background-attachment 属性取值为 fixed 的示例，具体代码如下所示。

```
body{
    background-image:url(images/background_big.gif);
    background-repeat:no-repeat;
    background-position:center;
    background-attachment:fixed;}
.screem{
    height:900px;                    /*定义元素高度的目的是产生纵向的滚动条*/
    font-size:36px;}

<div class="screem">
    一个固定的背景图像的示例，请注意文字和背景图片之间的位置关系，这将有助于对这个值的理解</div>
```

该样式实现了当拖动窗口滚动条时，背景相对于页面内容固定不动的效果。该样式应用于网页中的效果如图 5-22 所示。

当拖动滚动条后，页面显示的效果如图 5-23 所示。

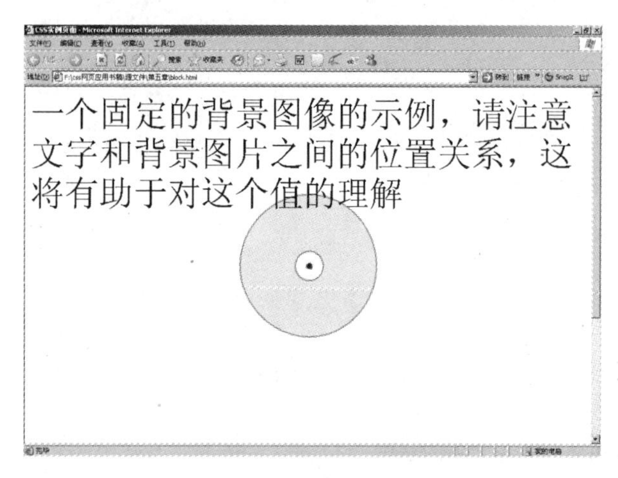

图 5-22　固定背景拖动滚动条前页面显示的效果

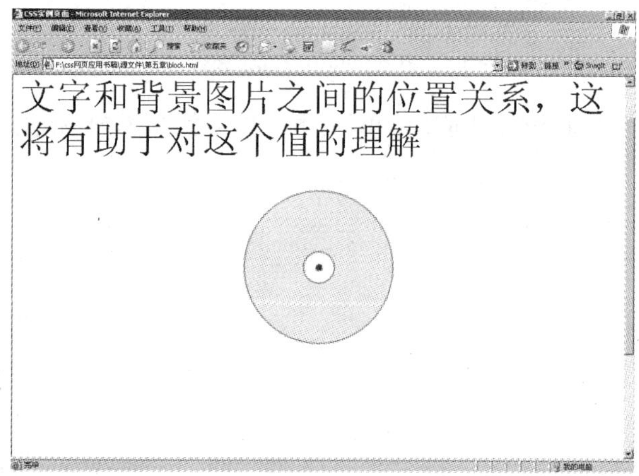

图 5-23　固定背景拖动滚动条后页面显示的效果

注意： 当 background-position 属性的值为 fixed 时，背景图片的位置固定并不是相对于页面，而是相对于页面的可视范围。

例如，以上示例中如果设定背景图片的位置为居中，则不论将浏览器窗口变为多大，背景图片将保持居中显示且大小不变。其实，图 5-22 和图 5-23 就是将浏览器窗口变小后的效果。当浏览器窗口变得更小时，其显示效果如图 5-24 所示。

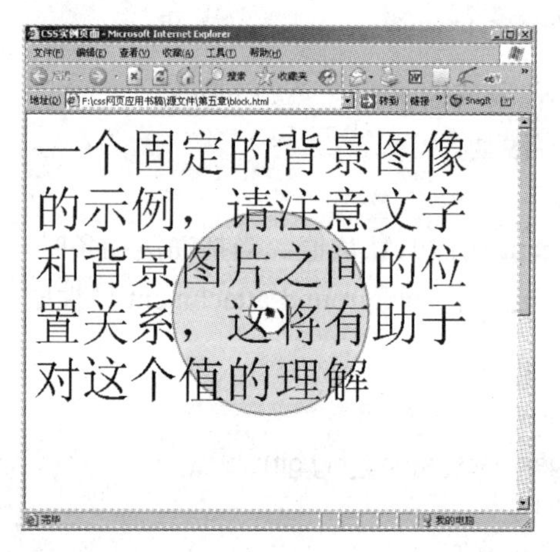

图 5-24　固定背景当浏览器窗口变小时的效果

5.6　背景的综合应用

综合应用背景颜色和背景图片等各种属性进行页面布局设置时，情况会显得稍微复杂一点。其中将涉及层叠排列的问题等。下面进行详细介绍。

5.6.1　背景颜色和背景图片的层叠

同时使用背景颜色和背景图片时，背景图片会覆盖背景颜色。下面是一个同时使用背景颜色和背

景图片的示例，其代码如下所示。

```
body{
    background-image:url(images/background_big.gif);
    background-repeat:no-repeat;
    background-position:center;
    background-color:#cccccc;}
```

该样式中使用了一个居中的不重复的背景图片，同时设置了背景颜色为#cccccc。将其应用于网页中，效果如图 5-25 所示。

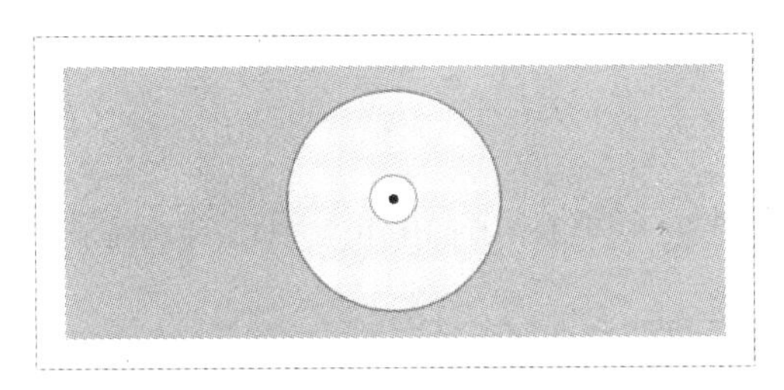

图 5-25　同时使用背景颜色和背景图片时的示例

从图 5-25 可以看到，背景图片显示在背景颜色的上面。也就是说，当同时定义了背景图片和背景颜色时，在没有背景图片的地方，会显示出背景颜色。

5.6.2　背景图片的重复和位置的关系

以上示例中，设置了背景图片的属性为不重复。下面是一个使用重复背景图片的示例，其代码如下所示。

```
body{
    background-image:url(images/background_big.gif);
    background-repeat: repeat;
    background-position:center;
    background-color:#cccccc;}
```

该样式中，同时设置了背景图片的居中和重复。应用于网页中的效果如图 5-26 所示。

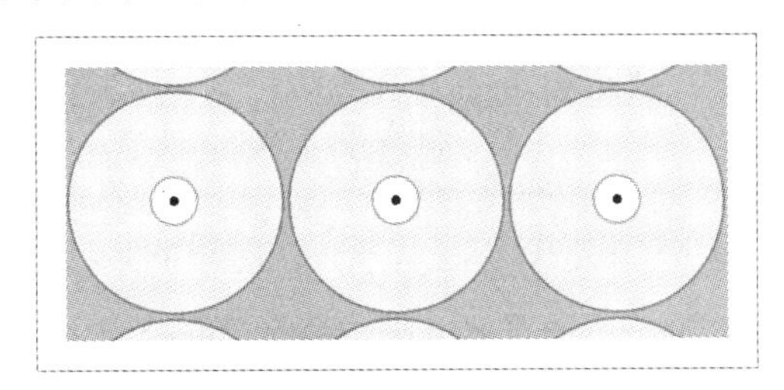

图 5-26　背景图片居中，重复排列的示例

从图 5-26 可以看到，背景图片采用了从中心向四周扩展的方式进行排列。也就是说，background-position 属性决定了背景图片重复排列的起点。

同时使用 background-position 属性和 background-repeat 属性中的其他值，可以使背景图片在相应的位置按照相应的方式进行排列。一个简单的示例代码如下所示。

```
body{
    background-image:url(images/background.gif);
    background-repeat:repeat-y;
    background-position:center top;
    background-color:#cccccc;}
```

该样式实现了背景图片从顶部中间的位置开始，纵向重复排列，应用于网页中，效果如图 5-27 所示。

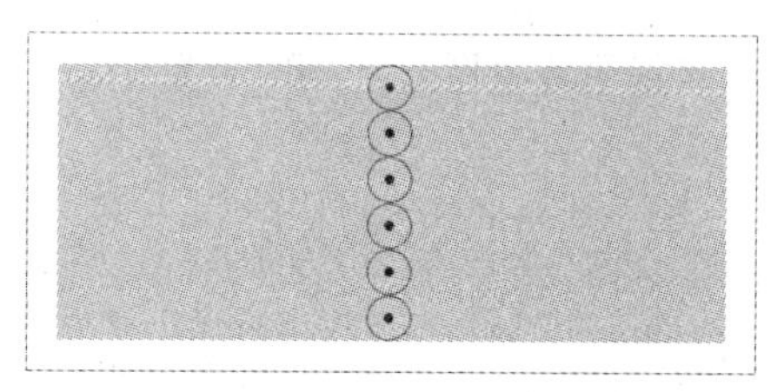

图 5-27　背景图片的居中纵向重复排列的示例

5.6.3　背景属性在内联元素中的使用

background-position 属性使用在内联元素中时，在 IE 和 Firefox 中显示的效果是不同的。下面是一个在内联元素中使用 background-position 属性的示例，其代码如下所示。

```
.screem{
    background-image:url(images/background_big.gif);
    background-repeat:no-repeat;
    background-position:right center;
    background-color:#cccccc;}

<span class="screem">
一个在内联元素中使用背景图像位置属性的示例，请注意文字和背景图片之间的位置关系，这将有助于对这个值的理解。</span>
```

在该样式中，设置了内联元素的背景图片位置为右侧中间。该样式在 IE 中的显示效果如图 5-28 所示，在 Firefox 浏览器中的显示效果如图 5-29 所示。

一个在内联元素中使用背景图像位置属性的示例，请注意文字和背景图片之间的位置关系，这将有助于对这个值的理解。

图 5-28　IE 中内联元素的背景图片位置

一个在内联元素中使用背景图像位置属性的示例，请注意文字和背景图片之间的位置关系，这将有助于对这个值的理解。

图 5-29　Firefox 中内联元素的背景图片位置

从图 5-28 和图 5-29 中可以看出，IE 浏览器会把内联元素的各个行作为一个块来设置背景。Firefox 浏览器则是以所有行为一个连续的框来设置背景的。在内联元素中使用背景颜色和背景图像时，一定要注意这个问题。

5.6.4　背景属性的缩写

在 CSS 中，背景综合属性，即 background 属性的语法结构如下所示。

```
background：背景颜色 | 背景图像 | 背景位置 | 背景重复 | 背景附件
```

注意： 各个取值的顺序是可以随意交换的。

一个使用 background 属性的示例如下所示。

```
body{
    background: #cccccc url(images/background_big.gif) left center no-repeat fixed ;}
```

这段代码与下面定义的样式是等价的。

```
body{
    background-color:#cccccc;
    background-image:url(images/background_big.gif);
    background-repeat:no-repeat;
    background-position:left center;
    background-attachment:fixed;}
```

该样式应用于网页中的效果如图 5-30 所示。

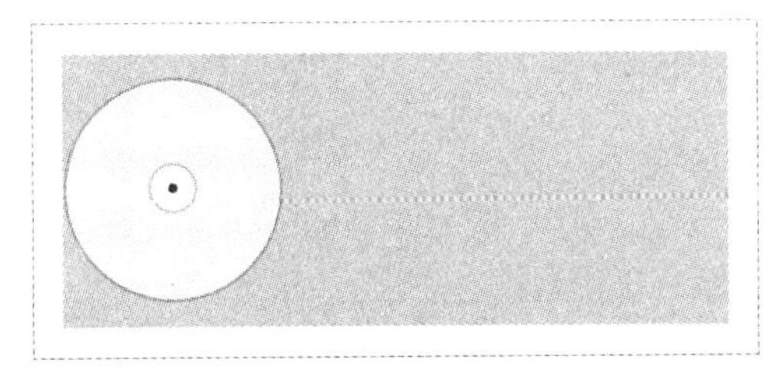

图 5-30　使用 background 属性的示例

从以上的示例中可以看到，使用 background 属性设置背景时能节省很多代码，并使得代码结构更加清晰。

5.6.5　页面文本的样式

页面文本样式是指在 body（或者通配选择符）选择符中设置的页面统一的文本样式，包括字体、字体大小、行高和文本颜色等（文本样式属性及其具体应用将在第 7 章中详细介绍）。

在 CSS 中，选择字体和设置字体大小，分别使用 font-family 属性和 font-size 属性。在制作简体中文网页中，选择的字体一般是“宋体”，字体大小为 12px。但随着显示器的不断更新和升级换代，使用大于 1024×768 像素分辨率的用户越来越多，所以也有一些网站采用了大小为 14px 的字体。

在 CSS 中，行高使用 line-height 属性，可以取长度值，也可以取百分比值。

文本的颜色是用前景色 color 属性来定义的。具体页面中使用哪种颜色的字体，要视情况而定。页面中统一定义文本样式的代码如下所示。

```
body{
  font-family:"宋体";          /*定义字体*/
  font-size:12px;              /*定义字体大小*/
  line-height:130%;            /*定义行高*/
  color:#000000;}              /*定义文本颜色*/
```

说明： 该样式中，font-family 属性定义了文本的字体为宋体。font-size 属性定义了文本的大小为 12px。color 属性定义了文本的颜色为黑色。

因为以上 3 个属性都是可继承的属性，所以，定义之后，所有 body 元素所包含的元素（即所有页面内容）都会继承这些属性，直到某个元素中声明了其他值，覆盖了现在的继承值为止（关于这 4 个属性的具体使用方法，将在第 7 章中详细讲解）。

5.6.6 链接的样式

页面中的链接一般会显示为特殊的颜色或者样式，以把具有链接的内容和没有链接的内容区分开。链接有 4 种状态，分别是未访问状态、鼠标悬停状态、激活状态、已访问状态。

在 CSS 中，控制这 4 种状态的分别是 4 个伪类：:link、:hover、:active 和:visited。在页面中，链接一般是用 a 元素来实现的。在第 3 章中曾经讲解过，伪类要配合其他选择符一起使用。所以，页面元素的统一链接样式可以用类型选择符 a 和 4 个伪类来定义。下面是一个定义页面统一链接方式的示例，其代码如下所示。

```
a{
  color:#000000;}        /*定义链接的颜色*/
a:hover{
  color:#999999;}        /*定义鼠标悬停时链接的颜色*/

<a href="#">一个统一定义页面链接的示例</a>
```

说明： 该样式中，用类型选择符 a 定义了页面中所有含有链接的文本的颜色，在 4 种状态下均为黑色。然后又用 a:hover 选择符定义了鼠标悬停状态时文本颜色为浅灰色，覆盖了类型选择符 a 中定义的颜色。

该样式应用于网页中，没有鼠标悬停时，效果如图 5-31 所示。当鼠标悬停在文本上时，其效果如图 5-32 所示。

一个统一定义页面链接的示例

图 5-31 统一定义页面链接的示例

一个统一定义页面链接的示例

图 5-32 定义页面链接的鼠标悬停状态

从图 5-31 和图 5-32 可以看出，链接的文本内容默认都有下划线，但有时并不需要这种效果。在 CSS 中，可以用 text-decoration 属性来取消文字的修饰样式。取消文本修饰属性后，代码如下所示。

```
a{
    color:#000000;
    text-decoration:none;}        /*取消链接的默认下划线*/
a:hover{
    color:#999999;
    text-decoration:none;}
```

说明： 该样式中，text-decoration 属性的取值为 none，即没有任何修饰。

将其应用于网页，效果如图 5-33 所示。

一个统一定义页面链接的示例

图 5-33　取消文本修饰样式后的链接状态

关于链接样式的更多应用将在第 7 章中详细介绍。

5.7　布局的基础知识

下面来介绍页面布局的基础知识，包括页面布局的步骤、ID 选择符和类选择符的使用、页面内容的显示方式以及页面文本的居中显示等内容。下面进行具体介绍。

5.7.1　页面布局的步骤

页面布局元素是布局页面时所使用的元素，主要指 div 元素。所以也有人称 CSS 布局为 DIV+CSS 布局。其实，这只不过是从代码表面看到的现象。使用 CSS 布局的初衷是：分清页面中哪部分是内容，哪部分是修饰的部分，然后把所有的表现层部分（也就是修饰的部分）剥离出来，放入 CSS 之中。

页面的内容部分是指页面所要传达信息的部分，其余的就都是修饰的部分。分清了页面各部分的内容和修饰之后，按照内容的关系把页面分成一个个的区域，每个区域用一个 div 进行定义，然后使用浮动属性将各个 div 按照效果图中的位置关系排列好，最后在各个 div 中放入页面内容，在 CSS 中加入修饰部分。

5.7.2　使用 id 还是 class

了解了布局页面的步骤之后，即可开始制作页面。首先要解决的是页面元素使用哪种选择符的问题。因为通配选择符、类型选择符和伪类都不能够在 XHTML 中加入特殊的代码，所以问题就集中在是使用 ID 选择符还是类选择符上。

在 CSS 中，使用 ID 选择符和类选择符，XHTML 页面中使用的调用代码是不同的。使用 ID 选择符的页面调用代码如下所示。

```
<div id="header" ></div>
```

使用类选择符的页面调用代码如下所示。

```
<div class="header" ></div>
```

ID 选择符和类选择符在使用时具有一定的区别，下面逐一介绍。

1．CSS 中选择符的写法不同

CSS 中使用 ID 选择符的写法如下所示。

```
#header{ color: red ;}
```

CSS 中使用类选择符的写法如下所示。

```
.header{ color: red ;}
```

如果在调用时把选择符的对应关系搞错了，定义的 CSS 将无法在页面中起作用。

2. 可重复性不同

id 在页面中是唯一的，就像网络中的域名一样，而 class 却可以重复。可以在很多页面元素中定义相同的 class，使它们显示相同的表现效果。

3. 作用不同

页面中定义的 id 有两个作用，一是用来定义元素的表现，二是为了使用 JavaScript（JS）等脚本。在页面元素中使用行为时，要求该元素在页面中必须有唯一的 id 标识。这也是 id 必须唯一的原因。

页面中定义的 class，其主要作用就是确定页面的表现样式。

为了让页面有更好的扩展性，页面内容中较大的布局区域和可能会设置动作的地方应使用 id 选择符；而在页面内容等部分应使用 class 选择符。

5.7.3 控制内容显示的 display 属性

在 CSS 中，定义页面内容显示方式的属性有两个：display 属性和 visibility 属性。下面首先详细介绍 display 属性。

display 属性用来确定页面元素是否显示以及其显示方式。display 属性是一个不可继承的属性，其语法结构如下所示。

```
display : block | none | inline | list-item | compact | marker | inline-table | list-item | run-in | table |table-caption | table-cell | table-column | table-column-group | table-footer-group | table-header-group | table-row | table-row-group
```

display 属性的取值有很多，其中比较常用的几个属性值的含义介绍如下。

- ☑ block：定义元素为块对象。
- ☑ inline：定义元素为内联对象。
- ☑ list-item：定义元素为列表项目。
- ☑ none：隐藏对象，同时元素所占有的空间也被清除。

使用 display 属性，可以指定元素的显示类型。例如，可以把原本是内联属性的元素，通过 display 属性指定为块元素。下面是一个使用 display 属性的示例，其代码如下所示。

```
img{
   display:block;}

这里用 display 属性为原本是内联元素的 img 元素定义了块元素属性，请注意定义后图片
<img src="images/show.jpg" alt="block" />的显示方式，这将有助于更好地理解这个属性的含义。
```

将该样式应用于网页，其显示效果如图 5-34 所示。

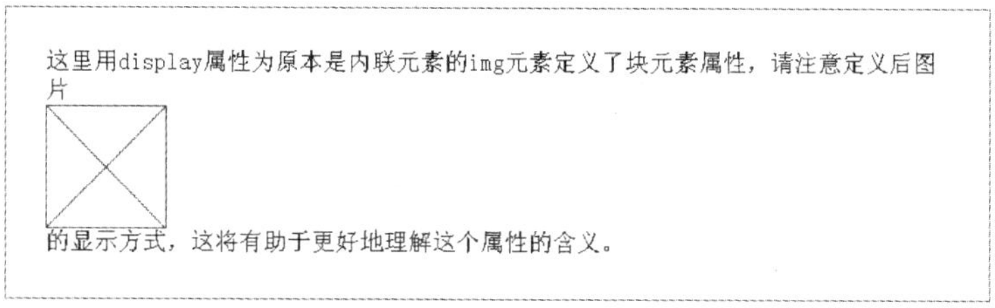

这里用display属性为原本是内联元素的img元素定义了块元素属性，请注意定义后图
片
的显示方式，这将有助于更好地理解这个属性的含义。

图 5-34　指定 img 元素的显示属性为 block 后的效果

取消 display 定义后的显示效果如图 5-35 所示。

这里用display属性为原本是内联元素的img元素定义了块元素属性，请注意定义后图
片
的显示方式，这将有助于更好地理解这个属性的含义。

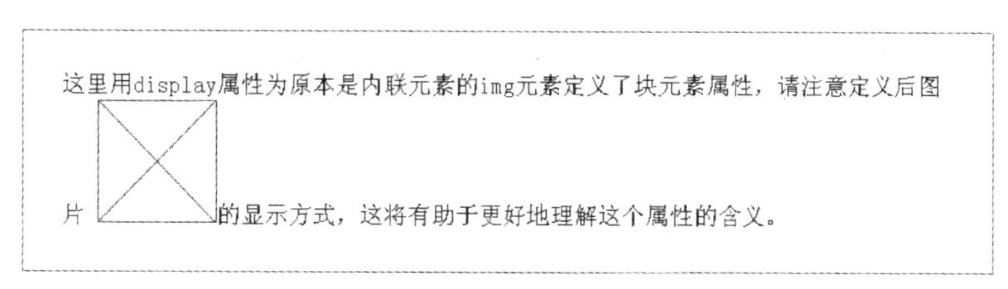

图 5-35　取消指定显示方式后的效果

在 display 属性的使用中，要注意的是当取值为 none 时，元素原来占有的空间也会消失。下面将上一个示例中的图片的 display 属性值设置为 none，其代码如下所示。

```
img{ display : none ;}
```

将该样式应用于网页，显示的效果如图 5-36 所示。

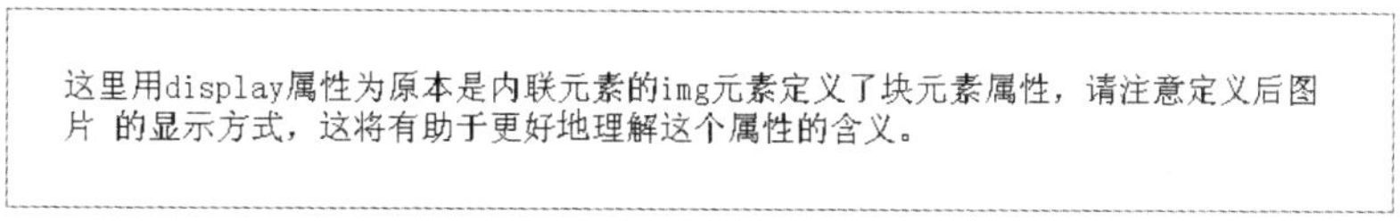

这里用display属性为原本是内联元素的img元素定义了块元素属性，请注意定义后图
片 的显示方式，这将有助于更好地理解这个属性的含义。

图 5-36　定义 display 属性值为 none 后的效果

从图 5-36 中可以看到，当定义了元素的 display 属性为 none 后，元素就好像根本不存在一样。利用 display 属性的这个特性，再结合脚本，就可以制作出能够消失和隐藏的菜单。

5.7.4　控制内容显示的 visibility 属性

visibility 属性用来确定页面元素是否显示，是一个不可继承的属性。其语法结构如下所示。

```
visibility : visible | collapse | hidden
```

每个取值的含义如下所示。

☑ visible：元素可见。

☑ collapse：隐藏表格中的行或列。

☑ hidden：元素不可见。

注意： visibility 属性取值为 hidden 时，只是隐藏了元素的可见性，元素所占有的空间依然存在。

下面是一个使用 visibility 属性的示例，其代码如下所示。

```
img{
  visibility:hidden;}

这里用 display 属性为原本是内联元素的 img 元素定义了块元素属性，请注意定义后图片<img src="images/
show.jpg" alt="block" />的显示方式，这将有助于更好地理解这个属性的含义。
```

代码中所使用的图片，依然是上一个示例中所使用的图片。该样式应用于网页，显示的效果如图 5-37 所示。

这里用display属性为原本是内联元素的img元素定义了块元素属性，请注意定义后图

片　　　　　　的显示方式，这将有助于更好地理解这个属性的含义。

图 5-37　定义 visibility 属性值为 hidden 后的效果

从图 5-37 中可以看出，使用 visibility 属性隐藏元素时，为元素保留了原来占有的空间。

5.7.5　使用 text-align 属性的水平居中

在传统的 table 布局中，要使整个页面居中显示，一般使用 center 元素。但在 XHTML 中并不使用 center 元素，因为 center 是一个表现层的元素。在 CSS 中，可以通过相应的属性来定义元素的居中。下面详细讲解使用 text-align 属性居中的方法。

最简单的方法就是在 body 中设置一个和 center 标签作用基本相同的属性，以使页面元素居中。这个属性就是 text-align 属性。

text-align 属性的作用是设置内容的显示方式。取值为 center 时，内容会居中显示。在 body 中使用 text-align 属性的代码如下所示。

```
body{
      text-align:center;}
.main{
    width:440px;                                    /*定义元素的宽度*/
    border:10px solid #000000;                      /*定义元素的边框*/
    height:400px;
    padding:20px;
    background:#666666;                             /*定义元素的背景*/
    font-size:36px;
    font-family:"宋体";
    color:#ffffff;}

<body>
<div class="main">一个居中的示例</div>
</body>
```

该样式在 IE 中的显示效果如图 5-38 所示。

从图 5-38 中可以看出，当 text-align 属性取值为 center 时，在 IE 中的显示效果是正常的。其在 Firefox 浏览器中的显示效果如图 5-39 所示。

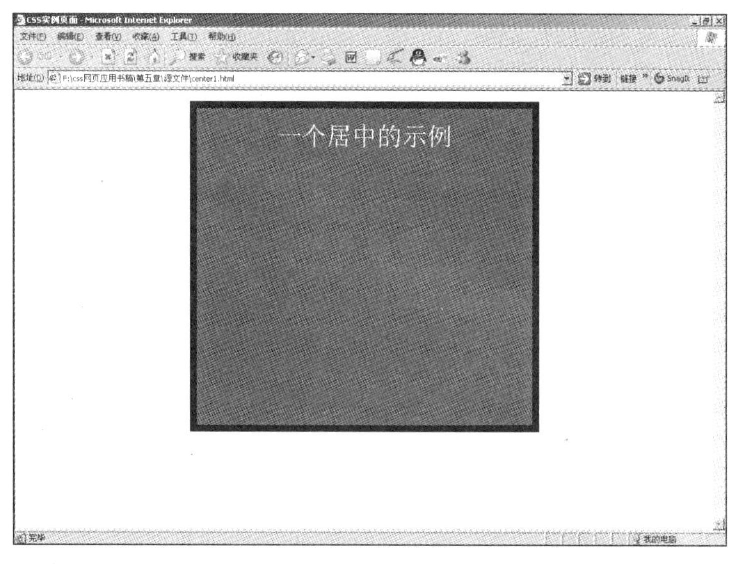

图 5-38　设置 text-align 属性为居中时在 IE 中的效果

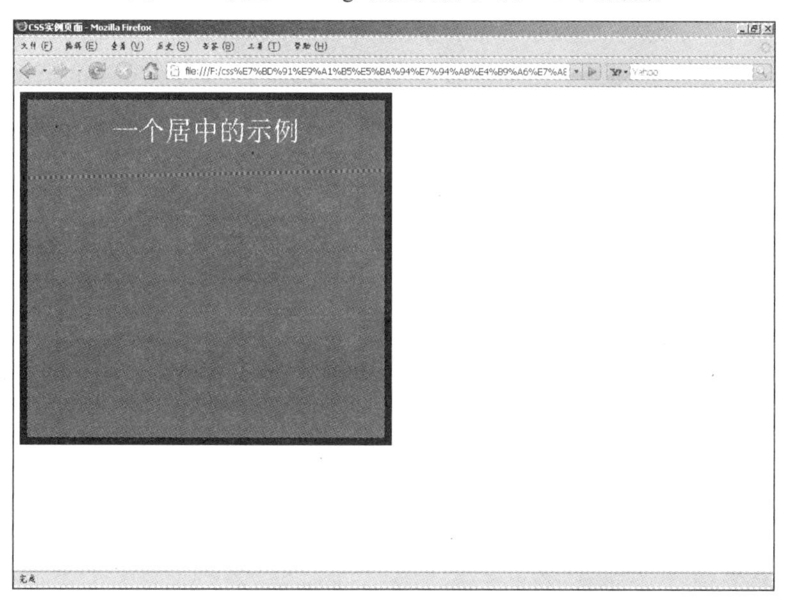

图 5-39　设置 text-align 属性为居中时在 Firefox 中的效果

从图 5-39 中可以看出，当 text-align 属性取值为 center 时，在 Firefox 浏览器中并不能正常居中显示。

5.7.6　使用 margin 属性的水平居中

在 CSS 中，定义元素居中时，兼容性比较好的是使用 margin 属性即设置元素的边界值（即元素距离相邻的其他元素的距离）。关于 margin 属性的取值和应用将在第 6 章中详细讲解。现在只介绍 margin 属性在元素居中时的应用。使用 margin 属性居中的代码如下所示。

```
.main{
    margin-left:auto;
    margin-right:auto;}          /*元素边界属性中的 auto 值的含义可以参看第 6 章*/
```

将以上代码加入 5.7.5 节的示例代码中，IE 中显示元素依然居中，如图 5-38 所示。Firefox 浏览器中显示的效果如图 5-40 所示。

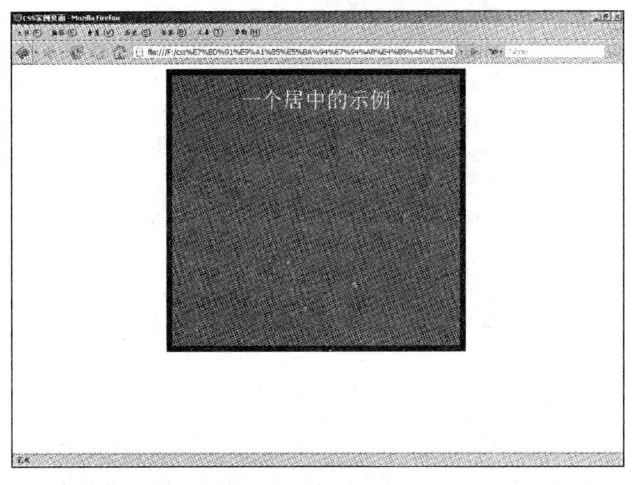

图 5-40　设置 margin 属性为居中时在 Firefox 中的效果

说明：父元素为 body 的元素，在元素中定义 margin 属性中的 margin-left 和 margin-right 的属性值为 auto，即可使元素在 body 中居中，而且在各种浏览器中的兼容性都很好。

5.8 浮动属性

浮动属性是布局中最常用到的属性。在 div 元素中，使用浮动属性可以很好地进行内容布局。在 ul 等列表元素中，使用浮动属性可以制作导航条等页面中的常用元素。下面详细介绍浮动属性的取值和应用。

5.8.1 浮动属性详解

浮动属性（即 float 属性）是一个不可以继承的属性，其语法结构如下所示。

```
float: none left | right
```

该属性定义了元素是否浮动和浮动的方式。3 个取值的具体含义如下所示。

- ☑ none：元素不浮动。
- ☑ left：元素浮动在左侧。
- ☑ right：元素浮动在右侧。

定义了浮动属性的元素，会相对于原来的位置在一个新的层次上出现，同时对文档其他部分内容造成影响。由于相邻元素的属性不同，情况也会比较复杂。下面介绍几种常见的情况。

5.8.2 相邻的浮动元素和固定元素

相邻的浮动元素和固定元素，其显示效果和两个元素的顺序有关。在不同的浏览器中也会有不同

的解释。下面是浮动元素在固定元素后面的示例，其代码如下所示。

```
.content1{
    width:200px;                                    /*定义固定元素的大小、边框和背景*/
    height:100px;
    border:5px solid #000000;
    background:#cccccc;}
.content2{
    float:left;
    width:200px;                                    /*定义浮动元素的大小、边框和背景*/
    height:100px;
    border:5px solid #000000;
    background:#666666;}

<div class="content1">一个固定元素</div>
  <div class="content2">一个浮动元素</div>
```

说明： 代码中，为了使两个元素的区分更加明显，设置了边框的 border 属性，其含义是宽度为 5px 的黑色实线边框（关于边框属性将在第 6 章详细讲解）。两个元素的大小都是 200px 宽，100px 高，只是背景不同。前一个元素没有定义浮动属性，后一个元素的浮动属性值为 left。

将该样式应用于网页，其效果如图 5-41 所示。

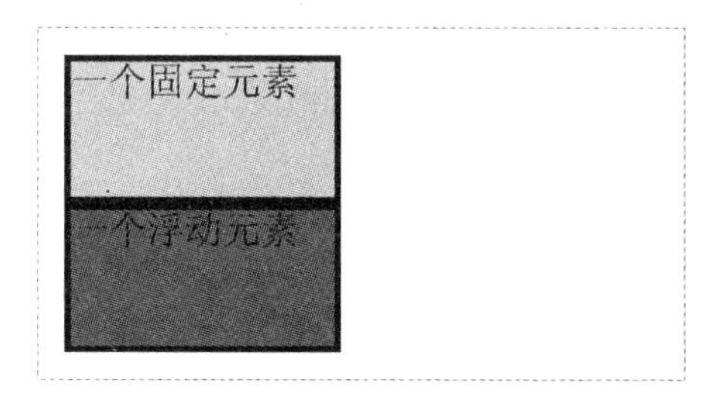

图 5-41　固定元素在浮动元素前面的示例

从图 5-41 中可以看出，浮动元素并没有浮动在固定元素之后，而是换行显示在固定元素的下面。下面不改变 CSS，将固定元素和浮动元素调换一下位置。调换后的页面代码如下所示。

```
<div class="content2">一个浮动元素</div>
  <div class="content1">一个固定元素</div>
```

将该样式应用于网页，在 IE 浏览器中的显示效果如图 5-42 所示。

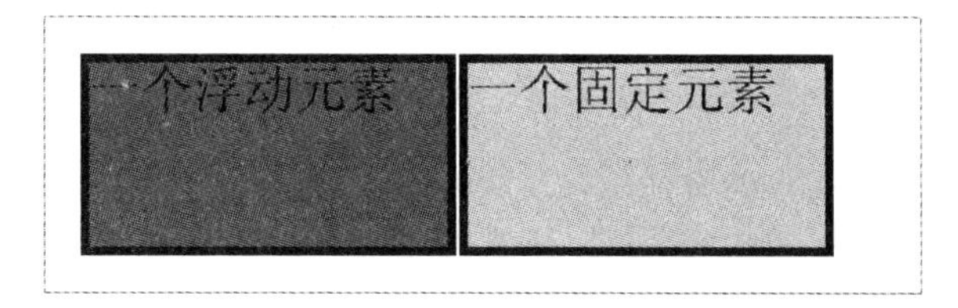

图 5-42　固定元素在浮动元素后面时，在 IE 中的显示效果

在 Firefox 浏览器中的显示效果如图 5-43 所示。

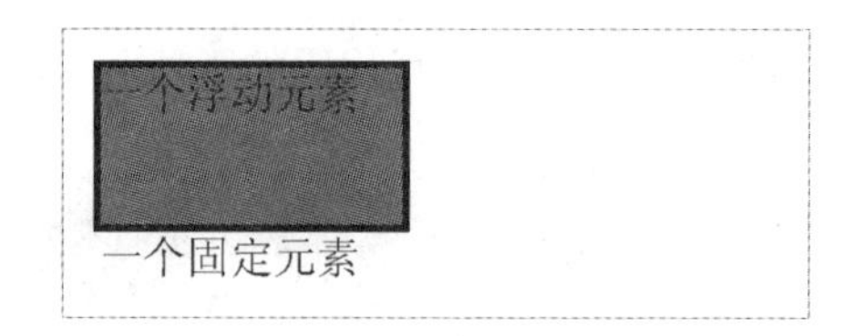

图 5-43 固定元素在浮动元素后面时，在 Firefox 中的显示效果

从图 5-42 和图 5-43 可以看出，当把浮动元素和固定元素交换位置后，固定元素的位置在 IE 浏览器中显示在浮动元素的后面；在 Firefox 浏览器中保持位置不变，但其内容却受到浮动元素的影响，出现在了固定元素的外面。在制作兼容性页面时，一定要考虑到这种区别。

5.8.3 相邻的两个浮动元素

图 5-43 所示的效果并不是布局中常用到的效果。布局时，通常需要并排放置两个元素，如图 5-42 所示的样式，而不是重叠放置。常用的并排排列元素的方法是为两个元素都定义浮动属性。其代码如下所示。

```
.content1{
    float:left;
    width:200px;                                /*定义浮动元素的大小、边框和背景*/
    height:100px;
    border:5px solid #000000;
    background:#cccccc;}
.content2{
    float:left;
    width:200px;
    height:100px;
    border:5px solid #000000;
    background:#666666;}

<div class="content2">一个浮动元素</div>
  <div class="content1">另一个浮动元素</div>
```

将该样式应用于网页，其效果如图 5-44 所示。

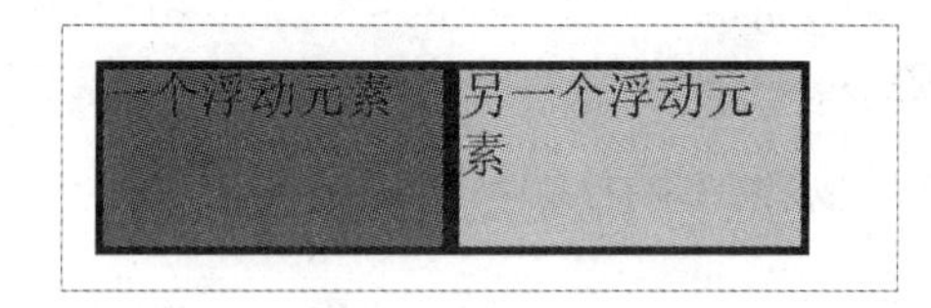

图 5-44 并排的两个左浮动元素的示例

从图 5-44 可以看到，由于两个元素都定义了浮动属性值为 left，所以两个元素显示于相同的层面上，这样就避免了图 5-43 中的由于出现新层而造成的影响。同时，在 IE 浏览器和 Firefox 浏览器中都显示出如图 5-44 所示的效果，表示有良好的兼容性。

以上示例中，两个元素定义的浮动属性值都为 left。如果都改为 right，则其效果如图 5-45 所示。

从图 5-45 中可以看到，两个浮动元素的位置进行了交换。这说明，浮动属性并不是指元素相对于相邻元素的浮动，而是指相对于其父元素的浮动。

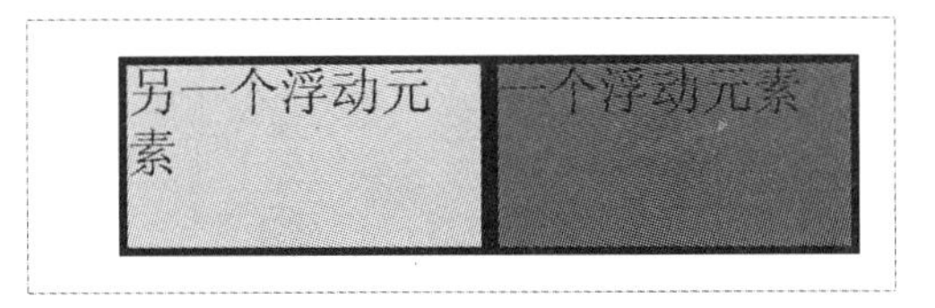

图 5-45　并排的两个右浮动元素的示例

5.8.4　相邻的多个浮动元素

相邻的多个浮动元素会按照出现的顺序和各自的属性值排列在同一行，直到宽度超出包含它的容器宽度时才换行显示。相邻的多个浮动元素的代码如下所示。

```
.content{
    width:80px;                                /*定义浮动元素的大小、边框和背景*/
    height:50px;
    border:5px solid #000000;
    background:#cccccc;}
.content1{
    float:right;}
.content2{
    float:left;}

<div class="content content1">元素 1</div>
  <div class="content content2">元素 2</div>
  <div class="content content1">元素 3</div>
  <div class="content content2">元素 4</div>
  <div class="content content1">元素 5</div>
```

将该样式应用于网页，其效果如图 5-46 所示。

从图 5-46 可以看出，虽然元素的顺序有点复杂，但其实是存在一定规律的。元素 1 的浮动属性值为 right，所以浮动在最右边。元素 2 的浮动属性值为 left，所以浮动在最左边。元素 3 的浮动属性值为 right，所以也应该排列在最右边，但是之前已经有了浮动元素 1（它们属于同一个层），而元素 3 又不能覆盖元素 1，所以只能排列在它的左面。元素 4 和元素 5 的情形基本相同。按照以上规律，如果更改元素 1 的浮动属性值为 left，则元素 1 会显示在最左面，其他元素的排列顺序不变，其效果如图 5-47 所示。

图 5-46　相邻的多个浮动元素示例 1

图 5-47　相邻的多个浮动元素示例 2

5.9　关于 ul 和 li 的样式详解

ul 和 li 列表是使用 CSS 布局页面时常用到的元素。在 CSS 中，有专门控制列表表现的属性，常用的包括 list-style-type 属性、list-style-position 属性、list-style-image 属性和 list-style 属性。下面进行详细介绍。

5.9.1 使用 list-style-type 属性

list-style-type 属性是用来定义 li 列表的项目符号（li 列表前的修饰）的。list-style-type 属性是一个可以继承的属性，其语法结构如下所示。

```
list-style-type : disc | circle | square | decimal | lower-roman | upper-roman | lower-alpha | upper-alpha | none |
                  armenian | cjk-ideographic | georgian | lower-greek | hebrew | hiragana | hiragana-iroha |
                  katakana | katakana-iroha | lower-latin | upper-latin
```

list-style-type 属性的属性值有很多。其中，常用的几个值的含义介绍如下。

- ☑ disc：实心圆。
- ☑ circle：空心圆。
- ☑ square：实心方块。
- ☑ decimal：阿拉伯数字。
- ☑ lower-roman：小写罗马数字。
- ☑ upper-roman：大写罗马数字。
- ☑ lower-alpha：小写英文字母。
- ☑ upper-alpha：大写英文字母。
- ☑ none：不使用项目符号。

当使用 list-style-type 属性时，列表中每个 li 前都会显示相应的修饰内容。使用 list-style-type 属性的一个示例代码如下所示。

```
li{
  list-style-type:circle;}

<ul>
      <li>列表内容</li>
      <li>列表内容</li>
      <li>列表内容</li>
      <li>列表内容</li>
      <li>列表内容</li></ul>
```

该样式应用于网页的效果如图 5-48 所示。

图 5-48　使用 list-style-type 属性的示例

5.9.2 使用 list-style-position 属性

list-style-position 属性是用来定义项目符号在列表中的显示位置的属性。list-style-type 属性是一个可以继承的属性，其语法结构如下所示。

```
list-style-image : outside | inside
```

list-style-image 属性可以取两个值，其具体含义如下所示。

☑　outside：项目符号放置在文本以外。

☑　inside：项目符号放置在文本以内。

下面是使用 list-style-position 属性取值为 outside 的一个示例，代码如下所示。

```
li{
   list-style-type:disc;
   list-style-position:outside;}

<ul><li>这是一个使用 list-style-position 属性取值为 outside 的示例，注意换行后项目符号所在的位置，这将有助于更好地理解这个属性的含义。</li></ul>
```

将该样式应用于网页，其效果如图 5-49 所示。

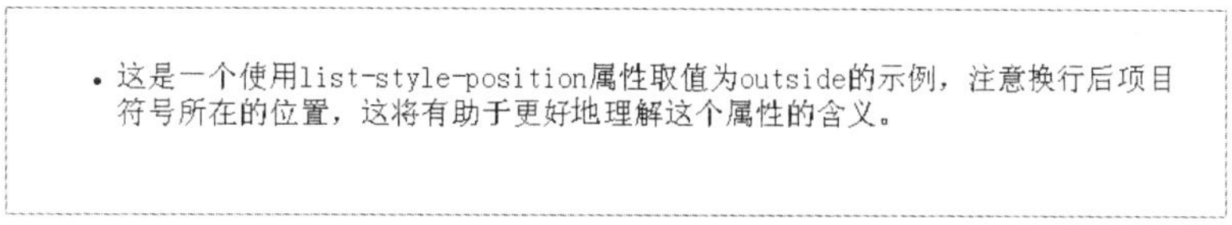

• 这是一个使用list-style-position属性取值为outside的示例，注意换行后项目符号所在的位置，这将有助于更好地理解这个属性的含义。

图 5-49　使用 list-style-position 属性值为 outside 的示例

将 list-style-position 属性取值改为 inside，并应用于网页，效果如图 5-50 所示。

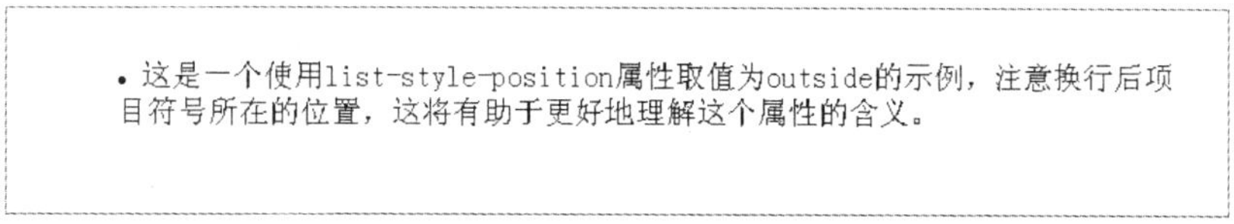

• 这是一个使用list-style-position属性取值为outside的示例，注意换行后项目符号所在的位置，这将有助于更好地理解这个属性的含义。

图 5-50　使用 list-style-position 属性值为 inside 的示例

5.9.3　使用 list-style-image 属性

list-style-image 属性用来定义使用图片代替项目符号。list-style-image 属性是一个可以继承的属性，其语法结构如下所示。

```
list-style-image : none | url
```

list-style-image 属性可以取两个值，其具体含义如下所示。

☑　none：没有替换的图片。

☑　url：替换图片的路径。

使用 list-style-image 属性的一个示例代码如下所示。

```
li{
  list-style-image:url(images/arrow.gif);}

<ul>
```

```
        <li>列表内容</li>
        <li>列表内容</li>
        <li>列表内容</li>
        <li>列表内容</li>
        <li>列表内容</li></ul>
```

将该样式应用于网页，其效果如图 5-51 所示。

▸ 列表内容
▸ 列表内容
▸ 列表内容
▸ 列表内容
▸ 列表内容

图 5-51　使用 list-style-image 属性的示例

5.9.4　使用 list-style 属性

list-style 属性是综合设置 li 样式的属性。list-style 属性是一个可以继承的属性，其语法结构如下所示。

```
list-style :   list-style-type | list-style-image | list-style-position
```

其中各个值的位置可以交换。使用 list-style 属性的一个示例代码如下所示。

```
li{
   list-style:url(images/arrow.gif) inside;}

<ul><li>这是一个使用 list-style 属性的示例，注意换行后项目符号的替换和所在的位置，这将有助于更好地理解这个属性的含义。</li></ul>
```

将该样式应用于网页，其效果如图 5-52 所示。

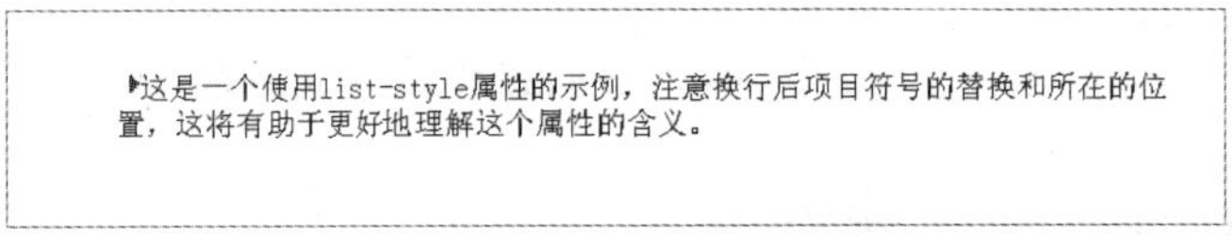

▸这是一个使用list-style属性的示例，注意换行后项目符号的替换和所在的位置，这将有助于更好地理解这个属性的含义。

图 5-52　使用 list-style 属性的示例

5.10　一个纵向导航菜单的制作

综合运用本章所讲解的知识，可以制作一个简单的纵向导航菜单。

5.10.1　菜单原理

首先，制作菜单所使用的元素是 ul 和 li 元素。菜单中，每个导航内容都放在一个 li 元素中，设定 li 的宽度和高度。然后，给菜单做些修饰。因为在 li 属性中，没有控制项目符号精确位置的属性，所以，一般使用背景图片的方式来显示菜单前的修饰图片。接着控制内容部分的位置，让背景图片显示出来。最后，用边线将菜单的各个部分区分开。

注意： 制作步骤中，用来实现表现效果所使用的方法并不唯一。以下的示例，只是尽量应用已经讲解的知识，也许并不是最合理的方法。关于制作菜单的更实用的方法，将随着属性知识的学习逐步讲解。

5.10.2　制作菜单内容和结构部分

因为 Web 标准的本质就是实现结构和表现相分离，所以，在制作任何页面之前，都要先区分页面哪里是内容和结构部分，哪里是表现部分。要制作的菜单的效果图如图 5-53 所示。

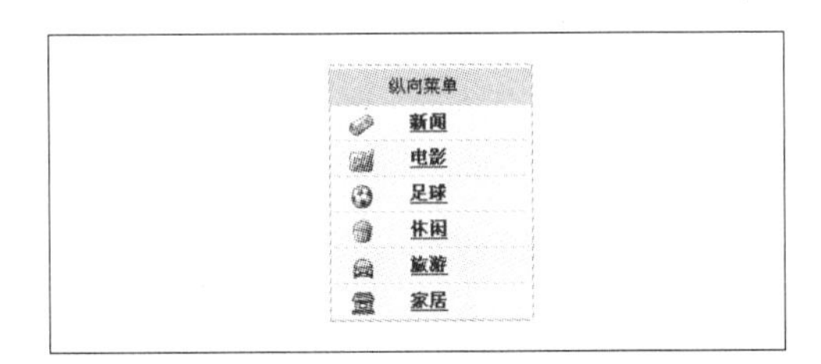

图 5-53　纵向菜单的效果图

从图 5-53 可以看出，页面中的内容部分，主要是使用超链接的文本。从结构方面看，写有“纵向菜单”的部分，应该和下面的内容分开，所以设计页面的结构代码如下。

```
<div class="menu">
<div class="menu_title">纵向菜单</div>
<u1 class="u1">
  <li class="ic ic2"><A href="#">新闻</A> </li>
  <li class="ic ic5"><A href="#">电影</A> </li>
  <li class="ic ic3"><A href="#">足球</A> </li>
  <li class="ic ic4"><A href="#">休闲</A> </li>
  <li class="ic ic6"><A href="#">旅游</A> </li>
  <li class="ic ic7"><A href="#">家居</A> </li>
</u1></div>
```

说明： 从效果图中可以分析出，菜单中每个链接列表的修饰图片都是不同的。但是宽、高、文本位置等却都相同。所以定义了两个类，一个用于通用的样式，另一个用于各自特殊的样式。

此时页面的显示效果如图 5-54 所示。

图 5-54　纵向菜单在没有 CSS 时的效果

5.10.3　CSS 代码编写

接下来在 Photoshop 等图形制作软件中将效果图切开。把各个列表的修饰图片都切好，保存成独立文件（关于切图的详细过程将在以后的章节中详细讲解），并制作好背景图片。

1．定义基础样式

从效果图和图 5-54 中可以看出，两者显示的字体大小是不同的。所以，要在基础样式中定义字体和字号的大小，其具体代码如下所示。

```
body {
	font-size: 12px;
	font-family:"宋体";}
```

定义完基础样式后的页面效果如图 5-55 所示。

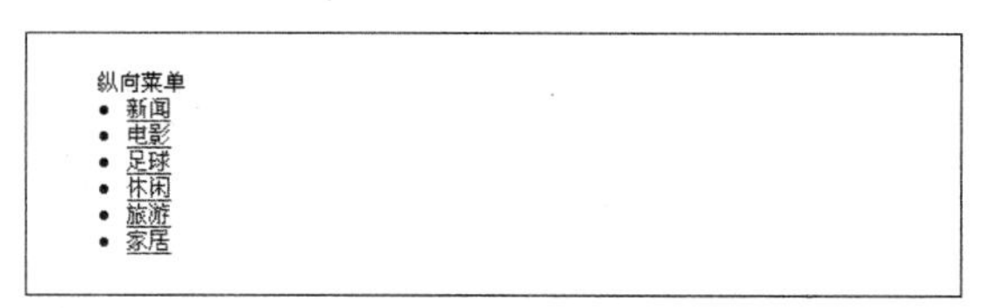

图 5-55　纵向菜单在定义了基础样式后的效果

2．menu 的 CSS 样式

从切好的图片中获得页面中各个元素的宽度信息后，就可以进行 CSS 的编写。首先，要为最外面的类名称为 menu 的元素定义样式。观察纵向菜单，确定它的宽度；另外，从效果图中可以看到它是有边框的，所以还要定义边框；从效果图中还可以看出，要为这个元素定义一个背景图片，作为整个菜单的背景。

综合以上分析，应设置类选择符 menu 中的样式如下所示。

```
.menu {
	border: #bdbdbd 1px solid;                    /*定义元素的边框*/
	background: url(images/bg.gif) #d1e7ff repeat-x;
	width: 140px;}
```

应用样式后，页面显示效果如图 5-56 所示。

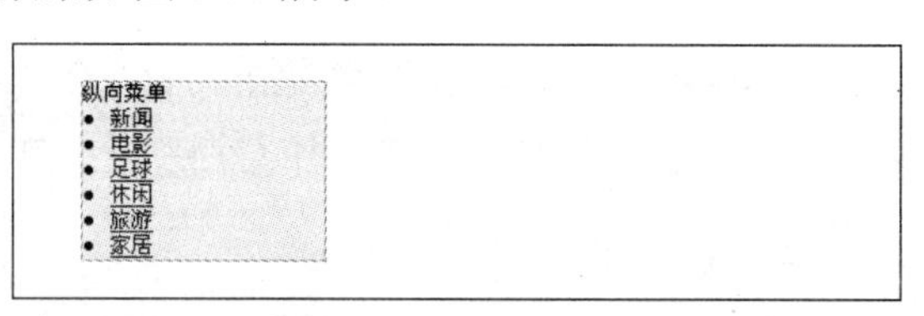

图 5-56　纵向菜单在定义 menu 样式后的效果

说明：代码中的 border 部分定义了边框的颜色为#bdbdbd，粗细为 1px，样式为实线（关于边框属性将在第 6 章进行详细讲解）。bg.gif 是一个宽度很小的颜色渐变的图片，用横向重复的排列方式排满整个元素。

3．menu_title 的 CSS 样式

接下来按照顺序制作 menu_title 的部分。在制作之前，先要从切好的图（或者 Photoshop 图）中知道该部分的高度和背景颜色值。从效果图中可以看到，menu_title 部分与外边框之间有一条接近白色的分隔线。从图 5-56 中还能够看到，“纵向菜单”这 4 个字，水平方向和垂直方向上都居中显示。到现

在为止，所讲到的 CSS 属性中还没有办法让文本垂直居中显示。所以先定义如下代码。

```
.menu_title {
    border-top: #ffffff 1px solid;              /*定义元素上边线的属性为白色实线*/
    height: 25px;
    background: #d3d3d3;
    text-align:center;}                         /*定义文本水平居中对齐*/
```

说明： 在 border-top 属性中，定义上边线为白色、粗细为 1px 的实线。其他属性都已经讲解过，即用 background 定义背景颜色为#d3d3d3，height 属性定义高度为 25px，text-align 属性定义文本水平居中对齐。

定义完 menu_title 属性后，其效果如图 5-57 所示。

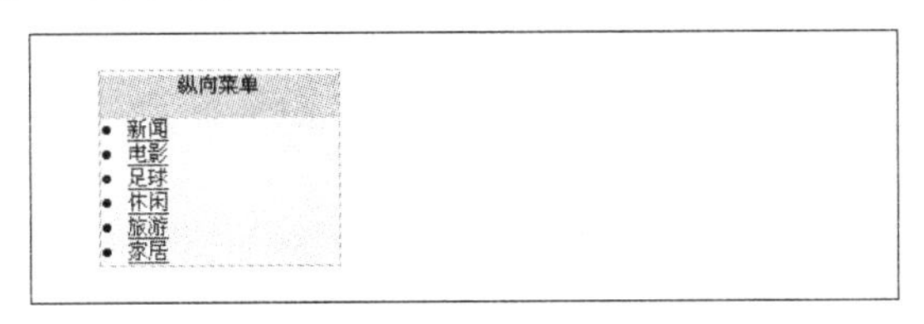

图 5-57　纵向菜单在定义 menu_title 样式后的效果

4．li 的 CSS 样式

接下来定义 ul 和 li 的部分。首先，去掉列表前默认的黑色圆点，分别定义每个 li 的背景。然后，设置列表的高度和文本的居中。最后，各列表之间用边线分隔开。li 部分的 CSS 属性定义如下。

```
li{
    list-style-type:none;
    height: 22px;
    text-align: center;}
.ic {
    border-top: #ffffff 1px solid;                          /*定义所有列表的上边框的样式*/
    border-bottom: #d8d8d8 1px solid;}                      /*定义所有列表的下边框的样式*/
.ic2 {
    background: url(images/ic1.gif) no-repeat left 2px;}    /*定义列表的背景*/
.ic3 {
    background: url(images/ic2.gif) no-repeat left 2px;}
.ic4 {
    background: url(images/ic3.gif) no-repeat left 2px;}
.ic5 {
    background: url(images/ic4.gif) no-repeat left 2px;}
.ic6 {
    background: url(images/ic5.gif) no-repeat left 2px;}
.ic7 {
    background: url(images/ic6.gif) no-repeat left 2px;}
```

说明： li 中定义了列表的项目符号为 none，高度为 22px，文本水平居中对齐。ic 中定义了 li 的上边线为白色、粗细为 1px 的实线，下边线为浅灰色、粗细为 1px 的实线，用来分隔每个 li。其余的样式定义了每个 li 的背景图片和位置。

定义完 li 属性后，其效果如图 5-58 所示。

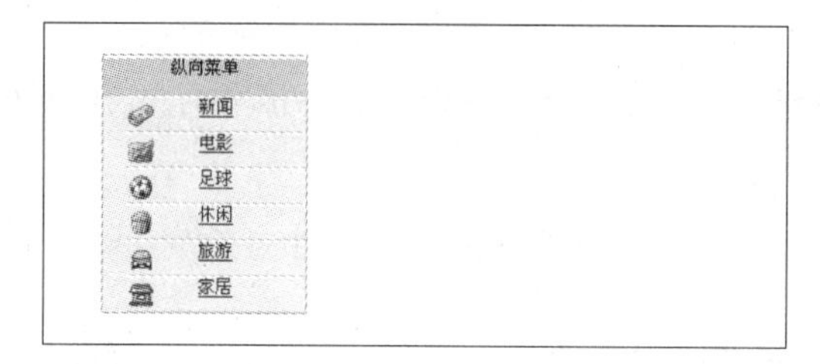

图 5-58　纵向菜单在定义列表属性后的效果

5. 其他补充的 CSS 样式

从图 5-58 可以看到，现在的页面效果与效果图的差别是："纵向菜单"4 个字没有垂直居中，"新闻"等列表内容也没有垂直居中；另外，文本没有加粗。

垂直居中的属性可以用 line-height 属性（line-height 属性的详细讲解参见第 7 章）来实现。在 menu_title 定义的样式中加入如下代码。

```
line-height:25px;
```

在 menu_title 定义的样式中加入如下代码。

```
line-height:22px;
```

即可实现"纵向菜单"文本和"新闻"列表内容的垂直居中。

使用 font-weight 属性（font-weight 属性的详细讲解参见第 7 章）定义文本的加粗。在 li 中加入如下代码以实现文本的加粗。

```
font-weight:bold;
```

经过整理后的 CSS 代码如下所示。

```
body {
	font-size: 12px;                                        /*定义字体的大小*/
	font-family:"宋体";}
.menu {
	border: #bdbdbd 1px solid;                              /*定义父元素的边框样式*/
	background: url(images/bg.gif) #d1e7ff repeat-x;
	width: 140px;}
.menu_title {
	border-top: #ffffff 2px solid;                          /*定义标题元素的上边线属性*/
	height: 25px;
	background: #d3d3d3;
	text-align:center;
	line-height:25px;}
li{
	list-style-type:none;                                   /*定义列表的高度等样式*/
	height: 22px;
	text-align: center;
	font-weight:bold;
	line-height:22px;}
```

```
.ic {
    border-top: #fff 1px solid;
    border-bottom: #d8d8d8 1px solid;}
.ic2 {
    background: url(images/ic1.gif) no-repeat left 2px;}
.ic3 {
    background: url(images/ic2.gif) no-repeat left 2px;}
.ic4 {
    background: url(images/ic3.gif) no-repeat left 2px;}
.ic5 {
    background: url(images/ic4.gif) no-repeat left 2px;}
.ic6 {
    background: url(images/ic5.gif) no-repeat left 2px;}
.ic7 {
    background: url(images/ic6.gif) no-repeat left 2px;}
```

将其作用于页面，其显示效果如图 5-59 所示。

图 5-59 所显示的效果与效果图已经基本吻合了。到此为止，似乎页面已经制作好了。但这只是页面在 IE 浏览器中的显示效果。在 Firefox 浏览器中的显示效果如图 5-60 所示。

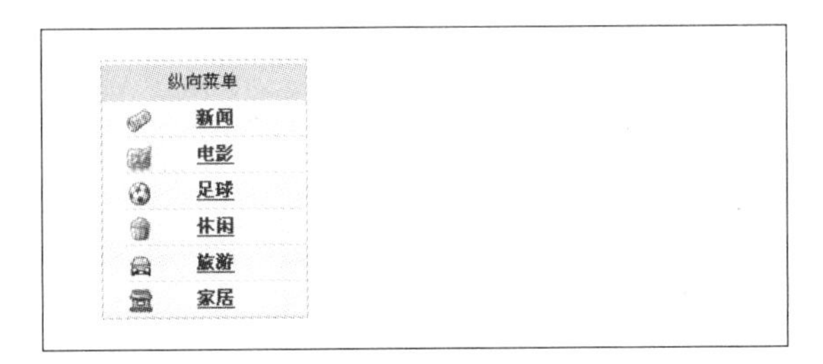

图 5-59　定义了垂直居中和文本加粗后的效果

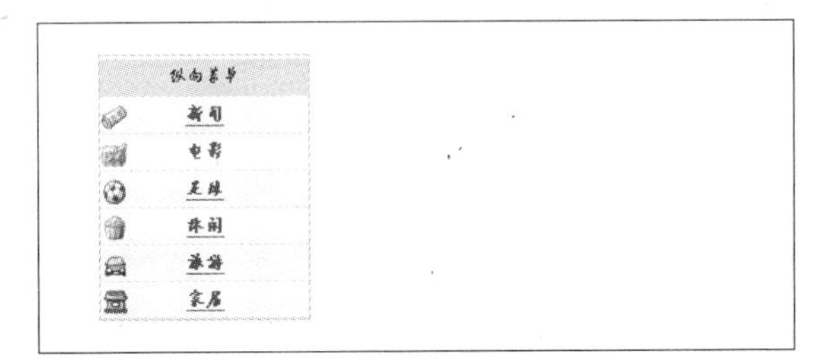

图 5-60　纵向导航菜单在 Firefox 浏览器中的显示效果

从图 5-60 中可以看到，现在定义的 CSS 样式并不能兼容 Firefox 浏览器。关于本示例兼容问题的解决，请参看本书第 9 章。

5.11　一个横向导航菜单的制作

下面制作一个简单的横向导航菜单。在制作之前，先介绍横向导航菜单的制作原理。

5.11.1　菜单原理

制作横向菜单，选用的元素依然是 ul 和 li 元素。菜单中，每个导航元素都放在 li 元素中，设定 li 的宽度和高度，用浮动属性使 li 横向排列。然后，对菜单进行修饰，同样使用背景图片的方式显示菜单前的修饰图片。最后，控制内容部分的位置，让背景图片显示出来。

5.11.2　制作菜单内容和结构部分

横向导航菜单的效果图如图 5-61 所示。

图 5-61　横向导航菜单的效果图

从图 5-61 可以看出，此横向导航菜单可以分成 3 个部分。一个是横向菜单的标题部分，另一个是导航列表的部分，第 3 个是修饰部分。所以建立的页面结构代码如下所示。

```
<div class=menu>
<div class="menu_title">横向菜单</div>
<div class=content>
<ul>
  <li><A href="#">新闻</A> </li>
  <li><A href="#">电影</A> </li>
  <li><A href="#">足球</A> </li>
  <li><A href="#">休闲</A> </li>
  <li><A href="#">旅游</A> </li>
  <li><A href="#">家居</A> </li></ul></div></div>
```

建立页面结构，没有加入 CSS 代码时，页面显示效果如图 5-62 所示。

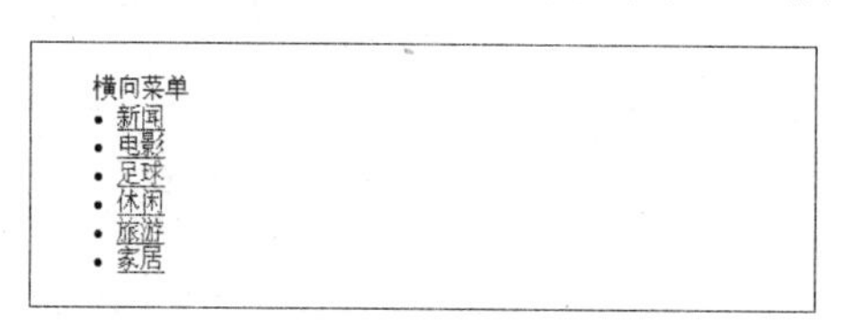

图 5-62　横向菜单在没有定义 CSS 时的显示效果

5.11.3　CSS 代码编写

1．定义基础样式

基础样式包括字体的选择和字体的大小。其具体代码如下所示。

```
body {
     font-size: 12px;
     font-family:"宋体";}
```

定义基础样式后，页面显示效果如图 5-63 所示。

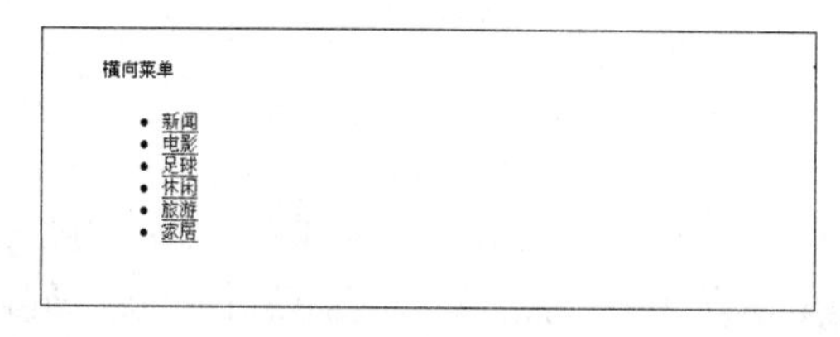

图 5-63　横向导航菜单在定义基础样式后的效果

2．定义 menu 的样式

从效果图 5-61 中可以看到，menu 的样式包括元素的宽、高、背景和边框等属性。其具体代码如下所示。

```
.menu {
    border: #cbcbcb 1px solid;          /*定义父元素的边框样式*/
    background: #f2f6fb;
    width: 360px;
    height: 22px;}
```

说明：代码中，border 部分定义了边框为浅灰色、粗细为 1px 的实线框。

将该样式应用于网页，效果如图 5-64 所示。

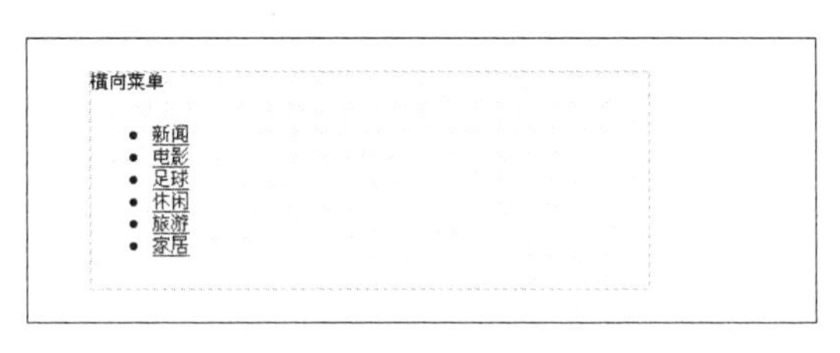

图 5-64　横向导航菜单在定义 menu 样式后的效果

3．定义 menu_title 的样式

从效果图 5-61 中可以看到，menu_title 的样式包括元素的宽、高、文本水平和垂直居中、浮动等。其具体代码如下所示。

```
.menu_title{
  float:left;                       /*定义元素的浮动属性*/
  width:60px;
  text-align:center;
  height:22px;}
```

将该样式应用于网页，效果如图 5-65 所示。

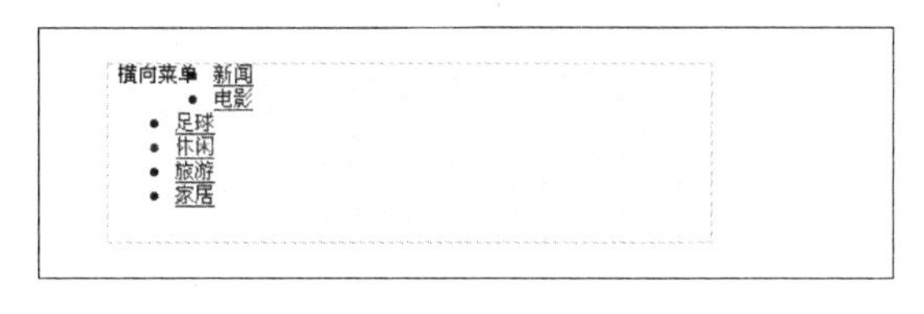

图 5-65　横向导航菜单在定义 menu_title 样式后的效果

4．定义 content 和 li 的样式

从效果图中可以看到，content 所在的元素和 menu_title 所在的元素同行排列，同时 li 元素也要排列成一横排。所以，首先要定义它们的浮动属性，然后定义各自的宽度以及背景图像（即分隔的竖线）的位置，并取消列表前的默认修饰圆点。其具体代码如下所示。

```
.content {
    float: left;                    /*定义列表父元素的浮动属性，使元素和标题同行显示*/
    width: 300px;}
li {
    background: url(images/nav_bg.gif) no-repeat 30px 5px;
    float: left;                    /*定义列表的浮动属性，使列表内容同行显示*/
    width: 37px;
```

```
    height: 22px;
    list-style-type: none;}
```

将该样式应用于网页，效果如图 5-66 所示。

图 5-66　横向导航菜单在定义了 content 和 li 样式后的效果

5．其他补充样式的定义

比较图 5-66 和效果图，可以看到，接下来需要定义文本能垂直居中显示。分别在 menu_title 和 li 中加入如下代码。

```
line-height:22px;
```

添加补充样式后的代码如下所示。

```
body{
   font-family:"宋体";                                               /*定义文本属性*/
   font-size:12px;}
.menu {                                                              /*定义导航父元素的属性*/
     border: #cbcbcb 1px solid;
     background: #f2f6fb;
     width: 360px;
     height: 22px;}
.menu_title{
  float:left;
  width:60px;
  text-align:center;
  height:22px;
  line-height:22px;}                                                 /*设置行高，使文本垂直居中显示*/
.content {
     float: left;
     width: 300px;}
li {
     background: url(images/nav_bg.gif) no-repeat 30px 5px;         /*使用背景图片，分隔导航列表*/
     float: left;
     width: 37px;
     height: 22px;
     line-height:22px;
     list-style-type: none;}
```

作用于页面的显示效果如图 5-67 所示。

同样，在基本制作完之后，要在 Firefox 浏览器中看一下显示效果。其在 Firefox 浏览器中显示的效果如图 5-68 所示。

图 5-67　横向导航菜单最终的效果

图 5-68　横向导航菜单 Firefox 浏览器中的效果

从图 5-68 中可以看到，现在定义的 CSS 样式并不能兼容 Firefox 浏览器。关于如何兼容 Firefox 浏览器，将在本书的第 9 章中进行讲解。

5.12 清除浮动

浮动属性在 IE 浏览器和 Firefox 浏览器中的解释有所不同。所以，很多时候要清除浮动属性。下面详细讲解如何清除浮动属性。

5.12.1 清除浮动属性详解

在 CSS 中，用于清除浮动属性的是 clear 属性。clear 属性是一个不可继承的属性，其具体的语法结构如下所示。

```
clear:none | left | right | both
```

其 4 个取值的具体含义如下所示。

☑ none：允许两边都有浮动元素。
☑ left：不允许左边有浮动元素。
☑ right：不允许右边有浮动元素。
☑ both：两边都不允许有浮动元素。

下面是一个使用 clear 属性的示例，其具体代码如下所示。

```
p{
  clear:left;}
img{
   float:left;}

<img src="images/show.jpg" alt="clear" /><p>这是一个使用清除浮动属性的示例，请注意使用了清除浮动属性后图片的所在位置，也可以使用清除浮动属性的其他值，这将有助于更好地理解这个属性的含义。</p>
```

说明： *在该样式中，定义了 p 元素不允许左面有浮动元素，img 元素定义了浮动在左面。*

将其应用于网页，效果如图 5-69 所示。

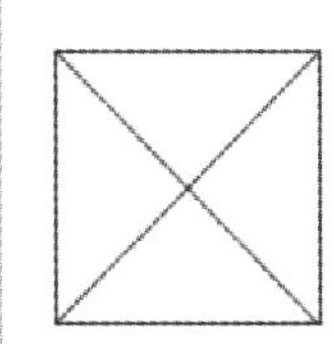
这是一个使用清除浮动的属性的示例，请注意使用了清除浮动属性后图片的所在位置，也可以使用清除浮动属性的其他值，这将有助于更好地理解这个属性的含义。

图 5-69　清除浮动的示例

取消 p 中定义的样式，则页面的显示效果如图 5-70 所示。

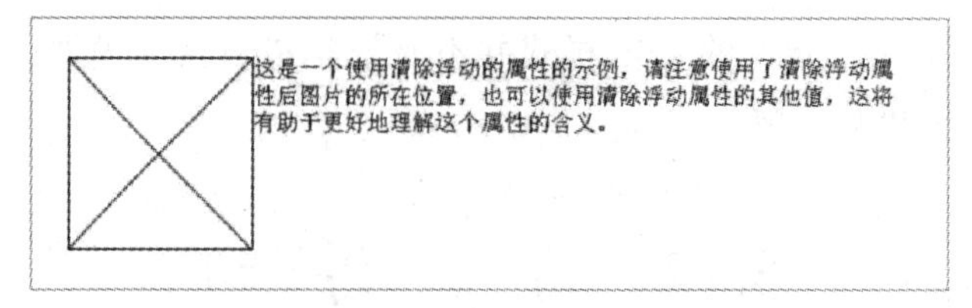
这是一个使用清除浮动的属性的示例，请注意使用了清除浮动属
性后图片的所在位置，也可以使用清除浮动属性的其他值，这将
有助于更好地理解这个属性的含义。

图 5-70　取消清除浮动后的效果

注意：清除浮动属性只对与元素相邻的浮动元素起作用。如果相邻的不是浮动元素，而是其他的内联元素，则没有效果。

一个具体的示例代码如下所示。

```
img{
    clear:both;}

<span>这是一个使用清除浮动属性的示例，注意图片</span>
<img src="images/show.jpg" alt="clear" />
<span>的所在位置，也可以使用清除浮动属性的其他值，这将有助于更好地理解这个属性的含义。</span>
```

说明：示例代码中，在 img 元素两边有两个内联元素，给 img 元素定义了 clear 值为 both。

将该样式应用于网页，其效果如图 5-71 所示。

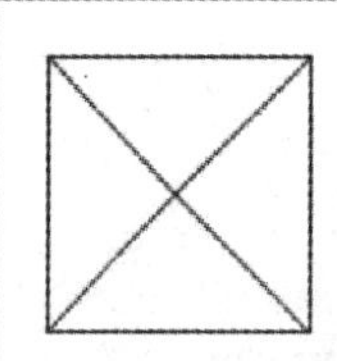
这是一个使用清除浮动的属性的示例，请注意使用了清除浮动属性后图片的所在位
置，也可以使用清除浮动属性的其他值，这将有助于更好地理解这个属性的含义。

图 5-71　相邻元素为内联元素的清除浮动效果

5.12.2　清除浮动属性的使用

下面是一个使用浮动属性的示例。其代码如下所示。

```
.big{
    background:#000000;
    width:450px;
    font-family:"宋体";}                    /*定义父元素的属性*/
.content1{
    float:left;
    background:#666666;
    width:225px;
    height:100px;                          /*定义浮动元素的高度*/
    color:#ffffff;}
.content2{
```

```
    float:left;
    background:#cccccc;
    width:225px;
    height:150px;}

<div class="big">
<div class="content1">一个浮动元素</div>
<div class="content2">另一个浮动元素</div></div>
```

上述样式在 IE 浏览器中的效果如图 5-72 所示。

上述样式在 Firefox 浏览器中的效果如图 5-73 所示。

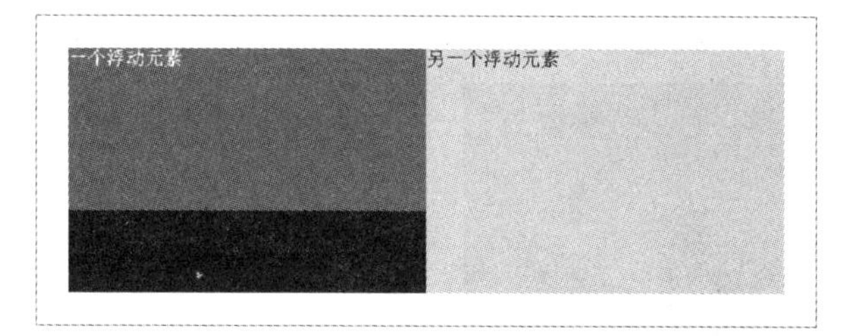

图 5-72　有背景的浮动元素在 IE 浏览器中的显示效果

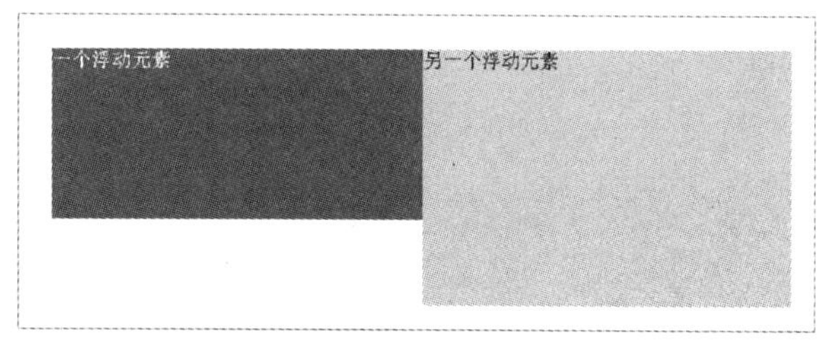

图 5-73　有背景的浮动元素在 Firefox 浏览器中的显示效果

从图 5-72 和图 5-73 中可以看出，在 IE 浏览器中，包含有浮动元素的父元素会在浮动元素的高度增加时，自动适应浮动元素的高度（即随着浮动元素的高度增加而增加高度）。但是在 Firefox 浏览器中，父元素却独立于浮动元素而存在，并不增加高度。

要想使 Firefox 浏览器中的显示效果和 IE 浏览器中一致，需要在浮动元素后面加入一个清除浮动的新元素。其代码如下所示。

```
.clear{
      clear:both;}

<div class="big">
<div class="content1">一个浮动元素</div>
<div class="content2">另一个浮动元素</div>
<div class="clear"></div></div>      <!--注意清除元素的位置-->
```

将该样式应用于网页，在 Firefox 浏览器中的显示效果如图 5-74 所示。

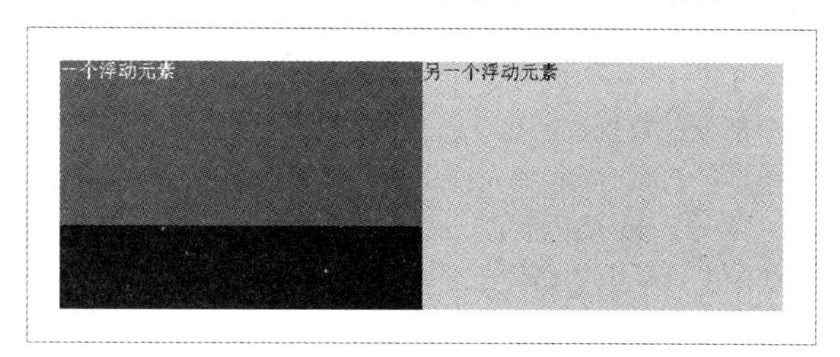

图 5-74　加入一个清除浮动元素后在 Firefox 浏览器中的显示效果

关于清除浮动属性更详细的应用，将在以后的章节中进行讲解。

5.13　页面 header 部分的制作

5.13.1　效果图分析（1）

Photoshop 制作的效果图中，文本分为两种，一种是使用特殊字体的文本，要放在图片中才能正常显示，如图 5-75 中“有一种思念叫永恒”文本；另一种是使用宋体等常用字体的文本，可以直接写在 XHTML 中。在制作页面时，要把第二种文本从效果图中分离出来。

本例制作的页面 header 部分，在隐藏了第二种文本后，显示效果如图 5-75 所示。

图 5-75　header 部分效果图

说明：去掉在 XHTML 中可以直接输入的文本内容，是为了使文本内容的修改更加方便。因为网页中有很多内容都是要经常变动的（或者要动态显示），直接写在图片上将会非常不便于修改。

首先要对页面 header 部分的效果图进行切图。切图的目的主要是制作页面中用作修饰的背景图片和内容图片，同时也可以确定各个部分的高度和宽度值。

从图 5-75 中可以看出，头部分为两个部分：有人物和狗的图片部分以及作为分类导航的雪花部分。由于每个导航的雪花都有不同的效果，所以还要把 8 个雪花分别切下来。如果要做独立的导航样式，最好让雪花的背景透明，显示在黑色的墙上。也就是说，还要把雪花从背景中独立出来。

综合以上分析，要分两次切图，第一次是切出两个部分，即 banner 图片部分和 menu 菜单部分的背景；第二步就是切出 8 个独立的雪花。

5.13.2　第一次切图

第一次切图要切出两个部分的背景，所以，首先要在 Photoshop 中隐藏包含雪花的图层。

要切的部分结构很简单，在 Photoshop 中先拖出参考线，然后进行切图即可。拖出参考线的方法如下：选择“视图”/“标尺”命令，显示出标尺，然后在标尺上按住鼠标左键拖出参考线并放在相应的位置。切图的方法如下：选中工具栏中的切片工具，然后单击“基于参考线的切片”按钮，制作切片。切片后的效果如图 5-76 所示。

制作好切片后，选择“文件”/“存储为 Web 所用的格式”命令，打开如图 5-77 所示的界面。

分别选中每个切片，在右面的选项中设置切片的存储格式，然后单击“存储”按钮，在弹出的对话框中选择“HTML 和图片”选项，将切片和 HTML 页面保存在相应的位置。

图 5-76　第一次切片后的效果

图 5-77　存储切片的设置界面

建议色彩复杂的大图片，存储时选择 JPEG 格式，这样可以减小图片的大小。

5.13.3　第二次切图

第二次切图主要是切出 8 个雪花，所以要隐藏背景的部分，让背景颜色变为透明。切片后的效果如图 5-78 所示。

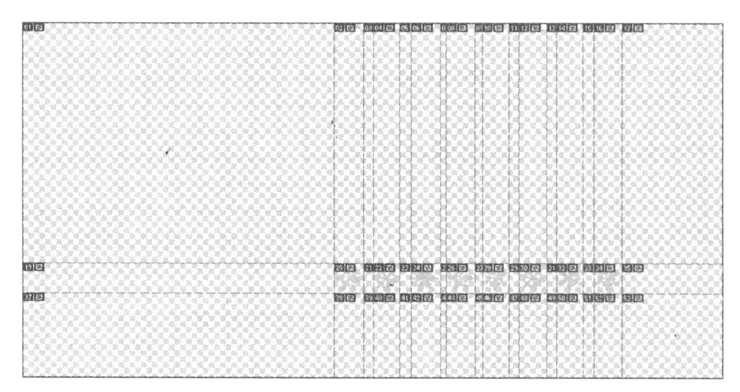

图 5-78　第二次切片后的效果

然后，按照第一次切图中所用的方法，将图片保存到相应的位置。

5.13.4 制作前的准备工作

首先，建立一个站点文件。一般是在磁盘的相应位置建立一个站点的根文件夹，然后，在根文件夹中建立各个子文件夹。在各个子文件夹中放入相应的内容。最后，在 Dreamweaver 中建立站点，并指向刚刚建立的根文件夹。具体制作方法如下所示。

1. 建立根文件夹

在磁盘的相应位置（例如 F 盘）建立文件夹，文件夹的名称可以使用中文，例如“css 实例”，则“css 实例”文件夹就是站点的根文件夹。站点的所有内容都包含在根文件夹中。

2. 建立各个子文件夹

将 XHTML 页面、CSS 文件、脚本文件、图片等各部分内容分别放在独立的文件夹中，然后给每个文件夹定义一个易于理解的名字，该名字需使用小写英文字母命名。通常情况下，文件命名可以参考如下规范。

☑ images：用来存放页面所用的图片。
☑ style：用来存放 CSS 文件。
☑ script：用来存放脚本文件。

3. 整理图片并放入 images 文件夹

从 Photoshop 直接保存生成的图片文件通常会有一个默认的名称，如 index_1.jpg 等，同时还有很多制作时使用不到的冗余图片。这里要把页面中使用的图片单独挑选出来，并且进行合理的命名。例如，可以将刚刚制作的 8 个雪花中的第一个命名为 home.gif。这样，就很容易知道这个图片是用于首页导航的。命名时同样要使用小写英文字母。

4. 在 Dreamweaver 中建立站点

在制作页面或者网站前，最好先在 Dreamweaver 中建立相关站点。这样做不但便于各个文件的管理，也便于更新链接。在 Dreamweaver 中，建立站点的方法如下所示（以下建立站点的步骤和方法都是在 Dreamweaver 8.0 下进行的）。

（1）选择 Dreamweaver 菜单栏中的“站点”/“新建站点”命令，打开如图 5-79 所示的对话框。

（2）填写站点的名称，HTTP 地址可以留空。然后单击“下一步”按钮，依次参照如下选择，完成站点的建立。

☑ 在“您是否使用服务器技术”对话框中，选中“否，我不想使用服务器技术”单选按钮，然后单击“下一步”按钮。
☑ 在“您打算怎样使用您的文件”对话框中，选择默认的本地编辑然后上传单选按钮，同时选择根文件夹的位置，然后单击“下一步”按钮。
☑ 在“您如何连接远程服务器”对话框中，选择“无”选项。
☑ 连续单击“下一步”按钮，再单击“完成”按钮，完成新建站点的操作。

（3）把第 4 章中制作的含有文件头的 index.html 页面复制并粘贴到站点的根文件夹下。此时，在

Dreamweaver 默认界面右侧的“文件”面板中，可以看到如图 5-80 所示的站点信息。

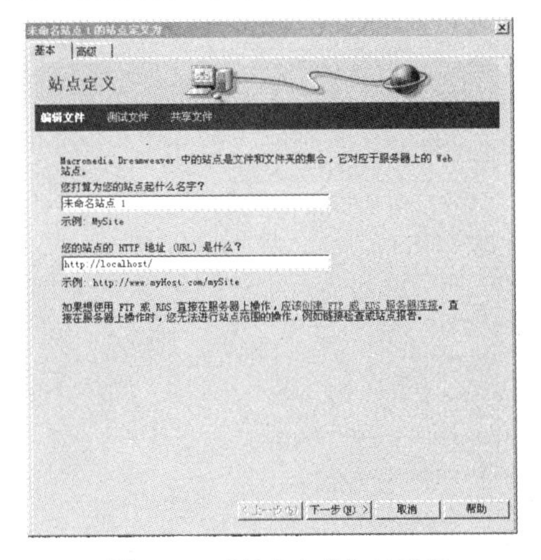

图 5-79　“站点定义”对话框

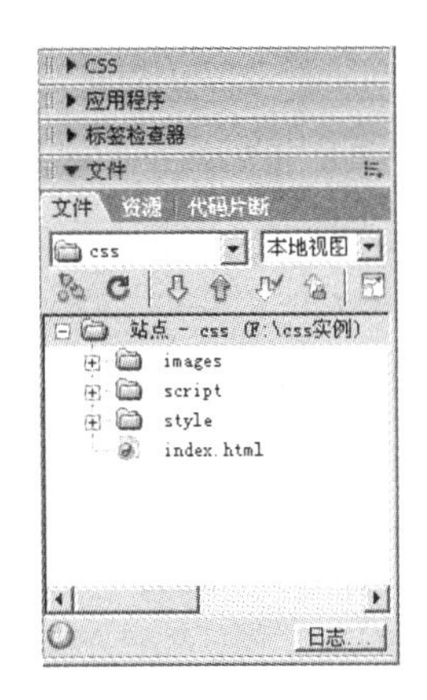

图 5-80　站点文件信息

至此，建立站点的准备工作就基本做完了。

5.13.5　效果图分析（2）

要制作的部分的效果图如图 5-81 所示。

图 5-81　header 部分的效果图

从效果图和所规划的切图中可以知道，页面首先要纵向分为两个大的区域，分别是 banner 的网站名称部分和 menu 的菜单部分。

在 banner 部分，又可以分为网站标题、链接地址和复制链接 3 个部分和个性签名的部分。menu 部分主要是 8 个导航链接。

5.13.6　页面结构的制作

根据 5.13.5 节的分析，定义页面结构的代码如下所示。

```
<div id="banner">
    <div id="innerbanner">
        <div id="title"><a href="#">永恒的思念</a></div>
```

```
            <div id="url"><a href="#">http://www.******.com/</a> <a href="#">复制地址</a> </div>
            <div id="desc">月上柳稍头，人约黄昏后</div>
        </div>
</div>
<div id="menu">
        <div id="innermenu">
            <ul id="mainnav">
            <li><a href="#" class="navhome">首页</a></li>
            <li><a href="#" class="navblog">日志</a></li>
            <li><a href="#" class="navphoto">相册</a></li>
            <li><a href="#" class="navmusic">音乐</a></li>
            <li><a href="#" class="navprofile">档案</a></li>
            <li><a href="#" class="navfriend">交友</a></li>
            <li><a href="#" class="navvideo">视频</a></li>
            <li><a href="#" class="navres">资源</a></li>
            </ul>
        </div>
</div>
```

说明：因为 banner 部分的内容很可能会使用到脚本，所以采用了 id 的形式。因为 banner 和 menu 等部分是页面上唯一的元素，所以定义了 id，以方便以后设置行为。由于每个 li 中的链接内容各自独立，所以为每个自定义一个 class，以方便更换皮肤。

制作好页面结构后，在没有 CSS 控制时，显示效果如图 5-82 所示。

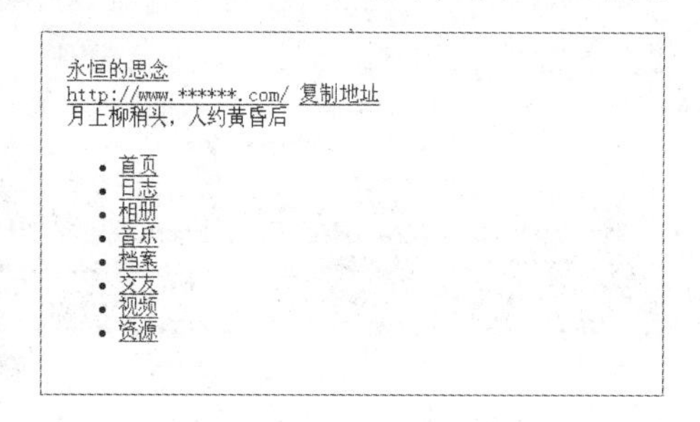

图 5-82　没有 CSS 时的页面效果

5.13.7　基础样式的定义

1. 定义 body 的样式

body 的样式包括字体、字体大小、文本颜色和页面背景。这里要用到 margin 属性（margin 属性的具体内容将在第 6 章详细讲解），设置其值为 0，作用是让页面的 body 部分内容与浏览器上边界的距离为 0。其具体定义的页面代码如下所示。

```
body {
    margin: 0;                          /*定义 margin 属性的目的是取消页面与浏览器间的空白*/
    background: #000000;
    font-family:"宋体";
```

```
    font-size: 12px;
    color: #333333;}
```

2．定义链接的样式

链接的样式包括总链接样式和鼠标悬停样式，重点是链接文本的颜色。链接颜色的确定原则是使用页面中主要内容的链接的样式。其具体定义的页面代码如下所示。

```
a {
    color: #f5651f;}
a:hover {
    color: #ff3399;}
```

定义了页面基础样式后，页面效果如图 5-83 所示。

图 5-83　定义了基础样式后的页面效果

说明： 页面的基础样式，还包括很多其他内容。现在定义的是已经讲解的 CSS 属性，关于其他的基础样式，将在以后的学习中进一步补充。

5.13.8　banner 部分样式的定义

1．banner 部分的水平居中和背景设置

设置 banner 部分的样式，首先要定义元素居中，然后定义背景。banner 部分的背景就是在第一次切图时含有人物和狗的图片。同时，要定义好 banner 部分的宽度和高度，使背景图片能完全显示出来。其具体定义的页面代码如下所示。

```
#banner{
    margin-left:auto;                        /*使用 margin 属性定义水平居中*/
    margin-right:auto;
    width:993px;
    height:319px;                            /*合理的高度使背景图片能够显示*/
    background:url(../images/banner.jpg) no-repeat left top;}
```

2．页面标题和地址的同行显示

使用浮动属性将页面标题和地址定义为同行显示。同时，定义个性签名在下一行显示，文本颜色为白色。其具体代码如下所示。

```
#title{
  float:left;}                               /*使用浮动属性使元素同行显示*/
```

```
#url{
  float:left;}
#desc{
  clear:left;
  color:#ffffff;}
```

定义了 banner 部分样式后，页面效果如图 5-84 所示。

图 5-84　定义了 banner 部分样式后的页面效果

说明：从图 5-84 中可以看到，页面标题、地址以及个性签名的显示效果和位置都和效果图相差很多。这是因为还没有给链接定义独立的样式，也没有定义各个元素在页面中的精确位置。关于链接的样式和元素位置的确定，将在以后的章节中详细介绍。

5.13.9　menu 部分样式的定义

1．menu 部分的水平居中和背景设置

用 margin-left 属性和 margin-right 属性取值为 auto 来定义元素的水平居中。同时，要定义合适的宽度和高度，使元素的背景能够刚好完全显示出来。其具体代码如下所示。

```
#menu{
   margin-left:auto;
   margin-right:auto;
   width:993px;
   height:166px;
   background:url(../images/menu.jpg);
```

2．定义 ul 和 li 的样式

首先，要定义包含 ul 和 li 的父元素（即 ID 选择符为 innermenu 的元素）的位置。这里使用浮动属性将它排列在右面，同时给它定义一个宽度。

接下来定义 ul 的浮动属性，使它靠 ID 选择符为 innermenu 的元素左端对齐。

最后，定义 li 的列表属性、浮动属性，以确定 a 元素的背景图片及显示的位置。其具体代码如下所示。

```
#innermenu {
   float:right;                              /*使用浮动属性更改导航列表的位置*/
   width:500px;}
```

```
#mainnave{
    float:left;}
#mainnav li{
     float: left;                                    /*使用浮动属性定义列表的同行显示*/
     list-style: none;}
#mainnav li a{
      background-position: center top;              /*定义链接的背景属性*/
      background-repeat: no-repeat;}
.navhome {
     background-image: url(../images/ home.gif);}
.navblog {
     background-image: url(../images/ blog.gif);}
.navphoto {
     background-image: url(../images/ img.gif);}
.navmusic {
     background-image: url(../images/ sound.gif);}
.navvideo {
     background-image: url(../images/ video.gif);}
.navprofile {
     background-image: url(../images/ profile.gif);}
.navfriend {
     background-image: url(../images/ video.gif);}
.navres {
     background-image: url(../images/friend.gif);}
```

定义完 menu 部分样式后，页面显示效果如图 5-85 所示。

图 5-85　定义了 menu 部分样式后的页面效果

图 5-85 所示的显示效果和效果图仍有很明显的区别，这是因为还有很多关于文本、容器的属性没有学习，所以还没有办法更有效地控制页面元素的显示效果。header 部分显示效果的进一步完善将在以后的章节中继续讲解。

5.13.10　页面全部的 CSS 代码

到现在为止，页面定义的全部 CSS 代码如下所示。

```
body {
      margin:0;
      background: #000000;
      font-family:"宋体";
```

```
        font-size: 12px;
        color: #333333;}
a {
        color: #f5651f;}
a:hover {
        color: #ff3399;}

/*banner 元素的样式*/

#banner{
        margin-left:auto;
        margin-right:auto;
        width:993px;
        height:319px;
        background:url(../images/banner.jpg) no-repeat left top;}
#title{
        float:left;}
#url{
        float:left;}
#desc{
        clear:left;
        color:#ffffff;}

/*menu 元素的样式*/

#menu{
        margin-left:auto;
        margin-right:auto;
        width:993px;
        height:166px;
        background:url(../images/menu.jpg); }
#innermenu {
        float:right;
        width:500px;}
#mainnav{
        float:left;}
#mainnav li{
        float: left;
        list-style: none;}
#mainnav li a{
        background-position: center top;
        background-repeat: no-repeat;}
.navhome { background-image: url(../images/icoMenu_home.gif);}
.navblog { background-image: url(../images/icoMenu_blog.gif);}
.navphoto { background-image: url(../images/icoMenu_img.gif);}
.navmusic { background-image: url(../images/icoMenu_sound.gif);}
.navvideo { background-image: url(../images/icoMenu_video.gif);}
.navprofile { background-image: url(../images/icoMenu_profile.gif);}
.navfriend { background-image: url(../images/icoMenu_video.gif);}
        .navres { background-image: url(../images/friend.gif);}
```

第6章　CSS容器属性

CSS 容器属性是使用 CSS 布局页面时最重要的属性。页面中各内容的精确定位以及各种常用的页面效果都要依赖 CSS 容器属性来实现。本章的主要内容包括 CSS 容器属性的取值和应用、嵌套元素之间的距离、使用负边界的效果以及自适应高度和宽度的问题。同时通过实例，详细讲解了各种容器属性的实际应用。

通过本章的学习，读者需要重点掌握盒模型的相关属性及其应用、嵌套元素距离的计算以及自适应高度和宽度的知识。

6.1　什么是盒模型

在 CSS 中，所有的文档元素（包括块元素和内联元素）都会生成一个矩形框。这个矩形框由边界、边框、补白、宽度和高度等部分组成。其具体组成如图 6-1 所示。

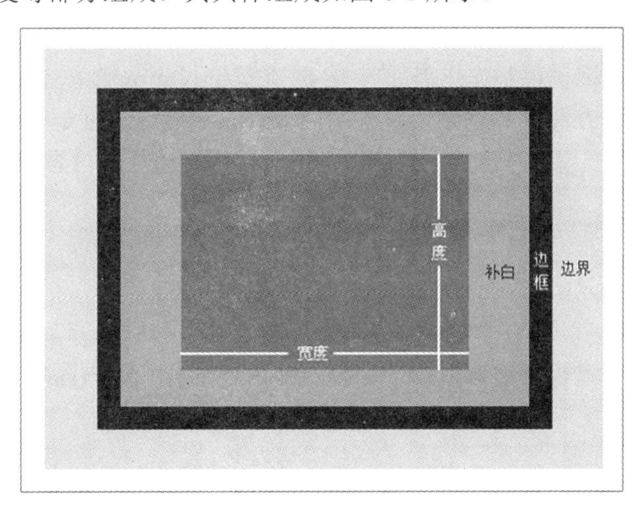

图 6-1　盒模型示意图

从图 6-1 可以看出，前面章节中使用的宽度和高度不过是整个盒模型的一部分。本节将学习盒模型与前面所学过的元素属性之间的关系。

6.1.1　内容与盒模型

内容只能出现在盒模型中标有高度和宽度的部分。也就是说，除高度和宽度所包含的区域以外，盒模型的其他部分是没有内容的空白区域。

当内容部分大于定义的容器空间时，内容会从左向右显示。其中，当内容的宽度超出定义的容器宽度时，会自动换行显示；当内容的高度超出容器的高度时，不同的浏览器有不同的显示效果。下面看一个示例，其代码如下所示。

```
.content{
    width:200px;
    height:100px;
    background:#cccccc;}

<div class="content">这是一个当内容部分超出容器的示例，请注意看不同的浏览器对此进行的不同解释，这将有助于更好地使用容器。</div>
```

该样式在 IE 浏览器中的显示效果如图 6-2 所示。

其在 Firefox 浏览器中的显示效果如图 6-3 所示。

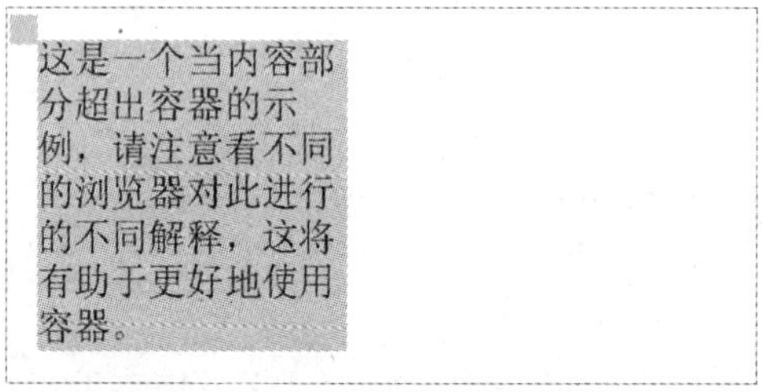

这是一个当内容部分超出容器的示例，请注意看不同的浏览器对此进行的不同解释，这将有助于更好地使用容器。

图 6-2　内容大于容器时在 IE 浏览器中的显示效果

这是一个当内容部分超出容器的示例，请注意看不同的浏览器对此进行的不同解释，这将有助于更好地使用容器。

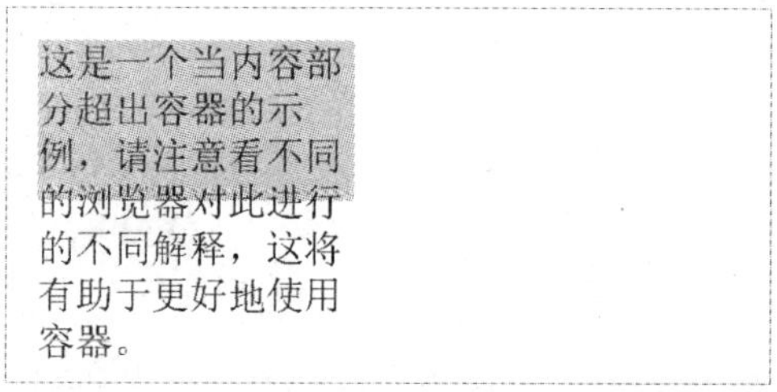

图 6-3　内容大于容器时在 Firefox 浏览器中的显示效果

从图 6-2 和图 6-3 可以看出，当内容超过容器时，在 IE 浏览器和 Firefox 浏览器中的显示效果存在着差异。了解了这个差异，就可以制作出能兼容 IE 浏览器和 Firefox 浏览器的页面。

在盒模型中，内容显示在高度和宽度所包含的区域。在宽度、高度定义的这个区域以外，将显示元素本身的背景（或者包含元素的父元素的背景），下面详细讲述相关内容。

6.1.2　背景与盒模型

1．元素本身的背景

元素本身的背景显示在盒模型边框以内的部分，即内容部分和补白区域都将显示背景（包括背景颜色和背景图片）。

2．父元素背景

父元素的背景总是处于子元素之后。如果子元素中没有定义背景颜色，也没有定义背景图片，则子元素的内容部分会显示父元素的背景。子元素的边框将遮盖父元素的背景。子元素的边界部分将显示父元素的背景。

6.2　补 白 属 性

补白属性是与宽度和高度紧密相关的属性，为元素设置补白属性的同时，也会增加元素所占有的空间。下面详细讲解补白属性及其应用。

6.2.1　补白属性详解

在 CSS 中，补白属性（即 padding 属性）是一个不能继承的属性。其具体的语法结构如下所示。

```
padding:长度值 | 百分比值;
```

一个使用 padding 元素的示例代码如下所示。

```
.content{
    width:300px;
    height:50px;
    padding:20px;}

<div class="content">一个使用 padding 的示例</div>
```

说明： 该样式为一个宽为 300px、高为 50px 的元素，定义了大小为 20px 的补白属性，即在元素的宽和高以外，将出现 20px 的空白区域。

其应用于网页，效果如图 6-4 所示。

一个使用padding的示例

图 6-4　使用 padding 属性的简单示例

从图 6-4 中并不能看到补白属性所产生的效果，这是因为元素没有定义背景，所以显示的是页面的背景。为元素定义一个背景颜色，同时用一个没有定义补白属性的元素进行对照，其代码如下所示。

```
.content{
    width:300px;
    height:50px;
    padding:20px;
    background:#cccccc;}                /*定义元素的背景，目的是显示补白属性的效果*/
.content2{                              /*定义一个大小相同的元素作为对照*/
    width:300px;
    height:50px;
    background:#cccccc;}
.line{                                  /*定义空白元素进行分隔*/
    height:20px;
    width:100px;}

<div class="content">一个使用 padding 的示例</div>
    <div class="line"></div>
    <div class="content2">不使用 padding 的示例</div>
```

说明： 样式中，用 line 元素分隔 content1 和 content2。line 元素中，定义的属性为高度 20px，宽度 100px。其效果如图 6-5 所示。

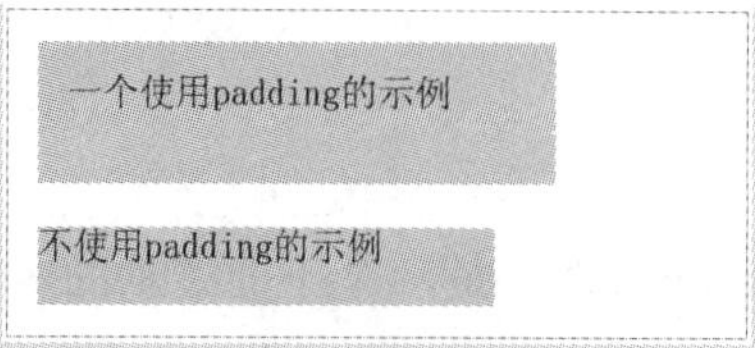

一个使用padding的示例

不使用padding的示例

图 6-5 使用 padding 属性和没有使用 padding 属性的对照

从图 6-5 可以看出，定义了 padding 属性后，元素实际占有的高和宽都增加了 40px。在应用 padding 属性时，要特别注意元素的占有空间。

6.2.2 百分比值的使用

在使用百分比值时，要注意的一点就是这个值不是用元素自身的宽度值来计算的，而是用包含元素的父元素的宽度值来计算的。下面是使用百分比值的示例，其代码如下所示。

```
.content{
    width:700px}
.content2{
    width:350px;}
p{
   padding:10%;                    /*注意百分比值的含义*/
   width:150px;
   background:#cccccc;}
.line{
    height:20px;}

<div class="content"><p>这是一个使用百分比值的示例，请注意看不同宽度的父元素对其中所包含元素的影响，这将有助于更好地使用百分比值。</p></div>
    <div class="line"></div>
    <div class="content2"><p>这是一个使用百分比值的示例，请注意看不同宽度的父元素对其中所包含元素的影响，这将有助于更好地使用百分比值。</p></div>
```

说明：代码中，定义了 p 元素的宽度为 150px，padding 属性的值为 10%。

其显示效果如图 6-6 所示。

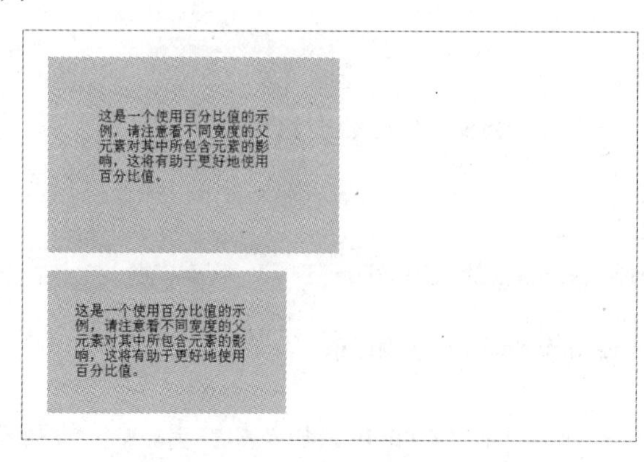

图 6-6 padding 中使用百分比值

从图 6-6 中可以看到，padding 属性的最终取值并不是 p 元素自身宽度的 10%，而是其父元素宽度的 10%。如果取消掉 p 元素的宽度值，在 IE 浏览器和 Firefox 浏览器中的显示效果将会出现差异，如图 6-7 和图 6-8 所示。

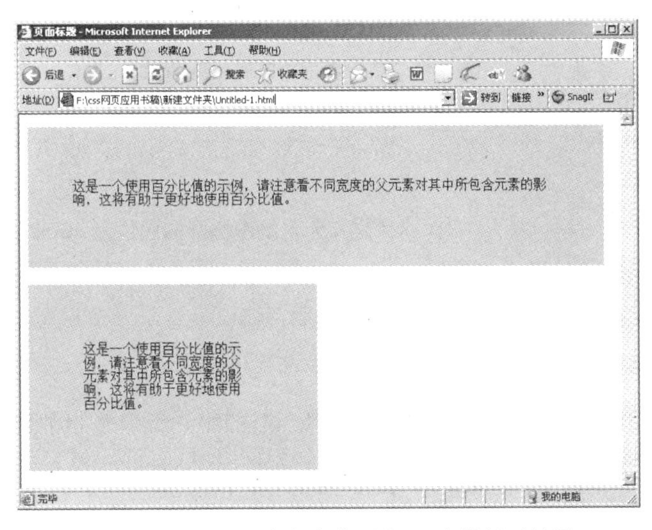

图 6-7　取消 p 元素宽度值后在 IE 中的显示效果

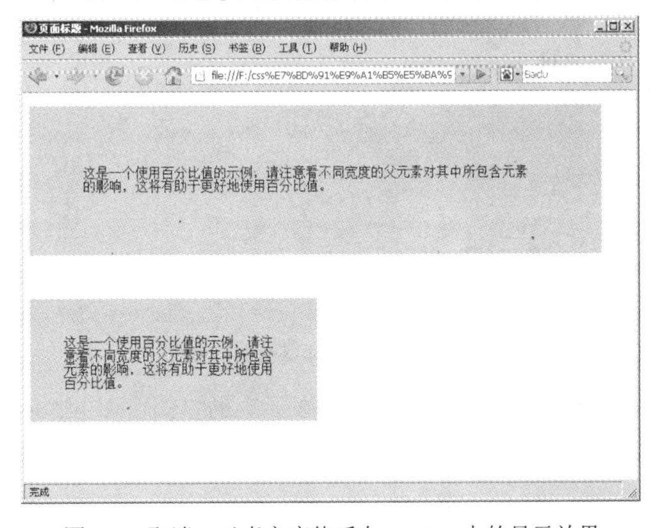

图 6-8　取消 p 元素宽度值后在 Firefox 中的显示效果

说明： 垂直方向的显示差异是因为在 Firefox 浏览器中，p 元素含有边界造成的。

从图 6-7 和图 6-8 可以看到，没有定义 p 的宽度时，在不同浏览器中的显示效果将会差别很大。当 padding 属性的值为百分比值时，一定要注意这一点。

6.2.3　单侧的补白属性

单侧的补白属性包括 padding-top 属性、padding-right 属性、padding-bottom 属性和 padding-left 属性，分别用来定义元素的上侧、右侧、下侧、左侧的补白属性。其语法结构如下所示（以 padding-top 属性为例）。

```
padding-top:长度值 | 百分比值;
```

使用单侧补白，可以方便地为元素的某一侧定义补白属性。下面是使用单侧补白的示例，其代码如下所示。

```
.content{                                    /*不含有补白属性元素的样式*/
    width:200px;
    background:#cccccc;}
.content2{
    width:200px;
    padding-left:40px;                       /*定义元素的左侧补白属性为 40px*/
    background:#cccccc;}
.line{
   height:20px;
   width:100px;}

<div class="content">这是一个使用单侧补白属性的示例，请注意两个元素的左侧区域。</div>
    <div class="line"></div>
    <div class="content2">这是一个使用单侧补白属性的示例，请注意两个元素的左侧区域。</div>
```

说明：该样式中，在 content 元素中没有定义补白属性，在 content2 元素中定义了左侧的补白属性。

该样式的网页效果如图 6-9 所示。

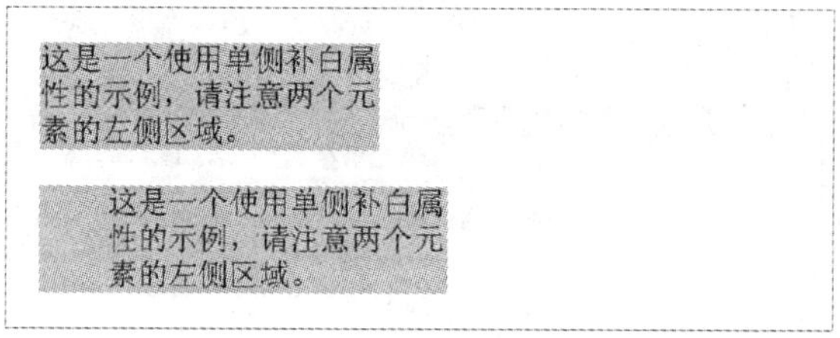

这是一个使用单侧补白属性的示例，请注意两个元素的左侧区域。

这是一个使用单侧补白属性的示例，请注意两个元素的左侧区域。

图 6-9　使用单侧补白属性的示例

从图 6-9 中可以看出，使用左侧补白属性之后，在元素的左侧增加了 40px 的补白区域，而其他的区域没有变化。

6.2.4　补白属性的简写

如果使用单侧补白属性，为元素定义 4 个不同的补白属性值，就要使用 4 次补白属性，书写很不方便。在 CSS 中，有简便的方法来定义不同的单侧补白属性，简写属性，使用的是 padding 属性，其具体的语法结构如下所示。

```
padding: padding-top padding-right padding-bottom padding-left ;
```

4 个属性的顺序是固定的，如果随意交换，会导致显示效果的变化。下面是使用 padding 属性简化写法的示例，其代码如下所示。

```
.content{
    width:200px;
```

```
    padding:10px 20px 40px 80px;
    background:#cccccc;}

<div class="content">这是一个使用 padding 属性简写的示例，请注意元素四周的空白区域。</div>
```

该样式定义的属性和下面的定义是等效的。

```
.content{
    width:200px;
    padding-top:10px;
    padding-right:20px;
    padding-bottom:40px;
    padding-left:80px;
    background:#cccccc;}
```

该样式应用于网页，其效果如图 6-10 所示。

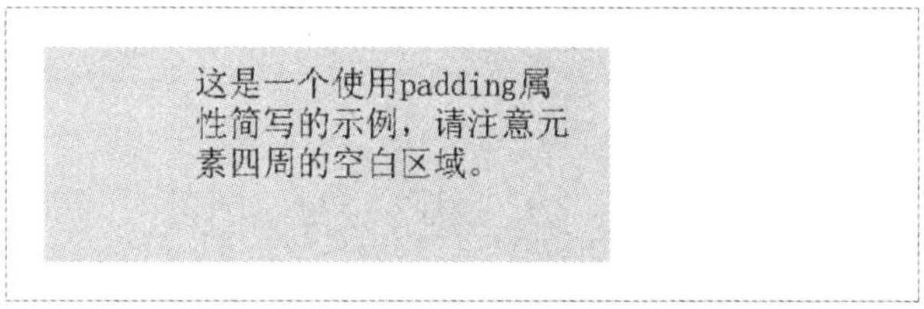

这是一个使用padding属性简写的示例，请注意元素四周的空白区域。

图 6-10　使用简化补白属性的示例

简化补白属性中，4 个属性的书写顺序必须为上、右、下、左。

1．钟面原则

为了更好地记住各属性的顺序，可以想象一下时钟的指针是怎么走的。表针会从上到右，然后从下再到左。按照时钟中指针转动的顺序来记忆，也可以称为“钟面原则”。

2．重复值的简化

如果 4 个值中，上下和左右使用相同的值，则有更加简化的写法。

例如，一个 padding 属性的定义如下所示。

```
padding{20px 10px 20px 10px;}
```

在以上样式中，定义 padding 属性的上补白和下补白均为 20px，左补白和右补白均为 10px。该样式的进一步简化写法如下所示。

```
padding: 20px 10px;
```

简化写法的原则是：如果没有定义底部的属性值，底部就使用头部的属性值；如果没有定义左侧的属性值，左侧就使用右侧定义的属性值；如果只定义了一个值，那么所有属性就都使用这个值。例如，定义了如下所示的样式。

```
padding:10px 20px 40px;
```

该样式的含义是，上补白是 10px，右补白是 20px，底部补白是 40px，因为左侧补白没有定义，所以使用右侧的属性值，也是 20px。将其应用于网页，其效果如图 6-11 所示。

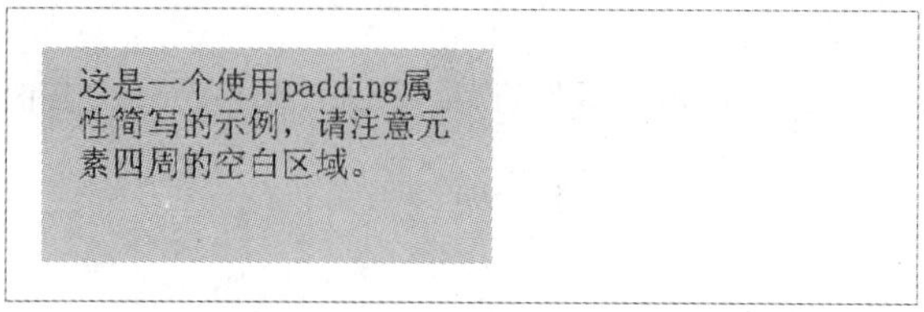

这是一个使用padding属性简写的示例，请注意元素四周的空白区域。

图 6-11　使用 padding 属性重复简化属性的示例

按照规则，如果头部补白属性和左侧补白属性重复，则不能使用重复值简化原则。例如，下面定义的 padding 属性。

```
padding : 20px 20px 10px 10px;
```

合理使用简化的属性写法，可以让代码更加简洁。

注意： 补白的取值不能为负值。

6.3　边 框 属 性

边框属性包括边框样式属性（border-style）、边框宽度属性（border-width）、边框颜色（border-color）、单侧的边框和边框属性的简写。下面进行详细讲解。

6.3.1　边框样式

边框样式属性（即 border-style 属性）是一个不可继承的属性，其语法结构如下所示。

```
border-style : none | hidden | dotted | dashed | solid | double | groove | ridge | inset | outset;
```

其中，每个取值的含义如下所示。

- ☑ none：没有边框，即忽略所有边框的宽度。
- ☑ hidden：隐藏边框（IE 不支持）。
- ☑ dotted：点线。
- ☑ dashed：虚线。
- ☑ solid：实线。
- ☑ double：双线。
- ☑ groove：3D 凹槽。
- ☑ ridge：菱形边框。
- ☑ inset：3D 凹边。
- ☑ outset：3D 凸边。

其中，最后 4 个属性和边框颜色属性有关（IE 浏览器中不能正常显示），因此将放在边框颜色一节讲述它们的显示效果。其他 6 个属性的显示效果如图 6-12 所示。

none

hidden

dotted

dashed

solid

double

图 6-12　边框样式

在 CSS 中，边框样式也可以像 padding 属性一样，用 4 个值来分别定义其上、右、下、左 4 个边框的样式。其语法如下所示。

```
border-style:上边框样式 右边框样式 下边框样式 左边框样式 ;
```

定义边框样式时，也可以使用简化写法。例如：

```
div{border-style:dashed dotted solid double;}
```

该样式应用于网页，其效果如图 6-13 所示。

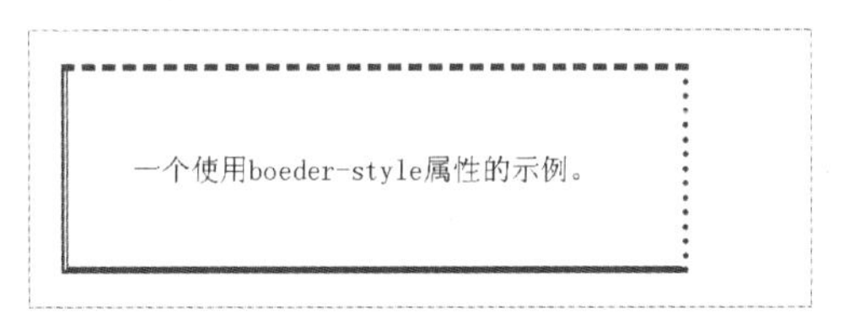
一个使用boeder-style属性的示例。

图 6-13　使用 border-style 控制 4 个边框的样式

border-style 属性和 padding 属性一样，分别有 4 个单侧的样式：border-top-style 属性、border-right-style 属性、border-bottom-style 属性和 border-left-style 属性。所以以上定义的样式和下面的样式是等效的。

```
div{
  border-top-style:dashed;
  border-right-style:dotted;
  border-bottom-style:solid;
  border-left-style:double;}
```

同样，边框样式属性也可以使用 6.2.4 节中的重复值简化原则进行书写。

6.3.2　边框宽度

边框宽度属性（即 border-width 属性）是一个不可继承的属性，其语法结构如下所示。

```
border-width : medium | thin | thick | 长度值
```

每个取值的具体含义如下所示。

☑　medium：默认值。

☑　thin：比默认值细。

☑ thick：比默认值粗。

☑ 长度值：可以使用所有长度值。

注意： 使用 medium、thin、thick 时，并没有一个确定的值，其显示效果和用户的设置有关，所以建议使用长度值。

一个使用边框宽度的示例代码如下所示。

```
.content{
    border-width:medium;
    border-style:solid; }
```

说明： 在该样式中定义了 border-style 属性值为 solid（即为实线），目的是让边框能够显示出来。因为边框样式的默认属性是 none，是不可见的。

该样式应用于网页的效果如图 6-14 所示。

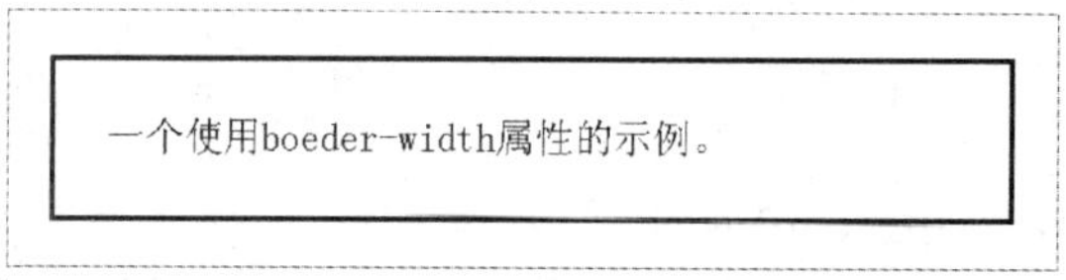

一个使用boeder-width属性的示例。

图 6-14　使用 border-width 属性的示例

同样，border-width 属性也存在单侧样式和简化写法。其单侧属性分别是 border-top-width 属性、border-right-width 属性、border-bottom-width 属性和 border-left-width 属性。下面使用简化写法来定义 4 个边框样式，代码如下所示。

```
border-width:5px 10px 15px 20px;
```

上述代码等效于如下代码。

```
border-top-width:5px;
border-right-width:10px;
border-bottom-width:15px;
border-left-width:20px;
```

将该样式应用于网页，其效果如图 6-15 所示。

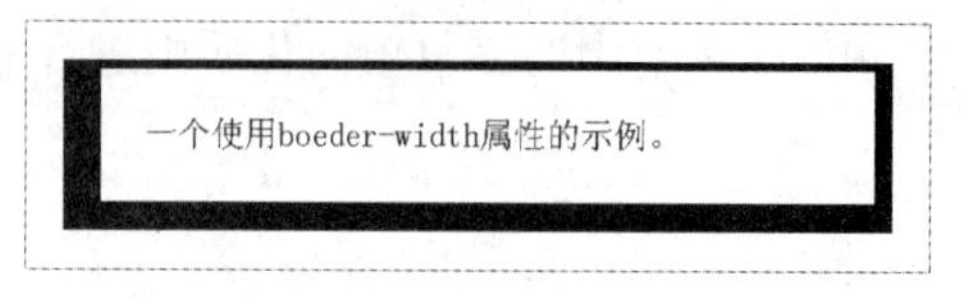
一个使用boeder-width属性的示例。

图 6-15　使用 border-width 属性控制元素的 4 个边框

同样，边框宽度属性也可以使用重复属性的简化写法。

6.3.3　边框颜色

边框颜色属性（即 border-color 属性）是一个不可继承的属性，其具体的语法结构如下所示。

```
border-color : 颜色值;
```

一个使用边框宽度的示例代码如下所示。

```
. content{
    border-color:#cccccc;
    border-width:5px;
    border-style:solid; }
```

说明：在该样式中，除边框颜色属性外，还定义了 border-style 属性值为 solid（即为实线），border-width 属性值为 5px。目的是让边框能够显示出来，因为只有存在边框，边框颜色才能够显示出来。

将该样式应用于网页，其效果如图 6-16 所示。

图 6-16　使用 border-color 属性的示例

6.3.1 节提到过，有 4 个边框样式 groove、ridge、inset、outset 是和边框颜色有关的，下面看一下定义了边框颜色后，它们的显示效果。定义边框颜色为#cccccc（一种很浅的灰色），则 4 个边框样式的显示效果如图 6-17 所示。

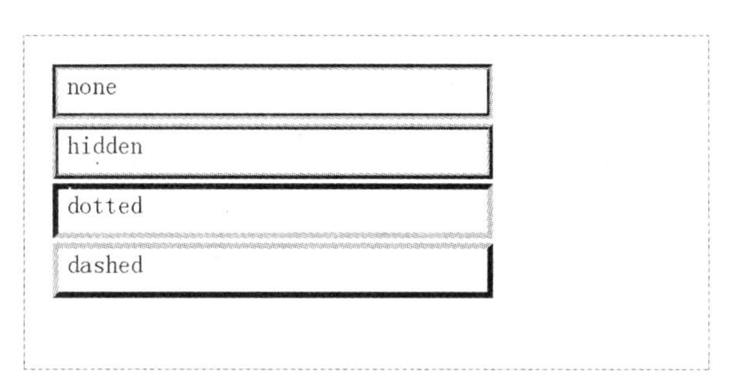

图 6-17　和 border-color 属性相关的边框示例

注意：图 6-17 是在 Firefox 浏览器中的显示效果，IE 浏览器不支持这 4 个边框样式。

同样，border-color 属性也存在单侧样式和简化写法。其单侧属性分别是 border-top-color 属性、border-right-color 属性、border-bottom-color 属性和 border-left-color 属性。使用简化写法定义边框样式的代码如下所示。

```
border-color:#cccccc #999999 #666666 #333333;
```

和该样式等效的单侧边框样式代码如下所示。

```
border-top-color: #cccccc;
border-right-color: #999999;
border-bottom-color: #666666;
border-left-color: #333333;
```

将该样式应用于网页，其效果如图 6-18 所示。

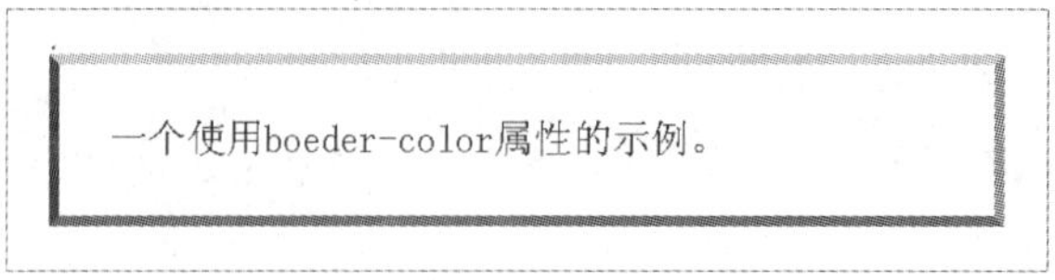

一个使用boeder-color属性的示例。

图 6-18　使用 border-color 属性控制元素的 4 个边框

同样，边框颜色属性也可以使用重复属性的简化写法。

6.3.4　边框的综合定义

在 CSS 中，可以使用 border 属性定义边框的所有属性，其语法结构如下所示。

```
border: border-style border-width border-color ;
```

其中，各个属性的顺序可以随意交换，每个属性之间用空格分隔。使用 border 属性的示例代码如下所示。

```
.content{
   border: #999999 10px solid;}
```

该样式定义了边框的颜色为浅灰色，边框宽度为 10px，边框样式为实线。将该样式应用于网页，效果如图 6-19 所示。

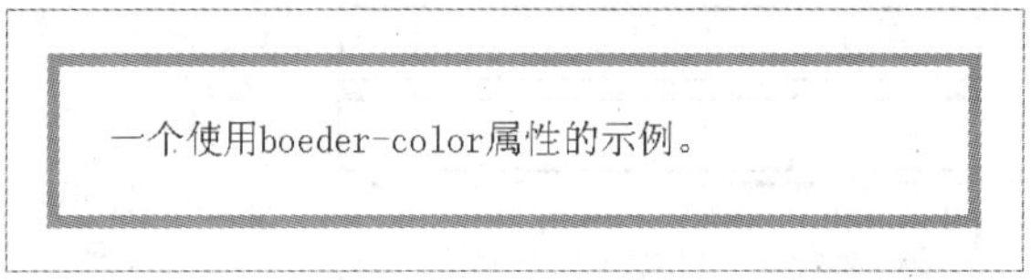

一个使用boeder-color属性的示例。

图 6-19　使用 border 属性控制元素所有的边框属性

注意： border 属性定义的是所有边框的样式，所以每侧边框样式都是相同的。不能用 border 属性定义单侧边框属性。

例如，定义边框样式，如下所示。

```
.content{
   border:10px solid;
   border:#cccccc #999999 #666666 #333333;}
```

在该样式中，试图定义 4 个实线边框，分别显示 4 种颜色。将其应用于网页，效果如图 6-20 所示。

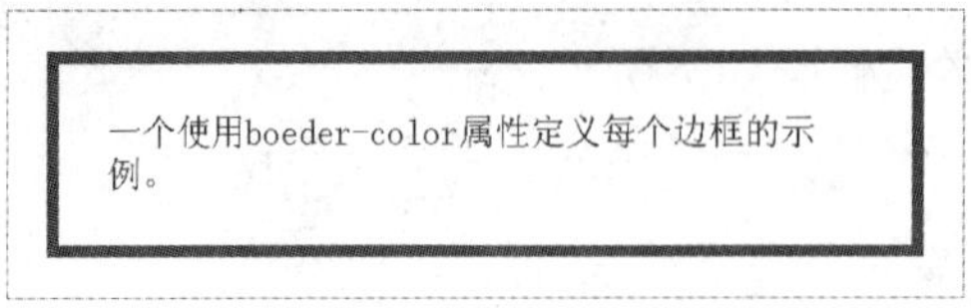

一个使用boeder-color属性定义每个边框的示例。

图 6-20　使用 border 属性控制元素单侧边框的示例

从图 6-20 可以看出，样式中定义的第二个 border 属性由于无效而被忽略掉了，元素的边框显示的是默认的颜色。

6.3.5　单侧边框的综合定义

很多时候，需要每一侧的边框都有各自的样式，或者只有某一侧的边框需要定义样式，这就要用到单侧边框的综合定义属性。该属性包含 4 个具体属性：border-top 属性、border-right 属性、border-bottom 属性和 border-left 属性。其语法结构如下所示（以 border-top 属性为例）。

```
border-top: border-style border-width border-color ;
```

同 border 属性一样，其中各属性的顺序可以随意交换，属性之间用空格分隔开。使用 border-bottom 属性定义边框属性的示例代码如下所示。

```
border-bottom: #cccccc 2px solid;
```

在该样式中，定义了下边框的样式为浅灰色，实线线宽 2px。其他的边框按照默认值，为不可见。将该样式应用于网页，效果如图 6-21 所示。

一个使用boeder-bottom属性定义边框的示例。

图 6-21　使用单侧边框属性控制元素的边框

同时使用几个单侧边框属性，可以定义比较复杂的边框样式。下面是一个复杂边框的示例，其代码如下所示。

```
.content{
    border-top:10px solid #cccccc;
    border-right:10px dashed #999999;
    border-bottom:5px dotted #666666;
    border-left:5px double #333333;
    height:70px;
    width:300px;
    padding:50px 20px 0;      /*定义补白属性用来分隔文本和边框*/
    }

<div class="content">一个使用有复杂边框的元素的示例。</div>
```

将该样式应用于网页，其效果如图 6-22 所示。

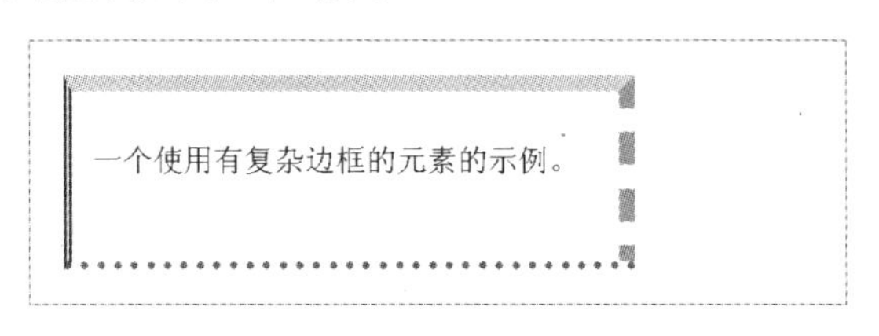

图 6-22　一个复杂边框的示例

6.3.6 一个有用的表格边框属性

在 CSS 中，有关于表格边框的单独属性，其中一个很有用的属性是 border-collapse 属性，用来定义表格元素中单元格之间的边框是否合并。其语法结构如下所示。

```
border-collapse: separate | collapse ;
```

其取值的具体含义如下所示。

☑ separate：为 HTML 默认的设置，表示边框分开。

☑ collapse：边框合并。

HTML 中，表格的默认显示效果如图 6-23 所示。

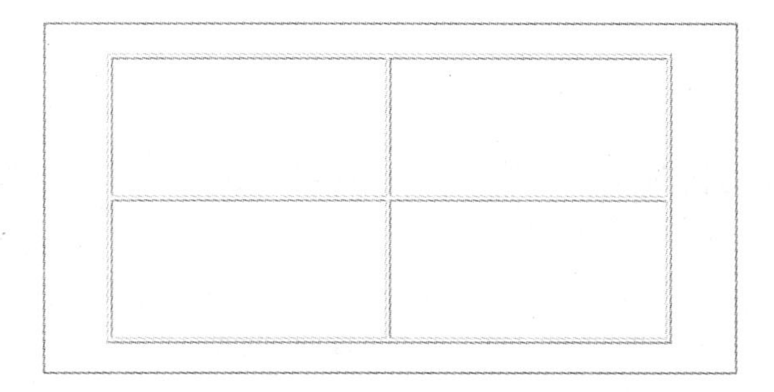

图 6-23 HTML 中表格的默认显示效果

如果在 table 中加入如下样式：

```
border-collapse:collapse;
```

则表格的显示效果如图 6-24 所示。

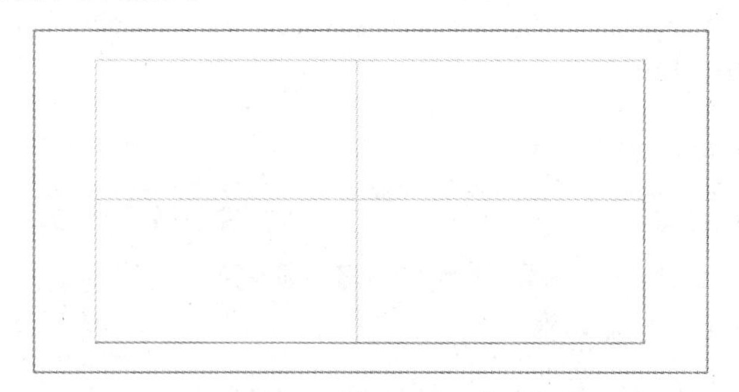

图 6-24 使用 border-collapse 属性合并单元格边框后的效果

从图 6-24 可以看出，border-collapse 属性取值为 collapse 后，页面表格的边框都合并在一起了。

6.3.7 应用边框属性的实例

使用边框属性，可以制作一个边框宽度为 1px 的表格。下面介绍具体的制作方法。

没有定义任何属性的表格，在页面中是不显示的。要制作边框宽度为 1px 的表格，最简单的方法就是给表格定义一个 border 属性。其代码如下所示。

```
table{
    border:1px solid #999999;
    width:400px;
    heitht:200px;}
```

在该样式中，试图用一个总的边框属性来实现一个 5 行 5 列表格的所有边框，将其均显示为 1px 宽的实线。但将其应用于网页中，效果都如图 6-25 所示。

图 6-25　使用 border 来控制表格显示

从图 6-25 可以看到，只有表格最外面的边框显示为宽 1px 的实线。其原因是，border 属性是一个不可继承的、作用于 table 标签上的属性，并不能被其子元素 td 继承。也就是说，表格的单元格并没有应用 border 属性。如果定义 td 元素的 border 属性为宽 1px 的实线，此时所使用的样式如下所示。

```
table{
   width:400px;
   height:200px;
   border-collapse:collapse;}
td{
   border:1px solid #999999;}
```

说明： 在该样式中，定义了表格边框样式为合并，同时定义了单元格的边框为宽 1px 的实线。

其显示效果如图 6-26 所示。

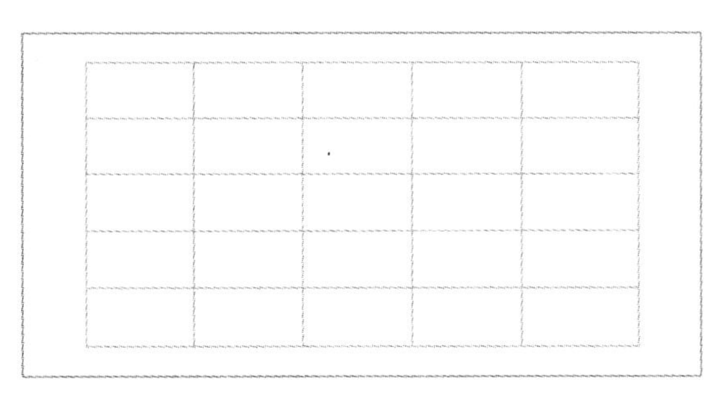

图 6-26　在 td 中使用 border 属性来控制表格显示

6.4　边 界 属 性

边界属性包括边界属性、单侧边界属性、元素边界的重叠等知识。下面具体介绍边界属性的使用方法。

6.4.1 整体边界属性

边界属性（即 margin 属性）是一个不可继承的属性。其语法结构如下所示。

```
margin: auto | 长度值 | 百分比值;
```

其中，长度值很好理解。当取值为百分比值时，同 padding 属性一样，表示是相对于父元素的宽度。下面详细讲解 auto 属性值的含义。

1. 水平 auto 值

在说明 auto 属性之前，先讲解元素盒模型在水平方向上的格式编排规律。在水平方向上，非浮动块元素盒模型的各个部分宽度之和等于父元素的宽度。在这个原则下，auto 值就是填补父元素宽度的默认值。

举例来说，如果父元素的宽度为 450px，子元素的宽度为 200px，左右补白属性都为 50px，没有边框，此时若定义子元素的 margin 属性值为 auto，则 auto 所代表的值就是 75px。也就是说，当水平边界属性值为 auto 时，它会自动取得一个值，这个值能使子元素占有的宽度之和等于父元素的宽度。

2. 垂直 auto 值

垂直的 auto 值，一般会被处理为 0（即没有边界）。

下面是一个使用边界属性的示例，其代码如下所示。

```
.content img{
    margin:40px;}
.content1{
    background:#cccccc;}   /*定义背景的目的是区分两个元素*/

<div class="content">这是一个使用 margin 属性<img src="images/picshort.jpg" alt="margin" />的示例。注意文本中的小图片周围的空白区域。</div>
<div class="content1">这是一个使用 margin 属性<img src="images/picshort.jpg" alt="margin" />的示例。注意文本中的小图片周围的空白区域。</div>
```

说明：该样式中，content 元素定义了图片的边界属性值为 40px，content1 元素没有定义边界。

该样式应用于网页，其效果如图 6-27 所示。

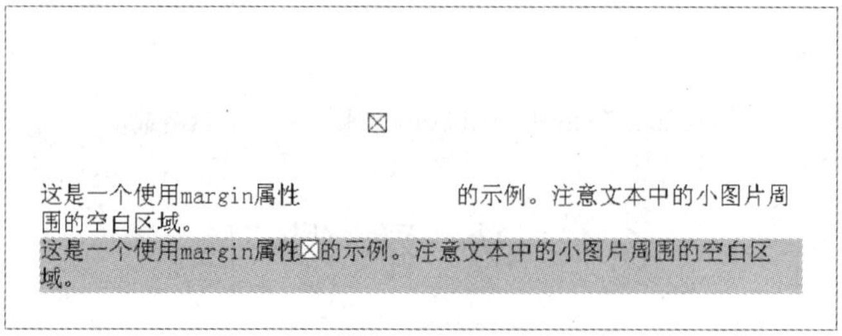

这是一个使用margin属性 的示例。注意文本中的小图片周围的空白区域。
这是一个使用margin属性☒的示例。注意文本中的小图片周围的空白区域。

图 6-27　使用 margin 属性的示例

从图 6-27 中可以看出，定义了 margin 属性的图片元素四周会产生 40px 宽的空白区域。由于空白区域的产生，使文本与图片之间分隔了一段距离。

6.4.2 单侧的边界和简写

同 padding 属性类似，margin 属性也有 4 个单侧属性：margin-top 属性、margin-right 属性、margin-bottom 属性和 margin-left 属性。其语法结构如下所示（以 margin-top 为例）。

```
margin-top : auto | 长度值 | 百分比值;
```

其中，每个值的含义和 margin 属性取值的含义是一样的。同样，可以使用 margin 属性同时定义 4 个单侧属性，其单侧属性顺序同样遵循“钟面原则”。其语法结构如下所示。

```
margin : margin-top | margin-right | margin-bottom | margin-left ;
```

下面是一个使用 margin 简写的示例，其代码如下所示。

```
.father{                                  /*定义父元素的背景用来显示子元素与父元素之间的间隔 */
    width:450px;
    height:300px;
    background:#333333;}
.content{
    margin:40px 30px 20px 10px;
    height:100px;
    width:100px;
    background:#cccccc;}                  /*定义子元素的背景用来区分父元素*/

<div class="father">
<div class="content">这是一个使用 margin 属性的示例。</div></div>
```

说明：在该样式中，使用 margin 属性定义了子元素的位置。定义的 4 个值的含义为：上边界为 40px，右边界为 30px，下边界为 20px，左边界为 10px。

将该样式应用于网页，其效果如图 6-28 所示。

图 6-28 使用 margin 属性定义 4 个单侧边界的示例

同 padding 属性类似，margin 属性也可以使用重复属性的简化写法。

6.4.3 垂直方向的边界重叠

两个带有 margin 属性的元素相邻时，边界部分在水平和垂直方向上的处理方式并不相同。在垂直方向上，边界属性会发生重叠。下面是垂直相邻的含有 margin 属性的元素示例，其代码如下所示。

```
.content{
    margin-bottom:50px;                 /*定义元素的下边界属性*/
    height:50px;
    width:300px;
    background:#cccccc;}
.content2{
    margin-top:50px;                    /*定义元素的上边界属性*/
    height:50px;
    width:300px;
    background:#cccccc;}

<div class="content">一个含有 margin 属性的元素。</div>
<div class="content2">另一个含有 margin 属性的元素。</div>
```

其显示效果如图 6-29 所示。

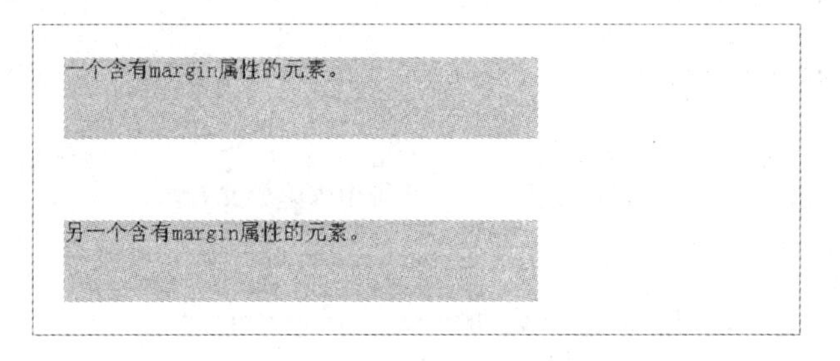

图 6-29 margin 属性垂直重叠

从图 6-29 可以看出，定义了两个高为 50px 的元素，其中，上面元素的下边界为 50px，下面元素的上边界为 50px。实际的显示效果是：两个元素之间的距离为 50px，而不是两个边界之和 100px。也就是说，两个元素的边界发生了重叠。当两个边界值不相同时，元素间的距离等于值较大的一个。

6.4.4 水平方向的边界

带有 margin 属性的元素水平相邻时，元素之间的边界不会发生重叠，而是相加在一起。水平相邻元素的示例代码如下所示。

```
.content{
    margin-right:50px;                  /*定义元素的右边界属性*/
    width:50px;
    float:left;
    height:30px;
    padding-top:20px;
    background:#cccccc;}
.content2{
```

```
    margin-left:50px;                    /*定义元素的左边界属性*/
    width:50px;
    float:left;
    height:30px;
    padding-top:20px;
    background:#cccccc;}

<div class="content">元素 1</div>
<div class="content2">元素 2</div>
```

说明： 在该样式中，定义了两个宽为 50px 的浮动元素。第一个浮动元素的右边界为 50px，第二个浮动元素的左边界为 50px。

将该样式应用于网页中，其效果如图 6-30 所示。

图 6-30　margin 属性水平相加

从图 6-30 可以看出，相邻元素的边界属性在水平方向上会相加。了解边界属性在水平和垂直方向上的显示方式，在控制元素在页面中的位置时有很重要的作用。

6.4.5　负的边界值

当边界属性的取值为负值时，元素之间的关系将会变得比较复杂。

在垂直方向上，两个元素的边界仍然会重叠。但是，此时一个为正值，一个为负值，最后的取值并不是取其中较大的正值，而是用正边界减去负边界的绝对值。也就是说，把正的边界值和负的边界值相加。下面是一个使用负的边界值的示例，其代码如下所示。

```
.content1{
    margin-bottom:20px;
    background:#666666;}
.content2{
    margin-top:-80px;
    background:#333333;}
.content{                              /*统一定义两个元素的大小和补白等属性*/
    width:300px;
    height:70px;
    padding-top:20px;
    color:#ffffff;}

<div class="content content1">元素 1</div>
<div class="content content2">元素 2</div>
```

说明： 在该样式中，定义了两个高为 70px 的元素。其中，元素 1 的下边界为 20px，元素 2 的上边界为-80px。

将该样式应用于网页，其效果如图 6-31 所示。

图 6-31　margin 属性取负值的示例

从图 6-31 可以看出，两个元素之间的距离为 20px 与-80px 之和-60px，所以元素 2 向上移动，与元素 1 有 60px 的重叠。

左右边界中，取值为负值时的情况与此类似。

6.4.6　在内联元素中使用边界属性

在内联元素中使用边界属性，其效果与在块元素中有所区别。下面进行详细介绍。

1．垂直方向上的边界

在内联元素中，垂直方向上应用边界属性的示例代码如下所示。

```
.inline{
    margin-bottom:40px;
    background:#999999;}

这是一个在内联元素中使用<span class="inline">边界属性</span>的示例。
```

在该样式中，为内联元素定义了下边界值为 40px，其应用于网页的效果如图 6-32 所示。

这是一个在内联元素中使用边界属性的示例。

图 6-32　垂直方向上的边界属性

从图 6-32 可以看出，文本在垂直方向上保持不变。这是因为边界属性不能改变文本的行高，所以元素在垂直方向上没有变化。

2．水平方向上的边界

在内联元素中，水平方向上应用边界属性的示例代码如下所示。

```
.inline{
    margin:40px;
    background:#999999;}
```

在该样式中，定义了 span 元素的 4 个单侧属性值均为 40px。将其应用于网页，效果如图 6-33 所示。

这是一个在内联元素中使用　　边界属性　　的示例。

图 6-33　水平方向上的边界属性

从图 6-33 可以看到，内联元素中，水平边界属性的显示效果和块元素中一样。

注意： 当内联元素换行时，断开的部分并不产生边界效果。

下面是在一个使用了换行的内联元素中应用边界属性的示例。其代码如下所示。

```
.inline{
    margin:60px;
    background:#999999;}

这是一个内联元素中使用<span class="inline">边界属性的示例。请注意换行处的边界属性</span>是否有变化。
这将有助于对属性的理解。
```

将该样式应用于网页，其效果如图 6-34 所示。

这是一个内联元素中使用　　　　边界属性的示例。请注意换行处的边
界属性　　　　是否有变化。这将有助于对属性的理解。

图 6-34　内联元素换行时的边界属性

从图 6-34 可以看出，元素在换行时，由一个框断裂为两个框，但是其边界属性仍然只在元素开始和结束的地方产生效果。

6.5　父元素与子元素之间的距离

父元素与子元素之间的距离，由于各元素自身定义的属性不同，可以分为几种情况。下面分别进行详细介绍。

6.5.1　子元素边界属性值为 0

如果父元素含有 padding 属性，而子元素 margin 属性为 0，此时，父元素与子元素的上边界距离由父元素的 padding-top 决定，父元素与子元素左边界的距离由父元素的 padding-left 决定。下面是一个示例，其代码如下所示。

```
.main{
    padding:40px 0 0 20px;              /*定义父元素的补白属性*/
    width:450px;
    height:200px;
    background:#333333;}
.content{
    margin:0;                            /*元素的默认边界属性就是 0，也可以将不用显示的定义边界属性为 0*/
    width:100px;
    height:100px;
    background:#cccccc;}

<div class="main">
<div class="content">子元素</div></div>
```

将该样式应用于网页，效果如图 6-35 所示。

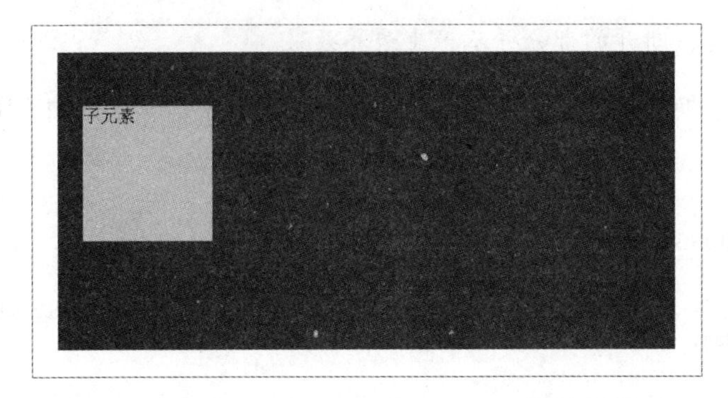

图 6-35　子元素 margin 取值为 0 时的效果

6.5.2　父元素的补白属性为 0

当父元素的 padding 属性为 0 时，父元素与子元素上边界的距离由子元素的 margin-top 决定，父元素与子元素左边界的距离由子元素的 margin-left 决定。下面是一个示例，其代码如下所示。

```
.main{
    padding:0;          /*同边界属性一样，div 元素的默认边界属性值也是 0*/
    width:450px;
    height:150px;
    background:#333333;}
.content{
    margin:50px 0 0 100px;
    width:100px;
    height:50px;
    background:#cccccc;}
```

将该样式应用于网页，其在 IE 浏览器中的效果和上一个示例相同，如图 6-35 所示。

在 Firefox 浏览器中会出现一个有趣的现象。该样式应用于网页后，在 Firefox 浏览器中的效果如图 6-36 所示。

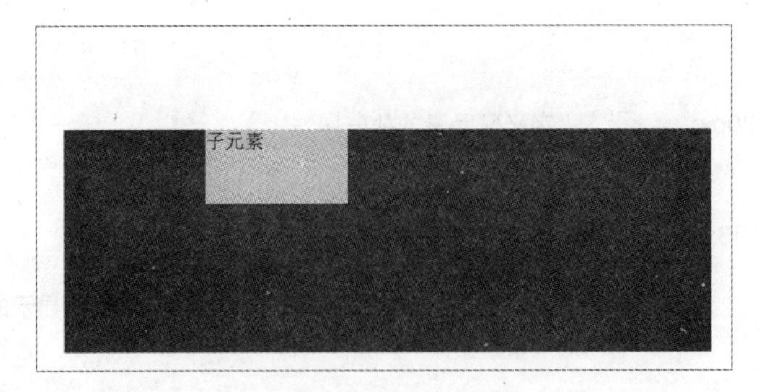

图 6-36　父元素 padding 属性取值为 0 时在 Firefox 浏览器中的效果

从图 6-36 可以看出，在 Firefox 浏览器中的显示效果并不是想象中的效果。如果给父元素添加一个宽为 1px 的边框，其效果如图 6-37 所示。

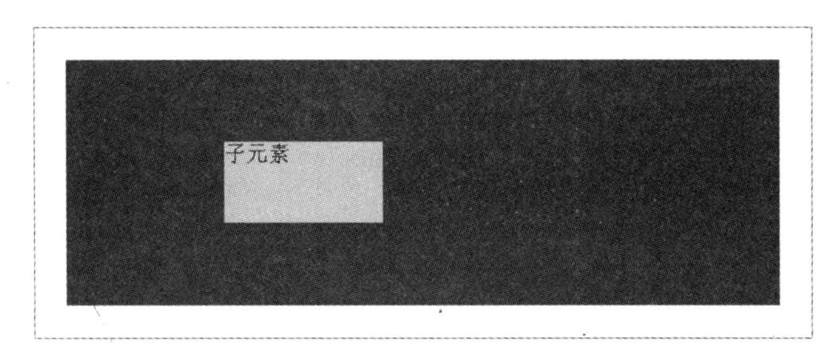

图 6-37 在父元素中定义边框后的效果

从图 6-37 可以看出，此时 Firefox 浏览器中的显示效果与 IE 中基本相同了。这也是使用 margin 属性时希望得到的效果。这一点在制作兼容页面时一定要注意。

6.5.3 父元素含有 padding 属性同时子元素含有 margin 属性

当父元素含有 padding 属性，同时子元素含有 margin 属性时，IE 浏览器和 Firefox 浏览器对此的解释并不相同。下面是一个简单的示例，其代码如下所示。

```
.main{
    padding:50px 0 0 100px;                  /*定义父元素的补白属性*/
    width:350px;
    height:150px;
    background:#999999;}
.content{
    margin:50px 0 0 100px;                   /*定义子元素的边界属性*/
    width:100px;
    height:50px;
    background:#cccccc;}

<div class="main">
<div class="content">子元素</div></div>
```

说明： 在该样式中，定义了父元素的上补白属性值为 50px，左补白值为 100px。子元素的上边界值为 50px，左边界值为 100px。

在 IE 浏览器中，垂直方向上采用了父元素的补白属性值和子元素的边界属性值相重叠的方式，确定两者之间的距离。水平方向上使用父元素的补白属性值和子元素的边界属性值相加的方式，确定两者之间的距离。

所以两者之间的距离，即子元素的背景上边线（或左边线）到父元素的背景上边线（或左边线）的距离。在垂直方向上，是 50px 补白和 50px 边界中的较大者，即 50px。在水平方向上，为 100px 的补白和 100px 的边界相加，即 200px。

其在 IE 浏览器中的效果如图 6-38 所示。

在 Firefox 浏览器中，水平方向上的显示和 IE 浏览器相同。在垂直方向上，Firefox 浏览器采用父元素的补白属性值和子元素的边界属性值相加的方式显示。其在 Firefox 浏览器中的显示效果如图 6-39 所示。

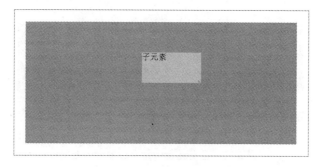

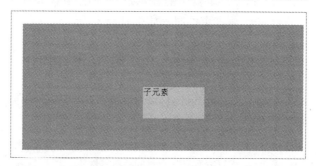

图 6-38　同时含有补白和边界属性时在 IE 浏览器中的效果

图 6-39　同时含有补白和边界属性时在 Firefox 浏览器中的效果

在嵌套元素时，一定要注意浏览器的不同解释，否则，制作出来的页面在两个浏览器中的显示效果会有差别。

6.6　嵌套的元素中使用负边界

在讲解边界属性时曾经讲解过，在两个相邻的元素中使用负边界会产生叠加的效果。使用负边界的元素会覆盖掉其他元素中的内容。下面是一个在子元素中使用负边界的示例，其代码如下所示。

```
.main{
    padding:50px 0 0 100px;            /*注意元素上补白属性值*/
    width:350px;
    height:150px;
    background:#999999;}
.content{
    margin:-100px 0 0 100px;           /*注意元素上边界属性值*/
    width:100px;
    height:100px;
    background:#cccccc;}

<div class="main">
<div class="content">子元素，注意子元素中的内容。这将有助于理解负边界的含义。</div></div>
```

说明： 在该样式中，定义了子元素的上边界为-100px。由于父元素有 50px 的上补白，所以子元素将会向上移动 50px。

将该样式应用于网页，在 IE 浏览器中的效果如图 6-40 所示。

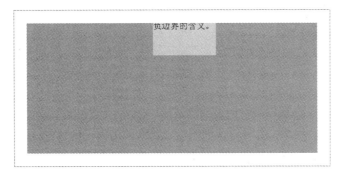

图 6-40　使用负边界属性时在 IE 浏览器中的效果

在 Firefox 浏览器中的效果如图 6-41 所示。

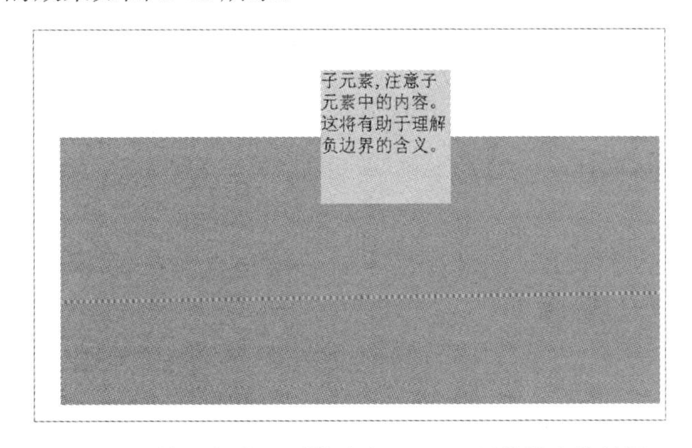

图 6-41　使用负边界属性时在 Firefox 浏览器中的效果

从图 6-40 和图 6-41 可以看出，IE 浏览器隐藏了子元素的超出部分，而 Firefox 浏览器显示了超出的部分。

6.7　固定大小的问题

元素固定大小的问题主要包括两个方面：盒模型大小的计算以及固定长度和宽度。下面进行详细讲解。

6.7.1　盒模型大小的计算

单独的盒模型的宽度和高度的计算方法比较简单，主要分为水平方向上的宽度计算和垂直方向上的高度计算。下面分别进行介绍。

1．水平方向上的宽度计算

由于在水平方向上，IE 浏览器和 Firefox 浏览器中边界和补白的解释是相同的，所以水平宽度的计算就是将所有元素占有的水平宽度加在一起，即左至右依次将左边界、左边框、左补白、宽度、右补白、右边框、右边界这 7 个部分的宽度加在一起。

2．垂直方向上的高度计算

垂直方向上的高度计算，是从上到下依次将上边界、上边框、上补白、高度、下补白、下边框、下边界这 7 个部分的高度加在一起。在含有多个元素时，在 IE 浏览器中一定要注意两个问题：有包含关系的两个元素，其补白与边界的重叠问题；没有包含关系的两个元素，其边界重叠问题。

在 Firefox 浏览器中，要注意的是没有包含关系的两个元素之间的边界重叠问题。通常是先计算好相互影响部分的高度，然后再将其余的高度加进来，就可以计算出垂直方向上的高度。

6.7.2 使用 overflow 属性固定长度和宽度

前面的章节中曾经提到过，虽然定义了元素的高度和宽度，但是由于内容的增加，在 IE 浏览器和 Firefox 浏览器中会显示出不同的效果。要使元素中只显示一定的内容而不产生额外的效果，可以使用 CSS 中的 overflow 属性。下面进行详细讲解。

overflow 属性是一个不可继承的属性，其具体的语法结构如下所示。

```
overflow : visible | auto | hidden | scroll ;
```

其中，每个取值的具体含义如下所示。

- ☑ visible：不剪切内容也不产生滚动条。
- ☑ auto：在需要时产生滚动条。
- ☑ hidden：不显示超出的内容部分。
- ☑ scroll：总是显示滚动条。

下面是使用 overflow 属性的一个示例，其代码如下所示。

```
.content{
    overflow:auto;
    width:100px;
    height:100px;
    background:#cccccc;}

<div class="content">这是一个使用 overflow 属性的示例，注意元素中内容超出元素大小的部分。这将有助于理解这个属性的具体含义。</div>
```

其应用于网页的效果如图 6-42 所示。

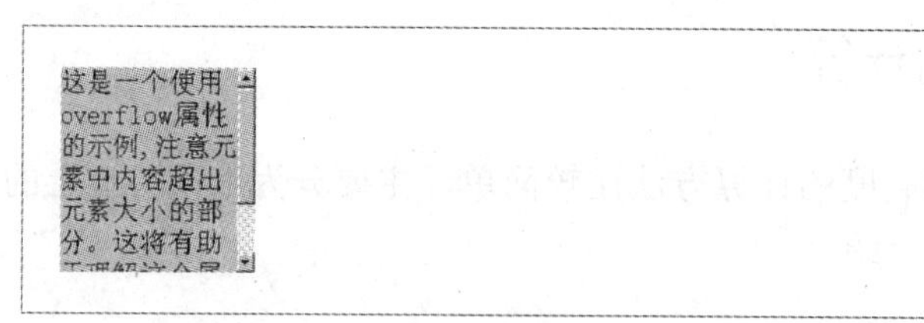

图 6-42　overflow 属性值为 auto 时的效果

如果 overflow 的取值为 hidden，则其效果如图 6-43 所示。

这是一个使用
overflow属性的
示例,注意元素
中内容超出元素
大小的部分。这
将有助于理解这

图 6-43　overflow 属性值为 hidden 时的效果

使用 overflow 属性，虽然能保证元素在布局时大小不变，但却会增加多余的表现元素“滚动条”，或者牺牲掉部分内容，所以并不是一个理想的选择。6.8 节将介绍一些更具扩展性的技巧。

6.8　自适应问题

因为 IE 浏览器和 Firefox 浏览器对元素超出容器部分的处理方式不同，因此在不同浏览器中元素的显示效果差异较大。解决这一问题的最佳方法就是使用自适应原理对元素进行显示。自适应问题是使用 CSS 布局时最常见的问题。良好的自适应性可以使页面设计更加富有弹性。下面将由简入繁地进行逐步介绍。

6.8.1　什么叫自适应

自适应包括自适应浏览器的不同分辨率、自适应高度和自适应宽度。其中，自适应浏览器不同的分辨率时，主要使用百分比来布局，由于使用的技巧和要注意的问题比较复杂，本书将不作讲解。下面讲解自适应高度的问题。

自适应高度的意思是元素随着内容的增加而自动增高(包括元素之间互相影响的适应问题)。例如，其中一个元素的内容增加，另一个元素的背景也随之增加。

6.8.2　独立元素的高度自适应

独立元素的自适应比较简单。在 IE 浏览器中，默认的显示方式就是可以高度自适应，所示下面主要介绍 Firefox 浏览器中的自适应问题。

1. 设置高度值为 auto

在 Firefox 浏览器中，当元素未定义高度值或者其高度值为 auto 时，元素的高度可以随内容的增加而增加。下面是一个高度自适应的示例，其代码如下所示。

```
.content{
    width:200px;
    background:#cccccc;}
<div class="content">这是一个高度自适应的示例，注意元素的高度的变化。这将有助于理解自适应的具体含义。
</div>
```

其在 Firefox 浏览器中的显示效果如图 6-44 所示。

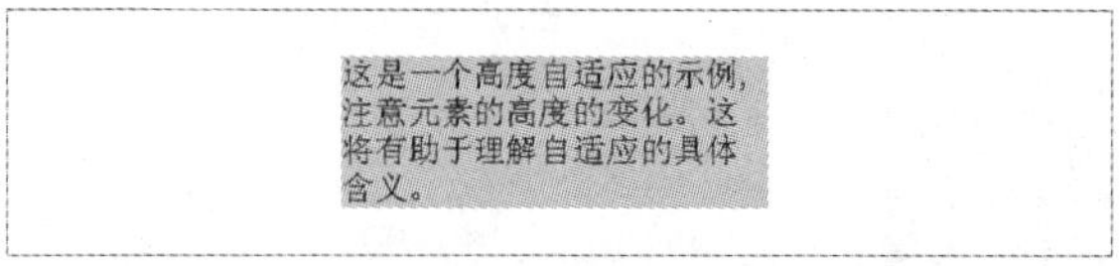

图 6-44　未定义高度的独立元素的自适应

2. 使用 min-height 属性和 max-height 属性

在 CSS 中，还有另外两个控制高度的属性：min-height 属性和 max-height 属性。这两个属性是不可继承的属性，其语法结构如下所示（以 min-height 属性为例）。

```
min-height : auto | 长度值;
```

上述代码使用了 auto 值，所以元素高度为无限制。min-height 属性定义了元素的最小高度，因此，当元素中的内容没有达到最小高度时，元素将显示最小高度；当元素中的内容大于最小高度时，将根据元素高度自适应显示。下面是一个使用 min-height 属性的示例，其代码如下所示。

```
.content{
    min-height:50px;
    float:left;
    width:150px;
    background:#cccccc;    /*定义背景属性，用来显示元素的大小*/
    margin-left:20px;}

<div class="content">高度自适应的示例。</div>
<div class="content">这是一个高度自适应的示例，注意元素的高度的变化。这将有助于理解自适应的具体含义。
</div>
```

其在 Firefox 浏览器中的显示效果如图 6-45 所示。

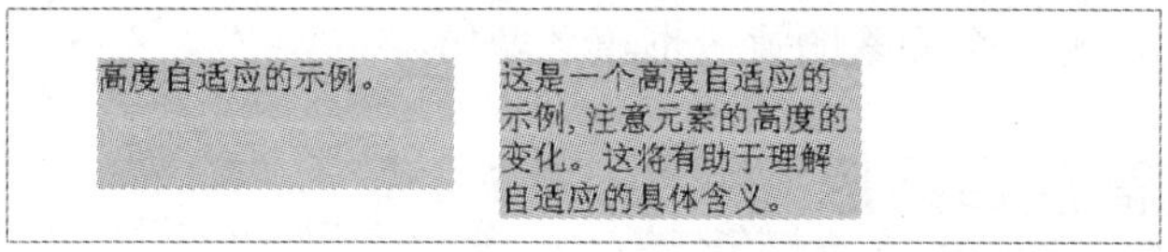

图 6-45　min-height 属性的自适应

从图 6-45 中可以看到，左侧的内容没有超过最小高度 50px 时，元素显示高度为 50px；右侧的内容超过了最小高度，元素实现了自适应高度显示。

注意： IE 浏览器并不支持 min-height 属性和 max-height 属性。

以上代码在 IE 浏览器中会被理解为没有定义高度，效果如图 6-46 所示。

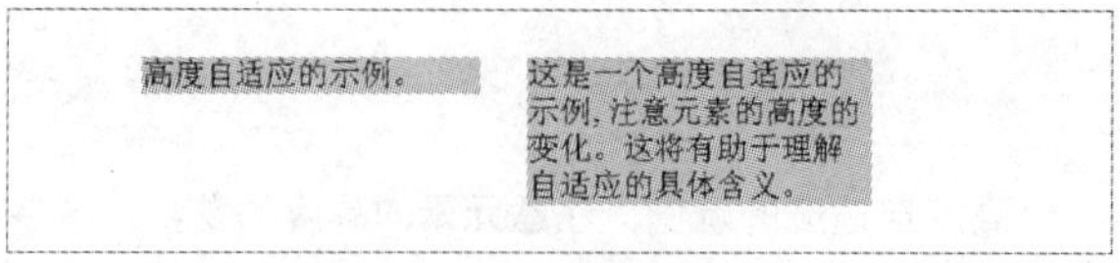

图 6-46　min-height 属性在 IE 浏览器中的效果

关于怎样在 IE 浏览器和 Firefox 浏览器中实现高度的兼容，将在第 9 章中具体介绍。

6.8.3　利用背景色的两列自适应

1．自适应原理

利用背景色，通过使用一个父元素和一个子元素也可以进行两列自适应的布局。下面是一个具体的示例，其代码如下所示。

```
.main{
    width:400px;
    background:#333333;        /*注意父元素的背景*/
    color:#ffffff;}
.content{
    float:left;
    width:200px;
    background:#cccccc;        /*定义子元素的背景，用来区分父元素*/
    color:#000000;}
.clear{
    clear:both;}               /*定义清除浮动*/

<div class="main">
<div class="content">这是一个高度自适应的示例，注意元素的高度的变化。这将有助于理解自适应的具体含义。
</div>父元素中的内容部分
<div class="clear"></div> </div>
```

说明： 该样式中在类名为 main 的元素中嵌套了一个宽 200px 的浮动元素，并在浮动元素下面增加了一个用于清除浮动的元素。

将该样式应用于网页，其效果如图 6-47 所示。

这是一个高度自适应的示例，注意元素的高度的变化。这将有助于理解自适应的具体含义。
父元素中的内容部分

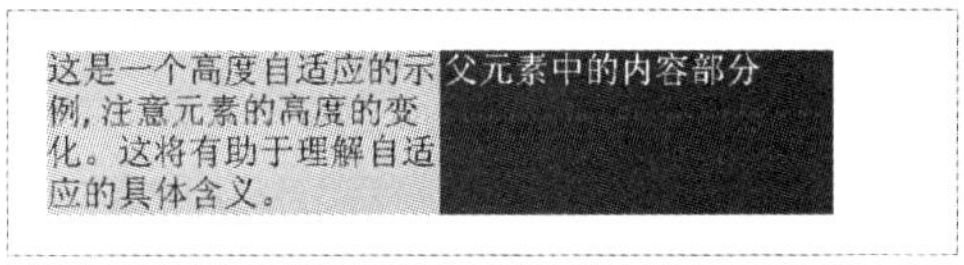

图 6-47　使用浮动子元素和清除浮动的自适应

从图 6-47 可以看出，当左侧浮动元素中的内容增加时，右侧黑色背景的高度可以自动增加，实现了右侧自适应左侧。

利用背景色进行两列自适应的本质是：父元素使用默认的高度，自动适应子元素的高度，同时，通过清除浮动的子元素，使浮动元素的内容能够影响父元素。

但是，这样的自适应是有局限的。当父元素中的内容高度大于浮动的子元素时，子元素并不能自适应父元素，其效果如图 6-48 所示。

子元素内容
这是一个高度自适应的示例，注意元素的高度的变化。这将有助于理解自适应的具体含义。

图 6-48　父元素内容高于子元素时的显示效果

2. 适用情况

利用背景色进行两列自适应的方法适用于两列中有一列的高度为固定值的情况下。

如图 6-47 所示，如果右侧的高度为一个固定值，定义左侧的浮动元素高度与右侧的固定值相同，就可以实现自适应高度。原因是，此时左侧的内容将永远不小于右侧，所以就不会出现如图 6-48 所示的情况。同时，可以使用其他的没有背景色的浮动元素作为辅助。下面是一个具体应用的示例，其代码如下所示。

```
.main{
    width:400px;
    background:#333333;
    color:#ffffff;}
.content{
    float:left;
    background:#cccccc;
    color:#000000;
    width:200px;
    height:80px;}              /*定义子元素的高度，当父元素的内容没有超过这个高度时，页面可以正常显示*/
.clear{
    clear:both;}

<div class="main">
<div class="content">父元素中的内容部分</div>这是一个高度自适应的示例，注意元素的高度的变化。这将有助于理解自适应的具体含义。
<div class="clear"></div></div>
```

说明： 在该样式中，定义了两个浮动元素，宽均为 200px，高均为 80px。其中，右侧的浮动元素没有定义背景，用于放置固定的内容。

将该样式应用于网页，其效果如图 6-49 所示。

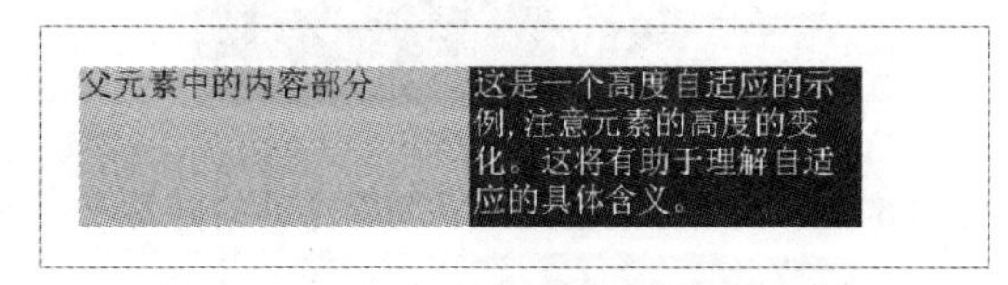
父元素中的内容部分
这是一个高度自适应的示例，注意元素的高度的变化。这将有助于理解自适应的具体含义。

图 6-49　定义了辅助属性后的显示效果

从图 6-49 中可以看到，定义了高度之后，解决了左侧内容过少时，显示父元素背景色的问题。当左侧的内容大于右侧时，显示效果如图 6-50 所示。

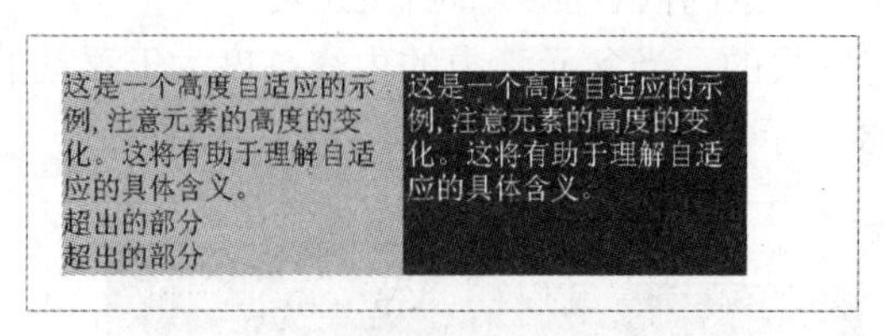
这是一个高度自适应的示例，注意元素的高度的变化。这将有助于理解自适应的具体含义。
超出的部分
超出的部分
这是一个高度自适应的示例，注意元素的高度的变化。这将有助于理解自适应的具体含义。

图 6-50　当左侧内容增加时的显示效果

以上均为在 IE 浏览器中的显示效果。因为在 IE 浏览器中，元素的内容增加时，虽然元素已经定

义了高度，但是高度依然会随着内容的增加而增加。关于本布局兼容 Firefox 浏览器的设置，将在第 9 章中详细讲解。

6.8.4　左右均能自适应的两列布局

1．自适应原理

6.8.3 节示例中右侧元素的高度是固定的，并不能达到右侧内容增加左侧也随之增加的效果。下面是一个左右都能自动进行适应的示例，其代码如下所示。

```
.main{
    width:200px;                                    /*注意父元素的宽度并不是两列元素宽度之和*/
    background:#cccccc;}
.content{
    position:relative;
    float:right;
    margin-right:-200px;
    width:200px;                                    /*注意元素的宽度与右边界的负值相同*/
    background:#333333;
    color:#ffffff;}
.relative{
    float:left;
    width:200px;
    margin-left:-200px;
    background:#cccccc;                             /*注意子元素的背景要与父元素相同*/
    position:relative;
    color:#000000;}
.clear{
    clear:both;}

<div class="main">
<div class="content">
<div class="relative">使用负边界的元素部分<br />使用负边界的元素部分<br />使用负边界的元素部分<br />使用负边界的元素部分</div>
<div>这是一个高度自适应的示例，注意元素的高度的变化。这将有助于理解自适应的具体含义。</div></div>
<div class="clear"></div></div>
```

说明：（为了使说明更加简化，在以下讲解中使用类名来区分各个元素）该样式中首先定义 main 元素宽为 200px，背景为浅灰色，然后定义其中宽为 200px 的子元素 content 浮动在右面且右边界为−200px，这样就使得 content 元素浮动在 main 元素的右面。再在 content 元素中嵌套子元素 relative，使其浮动在 content 的左边，并且定义它的左边界为−200px，这样，relative 元素就浮动到了 content 元素的左侧。现在总体来看，效果是 relative 元素覆盖了 main 元素，content 元素浮动于重叠元素的右面。

其效果如图 6-51 所示。

当增加左侧内容时，其效果如图 6-52 所示。

使用负边界的元素部分
使用负边界的元素部分
使用负边界的元素部分
使用负边界的元素部分
这是一个高度自适应的示例，注意元素的高度的变化。这将有助于理解自适应的具体含义。

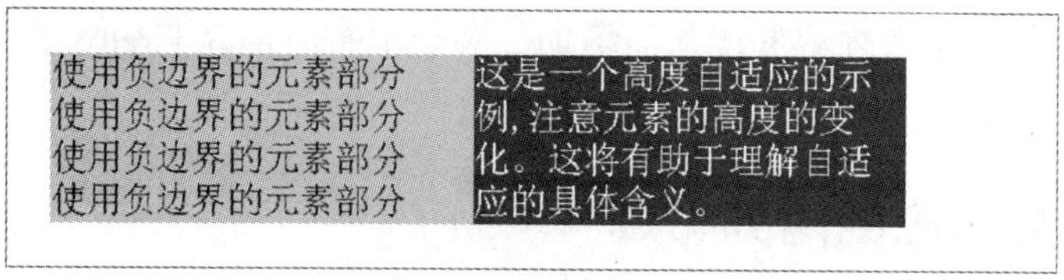

图 6-51　使用负边界的左右两列自适应

使用负边界的元素部分
使用负边界的元素部分
使用负边界的元素部分
使用负边界的元素部分
增加的内容
增加的内容
这是一个高度自适应的示例，注意元素的高度的变化。这将有助于理解自适应的具体含义。

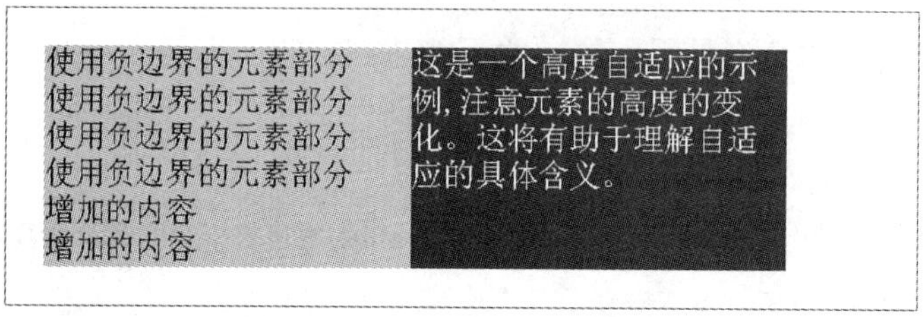

图 6-52　增加左侧内容后的效果

增加右侧内容时，其效果如图 6-53 所示。

使用负边界的元素部分
使用负边界的元素部分
使用负边界的元素部分
使用负边界的元素部分
这是一个高度自适应的示例，注意元素的高度的变化。这将有助于理解自适应的具体含义。
增加的内容
增加的内容

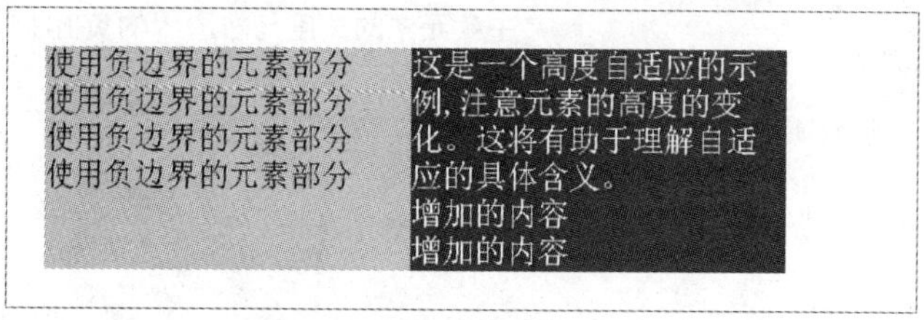

图 6-53　增加右侧内容后的效果

从图 6-52 和图 6-53 可以看出，目前的结构和样式可以实现左右两列的自适应。现将具体的实现原理介绍如下。

在 6.8.3 节中，右侧不能实现自适应的主要原因是因为当右侧内容伸长时，左侧内容下面会显示出父元素的背景。

解决这一问题的方法是，使用负边界让浮动元素处于父元素之外，这样浮动元素下面就不会出现父元素的背景了。但是这会带来新的问题，浮动元素的背景不会随父元素中内容的增加而增加，原因在于浮动元素之外的元素无法影响浮动元素的高度。为了使浮动元素的高度可以变化，就要在浮动元素中再嵌套一个元素。因为浮动元素内容增加时父元素会随之改变，所以只要让新加入的元素处于父元素的位置，并且背景颜色相同，就可以解决问题。因此，再次使用负边界，使浮动元素的子元素处于父元素之上。

最终的效果是，当最里层浮动元素的子元素的内容增加时，右侧的浮动元素受到影响，会随之增高；当浮动元素中的内容增加时，父元素会受到影响，随之增高。因为浮动元素的子元素和父元素的背景是相同的，因此从视觉上来看就实现了左右的自适应。其元素的嵌套结构示意如图 6-54 所示。

2．适用情况

该方法适用于两列中任意一列的高度都不固定的情况。

以上代码在 IE 浏览器和 Firefox 浏览器中都有很好的兼容性。

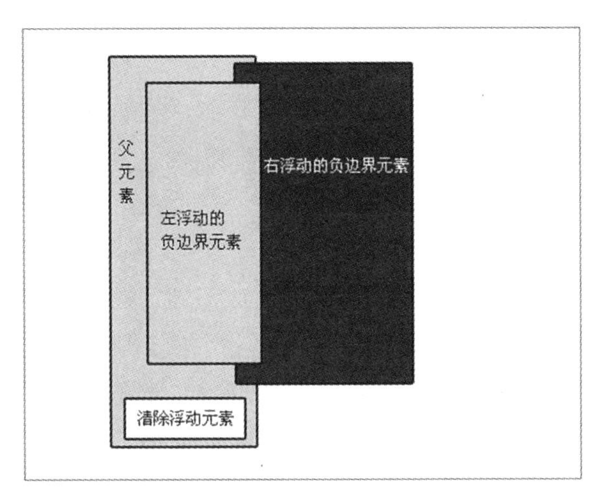

图 6-54　两列完全自适应的元素嵌套结构

6.8.5　三列布局中有两列内容固定

1. 自适应原理

在三列布局中，两列的内容都已经固定，其中一列的高度要自适应的情况是最简单的情况。如果两个固定内容的列有相同的背景，可以使用 6.8.3 节中介绍的方法来实现。如果固定内容的两列背景不相同，则要使需要适应的元素处于嵌套元素的最内层。下面是一个示例，其具体代码如下所示。

```
.main{
    width:450px;
    background:#cccccc;}                    /*父元素的背景，同时作为 right 元素的背景*/
.right{
    float:right;
    padding:40px 0 0;
    width:150px;}
.content{
    float:left;
    width:300px;
    background:#333333;                     /*定义元素的背景，作为左侧元素背景*/
    color:#ffffff;}
.left{
    float:left;
    padding:40px 0 0;
    width:150px;}
.center{                                    /*center 元素是与 left 元素同一级别的元素，所以不会相互影响*/
    float:right;
    padding:40px 0 0;
    width:150px;
    height:120px;
    background:#999999;
    color:#000000;}
.clear{
```

```
    clear:both;}

<div class="main">
<div class="right">处于父元素中的右侧内容</div>
<div class="content">
<div class="left">处于 content 元素中的左侧元素</div>
<div class="center">处于中间的可变元素</div>
<div class="clear"></div></div></div>
```

说明：以上代码比较复杂。

首先，在页面结构部分中，处于最外层的是 main 元素，其包含两个子元素，right 元素浮动在右侧，content 元素浮动在左侧。所以，不论是 right 元素还是 content 元素发生变化，都将影响到父元素。现在 right 元素使用的是父元素的背景，所以从视觉上看，当 content 元素发生变化时，right 元素可以自动增加背景以适应 content 元素。

然后，在 content 元素中又包含两个子元素：left 元素和 center 元素，所以当 center 元素高度增加时，其父元素 content 元素的高度也会随之增加；而 left 元素使用的是 content 元素的背景，所以从视觉上看，当 center 元素发生变化时，left 元素可以自动增加背景以适应 center 元素。

也就是说，当最内层元素变化时，其所有父层及更上层的元素都将受到影响而一起变动，这样就达到了增加 center 元素内容时 left 元素和 right 元素相应变化的效果。

其元素嵌套结构示意图如图 6-55 所示。

将该样式应用于网页，其效果如图 6-56 所示。

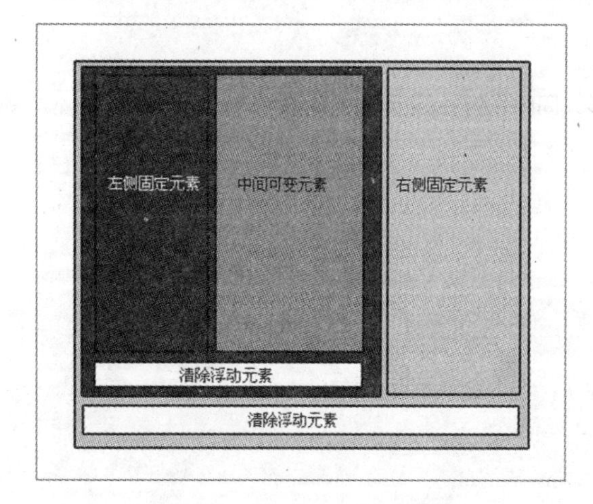

图 6-55　元素嵌套结构示意图

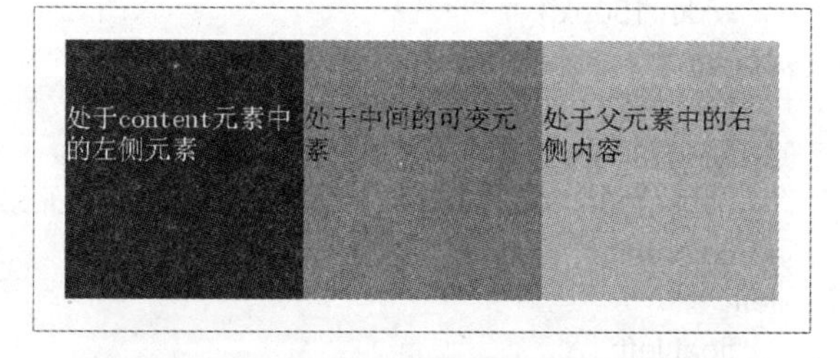

图 6-56　三列中两列高度固定的情况的示例

示例中使用的主要原则就是，内层嵌套元素会影响外层元素的高度。所以，要尽量将可变元素放在最内层，所有元素应尽量使用父元素的背景。

注意：使用该样式时，一定要知道固定内容确切的高度，定义可变内容的高度与固定内容的高度相同。

2．适用情况

该方法适用于三列中任意两列内容固定的情况。

以上示例中，需要变化的内容处于页面的中间。如果可变元素处于左侧，则页面中元素的嵌套结

构如图 6-57 所示。

如果可变元素处于右侧，则页面中元素的嵌套结构如图 6-58 所示。

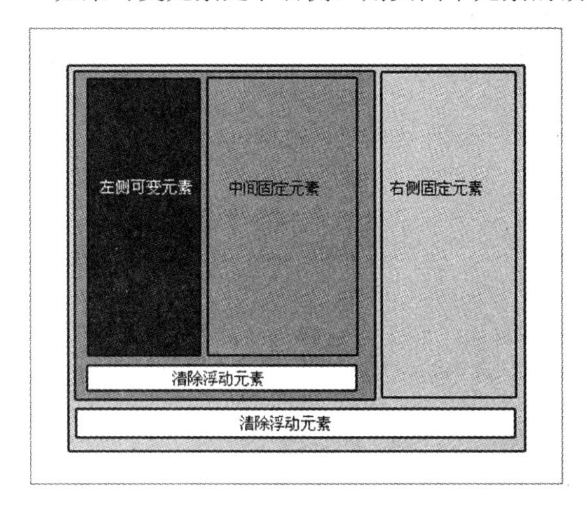

图 6-57　三列中左侧高度不固定时的元素嵌套

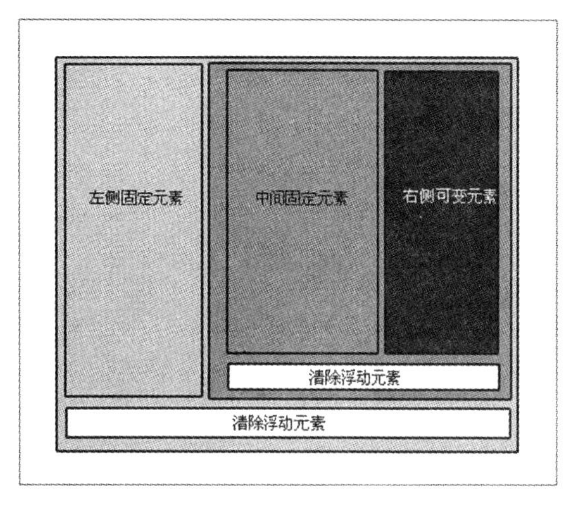

图 6-58　三列中右侧高度不固定时的元素嵌套

6.8.6　三列布局中有一列内容固定

1．自适应原理

要想实现三列中两列可以自由变化，就要结合两列左右都自适应的结构和6.8.5节中所使用的结构。下面是一个左侧和中间均可以自由变化的三列布局示例，其具体代码如下所示。

```
.main{
    width:450px;
    background:#cccccc;}
.content{
    float:left;
    width:150px;                          /*注意元素的宽度*/
    background:#999999;}
.content_center{
    position:relative;
    float:right;
    margin-right:-150px;
    width:150px;                          /*定义元素的宽度值与负边界相同*/
    background:#333333;
    color:#ffffff;}
.left{
    float:left;
    width:150px;                          /*定义元素的宽度值与 content 元素相同*/
    height:100px;
    margin-left:-150px;
    background:#999999;
    position:relative;
    color:#000000;}
```

```
.middle{
    float:right;
    width:150px;}                                      /*middle 元素和 right 元素不影响各个元素背景的显示*/
.right{
    float:right;
    width:150px;}
.clear{
    clear:both;}

<div class="main">
  <div class="content">
    <div class="content_center">
      <div class="left">左侧可变内容</div>
      <div class="middle">中间可变内容</div>
</div></div>
  <div class="right">右侧固定内容</div>
  <div class="clear"></div></div>
```

说明：该样式比较复杂。其中，左侧和中间部分使用了 6.8.5 节中的方法，在此基础上，在右侧放置一个浮动元素，为 right 部分；在外面嵌套一个更大的元素 main，用来显示 right 元素的背景。

其嵌套的结构如图 6-59 所示。

将该样式应用于网页，其效果如图 6-60 所示。

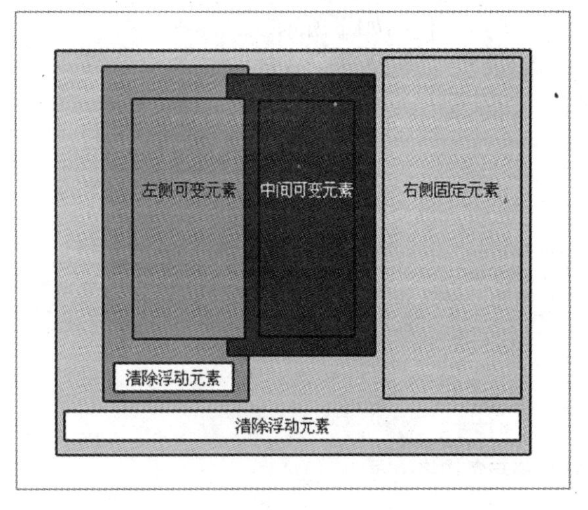

图 6-59　三列只固定右侧时的元素嵌套

图 6-60　三列只固定右侧时的显示效果

注意：使用该样式时，一定要知道固定内容的确切高度，定义可变内容的高度与固定内容的高度相同。

2．适用情况

该方法适用于三列中只有一列内容固定的情况。

以上示例中，固定高度的内容处于页面的右侧。如果固定高度的内容处于左侧，则页面中元素的嵌套结构如图 6-61 所示。

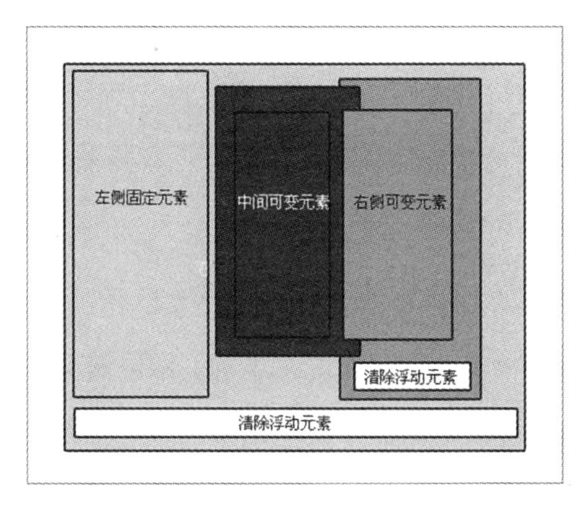

图 6-61　三列只固定左侧时的显示效果

如果固定高度的内容处于中间，则情况看起来有些不同，但所使用的原理是一样的。为了更好地理解，可以先看一下固定内容处于中间时页面的结构和最主要的 CSS 代码，如下所示。

```
.main{
    width:450px;
    background:#cccccc;}                /*定义元素的背景，同时也是中间内容的背景*/
.content{
    float:left;
    width:150px;
    margin-right:150px;
    background:#999999;}
.content_center{
    position:relative;
    float:right;
    margin-left:150px;
    margin-right:-300px;                /*注意负边界的大小*/
    width:150px;
    background:#333333;
    color:#ffffff;}
.left{
    float:left;
    width:150px;
    height:100px;
    margin-left:-300px;
    background:#999999;                 /*注意 left 元素的背景要与 content 元素相同 */
    position:relative;
    color:#000000;}
.right{
    float:right;
    width:150px;}
.middle{
    float:left;
    margin-left:-150px;
    width:150px;}
.clear{
    clear:both;}
```

```
<div class="main">
<div class="content">
<div class="content_center">
<div class="left">左侧可变内容</div>
<div class="right">右侧可变内容</div></div></div>
<div class="middle">中间固定内容</div>
<div class="clear"></div></div>
```

说明： 该样式中同样使用了负边界。由于负边界不能使用无限制的大小（只能让子元素处于父元素的边界而不能完全脱离父元素），所以要给 main 元素一个 150px 的右边界，这样，content_center 元素才能处于最右端。
同样的道理，要给 content_center 元素定义一个左边界，才能让 left 元素处于最左侧。用以上的定义实现了左侧和右侧的定位。由于中间部分是元素边界所在的区域，所以会显示出 main 元素的背景色。

该样式的元素结构如图 6-62 所示。

图 6-62　三列只固定中间时的显示效果

其中，白线区域代表 margin 所在的区域。

注意： 以上示例均是在 IE 浏览器中的效果，关于兼容的效果将在第 9 章中讲解。

6.8.7　三列布局中高度都不确定的情况

1．自适应原理

如果三列的高度都不确定，此时，如果想让任意的两列背景能够适应变化的列，使用嵌套元素的方法已经很难实现了。

在介绍解决方法之前，首先看一个示例，其代码如下所示。

```
.main{
    width:150px;
    border-right:150px solid #333333;        /*注意元素边框的宽度*/
```

```
    border-left:150px solid #999999;
    background:#cccccc;}

<div class="main">一个有边框的元素</div>
```

在该样式中，元素定义了一个超常规的很宽的左边框和右边框，同时给边框定义了一个与背景不同的颜色。将其应用于网页，效果如图 6-63 所示。

图 6-63　一个有宽边框的元素的显示效果

增加元素的内容，则显示效果如图 6-64 所示。

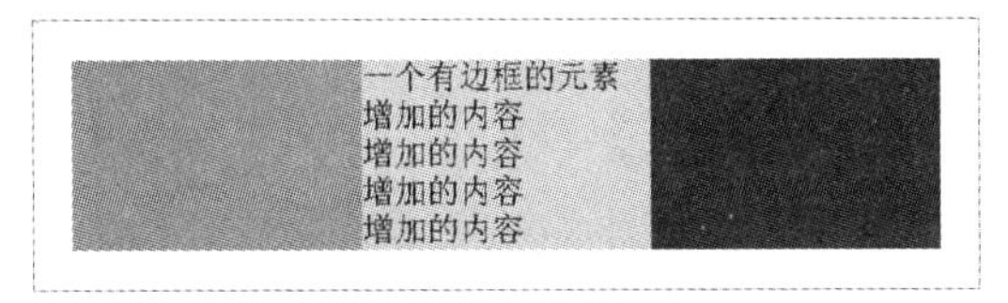

图 6-64　增加内容后的显示效果

从图 6-64 可以看出，当元素内容增加后，左右的边框会随之增加。所以，一个简单的达到三列完全自适应的方案就是，在一个有宽边框的元素中嵌套元素。因为当嵌套的任何子元素的内容增加时，父元素都会随之增加，两个带有颜色的边框也将随之增加。

接下来只要能将嵌套的子元素放在两边的边框上面即可。下面是三列完全自适应的示例，其代码如下所示。

```
.main{
    width:150px;
    border-right:150px solid #333333;
    border-left:150px solid #999999;
    background:#cccccc;}
.left{
    float:left;
    margin-left:-150px;                 /*使用负边界将元素移动到边框之中*/
    position:relative;
    width:150px;}                       /*元素的宽度值与边框宽度相同*/
.center{
    float:left;
    width:150px;}
.right{
    float:right;
    position:relative;
    width:150px;
    margin-right:-150px;                /*使用和左侧类似的方法移动右侧元素*/
    color:#ffffff;}
.clear{
    clear:both;}

<div class="main">
```

```
<div class="left">左侧内容</div>
<div class="center">中间内容<br />增加的内容<br />增加的内容<br />增加的内容</div>
<div class="right">右侧内容</div>
<div class="clear"></div></div>
```

说明：该样式中，main 元素嵌套了 3 个元素：left、center 和 right。其中使用负边界将 left 和 right 元素移动到 main 元素的边框中。这样就达到了任何一个子元素内容变化，main 元素也随之变化的目的。

将该样式应用于网页，其效果如图 6-65 所示。

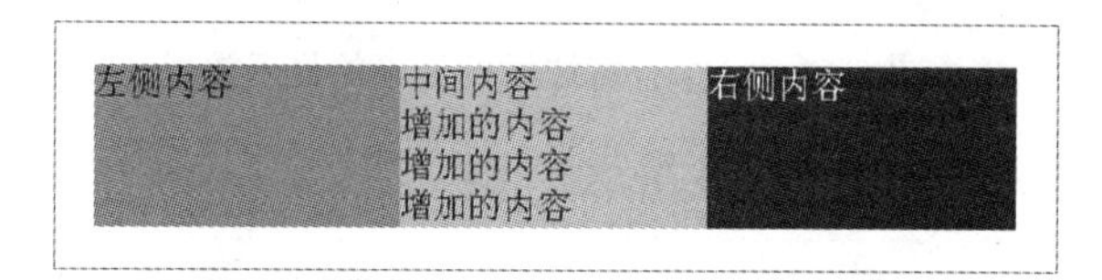

图 6-65　三列完全自适应的显示效果

该样式使用的元素嵌套结构很简单，如图 6-66 所示。

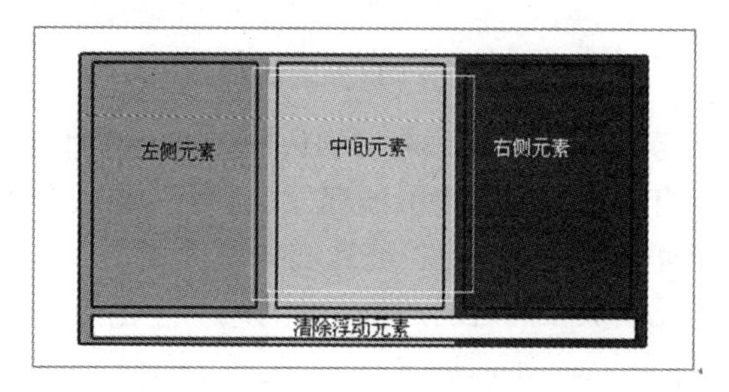

图 6-66　三列完全自适应的元素结构

其中，白色的线框代表了左右元素的 margin 部分。以上代码在 IE 浏览器和 Firefox 浏览器中均能显示正常的效果。

2．适用情况

该方法适用于三列中所有列的高度均不固定的情况。

该样式实现的最终效果是所有列的背景显示相同的高度。

6.8.8　水平自适应的原理

1．采用百分比布局

实现水平自适应的最直接方法就是使用百分比布局。下面是一个使用百分比布局的示例，其代码如下所示。

```
.left{
    float:left;     /*使用浮动属性布局三列元素*/
    width:30%;
    color:#ffffff;
    background:#333333;}
.center{
```

```
    float:left;
    width:40%;
    background:#666666;}
.right{
    float:left;
    width:30%;
    background:#999999;}
```

该样式在 IE 浏览器全屏时，显示是正常的。当窗口大小变化时，会存在变形的情况。下面是该样式在不同大小的浏览器窗口中的显示效果，如图 6-67 和图 6-68 所示。

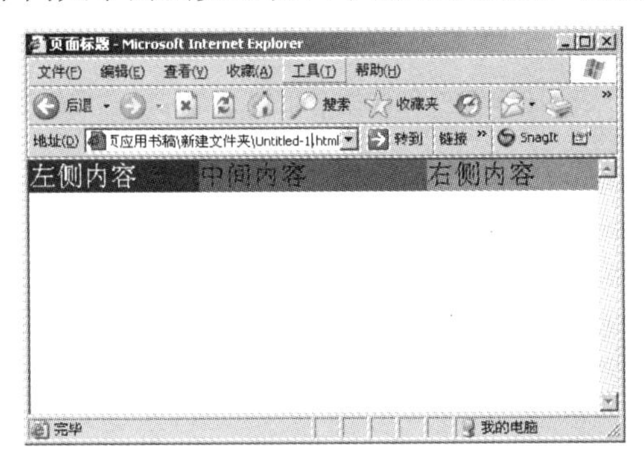

图 6-67　缩小 IE 浏览器窗口后的效果 1

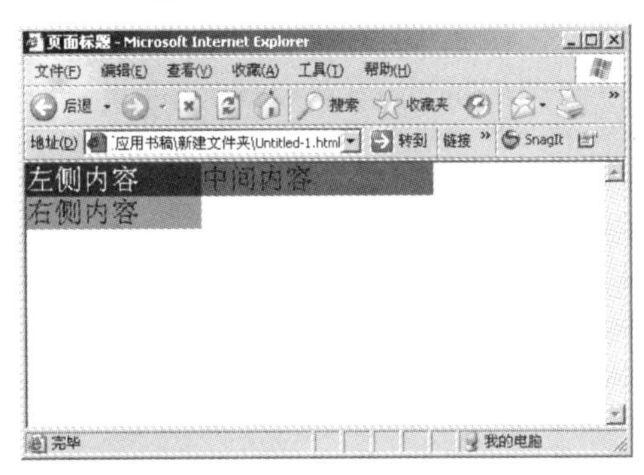

图 6-68　缩小 IE 浏览器窗口后的效果 2

2. 采用绝对定位布局

采用绝对定位，可以使元素固定在浏览器窗口的某个位置。所以，可以通过绝对定位的方法固定各列元素。下面是使用绝对定位布局的示例，其代码如下所示。

```
.left{
    position:absolute;
    top:0;
    left:0;
    width:200px;
    background:#333333;
    color:#ffffff;}
.center{
    margin:0 200px;                    /*使用边界属性将元素定义在 left 元素的右面*/
    background:#999999;}
.right{
    position:absolute;
    top:0;
    right:0;
    width:200px;
    background:#cccccc;}
```

说明： 在该样式中，用绝对定位确定两个固定宽度的元素的位置。使用 margin 属性确定中间元素的位置。所以当浏览器窗口变小时，两边元素的宽度不变，中间元素自动调整宽度，以适应浏览器窗口。

其在不同大小的浏览器窗口中的显示效果如图 6-69 和图 6-70 所示。

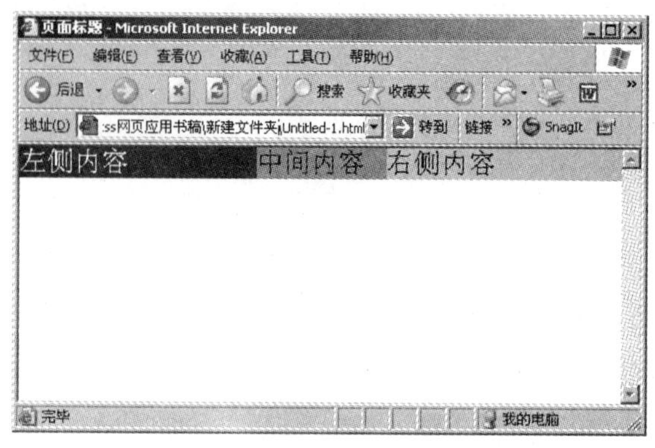

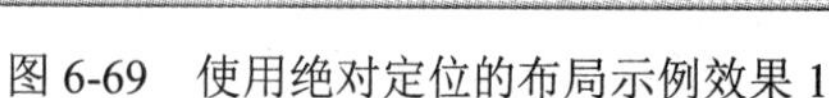
图 6-69　使用绝对定位的布局示例效果 1

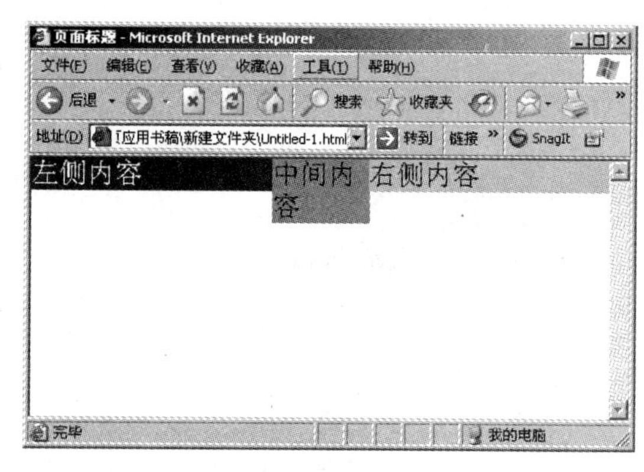

图 6-70　使用绝对定位的布局示例效果 2

从图 6-69 和图 6-70 中可以看到，随着浏览器窗口的变小，中间元素中的内容会不断改变排列方式来适应宽度。

6.9　制作一个简单的页面框架

6.9.1　框架结构分析

下面来制作一个常用的网页框架，其具体的结构如图 6-71 所示。

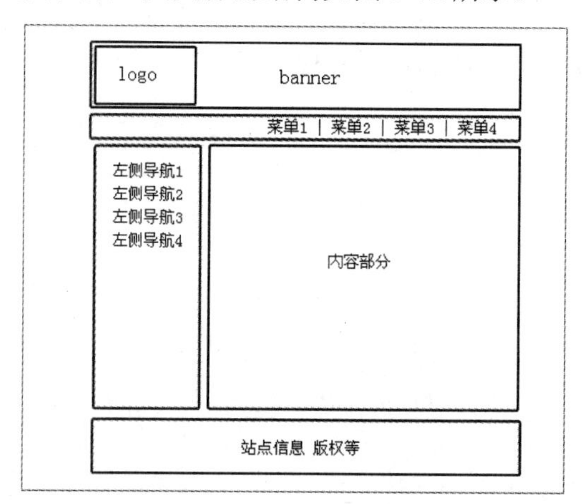

图 6-71　常用的页面结构

从图 6-71 中可以看出，页面可以垂直分为 4 行。第 1 行分为两个部分：网站 logo 和网站 banner。第 2 行是一个横向导航列表。第 3 行左侧是一个纵向的导航列表，右侧是页面主要内容部分。第 4 行主要是一些版权信息等。

所以，第 1 行可以使用两个嵌套的 div 元素。第 2 行可以使用 div 中嵌套 ul 元素。第 3 行可以使用 div 中嵌套两个 div，其中一个控制纵向导航列表，另一个控制内容部分。第 4 行可以直接放入内容，也可以使用嵌套 div 或 span 元素进行进一步控制。

综合以上分析，下面制作页面结构的部分。

6.9.2　页面结构的制作

根据 6.9.1 节的分析，制作页面结构，其代码如下所示。

```
<div id="header">
<div class="logo">logo</div></div>
<div id="menu">
   <ul>
      <li>菜单 1</li>
       <li>菜单 2</li>
       <li>菜单 3</li>
       <li>菜单 4</li></ul></div>
<div id="main">
   <div class="sidebar">
      <ul>
          <li>左侧导航 1</li>
          <li>左侧导航 2</li>
          <li>左侧导航 3</li>
          <li>左侧导航 4</li></ul></div>
   <div class="content">内容部分</div>
   <div class="clear"></div></div>
<div id="footer">站点信息 版权等</div>
```

注意： 在结构中，类名为 clear 的 div 元素是附加的元素。从页面显示效果来看，这个元素既没有内容也不显示，使用它的目的是清除浮动，使左侧导航部分的背景能够自适应内容。

当页面只有结构，没有添加任何样式时，其效果如图 6-72 所示。

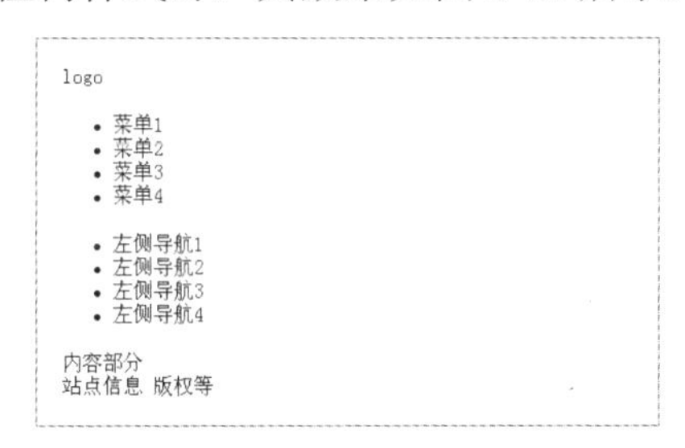

图 6-72　没有添加任何样式时的显示效果

接下来定义 CSS，控制各个结构的位置和修饰。

6.9.3　定义 CSS 代码

因为本示例主要讲解控制各个元素位置的方法，所以会给每个元素定义边框和背景颜色，使元素的显示更加直观。下面分步进行制作。

1. 定义页面基础样式

在制作具体内容之前，先定义页面的基础样式，如下所示。

```
body{
    font-family:"宋体";
    font-size:12px;
    margin:0;
    color:#000000;}
ul{
    margin:0;              /*因为 ul 元素在不同浏览器中会有不同的补白和边界属性，所以要先清除补白和边界*/
    padding:0;}
```

说明： 在基础样式中，body 元素定义 margin 值为 0，目的是取消页面与浏览器窗口之间的距离。接下来定义了字体的大小、颜色等，取消了 ul 元素自身带的 padding 和 margin 值。页面基础样式还包括很多内容，要根据页面中含有的元素灵活定义。

定义了基础样式后，页面的显示效果如图 6-73 所示。

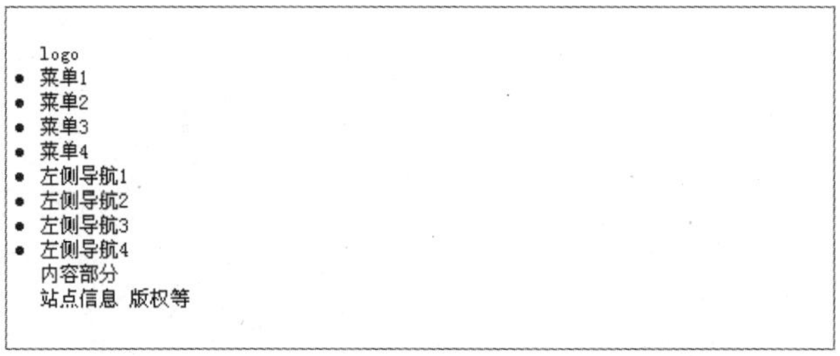

logo
- 菜单1
- 菜单2
- 菜单3
- 菜单4
- 左侧导航1
- 左侧导航2
- 左侧导航3
- 左侧导航4

内容部分
站点信息 版权等

图 6-73　添加基础样式后的显示效果

2．header 部分的制作

header 部分的 CSS 样式如下所示。

```
#header{
    margin:0 auto;
    width:760px;
    height:70px;
    border:#333333 1px solid;
    background:#999999;
    padding:10px 0 10px 20px;}      /*使用补白属性分隔内容和边界*/
.logo{
    width: 70px;
    height:70px;
    border:#333333 1px solid;
    background:#666666;
    color:#ffffff;
    text-align:center;}
```

说明： 该样式中，首先使用 margin 属性水平方向的 auto 值，使 header 元素水平居中显示。然后，定义 header 的宽度为 760px，高度为 70px，边框为 1px 宽的深灰色实线边框。接下来定义背景色为浅灰色。最后定义了补白属性的值。

要注意的一点是：最终 header 元素背景所占有的空间，宽度和高度并不是 760px 和 70px，因为背景部分要包含补白的部分，所以现在 header 元素的背景，宽度为 780px，高度为 90px。

logo 部分定义的属性基本和 header 相同，只是取值不同，所以不作过多的解释。在这一部分，元素位置的确定基本是通过定义父元素的补白来实现的。

注意： 在以上定义的样式中，logo 元素的高度刚好等于 header 的高度。由于为 logo 元素定义了 1px 宽的边框，所以在 IE 浏览器中，header 元素背景的最终高度是 92px。在 Firefox 浏览器中，由于 header 定义了高度，所以高度不能增加，依然为 90px。这将导致 logo 元素在 IE 浏览器和 Firefox 浏览器中，距离 header 下边界的距离有 2px 的差异。

该样式应用于网页，网页 header 部分的显示效果如图 6-74 所示。

图 6-74　header 部分的显示效果

3．menu 部分的制作

menu 部分的 CSS 样式如下所示。

```
#menu{
    margin:3px auto;                /*定义元素水平居中*/
    padding:0 20px 0 0;             /*使用补白属性控制菜单精确位置 */
    width:760px;
    height:30px;
    border:#333333 1px solid;
    background:#666666;}
#menu ul{
    float:right;}
#menu ul li{
    float:left;                     /*定义列表同行显示*/
    list-style:none;
    height:20px;
    margin:4px 0 0 10px ;
    border:1px solid #ffffff;
    color:#ffffff;}
```

说明： 在该样式中，首先依然定义 mueu 元素的水平居中。然后为了确定 ul 在 menu 中的位置，定义了右补白为 20px。因为 menu 部分要和 header 部分的宽度相同，所以此时 menu 的宽度定义为 760px。

接下来定义 ul 元素的浮动值为 right，这样 ul 所含有的列表将向右浮动。由于在父元素中，定义了右补白值为 20px，所以 ul 元素会距离 menu 的右边框 20px。

定义 li 的浮动属性值为 left，使列表水平显示。定义 list-style 的值为 none，取消列表前的黑色实心圆点。然后定义 li 的 margin 属性，使每个 li 之间分隔开一段距离，同时也与 menu 元素的上边线分隔开一段距离。最后通过定义 li 的边框，使 li 显示出来。该样式应用于网页，网页 menu 部分的显示效果如图 6-75 所示。

图 6-75 menu 部分的显示效果

在本示例中，主要使用 margin 属性进行元素的定位。在给元素定位时，一定要注意，每给元素定义一个属性值，都将影响元素自身占有的空间。

4．主体部分的制作

menu 部分的 CSS 样式如下所示。

```
#main{
      margin:0 auto;
      width:780px;
      border:1px solid #333333;
      background:#999999;}
.sidebar{
      float:left;
      width:150px;
      height:200px;
      margin:5px 0 5px 5px;
      background:#999999;                    /*定义元素背景与父元素背景相同*/
      border:1px solid #333333;}
.sidebar ul{
      margin:10px 0 0 20px;}
.sidebar ul li{
      margin:5px 0 ;                         /*用列表的边界属性来分隔列表*/
      width:100px;
      height:24px;
      list-style:none;
      color:#ffffff;
      border:1px solid #ffffff;}
.content{
     float:right;
      padding:10px 0;
      width:610px;
      height:300px;                          /*注意定义的高度要高于侧栏的高度*/
      background:#eeeeee;
      text-align:center;}
```

说明： 在该样式中，使用 margin 属性来定位左侧的 sidebar 元素，同时固定它的高度，目的是使右侧的内容部分能够确定一个最小的高度。其原因在于，如果左侧的 sidebar 元素的高度高于右侧内容部分时，就会在 content 元素下面出现 main 元素的背景。

其余部分的定位方法和 header、menu 部分基本相同，都是使用 padding 或者 margin 属性，同时注意元素占有的空间。该样式应用于网页，其效果如图 6-76 所示。

图 6-76　main 部分的显示效果

5．footer 部分的制作

footer 部分的 CSS 样式如下所示。

```
#footer{
    margin:3px auto;
    width:780px;
    padding:20px 0;              /*使用 padding 属性来实现垂直居中*/
    text-align:center;
    background:#666666;
    border:#333333 1px solid;
    color:#ffffff;}
```

说明： 在该样式中，使用上下相等的补白值，实现了文本的垂直居中效果。

该样式应用于网页，效果如图 6-77 所示。

站点信息 版权等

图 6-77　footer 部分的显示效果

6.9.4　页面最终效果及注意的问题

定义完 CSS 之后，页面的显示效果如图 6-78 所示。

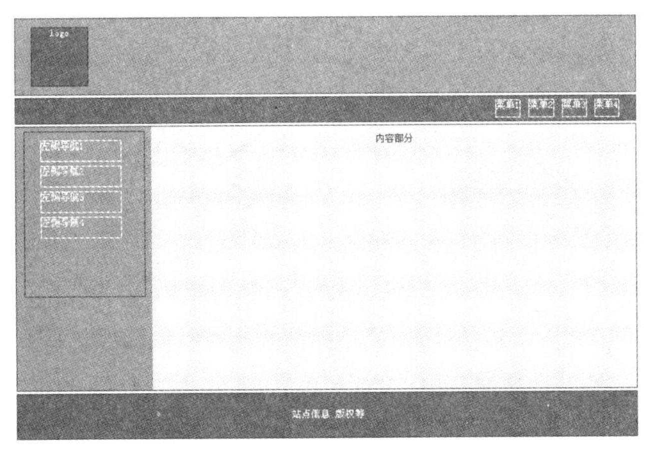

图 6-78　页面最终的显示效果

要注意的问题有以下几点。

☑ 注意页面元素宽度的计算问题，主要集中在背景上，一定要注意背景宽度中要包含补白。

☑ 注意使用 float 结合 padding 和 margin 属性，控制元素的精确位置。

☑ 虽然现在在 IE 浏览器中的效果和 Firefox 浏览器中的效果完全相同，但是由于内容部分定义了固定的高度，所以当内容增加到超出 content 的高度时，Firefox 浏览器中会在 content 的下面出现 main 元素的背景。关于这个问题的解决将在第 9 章进行讲解。

6.10 header 部分的进一步完善

在第 5 章中讲解了实例页面中 header 部分的制作。本节将进一步对 header 部分进行完善，同时开始制作页面主体部分。

随着读者 CSS 知识的增多，对页面元素的控制能力会更加得心应手。在进一步完善 header 部分之前，在 6.9 节基础上加入图片，页面的最终效果如图 6-79 所示。

图 6-79　header 部分的页面效果

从图 6-79 可以看出，现在页面中主要的问题集中在两个地方，一个是页面左上角的标题和路径部分，另一个是人物下面的导航部分。下面分别进行调整。

6.10.1　标题及签名部分的完善

首先，看一下这个部分主要存在的问题是什么。这个局部的具体表现效果如图 6-80 所示。效果图中所要制作的效果如图 6-81 所示。

图 6-80　现在图片显示的效果

图 6-81　效果图中需要的效果

从图 6-80 和图 6-81 可以看出，标题、路径、复制地址还有下面的个性签名的位置有很大的区别。从本章的学习中可以知道，通过合理地使用 margin 和 padding 属性，可以精确地控制元素的位置。现在要控制图 6-80 中标题等元素的位置，也一样要使用 margin 或者 padding 属性。

首先重新看一下标题部分的页面结构，如下所示。

```
<div id="banner">
      <div id="innerbanner">
            <div id="title"><a href="#">永恒的思念</a></div>
            <div id="url"><a href="#">http://www.******.com/</a> <a href="#">复制地址</a></div>
            <div id="desc">月上柳稍头，人约黄昏后</div> </div></div>
```

从结构上看，如果要控制文本的位置，有以下几个方法。

☑　通过控制 innerbanner 元素。

☑　通过控制 title 和 desc 元素。

从原理上来说，通过 banner 来控制也是可以的，但是如果要设置 banner 的补白属性，则 banner 元素所占有的宽度就会改变，所以还要同时更改 banner 的其他属性，才能使页面正常显示。

首先在 innerbanner 中增加如下属性。

```
#innerbanner{
   margin:10px 0 0 85px;}
```

在该样式中，定义了 innerbanner 的上边界为 10px，使得文本向下移动 10px。同时，定义左边界为 85px，使得文本内容向右移动 85px。这样就实现了文本与边界的分离。从图 6-76 中可以看到，个性签名的部分和上面的文字的左侧并不是对齐的，所以还要在 desc 中增加控制其显示位置的属性。其代码如下所示。

```
margin:5px 0 0 20px;
```

定义了以上 CSS 后，页面的显示效果如图 6-82 所示。从图 6-82 可以看出，文本的位置已经和效果图基本一致了。现在的效果与效果图的区别在于，标题、路径和复制地址 3 个部分没有分隔开，所以要在 url 中加入 padding 或者 margin 属性，用来分隔 3 个文本内容。其具体代码如下所示。

```
#url a{
  margin:0 0 0 16px;}
```

说明： 在 a 元素中添加 margin 属性的原因是，两个文本都处于 url 之中，如果单独给 url 定义 margin 属性，无法将两个文本分开。

添加了该样式之后的页面显示效果如图 6-83 所示。

图 6-82　增加样式后的效果

图 6-83　分离文本后的效果

现在，对照图 6-81 可以看出，元素的基本位置都已经和效果图基本相同。还存在的区别是文本大小、链接颜色等（关于文本的控制将在第 7 章中进行讲解）。

6.10.2　导航部分的完善

这个部分现在的表现效果如图 6-84 所示。效果图中所要制作的效果如图 6-85 所示。

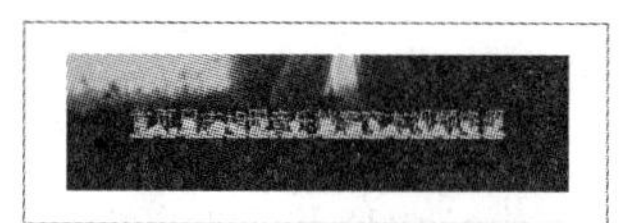

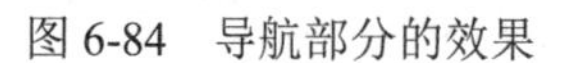

图 6-84　导航部分的效果

图 6-85　效果图中需要制作的效果

从图 6-84 和图 6-85 可以看出，主要存在的问题是列表的宽度不一致，作为导航背景的图片没有显示。同样，首先看这一部分的结构，其代码如下所示。

```
<div id="menu">
    <div id="innermenu">
        <ul id="mainnav">
        <li><a href="#" class="navhome">首页</a></li>
        <li><a href="#" class="navblog">日志</a></li>
        <li><a href="#" class="navphoto">相册</a></li>
        <li><a href="#" class="navmusic">音乐</a></li>
        <li><a href="#" class="navprofile">档案</a></li>
        <li><a href="#" class="navfriend">交友</a></li>
        <li><a href="#" class="navvideo">视频</a></li>
        <li><a href="#" class="navres">资源</a></li>
        </ul>
    </div></div>
```

从结构中可以看出，如果要控制每个导航的距离，就要在 li 中定义 margin 或者 padding 属性。如果要想显示背景图片，就要通过控制列表的 padding 来实现（因为 margin 属性不能显示自身的背景）。所以给 li 增加如下属性。

```
padding:48px 12px 0;
```

在该样式中，文本内容上面定义了 48px 高的补白。因为补白区域可以显示背景图片，所以可以达到显示图片的目的。

同时，定义了左右补白为 12px，这样可以使每个 li 之间相隔 24px 的距离。该样式应用于网页，其效果如图 6-86 所示。

从图 6-86 可以看出，页面水平方向上的分隔效果已经实现了。由于背景图片的位置是定义在 a 元素上的，而以上的 padding 属性是定义在 li 元素上的，所以要将以上属性添加到 li 的子元素 a 的属性中。但是如果两个元素中同时定义左右补白，li 的水平距离会变为 48px，所以要取消其中一个元素中定义的补白属性。

如果使用 li 中的补白属性，则 a 中背景没有被扩展，所以会显示不完整，例如，在 li 的 a 元素中添加如下代码。

```
padding:48px 0 0;
```

其显示效果如图 6-87 所示。

图 6-86　li 中加入 padding 属性后的效果

图 6-87　li 中 a 元素加入 padding 属性后的效果

所以综合以上的分析，在 li 中增加如下代码。

```
padding:48px 0 0;
```

在 li 的 a 元素中增加如下代码。

```
padding:48px 12px 0;
```

增加了代码之后，页面的显示效果如图 6-88 所示。

图 6-88　调整后的效果

此时，从页面的显示效果上可以看到，列表的显示与效果图相比，应该更靠左下一些。所以要在 innermenu 中定义 margin 属性，进一步控制列表的显示位置。其代码如下所示。

```
margin:10px 26px 0 0;
```

6.10.3　调整后的页面效果

经过调整标题、签名和导航处的元素位置后，页面显示效果如图 6-89 所示。

图 6-89　完善后的页面效果

从图 6-89 可以看到，在 header 部分中，各个内容的位置已经基本确定好了。从 6.11 节开始，将介绍页面主体部分的制作。

6.11　页面主体结构的制作

在制作前，首先要分析清楚页面中的内容部分和表现部分，以便能够制作出合理的页面结构。所以制作的第一步就是对效果图进行分析。

6.11.1　效果图分析

主体部分的效果图如图 6-90 所示。

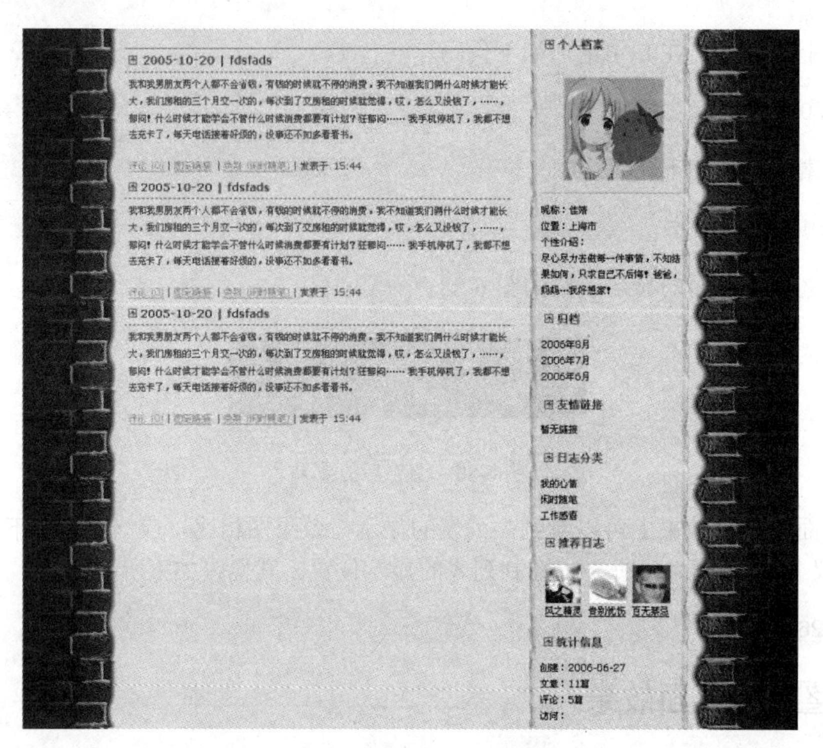

图 6-90　主体部分的效果图

从图 6-90 可以看出，主体部分的背景图片是由一个固定高度的图片纵向重复排列构成的，所以在制作主体部分时，可以使用一个默认高度的大表格来显示页面的背景，实现无论左侧内容部分伸长，还是右侧分类导航部分变化，背景都能自适应的效果。

接下来可以看到主体部分主要分为左右两栏，一部分是日志内容，另一部分是分类导航，所以可以使用两个并列的浮动元素来放置这两个部分。

在内容的部分，除最上面的分隔线以外，每个日志都有相同的格式，所以可以统一调用相同的类选择符。每个日志内容又可以再分为 3 部分：日期标题部分、日志内容部分和日志评论部分。最后在所有的日志部分之后，还要定义独立的结束部分，为以后添加分页等内容作准备。

分类导航部分比左侧内容部分略显复杂一些，但还是有很多重复的部分，例如，分类标题、分类列表等。重复部分尽量使用相同的类。下面分步进行制作。

6.11.2　主体大表格和内容部分

主体大表格和内容部分的结构代码如下所示。

```
<!--==========主体部分开始==========-->

<div id="main">

<!--==========内容部分开始==========-->

    <div id="content">
      <div class="innercontent">
```

```
        <div class="content-top"></div>
        <div id="content-main">

<!--==========第一个日志内容开始==========-->

   <div class=diarytitle><img src="images/spacer.gif" alt="" class="arrow-up" /> 2005-10-20 | fdsfads</div>
   <div class=diarycontent>日志内容</div>
   <div class=diaryabout><a href="@">评论 (0)</a>  | <a href="@">固定链接</a> |  <a href="@">类别 (闲时
随笔) </a>|  发表于 15:44 </div>

<!--==========第一个日志内容结束============-->

   <div class=diarytitle><img src="images/spacer.giff" alt="" class="arrow-up" /> 2005-10-20 | fdsfads</div>
   <div class=diarycontent>日志内容</div>
   <div class=diaryabout><a href="@">评论 (0)</a>  | <a href="@">固定链接</a> |  <a href="@">类别 (闲时
随笔) </a>|  发表于 15:44 </div>
   <div class=diarytitle><img src="images/spacer.gif" alt="" class="arrow-up" /> 2005-10-20 | fdsfads</div>
   <div class=diarycontent>日志内容</div>
   <div class=diaryabout><a href="@">评论 (0)</a>  | <a href="@">固定链接</a> |  <a href="@">类别 (闲时
随笔) </a>|  发表于 15:44 </div>

<!--==========日志重复内容结束============-->

</div>

<div class="pagecount">
   <div id="pagecount"></div>
</div>
<div class="content-bottom"></div>
        </div>
</div>

<!--==========内容部分结束============-->

                </div>
<!--==========主体部分结束============-->
```

说明：因为主体部分的页面结构可能比较复杂，在制作完 XHTML 页面后，还要添加相应的程序。所以为了方便起见，最好在页面代码中加入注释内容。在 Dreamweaver（或者其他的编辑工具）中代码显示的效果可能与现在的格式不同。可以在注释的内容部分上下插入换行符，同时加入“=”等，使得注释内容更加明显。

content 部分仍然使用头部类似的结构，在 content 中添加 innercontent，便于控制所有内容，然后将内容大致分为 4 部分：content-top、content-main、pagecount 和 content-bottom。

在 content-main 中每个日志又分为 3 部分：日志标题（diarytitle）、日志内容（diarycontent）和日志相关（diaryabout）。这样就制作好了主体大表格和内容部分。

注意：为了使结构看起来更加清晰，在以上代码中，去掉了日志部分的具体内容。

6.11.3 右侧分类导航部分

右侧分类导航部分结构代码如下所示。

```
<!--==========导航部分开始============-->

<div id="sidebar">
      <div id="innersidebar">

<!--==========个人档案============-->

<div class="list">
     <div class="list-title">
      <h1><img src="images/spacer.gif" alt="" class="arrow-up" />个人档案</h1>
       <div class="clear"></div>
     </div>
       <div class="list-content">
       <div class="inner-list-content"><img src="images/show.jpg" alt="我形我秀" /> </div>
     <hr />
      <div class="aboutme">
                     昵称：冷月无声<br />位置：杭州市<br />个性介绍： <br />尽心尽力去做每一件事情，不知结
果如何，只求自己不后悔！爸爸，妈妈&hellip;我好想家！<br />
          </div> </div></div>

<!--==========归档============-->

<div class="list">
     <div class="list-title">
      <h1><img src="images/spacer.gif" alt="" class="arrow-up" />归档</h1>
<div class="clear"></div></div>
<div class="list-content">
   <ul>
          <li><a href="#">2006 年 8 月</a></li>
          <li><a href="#">2006 年 7 月</a></li>
          <li><a href="#">2006 年 6 月</a></li>
   </ul></div></div>

<!--==========友情链接============-->

<div class="list">
     <div class="list-title">
      <h1><img src="images/spacer.gif" alt="" class="arrow-up" />友情链接</h1>
     <div class="clear"></div> </div>
   <div class="list-content">
<div>暂无链接</div></div></div>

<!--==========日志分类============-->

<div class="list">
```

```
    <div class="list-title">
      <h1><img src="images/spacer.gif" alt="" class="arrow-up" />日志分类</h1>
        <div class="clear"></div> </div>
    <div class="list-content">
<ul>
        <li><a href="#">我的心情</a></li>
        <li><a href="#">闲时随笔</a></li>
        <li><a href="#">工作感悟</a></li>
  </ul></div></div>

<!--==========推荐日志============-->

<div class="list">
    <div class="list-title">
      <h1><img src="images/spacer.gif" alt="" class="arrow-up" />推荐日志</h1>
        <div class="clear"></div> </div>
    <div class="list-content">
        <div class="collect">
          <a href="#" title="风之精灵使">
          <img src="images/diary1.jpg" alt="风之精灵使" /> <span>风之精灵使</span></a></div>
        <div class="collect">
          <a href="#" title="告别忧伤">
          <img src="images/diary2.jpg" alt="告别忧伤" /> <span>告别忧伤</span></a></div>
          <div class="collect">
          <a href="#" title="百无禁忌">
          <img src="images/diary3.jpg" alt="百无禁忌" /> <span>百无禁忌</span></a></div>
    </div></div>

<!--==========统计信息============-->

<div class="list">
    <div class="list-title">
      <h1><img src="images/spacer.gif" alt="" class="arrow-up" />统计信息</h1>
        <div class="clear"></div></div>
    <div class="list-content">
            <ul>
                    <li>创建：2006-06-27</li>
                    <li>文章：11 篇</li>
                    <li>评论：5 篇</li>
                    <li>访问：<br />
            </ul></div></div>
     </div>
</div>
<div class="clear"></div>

<!--==========导航部分结束============-->
```

说明： 虽然分类导航列表部分的代码较多，但是结构并不复杂。首先是侧栏 sidebar 和控制所有内容的 innersidebar 元素，然后是 6 个基本相似的导航列表。

在导航列表中，相同的部分是：导航标题、导航内容框。其中有区别的部分是各个导航的具体内容部分。其详细区别如下所示。

☑ 个人档案中，主要是个人头像和一段介绍的文本。

☑ 归档中，主要是一个日期的列表。

☑ 友情链接部分，要根据链接好友的需要决定放入图片还是文字，所以先暂时不放内容。

☑ 日志分类，是一个标题列表。

☑ 推荐日志，是一个图文展示的形式。

☑ 统计信息，是一个统计列表

在以上分析中可以看到，“归档”、“日志分类”和“统计信息”3 部分，可以使用同一个列表样式。

6.12 页面主体部分 CSS 的编写

制作好页面结构后，即可开始编写 CSS 样式。在编写样式时，如果发现结构中有不合理的地方，要及时调整页面的结构。下面进行具体介绍。

6.12.1 3 个主要结构的样式

3 个主要结构是：主体中 ID 名为 main 的元素、包含日志内容的 ID 名为 content 的元素、包含导航列表的 ID 名为 sidebar 的元素。具体定义的样式如下所示。

```
#main{
    margin:0 auto;
    width:993px;
    background:url(../images/main_bg.jpg) repeat-y left top;}
#content{
     float:left;
     width:505px;
     padding:0 20px 5px 132px;}
#sidebar{
     float:right;
     width:196px;
     padding-right: 132 px;}
```

说明： 在 main 样式中，主要使用 margin 属性实现元素水平居中，同时定义背景图片，作为整个主体部分的背景图片。

在 content 部分，定义了浮动属性，以便能够显示于主体部分的左侧。定义宽度，用来显示日志内容。定义 padding 属性，确定内容显示的位置。此时 content 元素所占有的空间宽度为 130px+505px+20px，即 655px。

在 sidebar 中，定义了基本相同的属性，只是浮动在 main 元素的右侧。此时 sidebar 元素所占有空间的宽度为 196px+132px，即 328px。

现在，两个内部元素所占有的空间宽度之和为 983px，小于父元素 993px。所以此时页面中不会产

生换行的现象。

定义了页面 3 个主要结构的样式后，页面显示的效果如图 6-91 所示。

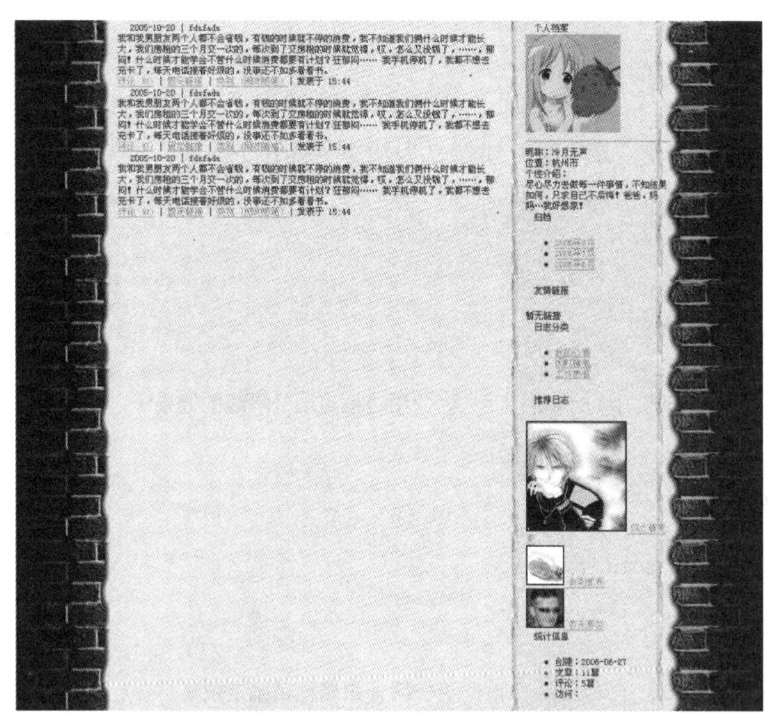

图 6-91 定义了 3 个主要结构后的效果

从图 6-91 可以看出，现在页面总体的布局已经基本完成。接下来就是控制内容和导航列表中的显示细节，包括各个部分的宽度、相邻元素之间距离的控制等。

6.12.2 内容部分的样式

首先，看一下现在的显示效果和效果图中的效果相比存在的主要问题。内容部分的显示效果如图 6-92 所示。

效果图中所需要的显示效果如图 6-93 所示。

2005-10-20 | fdsfads
我和我男朋友两个人都不会省钱，有钱的时候就不停的消费，我不知道我们俩什么时候才能长大，我们房租的三个月交一次的，每次到了交房租的时候就觉得，哎，怎么又没钱了，……，郁闷！什么时候才能学会不管什么时候消费都要有计划？狂郁闷…… 我手机停机了，我都不想去充卡了，每天电话接着好烦的，没事还不如多看看书。
评论 (0) | 固定链接 | 类别 (闲时随笔) | 发表于 15:44
2005-10-20 | fdsfads
我和我男朋友两个人都不会省钱，有钱的时候就不停的消费，我不知道我们俩什么时候才能长大，我们房租的三个月交一次的，每次到了交房租的时候就觉得，哎，怎么又没钱了，……，郁闷！什么时候才能学会不管什么时候消费都要有计划？狂郁闷…… 我手机停机了，我都不想去充卡了，每天电话接着好烦的，没事还不如多看看书。
评论 (0) | 固定链接 | 类别 (闲时随笔) | 发表于 15:44
2005-10-20 | fdsfads
我和我男朋友两个人都不会省钱，有钱的时候就不停的消费，我不知道我们俩什么时候才能长大，我们房租的三个月交一次的，每次到了交房租的时候就觉得，哎，怎么又没钱了，……，郁闷！什么时候才能学会不管什么时候消费都要有计划？狂郁闷…… 我手机停机了，我都不想去充卡了，每天电话接着好烦的，没事还不如多看看书。
评论 (0) | 固定链接 | 类别 (闲时随笔) | 发表于 15:44

图 6-92 没有定义样式时内容的显示效果

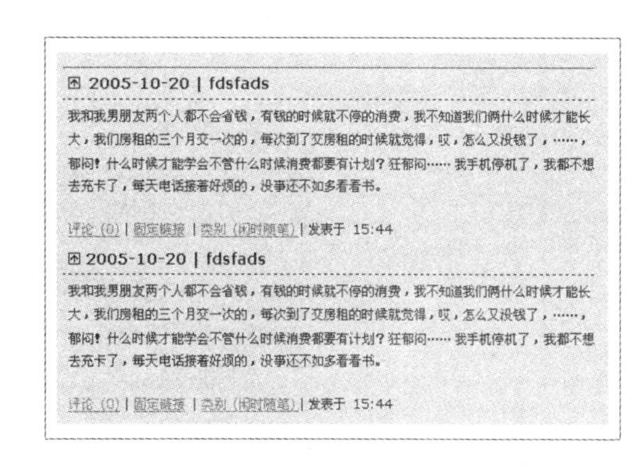

图 6-93 效果图中需要的显示效果

从图 6-92 和图 6-93 可以看出，主要存在的问题有如下几个。

☑ 缺少顶部细线。

☑ 标题下面缺少虚线。

☑ 各部分之间没有间隔。

☑ 文本的样式不同。

其中，文本的样式将在第 7 章中进行讲解。为解决另外几个问题，编写 CSS 样式，如下所示。

```
.innercontent{
      width:495px;
      float:left;}
.content-top{
      width:100%;
      padding:5px;
      border-bottom:#666666 1px solid;}              /*使用边框实现分隔线的效果*/
.diarytitle{
      width: 100%;
      color:#821428;
      padding: 5px;
      border-bottom: 1px dashed #821428;}
.diarycontent{
      width: 100%;
      color:#333333;
      padding:8px 0 15px 0;}                         /*使用补白属性精确定位*/
.diaryabout{
      width: 100%;
      color:#821428;
      padding: 5px;}
```

说明： 首先在 innercontent 中，定义内容部分的总体宽度。接下来定义 top 的属性，主要目的是产生 1px 的细线，然后定义日志标题的 padding 属性，将日志的标题与其他内容分隔开。使用同样的方法，分隔内容和评论元素。

因为所有元素定义的均为 padding 属性，所以在垂直方向上不会产生叠加效果。最终，标题下边线与内容的距离为 8px，内容与评论的距离为 20px。

将该样式应用于网页，其效果如图 6-94 所示。

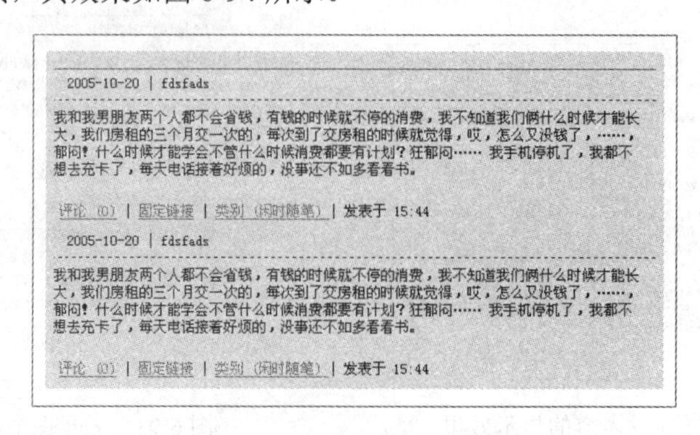

图 6-94　定义 content 部分样式后的显示效果

从图 6-94 可以看到，现在日志的标题前面，没有向上的箭头形图标。原因是要在此处定义 JavaScript 脚本。关于本处的样式定义将在第 7 章进行讲解。接下来编写导航列表部分的样式。

6.12.3　导航列表部分的 CSS 编写

导航列表部分的 CSS 分两个部分进行定义，首先定义公用部分的 CSS 样式，然后再定义各自独立的样式。下面分步进行讲解。

1．公用的样式定义

公用样式部分定义如下所示。

```
#innersidebar{
    width:190px;}
.list{
    clear:both;
    margin-bottom: 5px;}
.list-title{
     color:#A31731;
     height: 20px;
     margin-left:15px;
     padding: 15px 0 10px 0;}
.list-title h1 {
     float: left;
     margin: 0px;                    /*h 元素含有默认的边界属性*/
     padding: 3px 0 0 5px;}
.list-content {
     clear: both;
     margin: 0 5px 0 15px;
     color: #000000;}
```

说明： 导航列表部分，首先先定义 innersidebar 元素，控制所有内容的宽度。这一部分的样式主要是，确定各个内容的宽度，垂直方向上的分隔宽度。其中，h1 中的 margin 取值为 0，目的是取消元素自带的 margin 属性。

接下来定义各个导航列表的独立属性。

2．个人档案部分

个人档案部分，主要包括一个头像图片、一个 hr 元素和一个个人介绍的文本（关于文本的控制将在第 7 章进行介绍），所以只需要控制图片水平居中即可。所以定义样式如下。

```
.inner-list-content{
     text-align:center;}
.list-content hr {                    /*关于 hr 元素的修饰在后面的章节还会进一步介绍*/
      margin: 5px 0px;
      height: 1px;
      border-top: 1px solid #97ACB6;
      clear:both;}
```

经过公用样式和独立样式定义之后，个人档案部分的效果如图 6-95 所示。

3．归档部分

归档部分内容，主要是一个 li 的列表。定义样式如下所示。

```
.list-content ul {
    padding: 0;
    margin: 0;
    width: 100%;}
.list-content li {
    list-style: none;}
```

在该样式中，首先取消了 ul 的默认的 padding 和 margin 属性，然后取消列表前的修饰。使用 CSS 定义后的页面表现效果如图 6-96 所示。

图 6-95　个人档案部分的显示效果

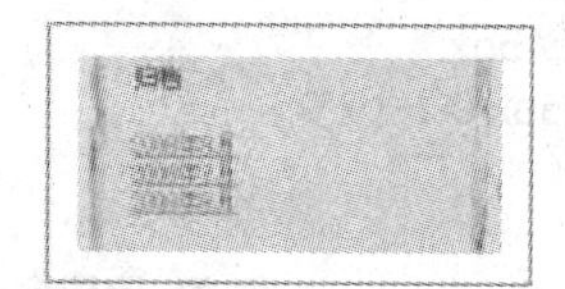

图 6-96　归档部分的显示效果

4．友情链接部分

友情链接部分暂时不需要定义独立的样式，其表现效果如图 6-97 所示。

5．日志分类部分

日志分类部分使用的是和归档部分相同的列表样式。其显示效果如图 6-98 所示。

图 6-97　友情链接部分的显示效果

图 6-98　日志分类部分的显示效果

6．推荐日志部分

首先，看一下这个部分主要存在的问题是什么。从结构上来看，这部分使用了 img 元素后面紧跟 span 元素的结构。从前面所学的知识可以知道，两个元素都是内联元素。当并列放置时，不会自动换行显示。其显示效果如图 6-99 所示。

从图 6-99 可以看出，首先，图片的大小没有统一，然后是图片和图片名称部分没有换行显示。对于第一个问题，只要定义 img 元素的宽和高即可，同时可以为 img 元素定义边框，进行美化。对于第二个问题，要定义其中的一个内联元素为块元素，就可以解决问题。

通过以上分析，定义样式如下所示。

```
.collect{
    float:left;
    width:50px;
    margin:0 5px 5px 0;}
.collect img{
    width:48px;
    height:48px;
    border:1px solid #cccccc;}                    /*定义含有链接的图片的边框属性用来取消默认的边框*/
.collect span{
    display:block;                                /*定义该属性的目的是使用默认的换行*/
    width:48px;
    height:20px;}
```

说明： 为了文本效果的统一，在制作这个部分时，修改了页面的显示部分，让每个图片名称都只显示 4 个字符。

然后定义 collect 的浮动属性，目的是使得图片和名称部分同行显示。定义 span 元素的 display 值为 block，强制 span 元素成为块元素，目的是使 span 元素能够自动换行显示。

在 img 元素中，定义图片的宽度和高度，使得所有不同大小的图片显示统一的格式，同时定义图片的边框对图片进行修饰。

添加独立样式后，显示效果如图 6-100 所示。

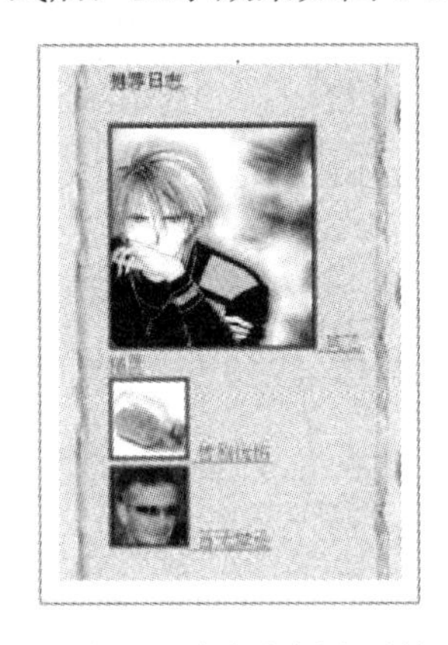

图 6-99　推荐日志部分未定义样式时的显示效果

图 6-100　推荐日志部分定义样式之后的显示效果

7．统计信息部分

统计信息部分，使用的是和归档部分相同的列表样式。其显示效果如图 6-101 所示。

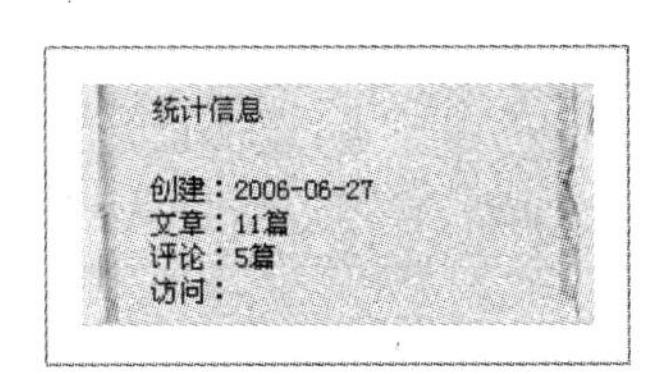

图 6-101　统计信息部分的显示效果

6.12.4 主体部分最后的显示效果和 CSS 代码

定义了 CSS 样式后，页面显示效果如图 6-102 所示。

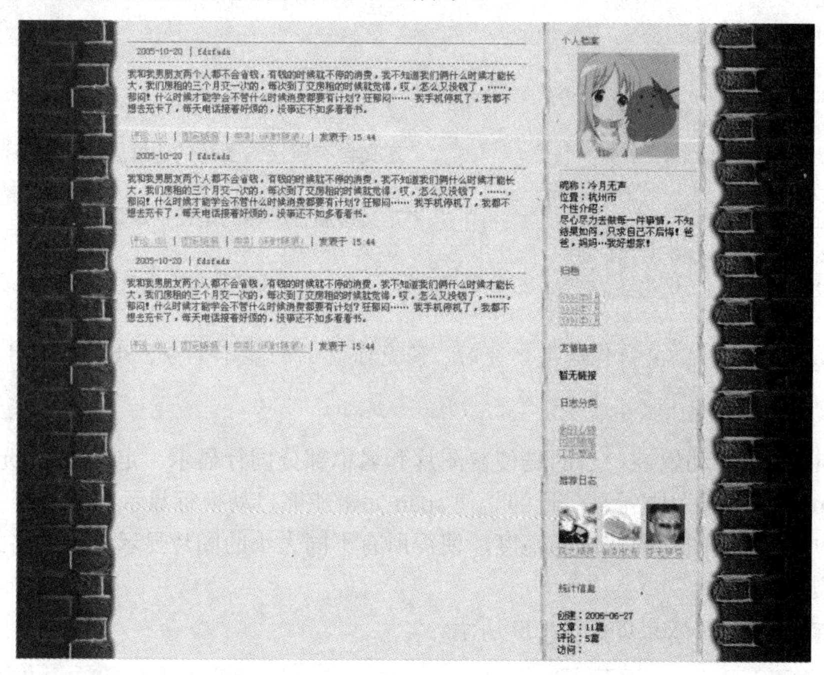

图 6-102 定义样式后的主体部分显示效果

从图 6-102 可以看到，页面上所有元素的位置都基本确定。还需要进一步定义的部分，就是包括行高、字体、垂直居中、链接样式等文本相关的部分。

主体部分定义的所有 CSS 代码如下所示。

```
/*======================主体部分样式=======================*/
#main{
	margin:0 auto;
	width:993px;
	background:url(../images/main_bg.jpg) repeat-y left top;}
#content{
	float:left;
	width:505px;
	padding:0 20px 5px 132px;}
#sidebar{
	float:right;
	width:196px;
	padding-right:132px;}

/*==================内容部分样式=======================*/
.innercontent{
	width:495px;
	float:left;}
.content-top{
```

```
    width:100%;
    padding:5px;
    border-bottom:#666666 1px solid;}
.diarytitle{
    width: 100%;
    color:#821428;
    padding: 5px;
    border-bottom: 1px dashed #821428;}
.diarycontent{
    width: 100%;
    color:#333333;
    padding:8px 0 15px 0;}
.diaryabout{
    width: 100%;
    color:#821428;
    padding: 5px;}

/*=================分类导航部分样式=======================*/
#innersidebar{
    width:190px;}
.list{
    margin-bottom: 5px;
    clear:both;}
.list-title{
    color:#A31731;
    height: 20px;
    margin-left:15px;
    padding-top: 15px;}
.list-title h {
    float: left;
    margin: 0px;
    padding: 3px 0 0 5px;}
.list-content {
    clear: both;
    margin: 0 5px 0 15px;
    color: #000000;}

/*==================个人档案部分样式=======================*/
.inner-list-content{
    text-align:center;}
.list-content hr {
    margin: 5px 0px;
    height: 1px;
    border-top: 1px solid #97ACB6;
    clear:both;}

/*==================导航统一列表样式=======================*/
.list-content ul {
    padding: 0;
    margin: 0;
    width: 100%;}
```

```
.list-content li {
    list-style: none;}

/*===================推荐日志部分样式========================*/
.collect{
    float:left;
    width:50px;
    margin:0 5px 5px 0;}
.collect img{
    width:48px;
    height:48px;
    border:1px solid #cccccc;}
.collect span{
    display:block;
    width:48px;
    height:20px;}
```

说明：由于主体部分样式比较多，且比较复杂，而且页面代码也没有完全定义完，所以在 CSS 代码中加入了一些注释的内容，以便以后添加和修改样式时更加方便。

第 7 章　CSS 定义文本属性

文本在页面的布局中，一直占有重要地位。选择什么样的字体，什么样的文本排版格式，往往是页面成功与否的关键。本章中主要讲解文本中的缩进和对齐、行高与间隔、字体的综合属性等相关知识，同时将讲解页面文本链接的修饰，并利用文本的相关属性，结合容器属性，解决各种情况下的水平和垂直居中的问题。

通过本章的学习，读者需要重点掌握文本的各种属性、链接样式的定义、水平和垂直居中的相关知识。

7.1　文本的缩进和对齐

进行文本排版时，首先要确定的就是文本的缩进和对齐方式。例如，网页中新闻内容部分一般采用缩进两个字符的左对齐方式，歌词的展示部分一般采取居中对齐的方式。涉及图文混排的情况会更加复杂。下面进行详细讲解。

7.1.1　段首缩进

在实际应用中，段首缩进的情况经常会遇到。传统布局中，通常通过加入空格字符，或者在段首放入小型透明图像来实现。在 CSS 中，可以通过使用 text-indent 属性来解决。text-indent 属性可以让指定元素首行文本按照给定的长度进行缩进，其语法结构如下所示。

```
text-indent : 长度值 | 百分比值;
```

下面是一个使用 text-indent 属性的示例。其代码如下所示。

```
  p {text-indent : 4em;}

  <p>这是一段有关段首缩进的例子，也可以自己调整一下属性的值，注意页面的变化，这将有助于更好地理解
text-indent 属性。</p>
```

该样式实现了段首缩进 4 个字符，当应用到网页中，效果如图 7-1 所示。

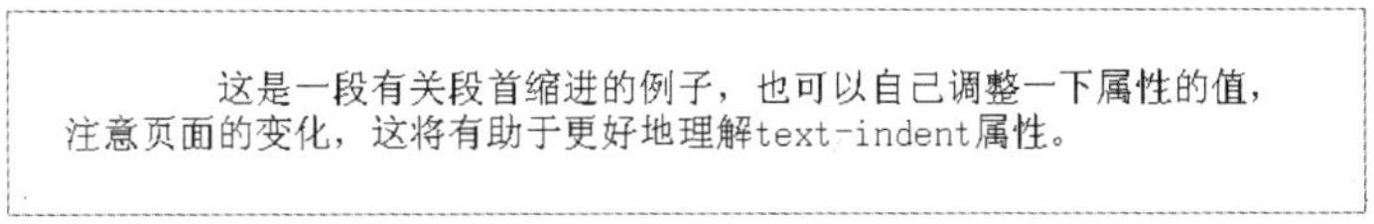

　　　　这是一段有关段首缩进的例子，也可以自己调整一下属性的值，
注意页面的变化，这将有助于更好地理解text-indent属性。

图 7-1　段首缩进的简单示例

text-indent 属性是一个可继承的属性，其中百分比值是指相对于父元素的宽度。下面是一个有关 text-indent 属性继承性的示例。其代码如下所示。

```
body{width:800px;}
div {width:400px ;text-indent : 20% ;}
p {width:200px;}

<div>这是一段有关缩进继承的例子，掌握好属性的继承性可以很好地避免一些不必要的麻烦。
    <p>请注意段首缩进的部分，也可以自己调整一下各个<br />容器的值，注意页面的变化，这将有助于更好的理解 text-indent 属性的继承性。</p></div>
```

其效果如图 7-2 所示。

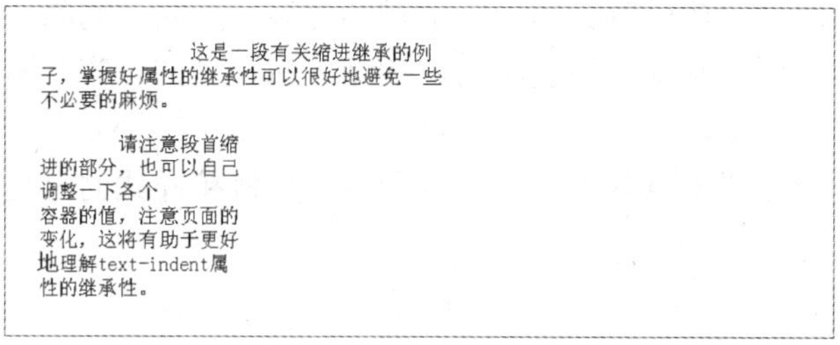

这是一段有关缩进继承的例子，掌握好属性的继承性可以很好地避免一些不必要的麻烦。

请注意段首缩进的部分，也可以自己调整一下各个
容器的值，注意页面的变化，这将有助于更好地理解text-indent属性的继承性。

图 7-2　text-indent 属性的继承性示例

注意： 文本中，换行的符号
所分隔开的文本区域，并不能继承text-indent属性，这一点在图7-2中体现得很明显。

7.1.2　段首字符的下沉与大写

在报纸和杂志上，经常看到段首字符下沉的效果。在网页文本中也经常会遇到。在 CSS 中，可以用:first-letter 伪类来实现。其语法结构如下所示。

```
选择符 :first-letter{属性:值 }
```

其中，选择符仅限于块元素，如果用内联元素，应该先声明元素的 height 和 width，或者设定 position 属性为 absolute，或 display 属性为 block 后才能使用。其示例如下所示。

```
p:first-letter {font-size:18px;color:red;float:left;text-transform:uppercase;}

<p>这是一个关于:first-letter 伪类的示例，你一定要注意的问题就是第一个字的大小对行高的影响，这将帮助你更好地理解有关浮动的知识。</p>
    <p>It is a kind of pseudo-examples : first-letter.must pay attention to the character issue is the size of a high-impact,This will contribute to a better understanding of the floating knowledge.</p>
```

该样式实现了段首字符大小为 18px，颜色为红色的下沉效果。其中 text-transform 属性的作用为：如果段首字符为英文，则转换为大写，效果如图 7-3 所示。

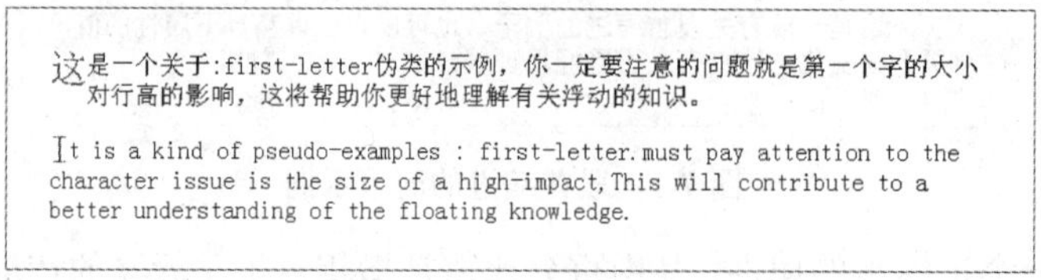

这是一个关于:first-letter伪类的示例，你一定要注意的问题就是第一个字的大小对行高的影响，这将帮助你更好地理解有关浮动的知识。

It is a kind of pseudo-examples : first-letter.must pay attention to the character issue is the size of a high-impact,This will contribute to a better understanding of the floating knowledge.

图 7-3　段首字符下沉与大写

7.1.3　文本的对齐

文本的对齐，包括水平对齐和竖直对齐。在 CSS 中，可以分别用 text-align 属性和 vertical-align 属性来控制。

1．水平对齐 text-align

text-align 属性的语法结构如下所示。

```
text-align :left | center | right | justify
```

参数中 left、center 和 right 分别代表左对齐、中间对齐和右对齐。最后一个 justify 的意思是两端对齐，因为存在一些缺陷，所以很少使用。text-align 属性仅作用于块元素。下面是一个应用 text-align 属性的简单示例。

```
        p { text-align:center; }

        <p>这是一个关于 text-align 属性的示例，注意下面这个图片<br /><img src="images/pichigh.jpg" alt="high"
/><br />的位置，这将有助于更好地理解水平对齐属性。</p>
```

该样式实现了文本的居中对齐。当应用到网页中，效果如图 7-4 所示。

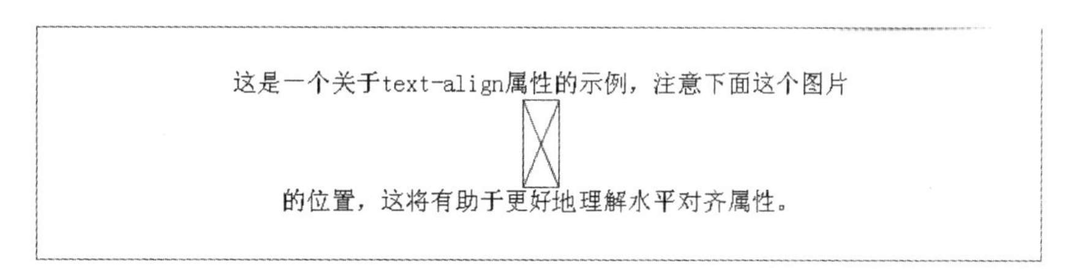

图 7-4　文本的水平对齐

注意： 当text-align属性的参数是center时，元素中的文本和图像同时居中。其表现形式和HTML中的center元素的效果相同。

2．竖直对齐 vertical-align 属性

vertical-align 属性的语法结构如下所示。

```
vertical-align :baseline | sub | super | top | text-top | middle | bottom | text-bottom | length
```

参数中，比较常用的是 top、middle 和 bottom。与 text-align 属性不同，vertical-align 属性仅作用于内联元素，所以无法用 vertical-align 属性控制 div 等块元素中内容的竖直对齐。这和传统布局中的 valign 有很大的区别。其示例如下所示。

```
        img {vertical-align: bottom; }

        <p>这是关于 vertical-align 属性的示例，注意图像元素<img src="images/picshort.jpg" alt="short" />和图像
元素<img src="images/pichigh.jpg" align="middle" alt="high" />的位置，这将有助于更好的理解竖直对齐属性。
</p>
```

该样式实现了图像的底端对齐。当应用到网页中，效果如图 7-5 所示。

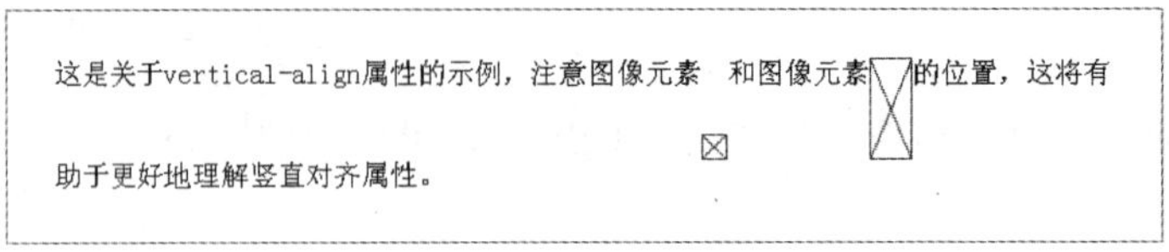

这是关于vertical-align属性的示例，注意图像元素 和图像元素的位置，这将有助于更好地理解竖直对齐属性。

图 7-5　文本的竖直对齐

7.1.4　图文混排

图文混排是网页中最常用的。通常有两种实现方法：文本中插入浮动元素、使用 text-indent 属性。下面分别进行讲解。

1．文本中插入浮动元素

在 CSS 中，可以通过在文本中插入浮动元素来实现图文混排的效果。下面是一个图文混排的示例。其代码如下所示。

```
img{float:right;margin:10px;}

<p>这是一个应用浮动属性的图文混排的示例，试着改变图像元素在文本中的位置，这将有助于更好地理解这个属性。<img src="images/show.jpg" alt="pic" />这是一个应用浮动属性的图文混排的示例，试着改变图像元素在文本中的位置，这将有助于更好地理解这个属性。这是一个应用浮动属性的图文混排的示例，试着改变图像元素在文本中的位置，这将有助于更好地理解这个属性。这是一个应用浮动属性的图文混排的示例，试着改变图像元素在文本中的位置，这将有助于更好地理解这个属性。这是一个应用浮动属性的图文混排的示例，试着改变图像元素在文本中的位置，这将有助于更好地理解这个属性。这是一个应用浮动属性的图文混排的示例，试着改变图像元素在文本中的位置，这将有助于更好地理解这个属性。</p>
```

该样式实现了文字环绕图像的混排效果，应用到网页中，效果如图 7-6 所示。

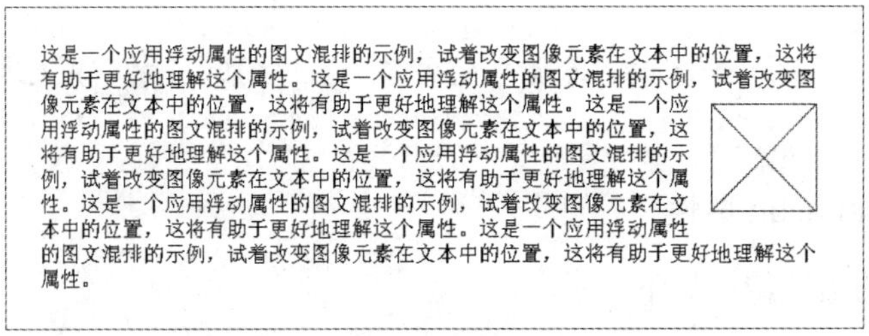

这是一个应用浮动属性的图文混排的示例，试着改变图像元素在文本中的位置，这将有助于更好地理解这个属性。这是一个应用浮动属性的图文混排的示例，试着改变图像元素在文本中的位置，这将有助于更好地理解这个属性。这是一个应用浮动属性的图文混排的示例，试着改变图像元素在文本中的位置，这将有助于更好地理解这个属性。这是一个应用浮动属性的图文混排的示例，试着改变图像元素在文本中的位置，这将有助于更好地理解这个属性。这是一个应用浮动属性的图文混排的示例，试着改变图像元素在文本中的位置，这将有助于更好地理解这个属性。

图 7-6　应用浮动属性的图文混排

注意： 文本中，图像元素纵向排列的位置由其在文本中的位置决定，与浮动属性和margin属性的值无关。

2．text-indent 属性

使用 text-indent 属性，也可以实现一种图文混排的效果。示例代码如下所示。

```
img{float:left;margin:20px 10px 5px 0 ;}
p{text-indent:-8em;}
```

```
<p><img src="images/show.jpg" alt="pic" />这是一个应用 text-indent 属性的图文混排的示例。这里应用了缩进值为负值的设置，试着改变外补丁值，这将有助于理解 text-indent 属性为负值的真正含义。</p>
```

该样式通过将 text-indent 属性取负值，实现了一种图文混排的效果。当应用到网页中，效果如图 7-7 所示。

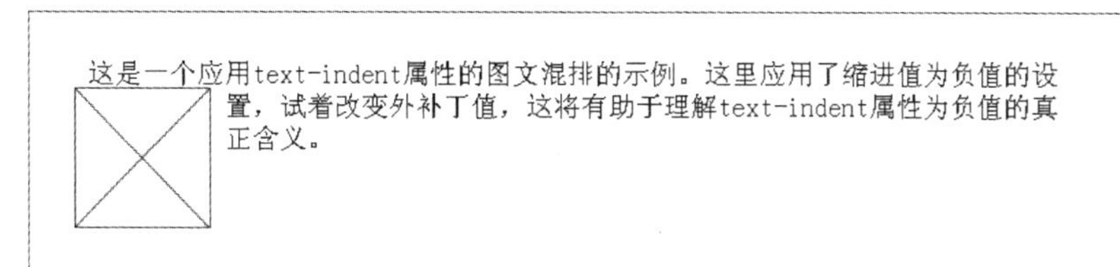

图 7-7　应用 text-indent 属性的图文混排

注意： 在示例中，如果取消margin属性，文本缩进的字符将被图像元素覆盖（该样式仅在IE浏览器中正常显示）。

7.2　行高与间隔

行高与间隔是文本排版中很重要的内容，同时合理地使用行高属性，还能解决元素内容的垂直居中问题。下面进行详细讲解。

7.2.1　行高属性详解

行高属性中，由于取值的不同和继承性等，可以分为以下几个方面。

1．行高属性的语法结构

行高属性（即 line-height 属性）是一个可以继承的属性，主要用来控制文本行与行之间的距离，其语法结构如下所示。

```
line-height : normal | 长度值 | 百分比值 | 数字值;
```

其中每个取值的含义如下所示。

- ☑ normal：默认值，由用户代理设置而定。
- ☑ 长度值：任何长度值，但不能取负值。
- ☑ 百分比值：指在适应文字大小的行高基础上乘以百分比值的高度。
- ☑ 数字值：与百分比值类似，定义文本行高增大的倍数。

2．使用长度值确定行高

下面是一个使用长度值确定行高的示例，其代码如下所示。

```
p{
  line-height:30px;
```

```
  font-size:12px; }

<p>这是一个关于 line-height 属性的示例，注意文本的间距，也可以对取值进行调整，这将有助于更好地理解这个属性。</p>
```

该样式应用于网页，其效果如图 7-8 所示。

这是一个关于line-height属性的示例，注意文本的间距，也可以对取值进行调整，这

将有助于更好地理解这个属性。

图 7-8　行高使用长度值的示例

当取消行高样式时，效果如图 7-9 所示。

这是一个关于line-height属性的示例，注意文本的间距，也可以对取值进行调整，这
将有助于更好地理解这个属性。

图 7-9　取消行高属性时的效果

从图 7-8 和图 7-9 可以看出，使用行高属性能够很好地控制行间距，给文本加上背景效果，来看一下 line-height 属性是怎样影响行间距的。其增加的具体代码如下所示。

```
p{background:#cccccc; }
```

其应用于网页，效果如图 7-10 所示。

这是一个关于line-height属性的示例，注意文本的间距，也可以对取值进行调整，这

将有助于更好地理解这个属性。

图 7-10　为文本添加背景后的显示效果

从图 7-9 可以看出，增加行高后，行内的文本会处于该行中间位置。在本示例中，文本字体大小是 12px，行高是 30px，那么在每一行的文本的上面和下面，都会产生 9px 的空白区域。每相邻的两行的空白区域加在一起，就构成了行间距。

下面是一个行高小于字体大小的示例，其代码如下所示。

```
p{
  line-height:18px;
  font-size:32px; }
```

其应用于网页的效果如图 7-11 所示。

这是一个关于line-height属性
的示例，注意文本的间距，也
可以对取值进行调整，这将有
助于更好地理解这个属性。

图 7-11　当行高小于字体高度时的显示效果

从图 7-11 可以看到，当行高小于字体高度时，文本依然按照行高定义的值进行排列，这样文本之间就产生了叠加。

3．使用百分比值确定行高

下面是一个使用百分比值来确定行高的示例，其代码如下所示。

```
p{
  line-height:150%;
  font-size:18px; }
```

该样式应用于网页，其效果如图 7-12 所示。

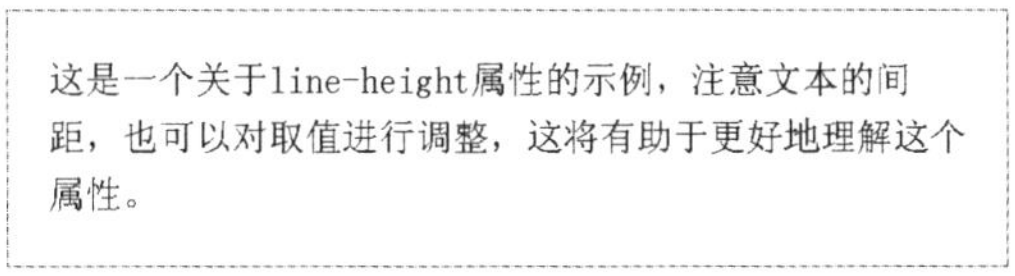

这是一个关于line-height属性的示例，注意文本的间距，也可以对取值进行调整，这将有助于更好地理解这个属性。

图 7-12　行高使用百分比值的示例

使用百分比值的好处在于，当更改字体的大小时，行高会自动适应。这样就可以避免图 7-11 中所产生的文本叠加现象。

4．使用数字值确定行高

使用数字值确定行高，和使用百分比值的情况非常类似。下面是一个使用数字值来确定行高的示例，其代码如下所示。

```
p{
  line-height:2;
  font-size:18px; }
```

该样式应用于网页，其效果如图 7-13 所示。

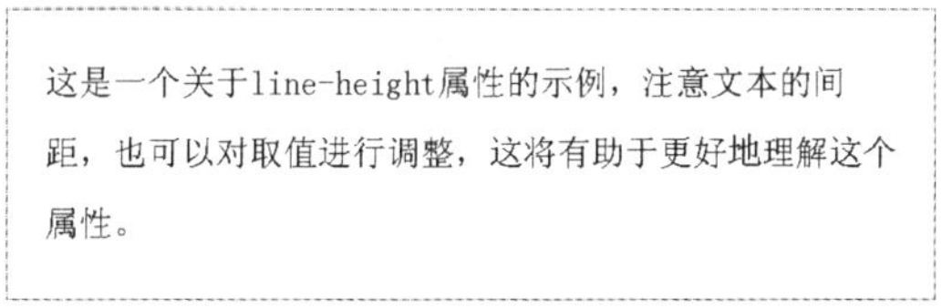

这是一个关于line-height属性的示例，注意文本的间距，也可以对取值进行调整，这将有助于更好地理解这个属性。

图 7-13　行高中使用数字值的示例

从图 7-13 可以看出，使用数字值是 2 的含义是，文本的行高是字体大小的两倍。

5．行高的继承性

行高属性是可以继承的属性，当给元素定义了行高属性时，则元素的子元素也会继承这个属性值。下面是一个关于行高属性继承的示例，其具体代码如下所示。

```
.content{
    line-height:16px;
    font-size:32px;}
.innercontent2{
```

```
    line-height:150%;}
p{
   margin:0;
   padding:0;}

<div class="content">
   <div class="innercontent1">这是一个关于 line-height 属性的示例，</div><div class="innercontent2">注意文本的行间距，<p>这将有助于更好地理解这个属性。</p></div></div>
```

说明： 该样式在父元素中，使用了line-height属性的长度值。根据继承性的原理，innercontent1子元素将继承这个值，所以它的行高也应该是16px。在innercontent2中，显示声明了line-height属性的值为150%，取代了原来16px的值。同样它的子元素（p元素）也会继承这个属性。

该样式应用于网页，其效果如图 7-14 所示。

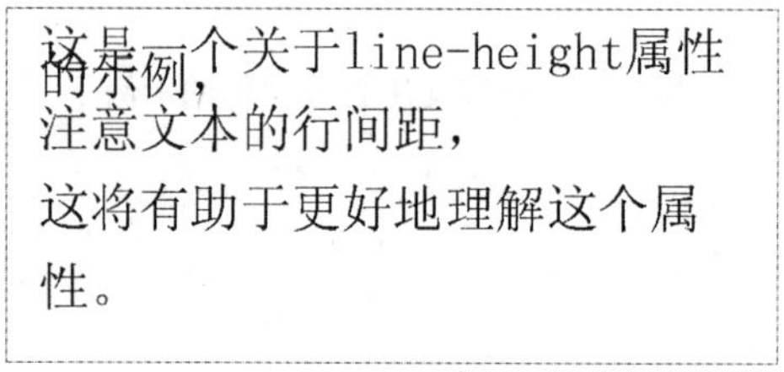

这是一个关于line-height属性的示例，
注意文本的行间距，
这将有助于更好地理解这个属
性。

图 7-14　行高的继承性的示例

从图 7-14 可以看出，使用长度值的继承性会带来一些问题，如图 7-14 中的第一行所示。但是使用百分比值，就可以避免这个问题。使用数字值也可以避免这个问题。

7.2.2　利用行高属性使文本垂直居中

在 CSS 中，没有定义块元素中内容垂直居中的属性，所以控制文本的垂直居中，只能利用其他的 CSS 属性。其中，利用行高属性就是一个很好的方法。下面是一个利用行高属性使文本垂直居中的示例。其代码如下所示。

```
.content{
    line-height:150px;          /*注意行高要与元素高度相同*/
    height:150px;
    text-align:center;
    width:200px;
    font-size:18px;
    background:#cccccc;
    border:#333333 1px solid;}
```

说明： 该样式中，首先定义了元素的高度为150px，行高也定义为150px。此时根据行高属性的特点，文本内容将出现在行高的垂直中间的位置，这样就实现了元素中文本的垂直居中。

其应用于网页的效果如图 7-15 所示。

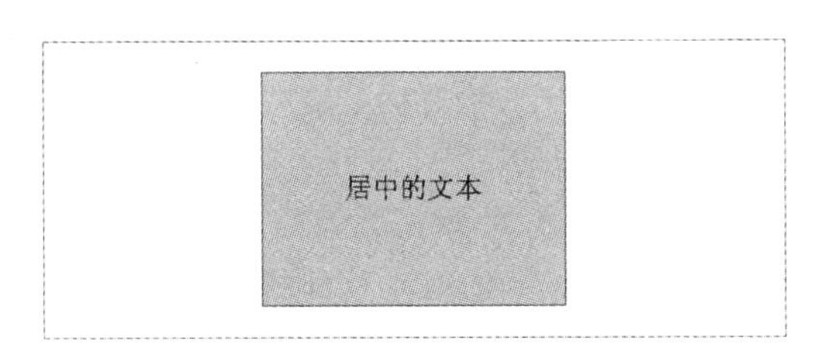

图 7-15　利用行高属性实现文本垂直居中的效果

7.2.3　间隔与空白

在 CSS 中，间隔属性有两个，分别是 letter-spacing 属性和 word-spacing 属性。处理空白的属性是 white-spacing 属性。其中有些属性是不支持中文的。下面进行详细介绍。

1．letter-spacing 属性

letter-spacing 属性是一个可继承的属性，其语法结构如下所示。

```
letter-spacing : normal | 长度值;
```

其中，normal 是默认值（与长度值取值为 0 的效果相同）。下面是一个使用 letter-spacing 属性的示例，其代码如下所示。

```
.content{
    letter-spacing:10px;}

<div class="content">使用文字间隔属性的文本<br />How are you!</div>
```

该样式应用于页面，其效果如图 7-16 所示。

使 用 文 字 间 隔 属 性 的 文 本
H o w 　 a r e 　 y o u !

图 7-16　使用 letter-spacing 属性的示例

从图 7-16 可以看出，使用 letter-spacing 属性之后，显示效果是每个中文文字（或者英文字母）之间分隔开相应的距离。

2．word-spacing 属性

word-spacing 属性也是一个可继承的属性，其语法结构如下所示。

```
word-spacing : normal | 长度值;
```

其中，normal 是默认值（与长度值取值为 0 的效果相同）。下面是一个使用 word-spacing 属性的示例，其代码如下所示。

```
.content{
    word-spacing:20px;}

<div class="content">使用 word-spacing 属性的文本<br />How are you!</div>
```

说明：由于中文中没有单词这个文字单位，所以该样式在中文中并不起作用。

该样式应用于网页，其效果如图 7-17 所示。

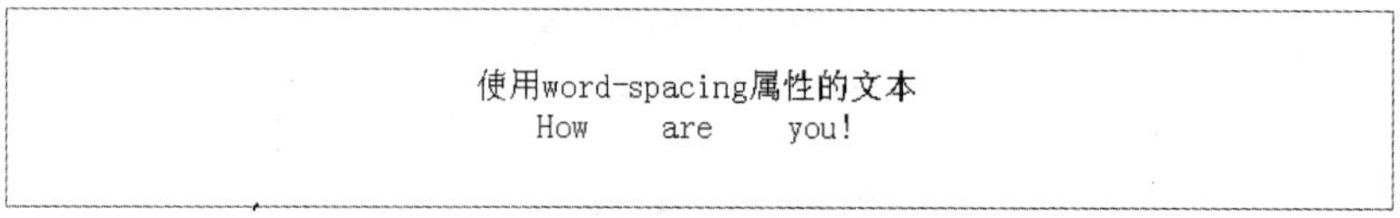

```
使用word-spacing属性的文本
How     are     you!
```

图 7-17　使用 word-spacing 属性的示例

3．white-space 属性

white-space 属性是一个不可继承的属性，主要用来控制页面中空白的显示方式。其语法结构如下所示。

```
word-space : normal | pre | nowrap;
```

其中每个属性值的具体含义如下所示。

- ☑ normal：默认值，忽略多余的空白。
- ☑ pre：不忽略多余的空白。
- ☑ nowrap：文本保持同一行显示直到文本结束或者遇到 br 元素。

在 XHTML 中，内容的默认显示方式是将任何多个空白字符合并成一个空白字符来显示。如果声明 white-space 属性值为 pre，则会显示所有的空白字符。下面是一个使用 pre 值的示例，其代码如下所示。

```
.content{
    white-space:pre;}

<div class="content">这是        使用 white-space 属性
                    的示例</div>
```

该样式应用于网页，其效果如图 7-18 所示。

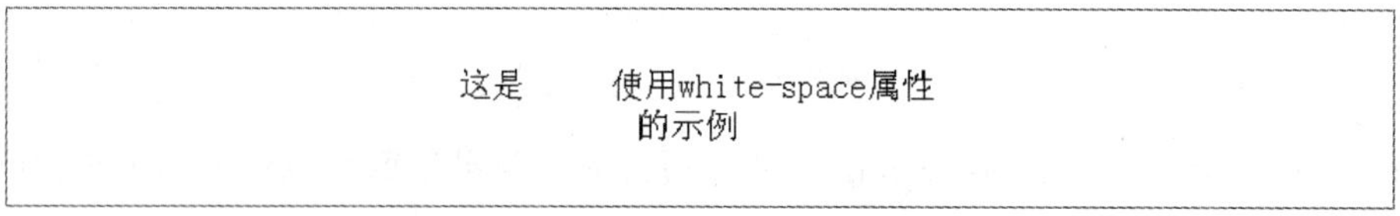

```
这是        使用white-space属性
              的示例
```

图 7-18　空白属性中使用 pre 值的示例

如果取消定义的空白属性，页面的显示效果如图 7-19 所示。

```
这是 使用white-space属性的示例
```

图 7-19　取消空白属性后的显示效果

通过对图 7-18 和图 7-19 的比较，可以发现，默认情况下，浏览器会将几个空格合并成一个，同时会忽略换行符号。定义了空白中的 pre 值后，这些空白字符将按照原来的形式显示。

下面是一个空白属性取值为 nowrap 的示例，其代码如下所示。

```
.content{
    white-space:nowrap;
    width:300px;
    height:30px;
    border:4px solid #333333;
    background:#cccccc;
    font-family:"宋体";
    font-size:12px;}

<div class="content">这是使用 white-space 属性取值为 nowrap 的示例，注意文本内容与包含文本的块元素之间的关系</div>
```

说明：该样式中，块元素的宽度为300px，高度为30px。其中含有一段空白属性值为nowrap的文本。

该样式应用于网页，其效果在 IE 浏览器和 Firefox 浏览器中并不相同，其在 IE 浏览器中的效果如图 7-20 所示。

图 7-20 空白属性中使用 nowrap 值时在 IE 浏览器中的显示效果

其在 Firefox 浏览器中的效果如图 7-21 所示。

图 7-21 空白属性中使用 nowrap 值时在 Firefox 浏览器中的显示效果

从图 7-20 和图 7-21 可以看出，在空白属性中，使用 nowrap 值时，文本会被强制为同一行显示。在 IE 浏览器中，包含元素会被文本撑开，在 Firefox 浏览器中，文本会显示在元素之外。

7.2.4 文本的转换

文本的转换属性（即 text-transform 属性）是一个可继承的属性。主要是在英文网站中使用的属性，控制英文文本中大小写字母之间的转换，其语法结构如下所示。

```
text-transform : none | uppercase | lowercase | capitalize;
```

其属性值的具体含义如下所示。

- ☑ none：文本不进行大小写的转换。
- ☑ uppercase：转换成大写。
- ☑ lowercase：转换成小写。
- ☑ capitalize：文本中每个单词的第一个字母大写。

下面是使用 text-transform 属性的示例，其代码如下所示。

```
.none{
    text-transform:none;}
.uppercase{
    text-transform:uppercase;}
.capitalize{
    text-transform:capitalize;}
.lowercase{
    text-transform:lowercase;}

  <p class="none">how arE you!</p>
  <p class="uppercase">HOW ARE YOU!</p>
  <p class="lowercase">how are you!</p>
  <p class="capitalize">how arE you!</p>
```

该样式应用于网页，其效果如图 7-22 所示。

```
how arE you!
HOW ARE YOU!
how are you!
How ArE You!
```

图 7-22　使用 text-transform 属性的示例

注意： 在使用capitalize值时，只控制单词的第一个字母大写，其他的字母不做转换，保持原有的格式。

7.3　水平和垂直居中问题

有关水平和垂直居中的问题，是制作页面时最常见的问题。由于具体的情况不同，所使用的方法也不尽相同。下面分别进行介绍。

7.3.1　已知容器大小和内容大小时的水平和垂直居中问题

已知容器和内容大小的情况，可能是最简单的情况。其中水平居中很简单，只需要将 text-align 属性取值为 center（或者利用 margin 属性的 auto 值）即可，主要问题都集中在垂直方向上。因为容器和内容的大小都已知，所以实现垂直居中的方法也会相应地多一些。

以宽、高均为 200px 的 div 元素中，包含一个宽、高均为 100px 的图片示例。

下面是使用父元素的 padding 属性来实现的内容垂直居中的示例，其代码如下所示。

```
div{
    width:100px;
    padding:50px;            /*注意补白属性含有 4 个单侧属性*/
    background:#cccccc;
    text-align:center;}
img{
    width:100px;
```

```
    height:100px;}

<div><img src="images/show.jpg" alt="pic" /></div>
```

该样式应用于网页，其效果如图 7-23 所示。

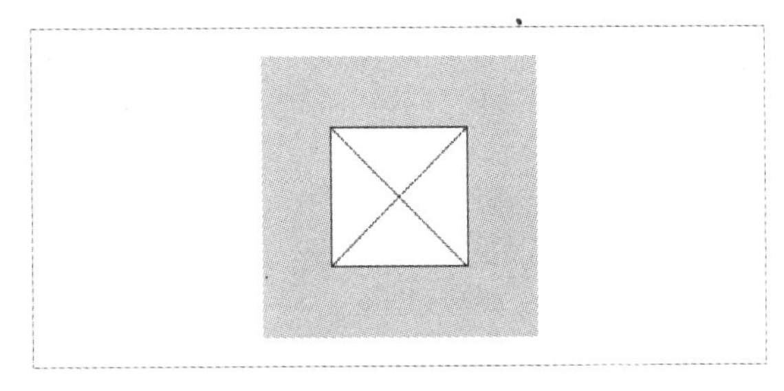

图 7-23　使用父元素 padding 属性实现水平和垂直居中的示例

说明：根据盒模型水平和垂直方向上的宽度计算方法，此时，父元素的宽度刚好是50px+100px+50px，为200px。同样，高度也是200px。图片距离父元素的距离均为50px，实现了图片的水平和垂直居中。

同样的道理，使用图片的 margin 属性，也可以实现图片的水平和垂直居中。其具体的代码如下所示。

```
div{
    width:200px;
    height:200px;
    background:#cccccc;                    /*定义元素的背景用来显示内容的显示位置*/
    text-align:center;}
img{
    margin:50px;
    width:100px;
    height:100px;}
```

说明：该样式与上一样式的区别在于，此时图片元素占有的空间，高度和宽度均为200px。而上一样式中，父元素所占有的空间，高度和宽度均为200px。

7.3.2　未知容器大小、已知内容大小时的水平和垂直居中问题

不知道包含容器的大小、已知内容大小的情况下，合理的方法是使内容能够在垂直方向上处于父元素高度的 50%的位置。

所定义的 CSS 代码如下所示。

```
img{
    position:relative;
    top:50%;
    width:100px;
    height:100px;}
```

将以上定义的图片放入一个高为 200px 的 div 容器中，其容器的样式如下所示。

```
div{
    width:200px;
    height:200px;
    line-height:200px;
    background:#cccccc;
    text-align:center;}
```

该样式应用于网页，其效果如图 7-24 所示。

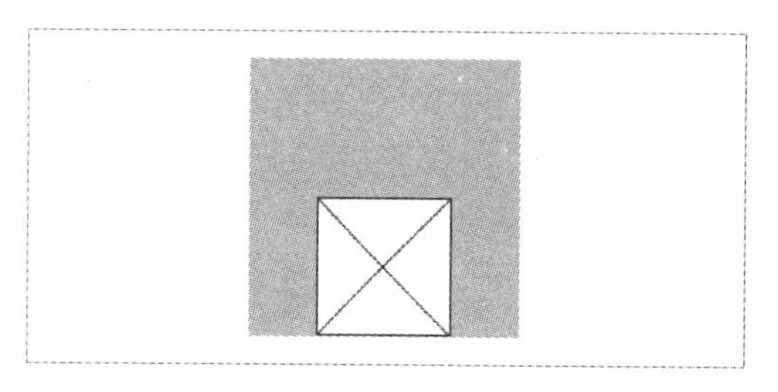

图 7-24　使用 top 值为 50%的垂直相对定位示例

从图 7-24 可以看出，图片元素并没有处于垂直高度的 50%的位置。其原因在于，相对定位中，图片移动的计算方法是按照上边线计算的，即此时图片的上边线处于父元素垂直高度的 50%的位置。为了修正这个差异，可以使用负边界的方法将图片元素向上移动自身高度一半的距离。

基于以上分析，在样式中加入如下代码：

```
img{
  margin-top:-50px;}
```

这样就修正了由于上边线垂直居中所产生的差异。此时，即使更改父元素的高度，图片元素依然可以垂直居中。当父元素高度为 150px 时，页面的显示效果如图 7-25 所示。

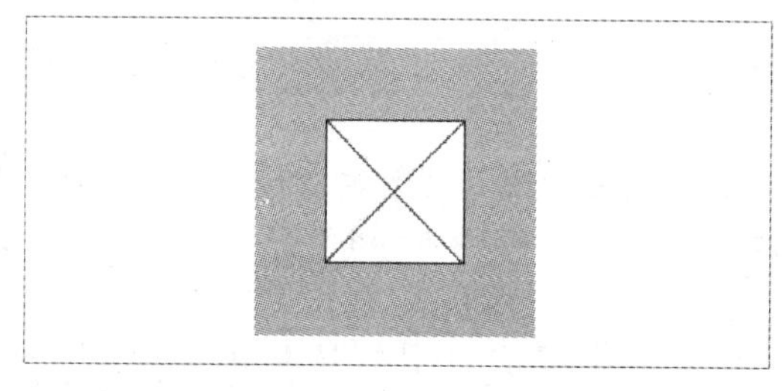

图 7-25　修正后的使用 top 值为 50%的垂直相对定位示例

7.3.3　已知容器大小、未知内容大小时的水平和垂直居中问题

已知容器的大小、未知内容大小的情况比较复杂，由于浏览器和声明的 dtd 不同，实现的方法也有区别。

1. IE 浏览器中的居中方法

首先在 IE 浏览器中，可以使用如下方法。其代码如下所示。

```
.content1{
    line-height:200px;
```

```
    font-size:200px;}                    /*注意定义的字体的大小并不是实际的大小*/
.content{
    float:left;
    width:200px;
    height:200px;
    border:3px solid #333333;
    background:#cccccc;
    text-align:center;}
img{
    vertical-align:middle;}

<div class="content content1"><img src="images/show.jpg" alt="pic" /></div>
  <div class="content"></div>
```

说明： 该样式中使用的原理是，定义line-height的高度等于容器的高度。因为在文本中的图片并不影响行高，所以，只要定义字体的大小和图片的高度相同，就能实现垂直居中的效果。

该样式应用于网页，其效果如图 7-26 所示。

从图 7-26 可以看到，使用这个方法的居中，受到字体选择的限制。虽然定义的字体大小是 200px，但实际上，字体要比 200px 大。所以还要精细地调整字体的大小。最终，在中文默认字体的情况下，使用 174px 字体刚好高度相同。但是这种方法在 Firefox 浏览器相同的过渡声明中并不兼容，其在 Firefox 浏览器中的显示效果如图 7-27 所示。

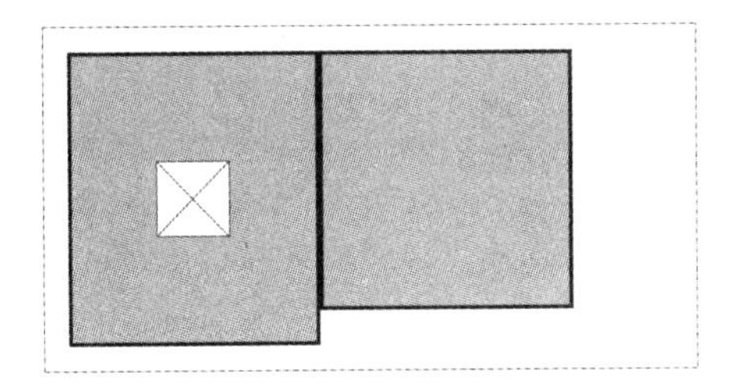

图 7-26　使用 font 和 line-height 属性的垂直居中

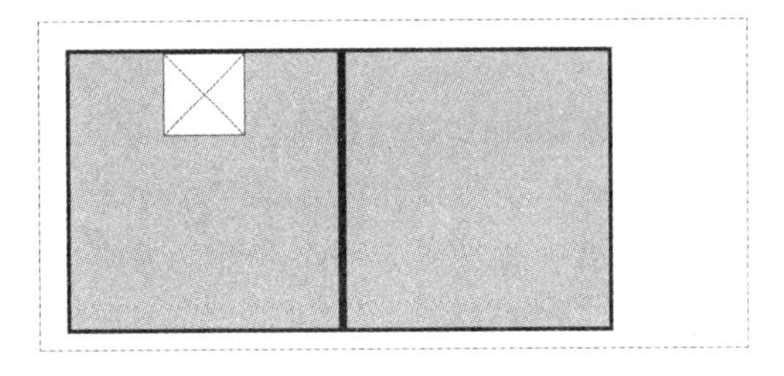

图 7-27　示例在 Firefox 浏览器中的效果

2．Firefox 浏览器中的居中方法

如果更改页面指定的 dtd，以上的方法也可以实现在 Firefox 浏览器中的居中。更改页面头部文件，其具体代码如下所示。

```
<!DOCTYPE html PUBLIC "-//W3C//DTD XHTML 1.1//EN" "http://www.w3.org/TR/xhtml11/DTD/xhtml11.dtd">
```

更改了声明的 dtd 后，页面的显示效果如图 7-28 所示。

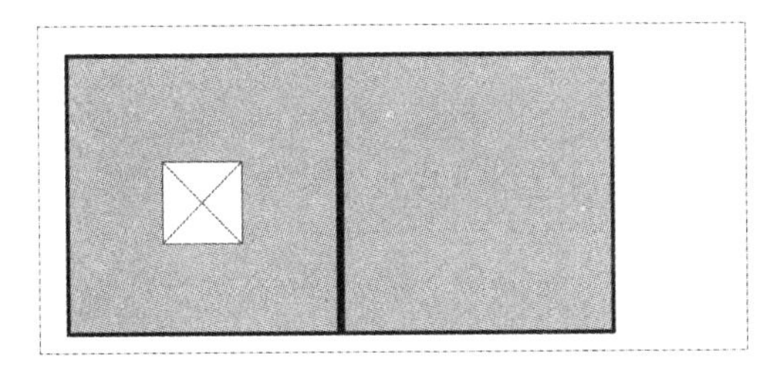

图 7-28　更改声明的 dtd 之后的显示效果

如果要在过渡的 dtd 下实现兼容，就要更改相应的 CSS 代码。更改后代码如下所示。

```
.content1{
    line-height:200px;
    font-size:174px;}
.content{
    float:left;
    width:200px;
    height:200px;
    border:3px solid #333333;                    /*定义元素的边框和背景用来显示内容的位置*/
    background:#cccccc;
    text-align:center;
    overflow:hidden;                             /*隐藏超出边界的内容*/
    vertical-align:middle;}
.hidden{
     position:relative;
     margin-left:-174px;                         /*使用负边界将文字移出显示区域*/
      color:#cccccc;
      vertical-align:middle;}
img{
    vertical-align:middle;
  }

<div class="content content1"><div class="hidden">图<img src="images/show.jpg" alt="pic" /></div></div>
  <div class="content"></div>
```

说明：因为在过渡的dtd下，如果行中没有文本而只有图片，虽然定义了line-height属性，但是图片依然会靠顶端对齐。所以，首先在图片前面增加一个文字，然后再利用颜色和隐藏属性将文字隐藏。因此在样式中又引入了一个新的元素hidden。

7.3.4　容器大小及内容大小均未知时的水平和垂直居中问题

在容器的大小、内容大小均未知的情况下，由于浏览器的不同，实现的方法也有区别。下面分情况进行详细讲解。

1．IE 浏览器中的居中方法

实现 IE 浏览器中垂直居中的方法是使用定位属性。因为使用绝对定位属性，可以使元素在父元素中向下移动 50%，如果让已经移动的子元素相对于自身再向上移动 50%，就能实现垂直居中。下面是具体的示例代码。

```
.content{
    position:relative;
    text-align:left;
    width:200px;
    height:200px;
    background:#cccccc;
    border:1px solid #333333;}
.innercontent{
```

```
    position:absolute;                    /*注意绝对定位是相对于父元素*/
    top:50%;}
.inside{
    position:relative;                    /*注意相对定位是相对于元素本身*/
    top:-50%;
    width:100px;
    height:100px;
    background:#999999;
    border:#333333 1px solid;
    margin:0 auto;}

<div class="content">
  <div class="innercontent">
     <div class="inside">居中的内容</div></div></div>
```

说明： 该样式中，首先用innercontent的定位属性和边偏移属性，使元素的上边线处于content元素垂直高度的二分之一处，然后定义inside元素向上移动50%的高度，这样，inside元素的中心刚好处于content元素垂直高度的中间位置。

其显示效果如图 7-29 所示。

但是，该样式在 Firefox 浏览器中却不能正常显示。其在 Firefox 浏览器中的显示效果如图 7-30 所示。

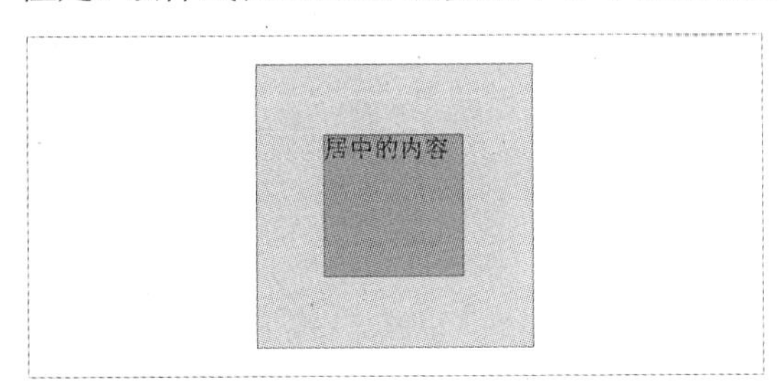

图 7-29　容器和内容都未知的居中示例

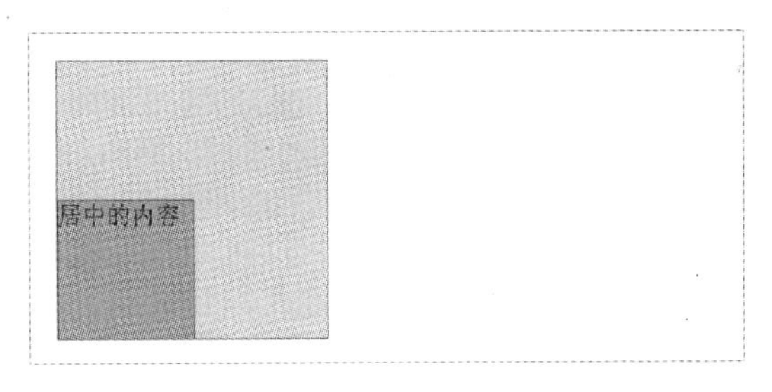

图 7-30　在 Firefox 浏览器中的显示效果

下面讲解在 Firefox 浏览器中居中的实现。

2．Firefox 浏览器中居中方法

在 Firefox 浏览器中，可以通过定义元素的 display 属性来实现。使用 display 属性，定义父元素的属性为 table，这样父元素就具有了表格的特性，然后再定义其子元素的属性为 table-cell，这样子元素就具有了表格中单元格的属性。因为在表格的单元格中，可以用 vertical-align 属性定义内容的垂直居中。所以在上一个示例的代码中，增加如下代码。

```
.innercontent[class]{
    position:static;
    display:table-cell;
    vertical-align:middle;}
.content[class]{
     position:static;
      display:table;}
```

说明： 因为IE浏览器并不支持这两个取值，所以在IE浏览器中不使用这个方法，因此在这里使用了IE浏览器所不能识别的属性选择符。因为IE浏览器不能识别，所以以上样式对IE浏览器中的显示效果不造成任何影响。

添加了以上代码后，页面便可以在 IE 浏览器和 Firefox 浏览器中正常显示。

7.3.5 修饰图片的水平和垂直居中问题

以上讨论的情况是当图片作为内容时的居中方法。如果图片作为修饰部分出现，居中问题就很好解决。下面是一个图片作为修饰部分的居中示例，其具体代码如下所示。

```
.content{
    background:url(images/show.jpg) no-repeat center #cccccc;
    width:200px;
    height:200px;
    border:1px solid #333333;}
```

说明： 因为图片是作为修饰部分出现的，所以应该出现在CSS中，而不是出现在页面中。此时图片作为元素的背景，因此只需定义背景的位置为center，即可实现图片的居中。

该样式应用于网页，其效果如图 7-31 所示。

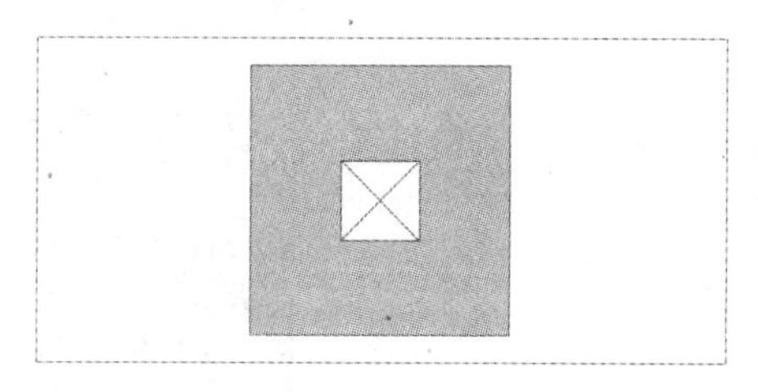

图 7-31 作为背景的图片居中

7.4 字体的综合属性

字体的选择和修饰包括字体的选择、字体的大小、字体的加粗、字体的样式和字体属性的简写等。下面分别进行介绍。

7.4.1 字体的选择

字体的选择属性（即 font-family 属性）是一个可继承的属性，用来确定元素中使用的字体。其语法结构如下所示。

```
font-family : 字体名称;
```

说明： 如果同时选择几种字体，则按照优先级依次排列。每个字体名称之间用逗号分隔开。如果某个字体的名称中含有空格，要用引号括起来（一般使用中文字体时，最好都使用引号）。

下面是一个使用字体选择属性的示例，其代码如下所示。

```
.font1{
    font-family:"宋体";}
.font2{
    font-family:"黑体","宋体";}

<p class="font1">字体示例 1</p>
<p class="font2">字体示例 2</p>
```

该样式应用于网页，其效果如图 7-32 所示。

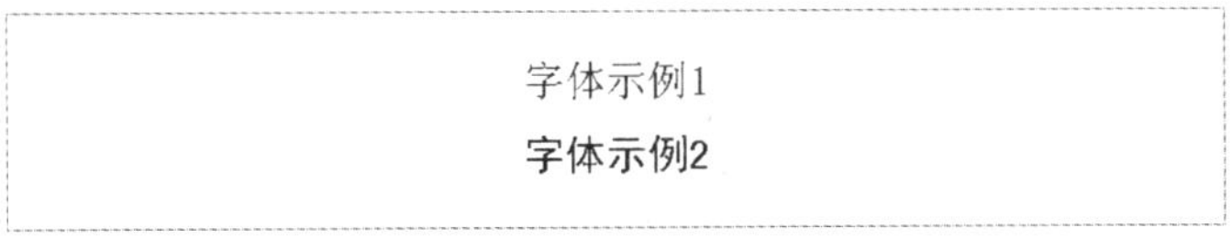

字体示例1
字体示例2

图 7-32　使用字体选择属性的示例

字体的优先级的意思是（以示例中 font 为例），如果用户使用的字体中没有黑体，则使用后面定义的宋体。如果没有宋体，就使用浏览器的默认字体。由于浏览器的默认字体不同，所以，如果没有显示的声明字体，则在不同的浏览器中，显示效果可能有所区别。

IE 浏览器中，默认字体的显示效果如图 7-33 所示。Firefox Beta1 浏览器中，默认字体的显示效果如图 7-34 所示。

默认字体的显示效果。

图 7-33　IE 浏览器中的默认字体

默认字体的显示效果。

图 7-34　Firefox Beta1 浏览器中的默认字体

从图 7-33 和图 7-34 可以看出，IE 浏览器中默认字体是宋体，而 Firefox Beta1 浏览器中默认字体是楷体。同时默认的字体大小也不相同。下面具体讲解字体大小的属性。

7.4.2　字体的大小

字体大小属性（即 font-size 属性）是一个可继承的属性，用来指定元素中字体的大小，其语法结构如下所示。

```
font-size : xx-small | x-small | small | medium | large | x-large | xx-large | smaller | larger | 长度值 | 百分比值;
```

字体大小属性的值有很多，其中在中文页面中，常用的是“长度值”和“百分比值”。下面分别进行详细讲解。

1. 使用长度值

使用长度值定义字体的大小时，主要使用的单位是像素。下面是使用不同长度值的字体示例，其样式如下所示。

```
.font1{
    font-size:12px;}
```

```
.font2{
    font-size:14px;}
.font3{
    font-size:32px;}
```

该样式应用于网页，其显示效果如图 7-35 所示。

字体大小示例
字体大小示例
字体大小示例

图 7-35　不同大小的字体的示例

2．使用百分比值

使用百分比值计算字体大小时，计算的参照尺寸是父元素中字体的尺寸。下面是一个使用百分比值的示例，其代码如下所示。

```
.content{
    font-size:18px;}
.font1{
    font-size:150%;}
.font2{
    font-size:100%;
    font-size:14px;}
.font3{
    font-size:100%;}
.font4{
    font-size:50%;}

<div class="content">
<p class="font1">字体的大小的示例。</p>
<p class="font2">字体的大小的示例。</p>
<p class="font3">字体的大小的示例。</p>
<p class="font4">字体的大小的示例。</p>
</div>
```

该样式应用于网页，其效果如图 7-36 所示。

字体的大小的示例。
字体的大小的示例。
字体的大小的示例。
字体的大小的示例。

图 7-36　使用百分比值定义字体的大小

从图 7-36 可以看出，在 font2 中，同时定义了百分比值和长度值，但最后使用的是长度值。文本这样显示的原因，并不是长度值的优先级高于百分比值，而是与 CSS 的使用规则有关。在 CSS 中，当给某个属性定义不同的值时，最终使用的值是最后定义的值（关于这一点将在第 9 章进行详细介绍）。

3．使用百分比值的叠加性

使用百分比值计算字体大小时，计算的参照尺寸是父元素的尺寸。所以，当每层元素都定义了百分比值的字体时，会产生叠加的效果。其代码如下所示。

```
.content{
    font-size:18px;}
.font1{
    font-size:150%;}

<div class="content">
<p class="font1">字体的大小的示例。<span class="font1">字体的大小的示例。<span class="font1">字体的大小的示例。</span></span></p></div>
```

说明： 该样式中，每一个嵌套的元素中都定义了相同的属性，效果是字体大小变为原来的150%。

该样式应用于网页中，其效果如图 7-37 所示。

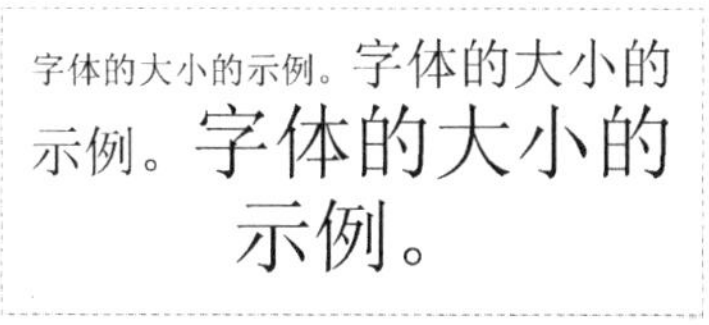

字体的大小的示例。字体的大小的示例。字体的大小的示例。

图 7-37　嵌套元素中使用字体百分比值

注意： 如果某个子元素中没有显示的声明字体大小属性，则会继承父元素的字体大小，而不是继承父元素的百分比值。

下面是一个默认继承的示例，其代码如下所示。

```
<div class="content">
<p class="font1">字体的大小的示例。<span>字体的大小的示例。</span></p>
</div>
```

其效果如图 7-38 所示。

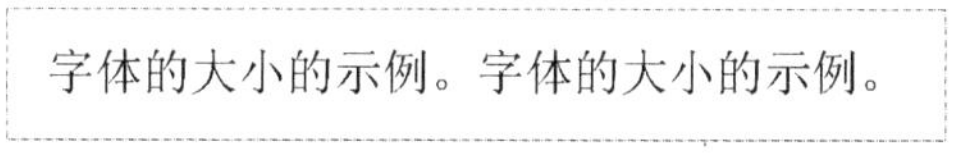

字体的大小的示例。字体的大小的示例。

图 7-38　默认的字体大小继承示例

从图 7-38 可以看出，嵌套的 span 元素只是继承了 p 元素中的字体大小，而没有继承 font1 中字体大小的百分比值。

7.4.3　字体的加粗

字体的加粗属性（即 font-weight 属性）是一个可继承的属性，用来指定元素中字体的粗细，其语法结构如下所示。

```
font-weight : normal | bold | bolder | lighter | 100 | 200 | 300 | 400 | 500 | 600 | 700 | 800 | 900;
```

font-weight 属性的所有取值都没有确定的粗细值，都只是相对的加粗。下面给出相同的文本，分别定义从 100～900 的不同数字值，其显示效果如图 7-39 所示。

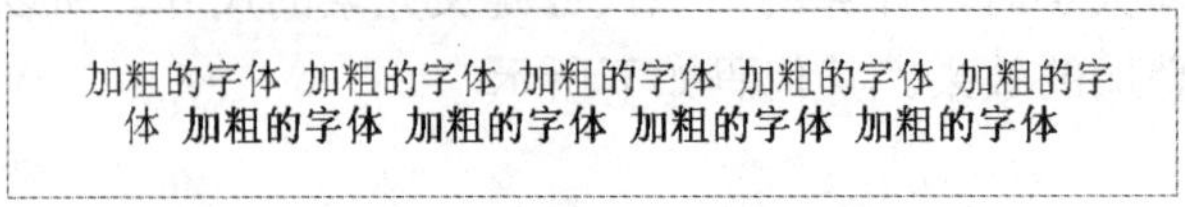

加粗的字体 加粗的字体 加粗的字体 加粗的字体 加粗的字体 **加粗的字体 加粗的字体 加粗的字体 加粗的字体**

图 7-39　使用数字值的字体加粗

从图 7-39 可以看出，虽然依次定义了 100～900 的加粗值，但是并没有产生依次加粗的效果。因为在 CSS 中定义了每个数字值都不小于前面数字值定义的字体粗细。所以，会出现几个数值粗细相同的情况。在实际应用中，使用 bold 值的情况比较多。下面是一个使用除数字值以外的其他值的示例。其代码如下所示。

```
.font2{
    font-weight:bold;}
.font3{
    font-weight:bolder;}
.font1{
    font-weight:normal;}
.font4{
    font-weight:lighter;}
```

该样式应用于网页，其效果如图 7-40 所示。

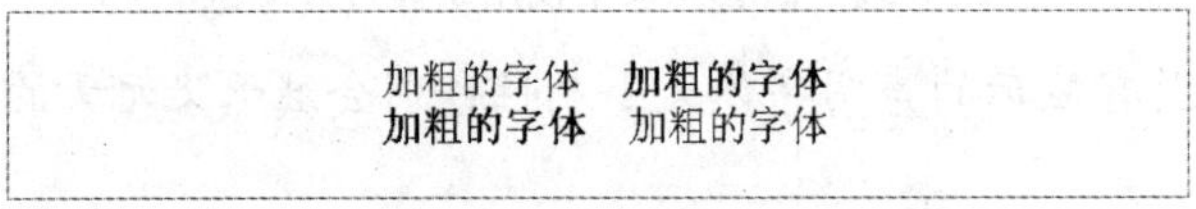

加粗的字体　**加粗的字体**
加粗的字体　加粗的字体

图 7-40　使用数字值以外值的加粗效果

从图 7-40 可以看出，并不是每个值都对应不同的粗细值。在使用加粗属性时，要注意这一点。

7.4.4　字体的样式

字体的样式属性（即 font-style 属性）是一个可继承的属性，用来指定元素中字体显示的样式，其语法结构如下所示。

```
font-style : normal | italic | oblique;
```

其中，normal 是默认的字体样式，保持文本的原有样式。italic 和 oblique 都是倾斜的样式，在使用中文时，区别不是很明显。下面是一个使用字体样式的示例，其代码如下所示。

```
.font1{
    font-style:normal;}
.font2{
    font-style:italic;}
.font3{
    font-style:oblique;}

<span class="font1">使用字体样式的示例</span><br />
```

```
<span class="font2">使用字体样式的示例</span><br />
<span class="font3">使用字体样式的示例</span>
```

该样式应用于网页，其效果如图 7-41 所示。

使用字体样式的示例
使用字体样式的示例
使用字体样式的示例

图 7-41　使用字体样式示例

7.4.5　字体的变形

字体的变形属性（即 font-variant 属性）是用来定义字体变形的属性，其作用主要是定义英文是否使用小型大写字母，对中文文本不造成影响。其语法结构如下所示。

```
font-variant : normal | small-caps;
```

每个属性的含义如下所示。

☑　normal：默认值，字体不变形。

☑　small-caps：使用小型大写字母。

下面是一个使用字体变形属性的示例，其代码如下所示。

```
.font{
    font-variant:small-caps;}

<span class="font">使用字体变形的示例，注意 How are you!这句英文文本，这将有助于对该样式的理解。</span>
```

该样式应用于网页，其效果如图 7-42 所示。

使用字体变形的示例，注意HOW ARE YOU!这句英文文本，这将有助于对该样式的理解。

图 7-42　使用字体变形的示例

取消该样式的定义，其效果如图 7-43 所示。

使用字体变形的示例，注意How are you!这句英文文本，这将有助于对该样式的理解。

图 7-43　取消字体变形样式的效果

7.4.6　字体属性的简写

字体的综合属性定义，使用 font 属性，这是一个可以继承的属性，其语法结构如下所示。

```
font : 字体选择 | 字体大小 | 字体加粗 | 字体变形 | 行高;
```

说明：每个属性之间用空格分隔开，同时每个属性的位置可以自由交换。

下面是一个使用字体属性简写的示例，其代码如下所示。

```
.content{
    font:bold 24px "宋体" ;}

<div class="content">
使用字体属性的示例，注意文字的显示效果，这将有助于对该样式的理解。</div>
```

该样式应用于网页，其效果如图 7-44 所示。

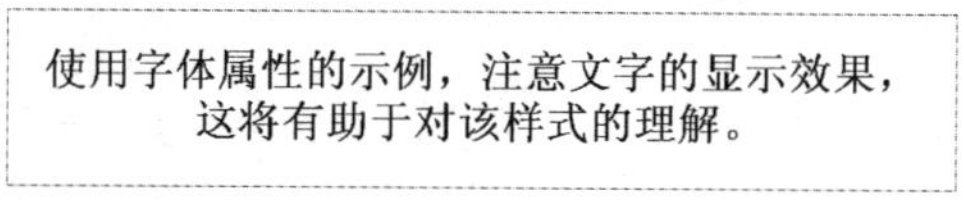

使用字体属性的示例，注意文字的显示效果，
这将有助于对该样式的理解。

图 7-44　使用字体属性简写的示例

注意：虽然在CSS中规定，所有的属性可以自由交换，但是在使用中文字体时，交换属性的位置会对显示造成影响，最好把字体选择属性放在最后的位置。

例如，字体属性采取下面的写法。

```
.content{
    font:"宋体" bold 24px ;}
```

其显示效果如图 7-45 所示。

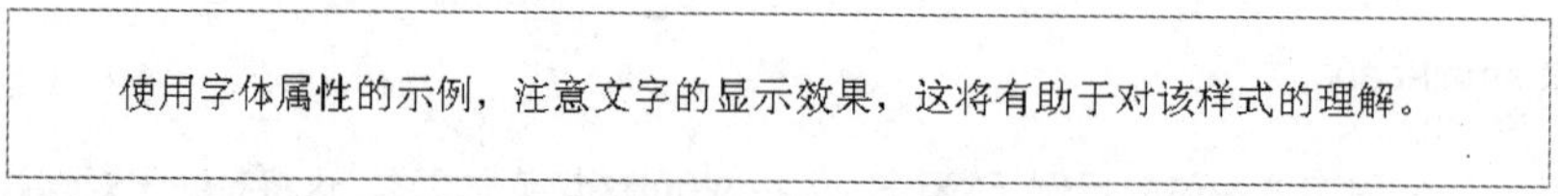

使用字体属性的示例，注意文字的显示效果，这将有助于对该样式的理解。

图 7-45　交换顺序之后的显示效果

在以上定义的属性中，还没有加入行高属性，行高属性的加入方法是，在字体大小属性后面加“/”进行分隔。下面是一个使用了行高的字体简写属性示例，其代码如下所示。

```
.content{
    font:bold 24px/48px "宋体" ;}
```

该样式应用于网页，其效果如图 7-46 所示。

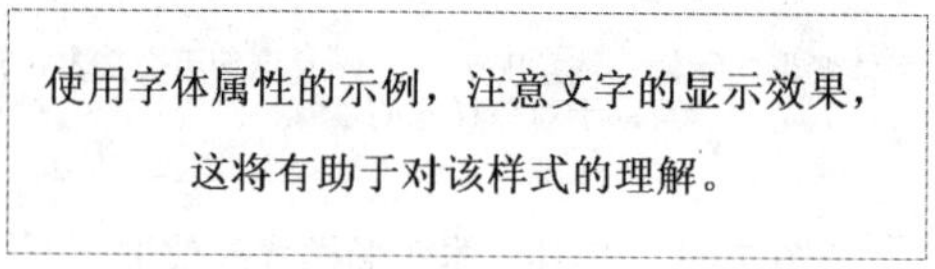

使用字体属性的示例，注意文字的显示效果，

这将有助于对该样式的理解。

图 7-46　增加了行高属性后的显示效果

7.5　文本的修饰和链接

文本的修饰和链接包括文本的修饰、链接属性详解、链接的顺序、链接的继承和修饰，下面分别进行讲解。

7.5.1　文本的修饰

1. 文本修饰详解

文本的修饰属性（即 text-decoration 属性）是一个不可继承的属性，用来给文本增加辅助的修饰内容。其语法结构如下所示。

```
text-decoration : none | underline | overline | line-through | blink;
```

其中每个属性值的具体含义如下所示。

☑　none：没有任何修饰。
☑　underline：给文本增加下划线。
☑　overline：给文本增加上划线。
☑　line-through：给文本增加删除线。
☑　blink：添加闪烁效果。

下面是一个使用文本修饰属性的示例，其代码如下所示。

```
.decoration1{
    text-decoration:none;}
.decoration2{
    text-decoration:underline;}
.decoration3{
    text-decoration:overline;}
.decoration4{
    text-decoration:line-through;}
.decoration5{
    text-decoration:blink;}
```

该样式应用于网页，其效果如图 7-47 所示。

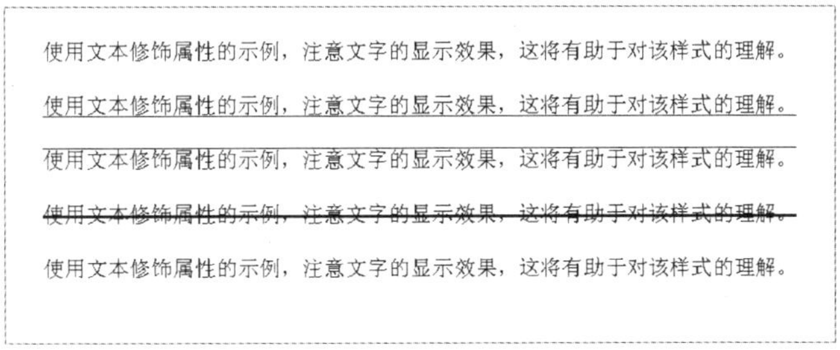

使用文本修饰属性的示例，注意文字的显示效果，这将有助于对该样式的理解。
使用文本修饰属性的示例，注意文字的显示效果，这将有助于对该样式的理解。
使用文本修饰属性的示例，注意文字的显示效果，这将有助于对该样式的理解。
使用文本修饰属性的示例，注意文字的显示效果，这将有助于对该样式的理解。
使用文本修饰属性的示例，注意文字的显示效果，这将有助于对该样式的理解。

图 7-47　使用文本修饰的示例

注意： IE浏览器不支持blink值的闪烁效果。

可以在文本上同时使用几个文本修饰属性，下面是一个文本中使用多种修饰效果的示例，其代码如下所示。

```
.decoration{
    text-decoration:underline overline line-through;}
```

说明：使用的多个样式之间用空格进行分隔。该样式应用于网页，其效果如图7-48所示。

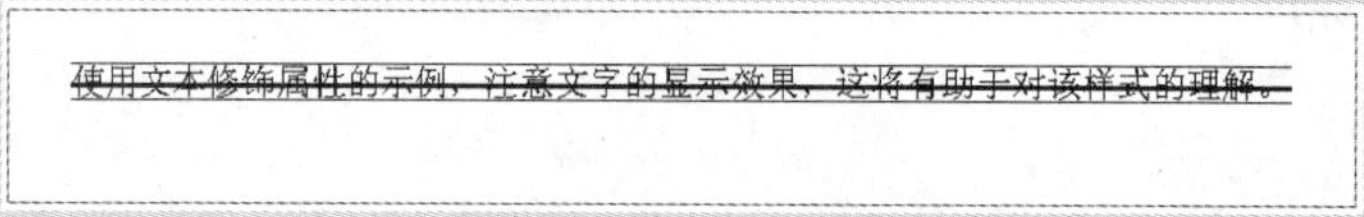

使用文本修饰属性的示例，注意文字的显示效果，这将有助于对该样式的理解。

图 7-48　同时使用几个值的文本修饰

2．文本修饰属性的继承性

虽然文本修饰属性是一个不可继承的属性，但是其表现的效果却同时含有继承和非继承的特性，其属性有一些特别之处，下面进行详细介绍。

（1）类似继承性的表现效果：当某个元素定义了文本修饰属性，则其所有的子元素都会使用这种文本修饰属性。下面是一个使用文本修饰属性的示例，其代码如下所示。

```
.content{
    text-decoration:underline overline line-through;}

<div class="content">
父元素中的文本
<p class="decoration">注意子元素中文本的显示效果，这将有助于对该样式的理解。</p></div>
```

该样式在父元素中定义了文本修饰样式，而子元素中没有定义。该样式应用于网页，其效果如图 7-49 所示。

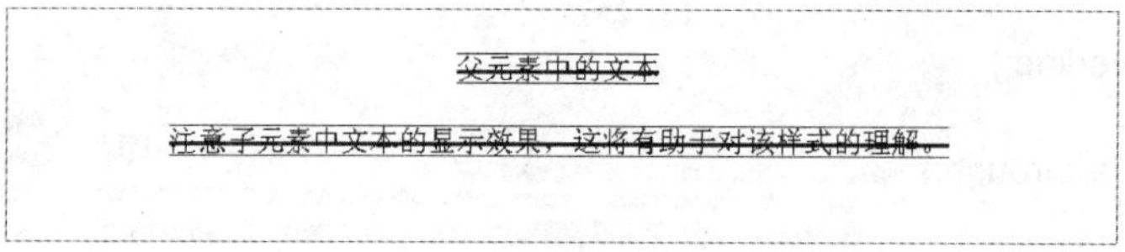

父元素中的文本

注意子元素中文本的显示效果，这将有助于对该样式的理解。

图 7-49　父元素中使用文本修饰样式

从表现效果来看，子元素继承了父元素的文本修饰样式，但实际情况也并非如此。下面讨论该属性表现出的不同于继承性的特征。

（2）非继承性的表现效果：依然使用上一示例的代码，在其中显示的取消子元素中的文本修饰属性，其代码如下所示。

```
.decoration{
    text-decoration:none;}
```

该样式应用于网页，其显示效果依然如图 7-49 所示。也就是说，无法通过显示的定义来取消文本的修饰样式。这一结果看起来有些奇怪，所以在使用文本修饰样式时一定要注意。

7.5.2　链接属性详解

链接属性包括 4 个伪类选择符和一个类型选择符，下面分别进行介绍。

1．:link 伪类

:link 伪类是用来修饰页面中没有访问过的含有超链接的内容，其语法结构遵循伪类的基本语法结

构。下面是一个使用该伪类的示例，其代码如下所示。

```
a:link{
    color:#999999;
    font-size:24px;
    text-decoration:none;}

<a href="#">这是一段含有超链接的文本。</a>
```

该样式应用于网页，其效果如图 7-50 所示。

这是一段含有超链接的文本。

图 7-50　使用:link 伪类的示例

如果取消该样式，页面的显示效果如图 7-51 所示。

这是一段含有超链接的文本。

图 7-51　取消:link 伪类后的效果

图 7-51 是默认的显示效果，一般含有链接的文本，在浏览器中，为了和其他普通文本相区别，都会设置特殊的颜色和修饰。只有当新的表现效果替代了原有的表现效果后，链接的显示样式才能改变。

2．:hover 伪类

:hover 伪类是用来修饰页面中含有超链接的内容在鼠标悬停状态下的显示效果。同:link 伪类一样，可以在其中定义文本样式、字体大小、背景等属性。下面是一个使用该伪类的示例，其代码如下所示。

```
a:hover{
    color:#333333;
    font-weight:bold;
    font-size:18px;
    text-decoration:underline;}
```

该样式在鼠标悬停时，显示效果如图 7-52 所示。

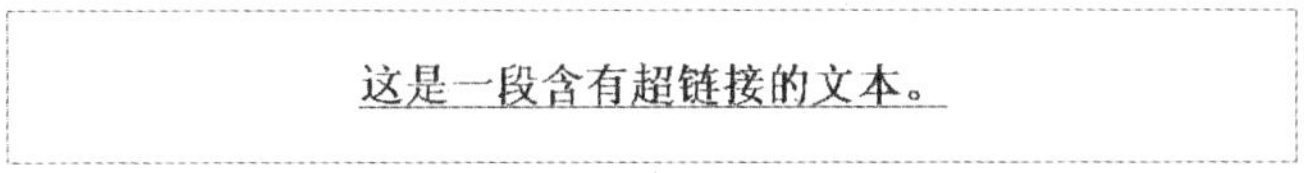

这是一段含有超链接的文本。

图 7-52　:hover 伪类定义的鼠标悬停效果

如果取消该样式，鼠标悬停时，显示效果如图 7-53 所示。

这是一段含有超链接的文本。

图 7-53　浏览器默认的鼠标悬停效果

3．:visited 伪类

:visited 伪类是用来修饰页面中含有超链接的内容在访问后的显示效果。同:link 伪类一样，可以在其中定义文本样式、字体大小、背景等属性。下面是一个使用该伪类的示例，其代码如下所示。

```
a:visited{
    font-size:20px;
    color:#666666;
    border:1px solid #333333;}
```

说明： 该样式中为链接的文本定义了边框属性。

将其应用于网页，效果如图 7-54 所示。

这是一段含有超链接的文本。

图 7-54　:visited 伪类定义的访问后的链接效果

浏览器中默认的效果如图 7-53 所示。

4．:active 伪类

:active 伪类是用来修饰页面中含有超链接的内容被激活后的显示效果。同:link 伪类一样，可以在其中定义文本样式、字体大小、背景等属性。

同样，可以使用 a 这个类型选择符来定义链接的样式。

5．类型选择符 a

通过类型选择符 a 可以统一定义链接的显示效果，但是无法指定每种状态下的单独显示效果。下面是一个使用类型选择符 a 定义链接的示例，其代码如下所示。

```
a{
   color:#999999;
   font-size:24px;
   font-weight:bold;
   text-decoration:none;}
```

该样式应用于网页，其效果如图 7-55 所示。

这是一段含有超链接的文本。

图 7-55　使用类型选择符 a 定义的链接效果

用类型选择符 a 定义的链接样式，其缺点在于所有状态下的链接样式都显示相同的表现效果，这样就无法分辨每个链接的状态。

7.5.3　使用链接的顺序

在使用修饰链接的 5 个选择符时，其中前 4 个伪类在使用时要有固定的顺序，否则页面中将无法达到预期的显示效果。

正确的使用顺序是按照:link 伪类、:visited 伪类、:hover 伪类和:active 伪类的顺序。下面是一个指定链接样式的示例，其代码如下所示。

```
a:link{
    font-size:32px;
    color:#333333;
    text-decoration:none;}
a:visited{
    font-size:12px;
    color:#000000;}
a:hover{
    font-size:24px;
    font-weight:bold;
    color:#cccccc;}
a:active{
    font-size:18px;}

<a href="#">这是一段含有超链接的文本。</a>
```

该样式应用于网页，在链接没有访问过时，效果如图 7-56 所示。

在鼠标悬停时，效果如图 7-57 所示。

这是一段含有超链接的文本。

图 7-56　未访问过的链接效果

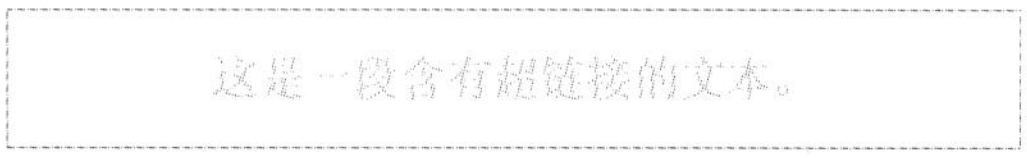

这是一段含有超链接的文本。

图 7-57　鼠标悬停时的效果

在链接已访问过时，效果如图 7-58 所示。

这是一段含有超链接的文本。

图 7-58　链接已访问过时的效果

如果交换一下 4 个伪类的顺序，则可能有一些效果无法显示。例如，现在交换 a:visited 和 a:hover 两个伪类的顺序，则在链接访问后，鼠标悬停状态的效果无法正常显示。此时页面中，鼠标悬停状态的显示效果如图 7-59 所示。

这是一段含有超链接的文本。

图 7-59　交换顺序后的鼠标悬停效果

7.5.4　链接的继承性

用伪类定义的链接属性是可以继承的。下面是一个使用链接继承的示例，其具体代码如下所示。

```
.content a:link{
    font-size:20px;
    color:#333333;
    text-decoration:underline;}
.link{
    color:#cccccc;}
```

```
<div class="content"><p class="link">
<a href="#">这是一段含有超链接的文本。</a></p></div>
```

该样式应用于网页，效果如图 7-60 所示。

这是一段含有超链接的文本。

图 7-60　链接的继承示例

从图 7-60 可以看出，p 元素中的链接继承了 div 元素中的链接属性。在子元素中，定义的普通文本属性并不对其中的链接部分产生影响。

在 7.5.1 节曾经讲过，文本的修饰是不可继承的。一旦为元素定义了文本修饰，在其子元素中便无法取消该样式。但是在使用伪类定义链接属性时，使用文本修饰不会产生这种现象。下面在子元素中定义新的链接样式覆盖原来的链接样式，其代码如下所示。

```
.link a:link{
    font-size:18px;
    color:#999999;
    text-decoration:none;}
```

在子元素中定义了新的链接样式后，页面中的链接将采用新的链接样式替代父元素中继承的样式，其效果如图 7-61 所示。

这是一段含有超链接的文本。

图 7-61　子元素中定义新的链接样式后的效果

从以上示例代码中可以看出，如果要更改某一个元素的链接样式，最好是使用“子选择符”的形式来定义新的样式。

7.5.5　cursor 属性

cursor 属性用来定义当鼠标在元素上悬停时，鼠标显示的样式。其语法结构如下所示。

```
cursor : auto | crosshair | default | hand | move | help | wait | text | w-resize |s-resize | n-resize |e-resize |
        ne-resize |sw-resize | se-resize | nw-resize |pointer | url (url)
```

cursor 属性的值有很多。其中比较常用的几个含义如下所示。

- ☑ auto：默认值，显示效果由用户所在的环境而定。
- ☑ crosshair：鼠标显示为十字的形状。
- ☑ default：鼠标显示为箭头的形状。
- ☑ hand：鼠标显示为手的形状。
- ☑ move：鼠标显示为有 4 个方向的十字箭头形状。
- ☑ text：鼠标显示如大写字母“I”的形状。

其中，url（url）和 pointer 值 IE 浏览器还不支持。在 IE 浏览器中 pointer 值显示为手的形状，在 Firefox 浏览器中也显示为手的形状。

该样式主要用于需要给某些元素指定特殊鼠标样式的情况。下面是一个应用该样式的示例，其代码如下所示。

```
.cursor{
    cursor:help;}

<a href="#" class="cursor">一个链接</a>
```

可以更换 cursor 属性的取值，在浏览器中测试显示效果。

7.6　完成页面 header 部分的制作

本节将继续完善第 5 章和第 6 章中实例制作的 header 部分和 main 部分，同时制作页面的 footer 部分。从前面制作的实例部分来看，页面 header 的部分现在存在的问题主要集中在标题签名区域和 menu 部分的导航菜单上。下面进行进一步的完善。

7.6.1　标题和签名部分

首先看一下这个部分存在的主要问题。这个部分的显示效果如图 7-62 所示，需要制作的效果如图 7-63 所示。

图 7-62　标题和签名部分的显示效果

图 7-63　标题和签名部分需要的显示效果

从图 7-62 和图 7-63 可以看出，现在存在的主要问题是：链接的表现效果不同、字体的大小不一致。下面分步进行调整。

1．调整链接的表现效果

链接分为两个部分：标题部分和 url 地址部分。增加的代码如下所示。

```
#title a{
   font-size:16px;
   font-weight:bold;
   color:#ffffff;
   text-decoration:none;}
#title a:hover{
   color:#f5651f;}
#url a{
   margin:0 0 0 16px;
   color:#ffffff;}
#url a:hover{
   color:#f5651f;}
```

说明：该部分增加的样式中，采用了类型选择符a和:hover伪类，一起配合定义链接样式。其具体含义是，将鼠标悬停的状态独立出来，其他状态的效果都使用类型选择符a的样式。

该样式应用于网页，其效果如图 7-64 所示。鼠标悬停时，效果如图 7-65 所示。

图 7-64　定义了链接样式之后的显示效果

图 7-65　鼠标悬停时的效果

从图 7-64 和图 7-65 可以看出，现在页面的显示效果已经和效果图基本一致了。

2．关于字体的属性

关于字体的属性，例如，字体的大小、加粗样式等，都是可以继承的。那么它们在链接中，也是能被继承的，因为从结构上来看，a 元素也是属于包含元素的子元素。下面更改以上定义的属性，更改后的代码如下所示。

```
#title{
   float:left;
   font-size:16px;
   font-weight:bold;
   color:#ffffff;
   text-decoration:none;}
#url{
   float:left;
     color:#ffffff;}
```

此时页面的显示效果如图 7-66 所示。

图 7-66　链接中的继承

从图 7-66 可以看出，其中字体的所有可以继承的属性，都是可以继承到链接中的，包括字体的大小、字体的加粗等。所以如果没有特殊的效果，链接中一般只需控制字体的颜色和文本的修饰即可。因为这两个部分，如果不重新定义，就会使用浏览器中默认的颜色和样式。

7.6.2　menu 导航部分

首先来看一下这个部分存在的主要问题是什么。menu 导航部分的显示效果如图 7-67 所示。最终希望显示的效果如图 7-68 所示。

图 7-67　导航部分的显示效果

图 7-68　导航部分需要的显示效果

从图 7-67 和图 7-68 可以看出，此时的主要问题是，链接的显示颜色和样式不同。同时，还要给导航菜单做一个独立的鼠标悬停效果。下面进行分步制作。

1．链接的修改

更改链接样式的代码如下所示。

```
#mainnav li a{
	color #e7ebef;
	text-decoration:none;}
#mainnav li a:hover{
	color:#f5651f;}
```

添加该样式后，页面显示效果如图 7-69 所示。其中第一个“首页”是鼠标悬停后的效果。

2．鼠标悬停效果的制作

利用背景制作鼠标悬停效果的方法有很多，将在后面的章节中具体介绍，下面制作一种比较简单的鼠标悬停效果。其效果是，当鼠标悬停时，导航的背景图片消失。其代码如下所示。

```
#mainnav li a:hover{
	color:#f5651f;
	background:none;}
```

实现的方法非常简单，就是在 li 的:hover 伪类中添加一句取消背景的属性代码。其显示效果如图 7-70 所示。

图 7-69　添加链接样式后的效果

图 7-70　鼠标悬停时的显示效果

到此为止，在不考虑页面兼容性的情况下，页面的 header 部分就制作完成了。下面看一下页面 header 部分最终的 CSS 样式，其代码如下所示。

```
/*=======================header 部分样式开始=======================*/

/*=======================banner 部分样式开始=======================*/
#banner{
	margin:0;
	margin-left:auto;
	margin-right:auto;
	width:993px;
	height:319px;
	background:url(../images/banner.jpg) no-repeat left top;}
#innerbanner{
	margin:10px 0 0 85px;}
#title{
	float:left;}
#title a{
```

```
        font-size:16px;
        font-weight:bold;
        color:#ffffff;
        text-decoration:none; }
#title a:hover{
        color:#f5651f;}
#url{
        float:left;}
#url a{
        margin:0 0 0 16px;
        color:#ffffff;}
#url a:hover{
        color:#f5651f;}
#desc{
        clear:left;
        margin:5px 0 0 20px;
        color:#ffffff;}

/*=======================导航菜单部分样式开始=======================*/

#menu{
        margin-left:auto;
        margin-right:auto;
        width:993px;
        height:166px;
        background:url(../images/menu.jpg) no-repeat left top; }
#innermenu {
        float:right;
        width:500px;
        margin:10px 26px 0 0;}
#mainnav{
        float:left;}
#mainnav li{
        float: left;
        list-style: none;
        padding:48px 0 0;}
#mainnav li a{
        padding:48px 12px 0;
        background-position: center top;
        background-repeat: no-repeat;
        color:#e7ebef;
        text-decoration:none;}
#mainnav li a:hover{
        color:#f5651f;
        background:none;}
.navhome { background-image: url(../images/home.gif);}
.navblog { background-image: url(../images/blog.gif);}
.navphoto { background-image: url(../images/img.gif);}
.navmusic { background-image: url(../images/sound.gif);}
.navvideo { background-image: url(../images/video.gif);}
.navprofile { background-image: url(../images/profile.gif);}
```

```
.navfriend { background-image: url(../images/video.gif);}
.navres { background-image: url(../images/friend.gif);}

/*======================header 部分样式结束======================*/
```

7.7　main 部分的完善

main 部分也包括两个方面：日志内容部分的文本、分类导航部分的文本。下面分别从这两个方面讲解制作过程。

7.7.1　内容部分的完善

首先，看一下这个部分存在的主要问题。内容部分的显示效果如图 7-71 所示。

效果图中需要制作的效果如图 7-72 所示。

图 7-71　现在内容部分的显示效果

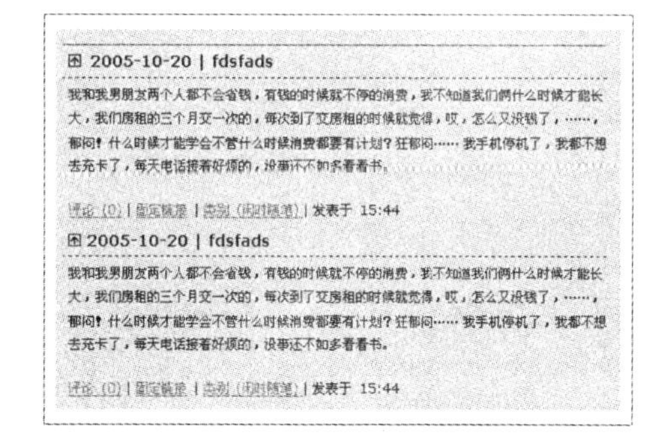

图 7-72　效果图中需要的显示效果

从图 7-71 和图 7-72 的对比中可以看出，在日志标题部分，首先需要一个背景图片，然后再更改字体的大小和加粗方式。

在日志内容部分，因为没有链接，所以只需要更改行高即可。其中具体的参数的设置，要通过页面显示效果不断调试。下面分别进行讲解。

1. 日志标题部分制作

在日志标题部分添加代码如下所示。

```
font-size:16px;
font-weight:bold;
```

然后再添加如下代码。

```
.arrow-up {
    height: 11px;
    width: 11px;
    background: url(images/arrow_up.gif) no-repeat center;
    cursor: pointer;}
```

2. 日志内容部分的制作

日志内容部分，是整个页面显示信息的主要部分，而且网站其他显示内容的部分很可能也会使用相同的格式。行高属性是可以继承的属性，所以可以把行高属性定义在基础样式的 body 中。这样页面就会有统一的文本格式，内容部分也会使用这个样式。所以在 body 部分添加代码如下所示。

```
line-height:150%;
```

这样内容部分就基本完成了，其效果如图 7-73 所示。

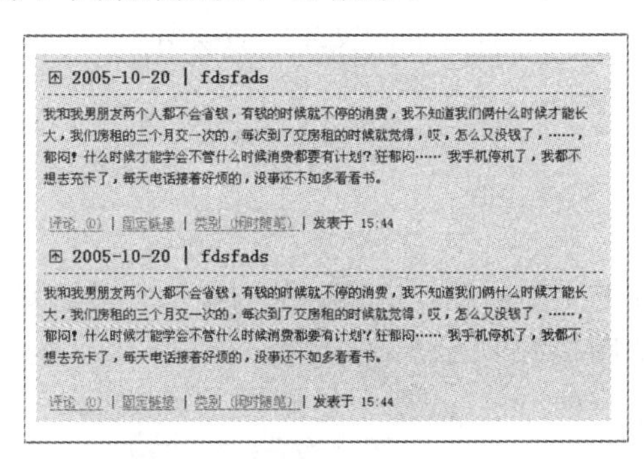

图 7-73　内容部分的最终效果

在日志的标题位置，使用透明图片加背景的方式来显示向上的箭头，其主要的原因是，为了方便设置行为，这个部分将会添加显示和隐藏日志内容的行为。

7.7.2　分类导航部分的完善

分类导航可以分为 6 个部分，其中 3 个列表部分可以定义相同的样式。首先定义 6 个部分公共使用的样式。

1. 公共样式的定义

字体样式的公共部分，就是导航标题的部分。现在的标题显示效果如图 7-74 所示。需要显示的效果如图 7-75 所示。

图 7-74　分类导航标题显示效果 　　　　图 7-75　分类导航标题需要的显示效果

从图 7-74 和图 7-75 的比较来看，存在两个问题：图片与文字距离太近、文字的字体大小和样式不同。基于以上分析，定义样式如下所示。

```
.list-title img{
    margin-right:5px;}
```

然后在标题和 h1 元素的样式中添加如下代码。

```
font-size:14px;
font-weight:bold;
```

说明：第一段样式的作用是，使标题与图片之间再增加5px的间距。第二段代码的作用是定义标题的字体大小和加粗。

该样式应用于网页，其效果如图 7-76 所示。

图 7-76　分类导航标题部分的最终显示效果

2．公共列表的定义

同样，首先看一下列表部分存在的问题。列表显示效果如图 7-77 所示。需要显示的样式如图 7-78 所示。

图 7-77　公共列表部分的显示效果

图 7-78　公共列表需要的显示效果

从图 7-77 和图 7-78 可以看出，现在主要的问题是链接的颜色不同。所以在列表内容部分，增加样式如下所示。

```
.list-content a{
        color:#000000;
        text-decoration:none;}
.list-content a:hover{
      color:#f5651f;}
```

应用该样式后，显示效果如图 7-79 所示。

图 7-79　添加样式后的显示效果

3．其他部分的定义

其他部分从显示效果上看，没有什么要更改的地方。但是如果仔细测试一下，就会发现，当鼠标悬停在“推荐日志”部分的文本链接上时，无法显示手形的状态，所以在此处添加如下代码。

```
cursor:hand;
```

这样 main 部分的样式，在不考虑兼容的情况下就修改完成了。此时 main 部分定义的所有样式如下所示。

```
/*=====================主体部分样式=====================*/
#main{
        margin:0 auto;
        width:993px;
```

```
    height:auto;
    background:url(../images/main_bg.jpg) repeat-y left top;}
#content{
    float:left;
    width:505px;
    padding:0 20px 5px 132px;}
#sidebar{
    float:right;
    width:196px;
    padding-right:132px;}

/*=================内容部分样式======================*/
.innercontent{
    width:495px;
    float:left;}
.content-top{
    width:100%;
    padding:5px;
    border-bottom:#666666 1px solid;}
.diarytitle{
    width: 100%;
    color:#821428;
    font-size:16px;
    font-weight:bold;
    padding: 5px;
    border-bottom: 1px dashed #821428;}
.arrow-up {
    height: 11px;
    width: 11px;
    background: url(../images/arrow_up.gif) no-repeat center;
    cursor: pointer;}
.diarycontent{
    width: 100%;
    color:#333333;
    padding:8px 0 15px 0;}
.diaryabout{
    width: 100%;
    color:#821428;
    padding: 5px;}

/*=================分类导航部分样式======================*/
#innersidebar{
    width:190px;}
.list{
    margin-bottom: 5px;
    clear:both;}
.list-title{
    color:#A31731;
    height: 20px;
    margin-left:15px;
```

```
    padding: 15px 0 10px 0;}
.list-title img{
    margin-right:5px;}
.list-title h1{
    float: left;
    margin: 0px;
    padding: 3px 0 0 5px;
    font-size:14px;
    font-weight:bold;}
.list-content {
    clear: both;
    margin: 0 5px 0 15px;
    color: #000000;}
.list-content a{
    color:#000000;
    text-decoration:none;}
.list-content a:hover{
    color:#f5651f;}

/*==================个人档案部分样式======================*/
.inner-list-content{
    text-align:center;}
.list-content hr {
    margin: 5px 0px;
    height: 1px;
    border-top: 1px solid #97ACB6;
    clear:both;}

/*==================导航统一列表样式======================*/
.list-content ul {
    padding: 0;
    margin: 0;
    width: 100%;}
.list-content li {
    list-style: none;}

/*==================推荐日志部分样式======================*/
.collect{
    float:left;
    width:50px;
    margin:0 5px 5px 0;}
.collect img{
    width:48px;
    height:48px;
    border:1px solid #cccccc;}
.collect span{
    display:block;
    width:48px;
    height:20px;
    cursor:hand;}
```

7.8 footer 部分的制作

footer 部分的制作相对比较简单，主要是由几个嵌套的 div 元素构成的。下面按照制作步骤进行详细讲解。

7.8.1 效果图分析

footer 部分的效果图如图 7-80 所示。

图 7-80 footer 部分的效果图

首先，footer 部分可以使用一个大的图片作背景，然后将 logo 图片和联系方式、欢迎、版权等文本放置在相应的位置。从显示的效果来看，可以将图片放在一个独立的元素之中，然后将其余的 3 个部分分别放在不同的 div 元素之中。其中联系和欢迎内容可以用嵌套的 div 来显示。

7.8.2 结构部分的制作

根据以上分析，制作 footer 部分的结构如下所示。

```
<div id="footer">
<div id="innerfooter">
<div class="logo"><img src="images/logo.jpg" alt="logo" /></div>
<div class="contact">本人邮箱：<a href="#">chengang19800603@126.com</a>
<div class="velcome">终于有了自己的站点了，欢迎大家到我的网上家园来坐坐！</div></div>
<div id="copyright">本网站由本站站长设计制作 版权所有 浙 ICP 备******号</div></div></div>
```

同 header 部分相类似，首先在 footer 中放入一个 innerfooter 元素用来控制所有元素，然后用 div 来区分其他的部分。

7.8.3 页面样式的添加

页面 CSS 代码部分的编写可以分为以下步骤进行。

1．元素的居中显示

首先，依然是使用 margin 属性定义 footer 元素居中显示，同时指定 footer 元素的宽度和高度，以便背景图片能够完全显示。其具体代码如下所示。

```
#footer{
    margin:0 auto;
```

```
    width:993px;
    background:url(../images/footer.jpg) no-repeat left top;
    height:191px;}
   /*注意高度要与背景图片高度相同*/
```

2. 定义 innerfooter 的样式

innerfooter 的部分主要控制它的上边界，使 logo 图片等内容能够显示在 footer 部分的下面。其具体的样式如下所示。

```
#innerfooter{
    margin-top:120px;}
```

定义了以上样式之后，页面 footer 部分的显示效果如图 7-81 所示。

图 7-81　定义了 footer 和 innerfooter 样式后的效果

从图 7-81 可以看出，内容的显示位置不对。所以定义相应的元素宽度，然后用浮动属性和补白、边界属性进行精细的定位。

3. 各个部分位置的确定

定义内容位置的代码如下所示。

```
.logo{
    float:left;
    width:360px;
    height:40px;}
.logo img{
    float:right;
    margin-top:4px; }        /*使用边界属性精确定位*/
.contact{
    float:left;
    height:40px;
    padding-left:20px;}
#copyright{
    clear:left;
    margin:0 auto;
    width:890px;}
```

定义了以上样式后，页面的显示效果如图 7-82 所示。

图 7-82　确定各元素位置后的显示效果

最后就是定义字体及链接的样式。

4．字体和链接的样式

字体和链接的样式代码如下所示。

```
.contact{
	color:#e7ebef;}
.contact a{
	color:#e7ebef;
	 font-size:14px;
	 font-family:Arial, Helvetica, sans-serif;}
.contact a:hover{
	color:#f5651f;
	font-size:14px;}
#copyright{
	color:#e7ebef;
	text-align:center;}
```

定义了以上样式之后，页面的显示效果如图 7-83 所示。

图 7-83　添加字体和链接样式后的页面效果

这样 footer 部分就制作完成了。footer 部分的 CSS 样式整理以后如下所示。

```
/*==================footer 部分样式======================*/

#footer{
	margin:0 auto;
	width:993px;
	background:url(../images/footer.jpg) no-repeat left top;
	height:191px;}
#innerfooter{
	margin-top:120px;}
.logo{
	float:left;
	width:360px;
	height:40px;}
.logo img{
	float:right;
	margin-top:4px;}
.contact{
	float:left;
	color:#e7ebef;
	height:40px;
	padding-left:20px;}
.contact a{
	color:#e7ebef;
```

```
        font-size:14px;
        font-family:Arial, Helvetica, sans-serif;}
.contact a:hover{
        color:#f5651f;
        font-size:14px;}
#copyright{
        clear:left;
        margin:0 auto;
        width:890px;
        color:#e7ebef;
        text-align:center;}
```

7.9　页面在 IE 浏览器中的显示效果

制作完 footer 部分以后，在不考虑兼容性的情况下，整个页面部分就制作完成了。到现在为止，所有的效果测试都是在 IE 浏览器中（版本为 6.0）进行的。其在 IE 浏览器中的最终显示效果如图 7-84 所示。

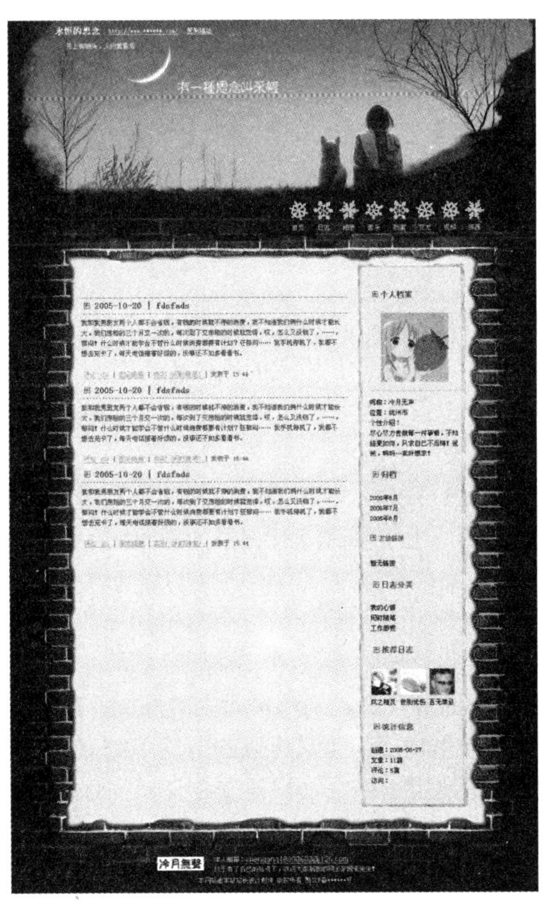

图 7-84　在 IE 浏览器中的最终效果

第 8 章　元素的修饰和 CSS 常见应用

在制作网页的过程中，很好地修饰各种元素的表现效果且合理地应用各种表现样式，将会使页面更加精致和美观。

本章的主要内容包括页面中图片、表单、表格、分隔线等常用元素的修饰、导航链接样式的定义、下拉菜单的制作等。同时，本章会应用以上内容，教授读者制作圆角框和登录框。

通过本章的学习，读者需要重点掌握各种页面元素的修饰技巧、各种圆角框的制作、下拉菜单的实现等知识。

8.1　图片的修饰

图片的修饰部分包括：网页中常用的图片介绍、图片修饰技巧、制作替代圆角图片的 CSS 等内容。下面分别进行介绍。

8.1.1　网页中常用的图片格式

在网页中常用的图片格式分为两种：GIF 格式、JPEG 格式。现分别介绍如下。

1．GIF 格式

GIF 格式，即图形交换格式（Graphics Interchange Format 的简写）。由于在任何浏览器中均能正常显示，所以在网页设计中使用最多。但是 GIF 格式的图像也有其自身的缺点，因为 GIF 格式的图片只能够使用 256 种色彩，所以不适合显示色彩丰富的图像（如照片等）内容。

GIF 格式的图片具有 3 个比较突出的特性。

（1）采用隔行扫描的显示方式：JPEG 等其他格式图片的显示方式是，从上到下像打开一个卷轴一样显示。而使用 GIF 格式的图片，由于具有隔行扫描的效果，所以会像打开百叶窗一样显现，同时会出现一种从模糊到清晰的显示效果。在速度上有着明显的优势。

（2）可以设置背景透明：GIF 格式的图片的另一个突出的优势在于，可以设置背景的透明。可以显示一个不规则的图形，而其他格式的图片会在图形的背后显示一个白色背景的矩形框。这一点在制作网页时非常有用，可以通过透明的背景格式制作页面中的图标、logo 等。

（3）可以制作简单的动画：使用相应的工具可以制作简单的 GIF 动画。例如，论坛上的个人形象图标等。GIF 格式的动画的好处是使用方便，不需要安装任何插件即可正常显示，同时，可以方便地放置在页面的任何位置。

使用 GIF 格式也会带来一些问题，就是图片文件的大小会增加。过多地使用 GIF 格式的动画，可能会增加页面加载的时间。

2．JPEG 格式

JPEG 格式图片的好处，同样在于各种浏览器都能很好地支持，同时可以很好地压缩图片的大小，改善加载速度。与 GIF 格式不同的是，JPEG 格式可以显示颜色复杂（质量和精细度要求较高）的图片内容。但是在处理大面积的颜色块时，可能会出现明显的压缩痕迹。

8.1.2 需要使用图片的情况

网页中使用图片，一般分为两种情况，一种是图片作为修饰部分，另一种是图片作为内容部分。作为修饰部分的图片，例如，导航栏文字后面使用的背景等。作为内容出现的图片，例如，网站中展示的产品图片等。

因为图片格式的文件都比较大，例如，一个页面的文本代码内容，也许只有十几 K 的大小，但是一个很小的图片，就可能超出这个大小。

在页面中使用图片的原则是，尽量减少背景图片的使用。例如，可以使用背景重复的方式产生元素的背景，就不要使用单独的图片文件作背景。

由于网页的浏览者所使用的浏览环境并不相同，所以特殊字体尽量用图片的方式来显示，否则无法保持页面显示效果的一致。下面分别讲解作为背景和内容的图片修饰问题。

8.1.3 作为背景的图片修饰

在 CSS 中，对于背景图片的修饰的属性很少，只能通过 background-position 属性控制背景图片的位置，用 background-repeat 属性定义背景图片的重复。无法控制背景图片的大小等内容，同时也不能给背景图片添加链接。

8.1.4 修饰内容图片

在 CSS 中，控制内容图片的属性很多。可以通过 CSS 控制图片的大小、边界、边框、浮动等属性。下面分别进行介绍。

1．取消默认的链接样式

由于所在的父元素不同，图片默认的显示方式也不同。下面是处于不同父元素中的图片示例，其代码如下所示。

```
<span class="content">这是一个普通内联元素中的图片<img src="images/show.jpg" alt="pic" /></span>
<br />这是一个 a 元素中的图片<a href="#"><img src="images/show.jpg" alt="pic" /></a>
```

这段代码应用于网页，其显示效果如图 8-1 所示。

从图 8-1 可以看出，同样的图片元素，当处于 a 元素之中时，会被默认加上一个边框。其原因在于，浏览器为了区分页面中含有超链接的内容，会给这部分内容定义不同的显示效果。对于文本内容，通过改变文本颜色、添加下划线来区分。对于图片元素，通过增加一个有颜色的边框来区分。

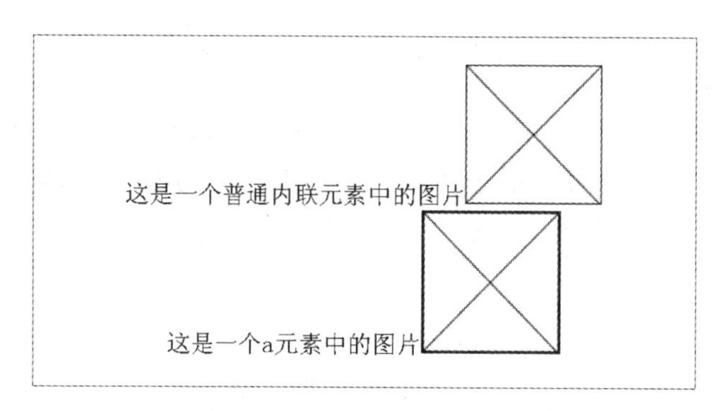

图 8-1　不同状态下的图片显示效果

如果要取消默认的效果，只需为 img 元素的 border 属性定义一个值。一个取消默认样式的代码如下所示。

```
.content img{
    border:4px solid #cccccc;}
img{
    border:none;}

<span class="content">链接图片 1<a href="#"><img src="images/show.jpg" alt="pic" /></a></span>
  链接图片 2<a href="#"><img src="images/show.jpg" alt="pic" /></a>
```

在该样式中，分别为两个含有链接的图像元素定义了边框属性。一个定义了 4px 的浅灰色的实线边框，另一个定义边框为 none（即不显示边框）。其应用于网页，效果如图 8-2 所示。

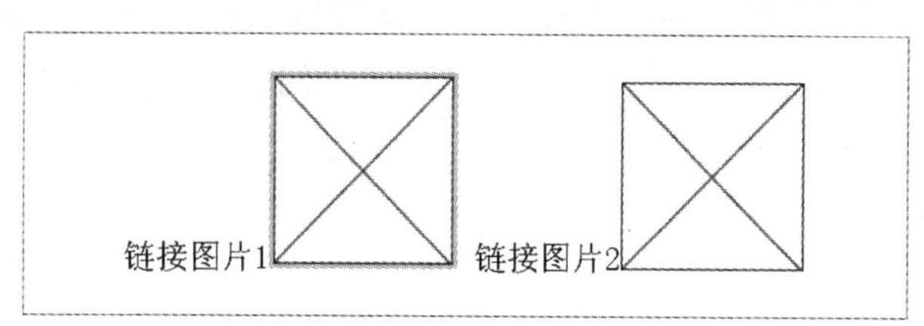

图 8-2　通过定义 border 属性取消默认的边框

2. 控制图片的宽度和高度

在页面中，是否控制图片的高度和宽度，要根据实际情况来定。因为一旦定义了图片的宽度和高度，则不论原来图片的大小为多少，都会显示相同的大小。这可能导致大图片由于缩小而丧失细节，小图片因为放大而失真。

注意： 如果只定义图片元素的高度或者宽度，则元素的另一个属性会按照原图的比例自动设置属性值。也就是说，可以通过单独定义图片的宽度或高度值来实现图片（宽度或高度固定）的等比例显示。

下面是一个只定义图片宽度属性的示例，其代码如下所示。

```
.content img{
    width:50px;
    margin-right:20px;}

<span class="content"><img src="images/pichigh.jpg" alt="pic1"/></span><img src="images/pichigh.jpg"alt="pic1" />
```

该样式应用于网页，其效果如图 8-3 所示。

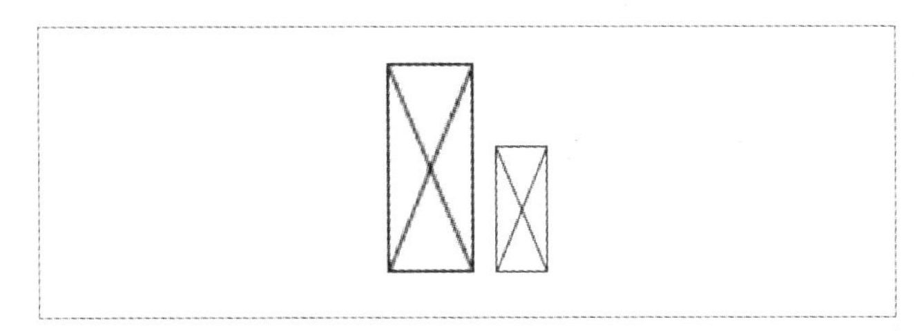

图 8-3　固定宽度的图片放大

3. 改变图像在行内的垂直位置

改变图像在行内的垂直位置，可以通过更改它的 padding 属性（或者 margin 属性）的值来实现。其示例代码如下所示。

```
img{
    padding:20px;}

这是一个图片<img src="images/pichigh.jpg" alt="pic1" />
```

该样式应用于网页，其效果如图 8-4 所示。

图 8-4　垂直移动图像元素

4. 图像的浮动

由于图像元素是内联元素，所以当定义浮动属性后，其他的元素可以围绕在图片元素的周围。这也是实现图文混排所使用的方法。

8.2　使用图片制作简单圆角框

因为网页中，使用圆角效果的情况非常多，所以单分一节来讨论。制作圆角的方法很多，但是使用最多，兼容性最好的还是使用图片的方法。由于实际制作中，需要的显示效果不同，可以分为以下几种情况。

8.2.1　单色或者单线圆角框自适应高度

单线圆角的意思是，圆角的边线没有任何修饰（例如，阴影、外发光等）。一个单线圆角的效果如图 8-5 所示。

图 8-5　单线圆角的效果图

从图 8-5 可以看出，要制作这样的圆角效果，除圆角的部分以外，其他的地方都可以使用边框和背景颜色的方法实现。因为现在只要求高度的自适应，所以切图时将效果图分成 3 行。上下两个图片作为圆角框的顶和底，中间部分可以使用 div 元素（定义边框和背景）来实现。切出来的圆角框顶部和底部图片如图 8-6 和图 8-7 所示。

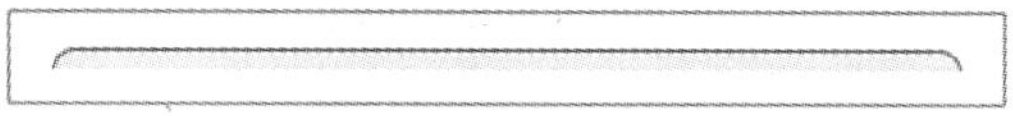

图 8-6　圆角框顶部图片

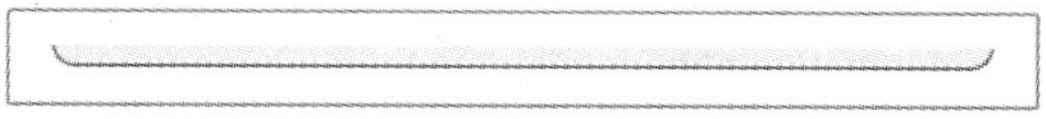

图 8-7　圆角框底部图片

制作好背景图片后，首先制作页面的结构部分，其代码如下所示。

```
<div class="content">
    <div class="round_top"></div>
    <div class="round_content">这是一个单线的圆角框</div>
    <div class="round_bottom"></div></div>
```

结构部分如分析所示，纵向分成 3 个 div 元素，分别制作圆角框的 3 个部分。

结构部分制作完后，就可以制作 CSS 部分。头部和底部的图片，因为是表现的内容，所以用背景图片的形式显示。中间的内容部分，用左右边框衔接背景图片的边线，用背景颜色衔接背景图片的颜色。其 CSS 代码如下所示。

```
.content{
   width:374px;}                              /*定义父元素的宽度和背景图片宽度相同*/
.round_top{
   height:8px;
   background:url(images/round_05.gif) no-repeat left top;
   font-size:1px;}                            /*取消默认的最小高度设置*/
.round_content{
   background:#eeeeee;
   border-left:1px solid #333333;             /*用边框代替图片边线*/
   border-right:1px solid #333333;
   padding:20px;}
.round_bottom{
   height:8px;
   background:url(images/round_11.gif) no-repeat left top;
   font-size:1px;}
```

说明： 在round_top和round_bottom中，定义font-size属性值为1px。其原因在于，如果没有定义这个属性，则div元素的高度会使用页面中定义的文本的高度。

该样式应用于网页，其效果如图 8-8 所示。

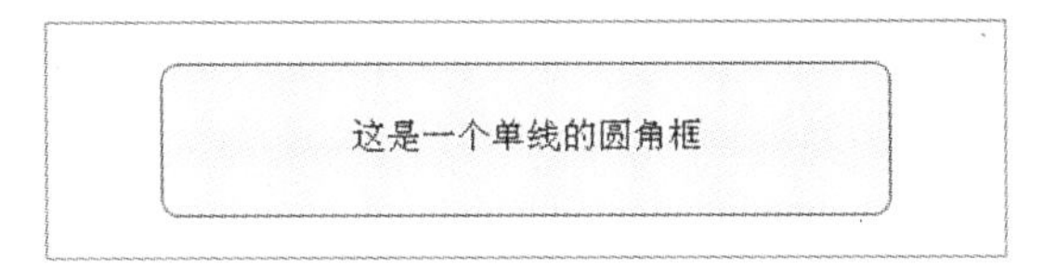

图 8-8　制作完成的单线圆角框

该样式中，由于 content 和 round-content 部分都没有定义高度，所以可以实现高度的自适应。内容增加后的效果如图 8-9 所示。

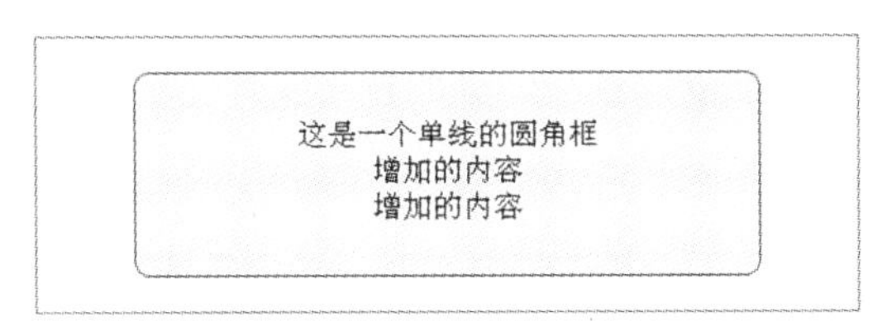

图 8-9　增加内容后的效果

在以上示例中，因为上下两个背景图片的宽度是固定的，所以内容的宽度也是固定的。下面讲解怎样制作水平自适应的圆角框。

8.2.2　单色或者单线圆角框自适应宽度

实现自适应宽度的原理也很简单。首先要更换一下图片的切法，将纵向 3 行改成横向 3 列。此时左右两侧的背景图片如图 8-10 所示。

图 8-10　左右两侧的背景图片

接下来实现元素水平排列，其方法有很多。可以使用浮动属性将元素排成一行，也可以使用绝对定位，还可以使用嵌套元素的方式实现。下面采用嵌套 div 的方法实现这个布局。其页面结构如下所示。

```
<div class="main">
  <div class="content">
    <div class="round_left"><div class="round_content">这是一个单线的圆角框</div></div>
    </div>
```

在该结构中，嵌套了 3 层 div，其中最外面的两层分别用来制作右侧和左侧的背景，最内一层通过上下边线和背景，衔接左右两侧的背景图片。其 CSS 样式如下所示。

```
.content{
    width:374px;
```

```
    padding-right:8px;                                  /*在补白中显示背景图片*/
    background:url(images/round_right.gif) no-repeat right top;}
.round_left{
    background:url(images/round_left.gif) no-repeat left top;
    padding-left:8px;}
.round_content{
    background:#eeeeee;
    height:133px;                                       /*注意高度的定义，否则左右背景图片不能正常显示*/
    border-top:1px solid #333333;
    border-bottom:1px solid #333333;
    padding:0 20px;}
```

在该样式中，首先通过使用 padding 属性使元素的背景图片显示出来，然后再制作中间的内容部分。其应用于网页，效果如图 8-11 所示。

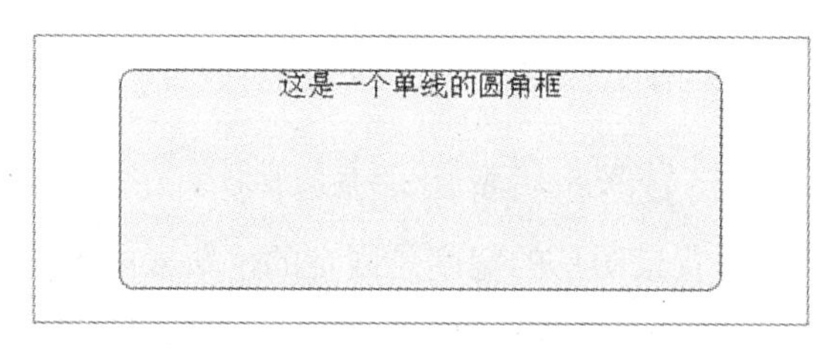

图 8-11　宽度自适应的示例

此时，如果更改 content 的宽度为 100%，则可以制作成全屏宽度自适应效果。

8.2.3　单色或者单线圆角框完全自适应

实现单色或者单线圆角框完全自适应，同样先要更换一下图片的切法，这次切下图片的四角。切开后的图片如图 8-12 所示。

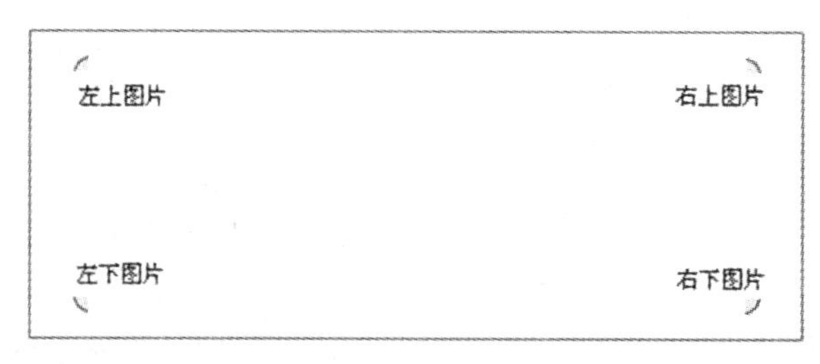

图 8-12　四角的切图

接下来看一下实现的原理：首先采用水平自适应的方法，使左上、右上部分实现宽度自适应。用同样的方法，使左下和右下的部分也可以自适应宽度，这样就完成了水平自适应部分。然后，在上下两部分的中间加入内容部分，使用背景和边线的方法衔接顶部和底部，实现垂直自适应。

根据以上分析制作页面结构，如下所示。

```
<div class="content">
      <div class="top">
      <div class="top_lfeft"><div class="top_line"></div></div></div>
      <div class="round_content">这是一个单线的圆角框</div>
```

```
<div class="bottom">
<div class="bottom_left"><div class="bottom_line"></div></div></div>
</div>
```

下面开始编写 CSS 代码，top 部分的样式如下所示。

```
.top{
    padding-right:8px;                                  /*在补白中显示背景图片*/
    background:url(images/right_top.gif) no-repeat right top;
    font-size:1px;}
.top_left{
    padding-left:8px;
    background:url(images/left_top.gif) no-repeat left top;
    font-size:1px;}
.top_line{
    border-top:1px solid #333333;
    background:#eeeeee;
    font-size:1px;
    height:7px;}                                        /*注意高度值的计算*/
```

top 部分依然采用 3 个嵌套的 div 来实现水平自适应。
bottom 部分的 CSS 样式与 top 部分类似，其具体代码如下所示。

```
.bottom{
    padding-right:8px;
    background:url(images/right_bottom.gif) no-repeat right top;
    font-size:1px;}
.bottom_left{
    padding-left:8px;
    background:url(images/left_bottom.gif) no-repeat left top;
    font-size:1px;}
.bottom_line{
    border-bottom:1px solid #333333;
    background:#eeeeee;
    font-size:1px;
    height:7px;}
```

接下来制作 round_content 部分。这一部分比较简单，只需要定义元素的背景和左右边线。其代码如下所示。

```
.round_content{
    background:#eeeeee;
    border-left:1px solid #333333;
    border-right:1px solid #333333;
    padding:20px;}                                      /*使用补白属性用来分隔内容*/
```

其中，定义 padding 属性的目的是使内容与边框产生一段距离。定义完所有 CSS 样式后，页面显示效果如图 8-13 所示。

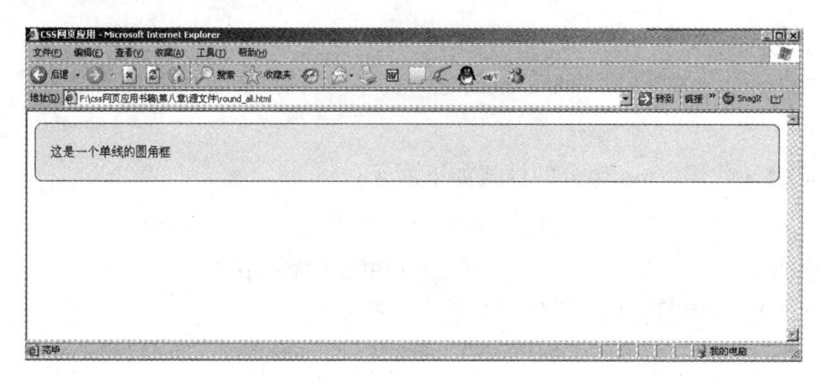

图 8-13　制作后的圆角框效果

增加内容后，显示效果如图 8-14 所示。

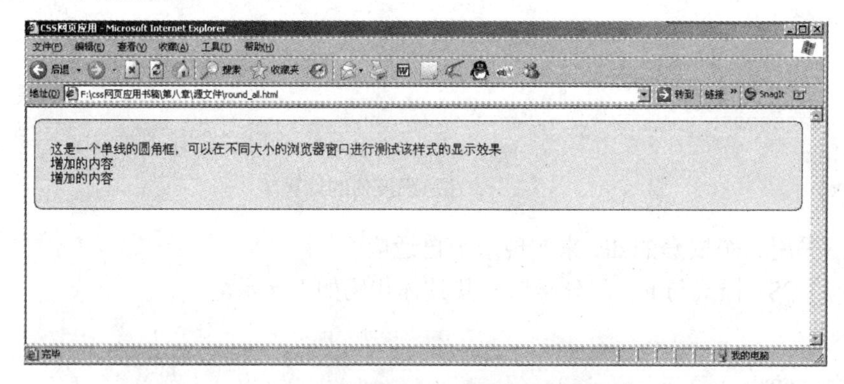

图 8-14　增加内容后垂直自适应效果

接下来更改浏览器窗口的大小，测试能否水平自适应，其效果如图 8-15 所示。

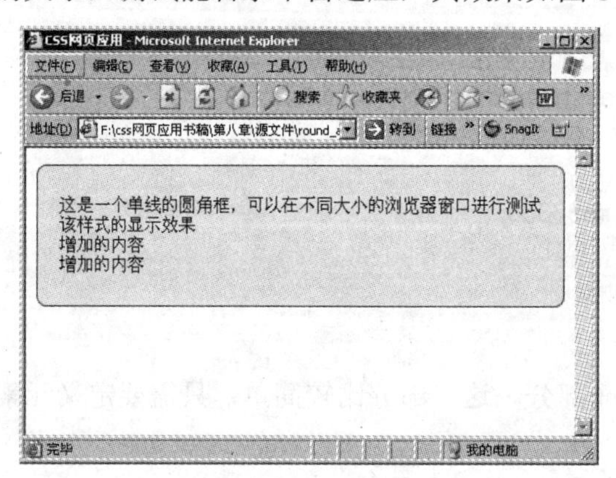

图 8-15　更改浏览器窗口大小之后的页面显示效果

8.3　复杂圆角框的制作

复杂圆角框的意思是，圆角框的边框和背景无法用边线或者背景颜色代替。下面是一个复杂圆角框的效果图，如图 8-16 所示。

图 8-16　一个复杂的圆角框

下面讲解各种复杂圆角框的制作方法。

8.3.1　自适应高度

复杂圆角框自适应高度的原理，与单线圆角框的原理基本相同。其区别在于，中间的内容部分不能使用边框和背景实现，而是要使用重复的背景图片来实现。

首先，依然要将效果图切开。此时顶部和底部的切法与单线框的切法基本相同。中间的部分要切一个小的图片作为背景，该图片如图 8-17 所示。

图 8-17　内容部分背景图片

此时的页面结构，可以使用制作单线圆角框时的结构，其 CSS 部分的代码如下所示。

```
.content{
    width:374px;}
.round_top{
    height:11px;
    background:url(images/fu_top1.gif) no-repeat left top;
    font-size:1px;}
.round_content{
    background:#eeeeee;
    background:url(images/fu_bg1.gif) repeat-y left top;
    padding:20px;}
.round_bottom{
    height:13px;
    background:url(images/fu_bottom1.gif) no-repeat left top;        /*使用重复的图片实现边线的适应*/
    font-size:1px;}
```

将其应用于网页，效果如图 8-18 所示。

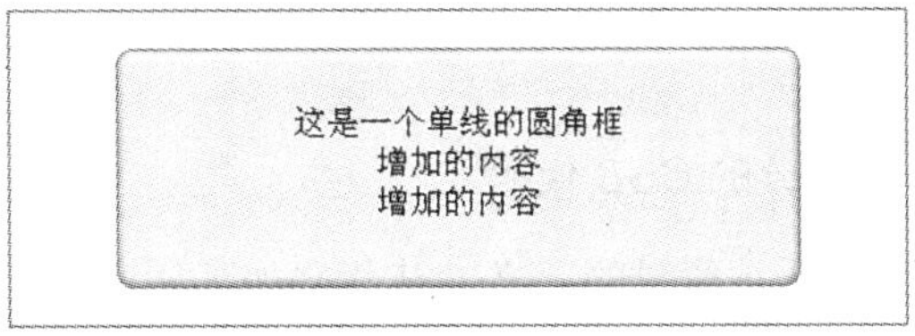

这是一个单线的圆角框
增加的内容
增加的内容

图 8-18　复杂圆角框垂直自适应的效果

8.3.2 自适应宽度

自适应宽度的原理和单线圆角基本相同，其区别在于，自适应宽度使用背景图片代替原来的边线和背景颜色。这里就不再详细讲解。

8.3.3 完全自适应

复杂圆角的完全自适应，依然可以使用类似单线圆角的方法。但需要再增加一个显示背景的 div 才能实现。页面结构就变得过于复杂。

下面使用一种变通的方法来实现同样的效果。首先讲解原理。一直使用的制作圆角的方法是，利用切下来的小图片实现。如果转换一种思考方式，其实圆角部分也可以使用一个很大的图片来实现。下面讲解实现方法。

首先，制作一个宽度为全屏的背景图片，如图 8-19 所示。

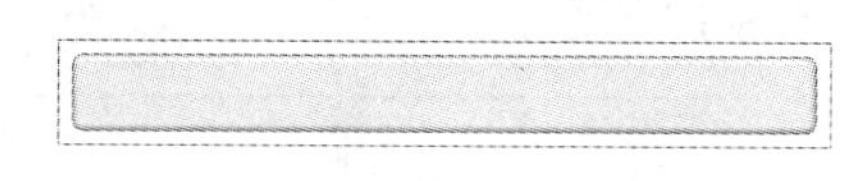

图 8-19　大的背景图片

然后，利用 background 属性使这个背景图片出现在不同的位置。因为背景的显示大小受元素大小限制，所以可以通过控制元素的大小来隐藏背景图片中多余的部分。

下面制作页面的结构部分，其代码如下所示。

```
<div class="content">
    <div class="innercontent">
    <div class="top"><div class="top_left"></div></div>
    <div class="round_content">这是一个完全自适应的圆角框</div>
    <div class="bottom"><div class="bottom_left"></div></div></div>
</div>
```

该结构中，使用 content 元素制作右侧的背景，使用 innercontent 元素制作左侧的背景，然后在 top 及其子元素中制作顶部的背景，在 bottom 中制作底部的背景。

因为左右两侧要做到垂直自适应，所以无法使用图 8-19 来作为背景，而是需要使用背景图片垂直重复排列来实现。左右两侧的背景图片如图 8-20 所示。

左侧背景图片　右侧背景图片

图 8-20　左右两侧的背景图片

接下来进行 CSS 的编写。

1. content 和 innercontent 部分的 CSS 代码

content 和 innercontent 部分主要是背景的定义。其代码如下所示。

```
.content{
    width:374px;
```

```
    background:url(images/fu_bg1_right.gif) repeat-y right top;
    padding-right:13px;}                        /*注意补白的宽度要与背景图片宽度相同*/
.innercontent{
      background:url(images/fu_bg1_left.gif) #f0f0f0 repeat-y left top;
      padding-left:13px;}
```

该样式中，content 元素定义了右补白的值为 13px，目的是显示右侧的背景图片。该样式应用于网页，其效果如图 8-21 所示。

这是一个完全自适应的圆角框

图 8-21　定义了 content 和 innercontent 部分样式之后的效果

通过这两部分的样式，解决了左右两边的边线问题。

2. 定义 top 及其子元素的样式

top 及其子元素的样式如下所示。

```
.top{
    margin-right:-13px;
    background:url(images/bg_big.gif) no-repeat right top;
    padding-right:13px;}
.top_left{
    height:13px;
    padding-left:13px;
    background:url(images/bg_big.gif) no-repeat left top;}   /*注意子元素和父元素背景的互相覆盖*/
```

说明： 在top中，定义右边界的值为负值，其目的是使top的背景能够覆盖content的背景，实现右上角的圆角。top_left元素中，利用图8-19的背景图片显示左侧的背景和上面的边线。

该样式应用于网页，其效果如图 8-22 所示。

这是一个完全自适应的圆角框

图 8-22　定义 top 及其子元素的样式后的效果

3. bottom 部分的 CSS 样式

bottom 部分的 CSS 样式与 top 部分基本相同，其区别在于，背景图片的位置不同。其具体代码如下所示。

```
.bottom{
    margin-right:-13px;
    background:url(images/bg_big.gif) no-repeat right bottom;
    padding-right:13px;}
.bottom_left{
    height:13px;
    padding-left:13px;
    background:url(images/bg_big.gif) no-repeat left bottom;}
```

该样式和 top 部分的区别在于，此处显示了背景图片的右下角和左下角。该样式应用于网页，效果如图 8-23 所示。

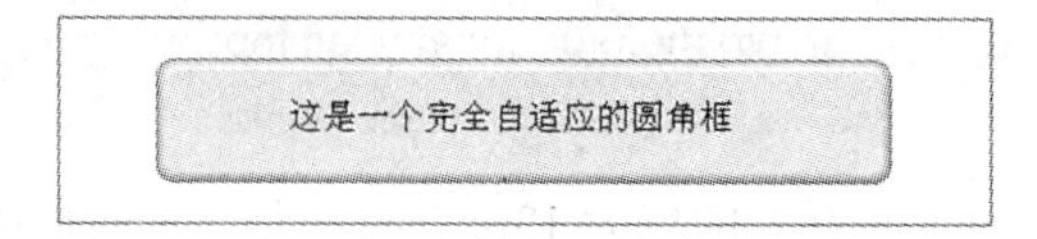

图 8-23　定义了 bottom 部分的样式后的效果

4．round_content 部分的样式

round_content 部分主要是用来显示内容，对原有的布局不造成影响。定义 padding 值，目的是使内容居中，并与其他内容分隔一段距离。其代码如下所示。

```
.round_content{
    padding:20px;}
```

定义了 round_content 部分的样式之后，页面的显示效果如图 8-24 所示。

图 8-24　页面最终显示的效果

此时，如果更改 content 部分的样式，即可实现在浏览器中的自适应显示。更改后的样式如下所示。

```
.content{
    margin:10px;
    background:url(images/fu_bg1_right.gif) repeat-y right top;
    padding-right:13px;}
```

增加内容后，在浏览器中的显示效果如图 8-25 所示。

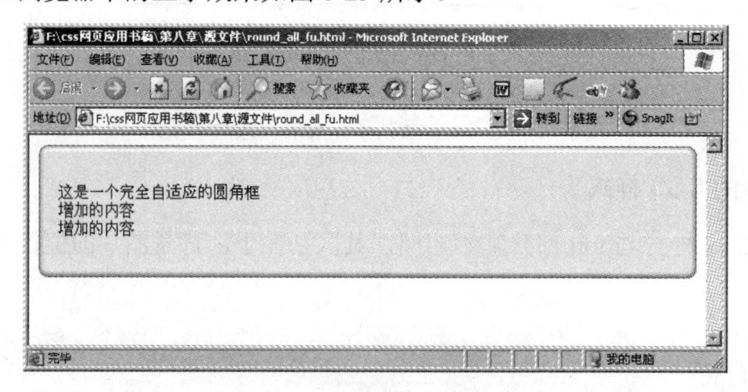

图 8-25　复杂圆角框的最终效果

由于该样式使用了负边界，如果在 content 中定义宽度为 100%，圆角框的宽度就会超过浏览器全屏时的宽度。另外，完全使用布局元素和 CSS 样式，也可以制作出类似圆角的效果。8.4 节将讲解用 CSS 模拟圆角的具体方法。

8.4　用 CSS 制作代替图片的圆角

用 CSS 制作代替图片的圆角，实现方法比较复杂，其中主要使用到元素的 background 属性、margin 属性和 border 属性等。其具体的实现方法介绍如下。

8.4.1　CSS 圆角实现原理

用 CSS 制作代替图片的圆角的实现原理类似绘制像素画，要精确地控制边角处每个像素点上显示的颜色。其实现原理和像素画中绘制圆角的原理基本相同，即采用一定方式排列的像素点模拟圆角的效果。模拟圆角的效果，根据情况不同，可以分为以下几种（不同的模拟方法，制作出的圆角的弧度是不同的），如图 8-26 所示。

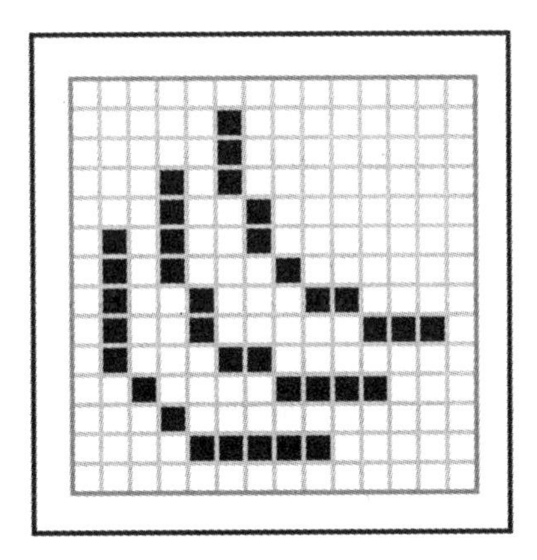

图 8-26　模拟圆角的几种方法

下面采用最内层的圆角模拟方法来制作一个圆角。该示例的示意图如图 8-27 所示。

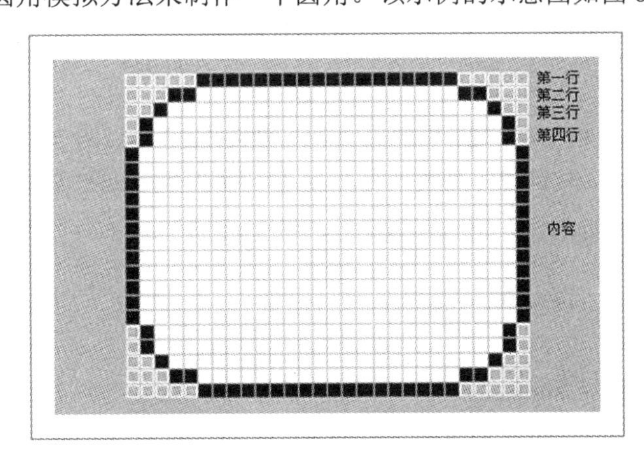

图 8-27　圆角的模拟示意图

从图 8-27 可以看出，只要能够用相应元素的相关属性制作出页面中黑色线的效果，就可以模拟圆角。下面开始分步制作。

8.4.2 CSS 圆角的制作

首先制作页面的结构部分，其代码如下所示。

```
<div class="content">
  <p class="line1"></p>
  <p class="line2"></p>
  <p class="line3"></p>
  <p class="line4"></p>
  <div class="innercontent">这是一个圆角框</div>
  <p class="line4"></p>
  <p class="line3"></p>
  <p class="line2"></p>
  <p class="line1"></p></div>
```

由于是用 CSS 来模拟圆角效果，所以在结构代码中，很多元素是为了表现而添加的（包括其中所有的 p 元素）。

之所以采用以上结构，原因有两个。其一是根据图 8-27 的结构分析，必须要用 4 行才能模拟出圆角的效果。其二是因为 p 是一个块元素，根据盒模型在水平方向上的宽度计算方法，可以方便地控制 p 元素与其父元素之间的距离。

下面开始编写 CSS 代码。

1．content 部分的制作

content 部分中只需要定义元素的宽度即可，所有的子元素都会参照 content 的宽度。其具体代码如下所示。

```
.content{
   margin:0 auto;
   width:450px;}
```

在该样式中，还定义了 margin 属性，目的是为了让元素居中（并不是必须定义的）。

2．line1 的制作

制作 line1 元素的目的是模拟图 8-27 中的第一行。从图 8-27 可以看到，黑色的线所在的部分距离左右边界各有 5px 的宽度。同时自身的高度只有 1px 高，所以定义 line1 的 CSS 样式代码如下所示。

```
.line1{
   margin:0 5px;
   border-bottom:1px solid #999999;
   font-size:1px;}
```

首先，用 margin 属性定义 line1 元素的左右边界都为 5px，产生左右的空白区域。然后，定义它的上边框为 1px 宽的浅灰色实线，用来模拟图 8-27 中黑色线的部分。最后，定义字体的大小为 1px，目的是使 p 元素的高度可以为 0。

3．line2 的制作

制作 line2 元素的目的是模拟图 8-27 中的第二行。其与 line1 的区别在于，line2 元素中间有一部分

背景，所以要用边框来模拟黑色的边线部分，其代码如下所示。

```
.line2{
    margin:0 3px;                          /*使用边界属性定义子元素的边框与父元素之间的距离*/
    background:#ffffff;
    border-left:2px solid #999999;
    border-right:2px solid #999999;
    height:1px;
    font-size:1px;}
```

因为要使用背景和边线，所以要定义元素的高度为 1px。

4．其他线的制作

制作其他线的原理和 line2 基本相同，其代码如下所示。

```
.line3{
    margin:0 2px;
    background:#ffffff;
    border-left:1px solid #999999;
    border-right:1px solid #999999;
    height:1px;
    font-size:1px;}
.line4{
    margin:0 1px;
    background:#ffffff;
    border-left:1px solid #999999;
    border-right:1px solid #999999;
    height:2px;
    font-size:1px;}
```

5．innercontent 部分的制作

innercontent 部分主要是要定义背景和两边的边线，与以上定义的部分进行衔接。其具体代码如下所示。

```
.innercontent{
    background:#ffffff;
    border-left:1px solid #999999;
    border-right:1px solid #999999;
    padding:20px;
    margin:0;}
```

这样，所有的样式就都定义完了。该样式应用于网页，其效果如图 8-28 所示。

这是一个圆角框

图 8-28　制作完成的圆角框

6．CSS 代码的整理

从以上定义的 CSS 样式中，可以看出在样式中，有很多相同的重复部分。下面进行进一步的整理，使代码更加精简。简化后的代码如下所示。

```
.content{
    margin:0 auto;
    width:450px;}
p{
 background:#ffffff;
 font-size:1px;}
.line1{
    margin:0 5px;
    border-bottom:1px solid #999999;}
.line2{
    margin:0 3px;
    border-left:2px solid #999999;
    border-right:2px solid #999999;
    height:1px;}
.line3{
    margin:0 2px;
    border-left:1px solid #999999;
    border-right:1px solid #999999;
    height:1px;}
.line4{
    margin:0 1px;
    border-left:1px solid #999999;
    border-right:1px solid #999999;
    height:2px;}
.innercontent{
    background:#ffffff;
    border-left:1px solid #999999;
    border-right:1px solid #999999;
    padding:20px;
    margin:0;}
```

从图 8-28 可以看出，此时制作的圆角框看起来不是很圆滑。如果设置背景颜色和边框相同（或者类似），其效果就会好很多。一个背景颜色与边框颜色相同的圆角框如图 8-29 所示。

图 8-29　有背景的圆角框

使用 CSS 制作圆角的好处在于，宽度和高度上实现自适应非常容易。其缺点在于，因为只是一种模拟，所以无法达到图片背景那种圆滑的效果。同时，由于只能使用边框和背景等来模拟，所以无法制作非常复杂的圆角效果。

8.5　表单的修饰

在制作页面时，经常会碰到使用表单的情况。例如，用户的注册、登录、信息的填写、信息的反馈等。下面详细讲解怎样用 CSS 修饰表单。

8.5.1　表单的分类

这里提到的表单的分类，是从其内容的表现形式来区分的，目的是更好地使用 CSS 对各种不同的表现效果进行控制。

1. 文本域（text）

文本域表单的格式如下所示。

```
<input type="text" name="textfield" />
```

说明： 因为表单元素form是不可见的，所以在每个分类中忽略了form部分的代码。

其默认的表现效果如图 8-30 所示。

2. 文本区域（textarea）

文本区域表单的格式如下所示。

```
<textarea name="textarea"></textarea>
```

其默认的表现效果如图 8-31 所示。

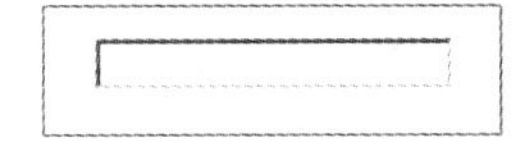

图 8-30　文本域的默认表现效果

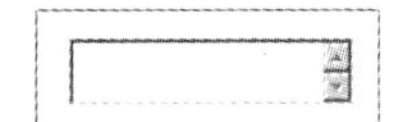

图 8-31　文本区域的默认表现效果

3. 按钮（submit）

按钮的格式如下所示。

```
<input type="submit" name="Submit" value="提交" />
```

其默认的表现效果如图 8-32 所示。

4. 复选框（checkbox）

复选框的格式如下所示。

```
<input name="" type="checkbox" value="" />
```

其默认的表现效果如图 8-33 所示。

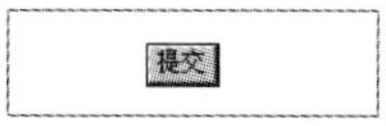

图 8-32　按钮的默认表现效果

图 8-33　复选框的默认表现效果

5．单选按钮（radio）

单选按钮的格式如下所示。

```
<input name="" type="radio" value="" />
```

其默认的表现效果如图 8-34 所示。

6．列表（select）

列表的格式如下所示。

```
<select name="select"> </select>
```

其默认的表现效果如图 8-35 所示。

图 8-34　单选按钮的默认表现效果

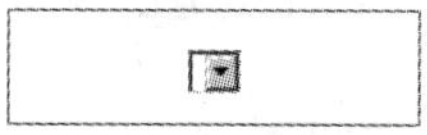

图 8-35　列表的默认表现效果

7．文件域（file）

文件域的格式如下所示。

```
<input type="file" name="file" />
```

其默认的表现效果如图 8-36 所示。

8．图像域（image）

图像域的格式如下所示。

```
<input type="image" name="imageField" src="images/picshort.jpg" />
```

其默认的表现效果如图 8-37 所示。

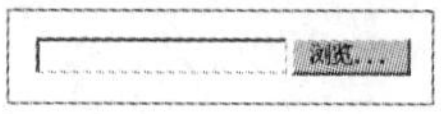

图 8-36　文件域的默认表现效果

图 8-37　图像域的默认表现效果

说明： 图像域的表现效果要由调用的图片来决定。

8.5.2　文本域的修饰

下面看一下怎样修饰文本域。首先，如果想用 CSS 对文本域进行修饰，就要在文本域元素中插入相应的代码。通常是通过定义一个类选择符来进行样式的控制，其具体代码如下所示。

```
<input type="text" name="textfield" class="text" />
```

通过在 text 中定义相关的样式，可以控制文本域的宽度、高度、边框和背景颜色等。下面是一个文本域修饰的示例。其具体的 CSS 样式代码如下所示。

```
.text{
    width:150px;
    height:20px;
    border:1px solid #333333;
    background:#eeeeee;
    font-size:14px;                                    /*定义表单内输入文本的样式*/
    font-weight:bold;
    line-height:20px;
    padding-left:10px;}
```

说明：在该样式中，不但定义了文本域本身的边框，宽、高等显示效果，同时还定义了区域中显示的文本的样式。

该样式应用于网页，其效果如图 8-38 所示。

这是输入的文本

图 8-38　文本域修饰后的效果

从图 8-38 可以看出，通过定义相关的 CSS 样式，可以控制文本域中几乎所有的表现效果。

8.5.3　文本区域的修饰

对文本区域的修饰，也是通过在代码中定义 class 来实现的。下面是一个修饰文本区域的示例，其代码如下所示。

```
.textarea{
    width:200px;
    height:150px;
    padding:20px;
    border:1px solid #666666;
    background:url(images/background_big.gif) #efefef no-repeat center;
    font-size:14px;
    font-weight:bold;
    line-height:20px;
    text-indent:2em;}
```

该样式应用于网页，其效果如图 8-39 所示。

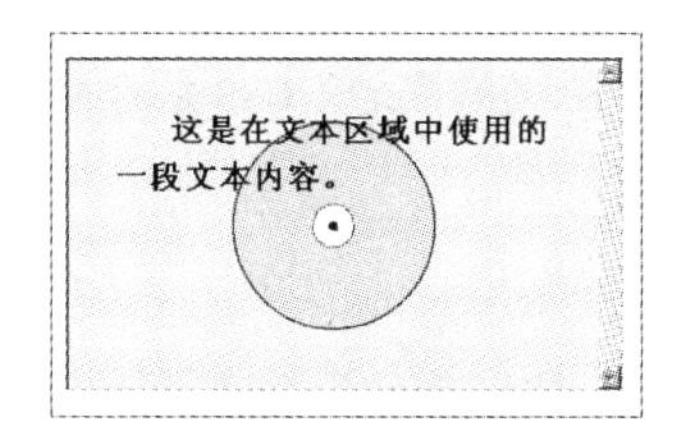

图 8-39　文本区域定义 CSS 之后的效果

8.5.4　按钮的修饰

下面是一个修饰按钮区域的示例，其代码如下所示。

```
.submit{
    width:40px;
    height:23px;
    padding:3px;
    margin:0;
    border:2px solid #666666;
    background:#eeeeee;
    font-size:12px;
    text-align:center;
    font-weight:bold;}
```

同样通过定义 CSS 代码，可以控制按钮的宽度、高度、背景和字体等表现形式。该样式应用于网页，其效果如图 8-40 所示。

图 8-40　按钮定义 CSS 之后的效果

8.5.5　复选框的修饰

下面是一个修饰复选框的示例，其代码如下所示。

```
.checkbox{
    width:40px;
    height:40px;
    padding:0;
    border:1px solid #666666;
    background:#cccccc;}
```

注意： 复选框与以上几种表单有些不同，在样式中定义的宽度和高度，并不是复选框真正的宽度和高度，但是依然会影响复选框的大小。

该样式应用于网页，其效果如图 8-41 所示。

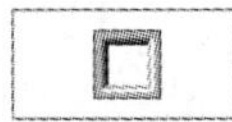

图 8-41　复选框定义 CSS 之后的效果

8.5.6　单选按钮的修饰

单选按钮的修饰和复选框基本相同。使用和修饰复选框相同的 CSS 样式应用于单选按钮，其效果如图 8-42 所示。

图 8-42　单选按钮定义 CSS 之后的效果

8.5.7　列表的修饰

下面是一个修饰列表的示例，其代码如下所示。

```
.select{
    width:200px;
    height:150px;
    padding:20px;
    border:1px solid #666666;
    background:#efefef;
    font-size:14px;
    font-weight:bold;
    line-height:20px;}
option{
    background:#333333;
    color:#ffffff;}
```

列表分为两个部分：select 元素部分、option 元素部分。由于列表有其自身的格式，所以在 select 元素中定义的高度和 padding 属性并不起作用，但是字体的样式等是可以生效的。该样式应用于网页，其效果如图 8-43 所示。

图 8-43　列表定义 CSS 之后的效果

8.5.8　文件域的修饰

下面是一个修饰文件域的示例，其代码如下所示。

```
.select{
    width:200px;
    height:20px;
    padding:20px;
    border:1px solid #666666;
    background:#efefef;
    font-size:14px;          /*控制输入内容的样式，同时也改变文件域自身的文本样式*/
    font-weight:bold;}
```

文件域在表现上也分为两个部分，通过 CSS 可以控制它的高度和宽度，也可以控制文本的显示方式。要指出的一点是，文本是不能超出外边框显示的，如果定义了元素的高度，文本部分增大，将不能影响元素的高度。该样式应用于网页，其效果如图 8-44 所示。增大字体大小后，显示效果如图 8-45 所示。

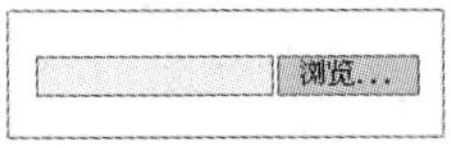

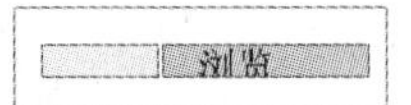

图 8-44　列表定义 CSS 之后的效果　　图 8-45　增大字体大小后的效果

8.5.9　图像域的修饰

下面是一个修饰图像域的示例，其代码如下所示。

```
.image{
    width:40px;
    height:40px;
    padding:20px;
    border:1px solid #666666;
    background:#efefef;}
```

修饰图像域和修饰单独一个图片是基本相同的。该样式应用于网页，其效果如图 8-46 所示。

图 8-46　图像域定义 CSS 之后的效果

注意： 所有的表单元素都是内联元素。以上效果均为IE 6.0中的显示效果。在其他浏览器中的显示效果会有所区别。

8.6　登录框的制作

本节将制作一个简单的登录框，其中包括登录名、密码、验证码和提交按钮等几个部分，其效果如图 8-47 所示。

图 8-47　登录部分的效果图

8.6.1　效果图分析

从图 8-47 可以看出，整个登录部分总体上可以分为两个部分：标题部分、表单部分。标题部分由于存在特殊的字体（综艺体），所以要使用图片背景的方法显示。表单部分也可以大体分为两个部分：要输入内容的表单部分、两个按钮部分。

8.6.2　页面结构部分制作

根据以上分析，制作页面结构部分如下所示。

```
<div class="login_title"></div>
  <div class="login_all">
        <div class="login_bg">
                  <form id="form" name="form" action="">
                  <div class="login_form_top">
                   用户名<input type="text" name="textfield" class="login_input" />
                   <span  class="letter_space"> 密 码 </span><input  type="password"  name="textfield"  class=
"login_input" />
                   <div class="check"></div>
                   验证码<input type="text" name="textfield" class="login_input2" />
                   <div>
                   <input type="submit" name="Submit1" value="" class="login_submit" />
                   <input type="button" name="Submit2" value="" class="login_button" />
                   </div>
                  </form>
                  </div></div></div>
```

在结构中，有一个 login-bg，是用来制作表单背景的。表单分为内容和按钮的部分，其中，check 部分用来放置验证码。没有定义任何样式时，页面的表现效果如图 8-48 所示。

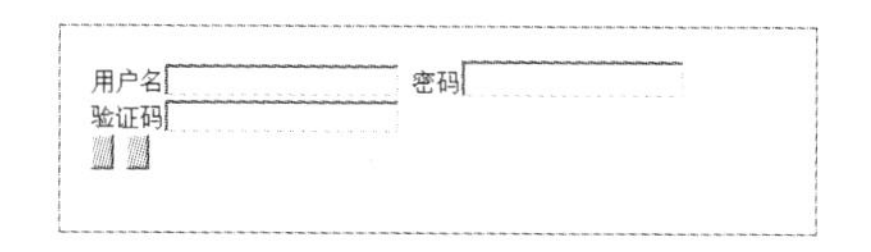

图 8-48　没有定义样式时的显示效果

8.6.3　CSS 部分的编写

1．基础样式的定义

首先依然先定义页面的统一样式。其代码如下所示。

```
body {
      margin: 0px;
      padding: 0px;
      text-align: center;
      font-family: "宋体";
      font-size: 12px;
      color: #333333;}
form {
      margin: 0px;
      padding: 0px;}
```

说明： 该样式中，定义form元素的padding属性和margin属性值为0，目的是取消form元素原来默认的补白和边界。

定义了基础样式后，页面显示效果如图 8-49 所示。

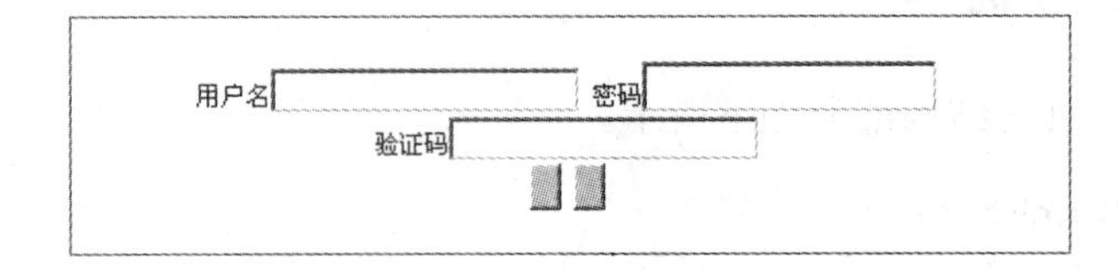

图 8-49　定义基础样式后的显示效果

2．标题部分的 CSS 样式

标题部分的 CSS 样式，主要是定义好元素的宽度和高度，使得作为标题的背景图片能够完全显示出来。其具体代码如下所示。

```
.login_title {
	background-image: url(images/ login_title.jpg);
	height: 29px;                                   /*注意高度与背景图片高度相同*/
	width: 180px;
	margin-left: 6px;}
```

该样式应用于网页后，其效果如图 8-50 所示。

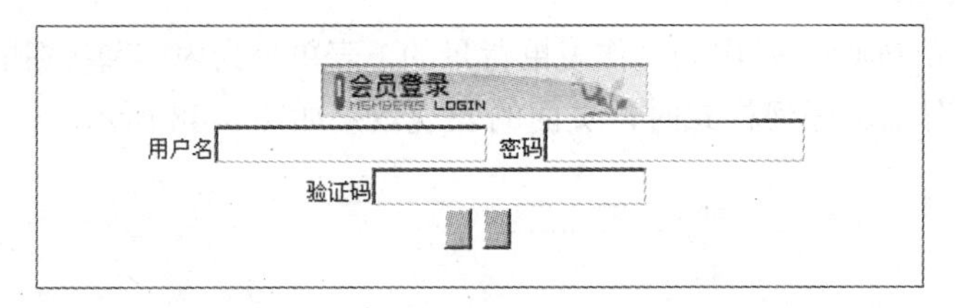

图 8-50　定义了标题部分样式后的效果

3．表单部分父元素和背景的制作

表单部分的父元素和背景部分主要用来调整表单的宽度和高度，定义背景图片所在的位置。其具体代码如下所示。

```
.login_all {
	height: 110px;
	width: 178px;
	margin:4px 0 0 6px;
	border: 1px solid #d6d6d6;
	background: url(images/login_bg.jpg) repeat-y;}
.login_bg {
	height: 100px;
	width: 178px;
	border-bottom:1px solid #666666;
	background: url(images/line.jpg) no-repeat 0 80px;}
```

该样式应用于网页后，其效果如图 8-51 所示。

从图 8-51 可以看出，现在存在的主要问题是，表单的宽度和高度不同。下面开始制作各个表单部分。

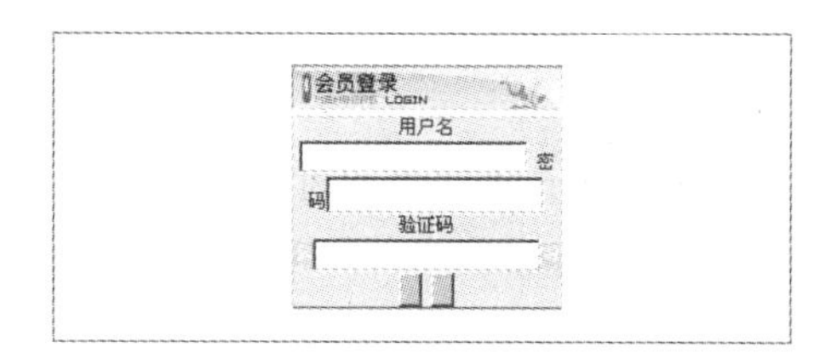

图 8-51　定义了父元素和背景后的效果

4．3 个 input 表单的制作

3 个 input 表单是指用户名、密码、验证码这 3 个部分，主要是定义高度和宽度。其具体代码如下所示。

```
.login_form_top {
    clear:both;                          /*清除元素左右的浮动元素*/
    height: 64px;
    width: 156px;
    margin: 5px 0 0 10px;}
.login_input {
    height: 15px;
    width: 113px;
    border:1px solid #666666;
    font-size: 12px;
    margin: 2px 0 0 3px;
    padding: 0px;}
.login_input2 {
    height: 15px;
    width: 61px;
    border:1px solid #666666;
    font-size: 12px;
    margin: 2px 0 0 3px;
    padding: 0px;}
.letter_space{
    letter-spacing:1em;}                 /*制作文本中的空白*/
.check {
    float:right;
    height: 15px;
    width: 47px;
    background-color: #ffffff;
    border: 1px solid #666666;
    margin-top: 3px;
    font-size: 1px;}
```

其中，每个表单中还定义了输入文本的大小、内容部分的显示格式等。由于输入表单前，文本内容的字数不同，所以要通过控制字间距控制“密码”部分的宽度和用户名部分宽度相同（这个部分也可以使用两个空格符号“ ”来分隔）。该样式应用于网页后，其效果如图 8-52 所示。

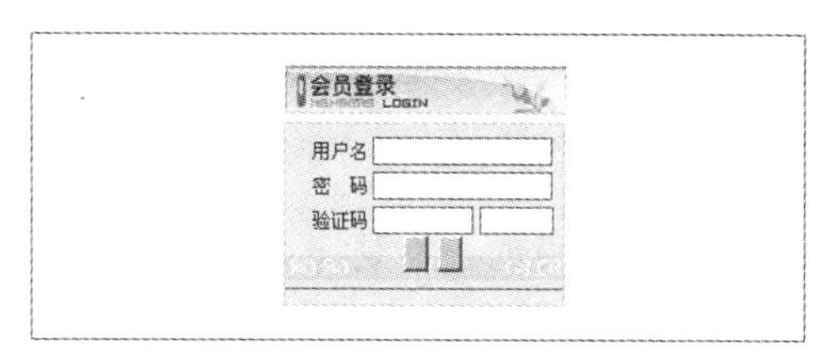

图 8-52　定义完 3 个表单后的显示效果

5. 按钮的制作

按钮部分主要是用背景图片来替代按钮。由于此时在鼠标悬停时不会显示手的形状，所以还要增加一个鼠标悬停的属性。其具体代码如下所示。

```
.login_submit {
    cursor: hand;              /* cursor 的取值尽量使用 pointer，hand 只是针对 IE 5 及之前的 IE 浏览器*/
    height: 23px;
    width: 45px;
    border:none;
    margin: 8px 0 0 10px;
    background-image:url(images/login.jpg);}
.login_button {
    cursor: hand;
    height: 23px;
    width: 45px;
    border:none;
    margin: 8px 0 0 10px;
    background-image:url(images/reg.jpg); }
```

该样式应用于网页后，其效果如图 8-53 所示。

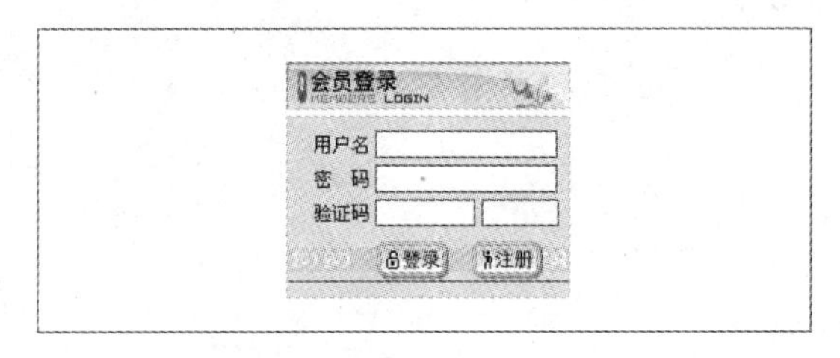

图 8-53 登录框完成后的效果

8.7 滚动条的修饰

关于滚动条的修饰分为两个部分，一个是滚动条的显示，另一个是滚动条的修饰。下面分别进行讲解。

8.7.1 滚动条的显示

在制作网页时，使用滚动条有几种情况（有些滚动条的出现是可以避免的，而有些是必需的）。首先是浏览器中的滚动条。

1. 浏览器的滚动条

首先要注意的一点是，不同的浏览器中对滚动条的设置是不同的。

在 IE 浏览器中，竖直方向上，无论内容多少，都会在浏览器的右侧出现滚动条。在水平方向上，只有当内容的宽度大于浏览器的宽度时，才会出现横向的滚动条。

与 IE 浏览器不同，在 Firefox 浏览器中，当内容的高度没有超出浏览器的显示高度时，在竖直方向上默认是没有滚动条的。水平方向上和 IE 浏览器的显示方式是相同的。

内容高度小于浏览器显示高度时，IE 浏览器的显示效果如图 8-54 所示。

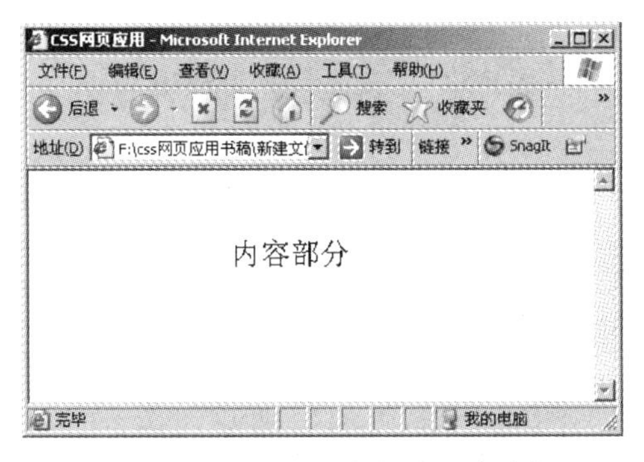

图 8-54　IE 浏览器中的默认滚动条

由于以上差异，当内容高度没有超出浏览器显示高度时，在浏览器最大化的状态下，IE 浏览器和 Firefox 浏览器中显示的内容在宽度上有 18px 的差异（也就是滚动条的宽度）。这一点在制作全屏网站时要格外注意。

2．文本区域（textarea）中的滚动条

和浏览器的滚动条一样，在 IE 浏览器的 textarea 表单中，是默认含有滚动条的。在 Firefox 浏览器中，只有当内容的高度大于 textarea 定义的高度时，才能显示滚动条。

IE 浏览器中的文本区域如图 8-55 所示，Firefox 浏览器中的文本区域如图 8-56 所示。

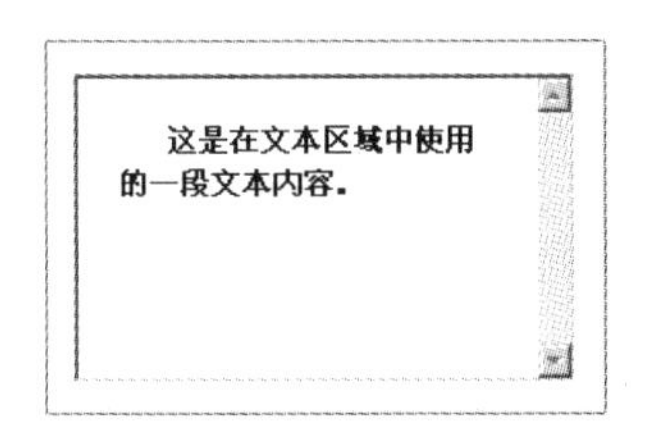

图 8-55　IE 浏览器中的文本区域

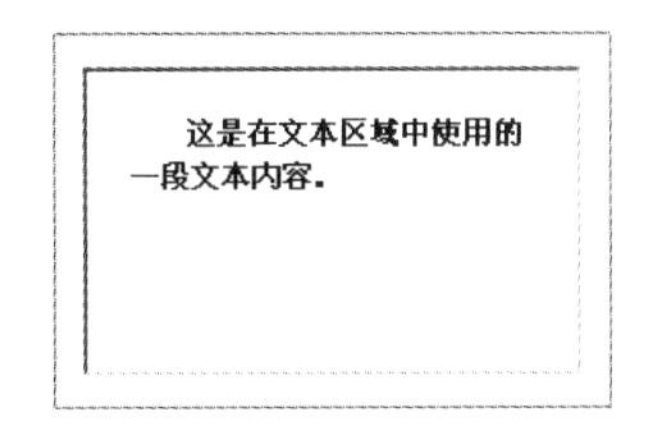

图 8-56　Firefox 浏览器中的文本区域

3．其他的滚动条

其他还有几种出现滚动条的情况，一种是在页面中使用了框架时，因为使用框架会带来很多相关的问题，在这里就不再详细讲解。

另一种产生滚动条的方法是，在 CSS 控制显示内容的方式时，使用 auto 值或者 scroll 值。下面是一个在元素中总是显示滚动条的示例，其代码如下所示。

```
.content{
    height:100px;
    width:100px;
    overflow:scroll;
    border:1px solid #999999;}
```

该样式应用于网页，其效果如图 8-57 所示。

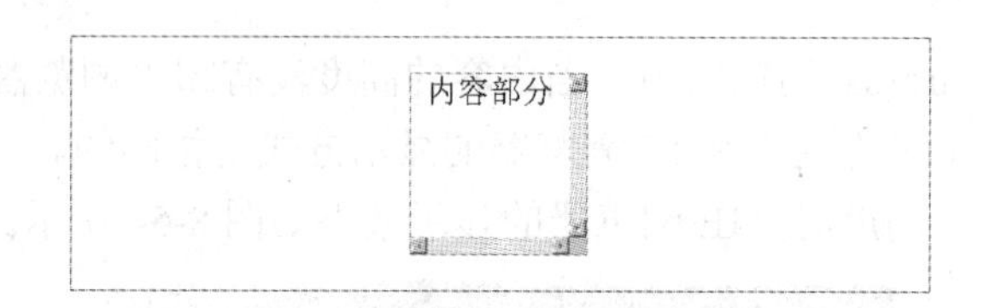

图 8-57　总是显示滚动条的区域

8.7.2　滚动条的修饰

修饰滚动条的属性是 IE 浏览器所特有的。其中主要是修饰滚动条各个部分的显示颜色，而不能控制滚动条的宽度、样式等。关于修饰滚动条的所有属性介绍如下。

- ☑ scrollbar-3dlight-color：控制滚动条亮边框颜色。
- ☑ scrollbar-highlight-color：控制滚动条 3D 界面的亮边颜色。
- ☑ scrollbar-face-color：控制滚动条 3D 表面的颜色。
- ☑ scrollbar-arrow-color：控制滚动条方向箭头的颜色。当滚动条不可用时，此属性失效。
- ☑ scrollbar-shadow-color：控制滚动条 3D 界面的暗边颜色。
- ☑ scrollbar-darkshadow-color：控制滚动条暗边框颜色。
- ☑ scrollbar-base-color：控制滚动条基准颜色。其他界面颜色将据此自动调整。
- ☑ scrollbar-track-color：控制滚动条的拖动区域颜色。

总共有 8 个颜色控制的属性，下面看一个修饰滚动条的示例，其代码如下所示。

```
.content{
    height:100px;
    width:100px;
    overflow:scroll;
    scrollbar-3dlight-color :#cccccc;
    scrollbar-highlight-color :#999999;
    scrollbar-face-color : #666666;
    scrollbar-arrow-color : #333333;
    scrollbar-shadow-color :#000000;
    scrollbar-darkshadow-color :#ffffff;
    scrollbar-track-color :#555555;}
```

该样式应用于网页，其效果如图 8-58 所示。

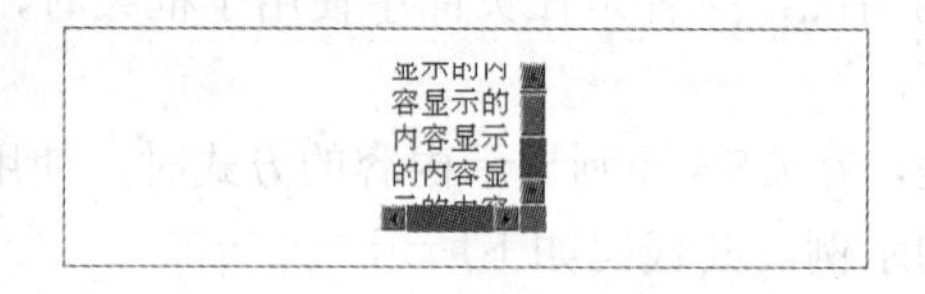

图 8-58　修饰后的滚动条效果

以上属性看似很复杂，其实每条属性对应了滚动条的不同部分。其中，scrollbar-arrow-color 属性控制箭头、scrollbar-track-color 属性控制拖动条。除去这两个部分，将滚动条分为 5 个部分，其中最靠内侧的是亮边框，最外侧是暗边框，中间是一个 3D 的区域。3D 的区域依然分为 3 个部分，内侧为亮边，外侧为暗边，中间区域就是表面部分。

8.8　表格的修饰

虽然使用 CSS 的布局与传统的 Table 布局有本质的区别，但并不是说页面中不能使用 table，因为 table 元素仍然是显示数据的最好方式。例如，显示数据报表等内容。

8.8.1　控制表格的边线和背景

关于表格边线的知识，在前面的章节中曾经讲解过。这里主要讲解背景的知识。首先看一个表格的示例，其代码如下所示。

```
<table>
  <tr>
    <td>1</td>
    <td>2</td> </tr>
  <tr>
    <td>3</td>
    <td>4</td> </tr>
</table>
```

这是一个 2 行 2 列的表格，总共有 4 个单元格。根据嵌套元素的背景显示规律，如果要给所有的单元格统一定义一种背景色，可以通过控制 table 的属性来实现。因为 tr 和 td 都是 table 的子元素，只要子元素中没有声明背景颜色，则默认为透明。

同样的道理，如果要控制某一行的颜色，就可以在 tr 中定义背景颜色。如果要控制某一个单元格的颜色，则只能在该单元格中定义独立的样式。下面是一个关于表格边线和背景修饰的示例，其代码如下所示。

```
table{
    width:400px;
    height:100px;
    border-collapse:collapse;
    background:#eeeeee;}
td{
    border:1px solid #333333;}
.line1{
    background:#cccccc;}

<table>
  <tr class="line1">
    <td>1</td>
    <td>2</td> </tr>
  <tr>
    <td>3</td>
    <td>4</td> </tr>
</table>
```

在该样式中，首先使用 border-collapse 属性合并所有单元格的边线，然后在 td 中定义边框，制作出宽为 1px 的边线，接着在 table 中定义背景颜色，最后在 tr 中定义新的背景颜色覆盖继承的背景颜色。该样式应用于网页，其效果如图 8-59 所示。

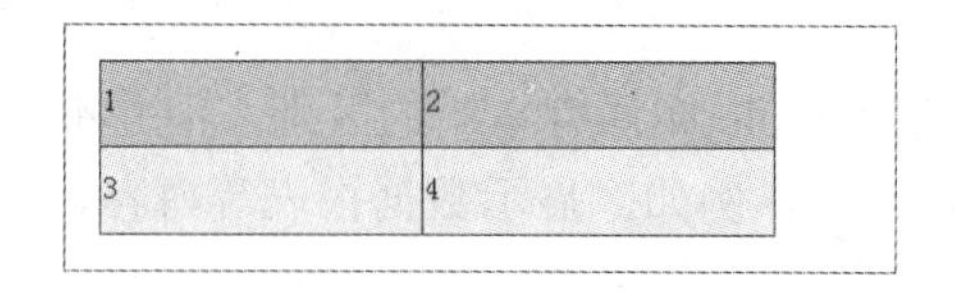

图 8-59　更改边框和背景颜色后的表格

8.8.2　表格的高度和宽度

表格中的宽度和高度有着和其他元素不同的特性，主要表现在单元格之间的互相影响上。例如，在上一个示例使用的表格结构中，如果定义了单元格 1 的高度，则单元格 2 的高度就会自动和单元格 1 相同。同样，如果定义了单元格 1 的宽度，那么单元格 2 的宽度也就确定了。

下面看以下给单元格 1 和单元格 2 同时定义不同高度的显示效果。在上一个示例中，增加如下所示的代码。

```
.td1{
    height:40px;}
.td2{
    height:60px;}
```

说明：在该样式中，分别定义了单元格1的高度为40px，单元格2的高度为60px。

其应用于网页的效果如图 8-60 所示。

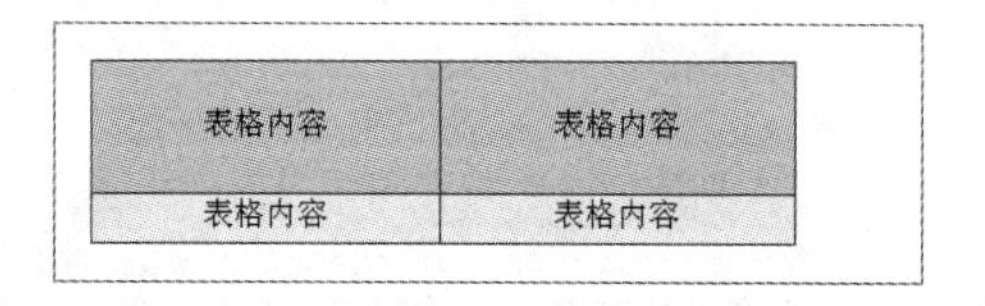

图 8-60　定义不同高度的单元格的显示效果

从图 8-60 可以看出，此时所使用的高度为单元格 2 中定义的高度。现在将两个高度值进行交换，交换后的显示效果依然如图 8-60 所示。所以当多个单元格中定义的不同高度和宽度发生冲突时，最终取值为其中较大者。

8.8.3　表格的居中问题

表格的单元格中，支持水平的 text-align 属性取值为 center 的居中，同时也支持 vertical-align 属性的垂直居中。所以在 td 中，居中一个图片变得很容易。下面是一个图片在 td 中居中的示例，具体代码如下所示。

```
table{
    width:400px;
```

```
    height:150px;
    border-collapse:collapse;
    background:#eeeeee;}
td{
    text-align:center;
    vertical-align:middle;
    border:1px solid #333333;}

<table>
  <tr class="line1">
    <td><img src="images/show.jpg" alt="pic" /></td>
  </tr>
</table>
```

该样式应用于网页，其效果如图 8-61 所示。

图 8-61　使用水平和垂直居中的图片

8.8.4　表格的内容与高度

在第 6 章中曾经讲解过，如果使用 div 等典型的块元素，当内容超出元素定义的高度时，在 Firefox 浏览器中，元素并不能自动增加高度来适应内容，但是在表格中却可以实现这种自动适应内容的效果。下面是一个表格中的内容高度大于表格定义的高度的示例，其代码如下所示。

```
table{
    float:left;
    width:100px;
    height:50px;
    border-collapse:collapse;          /*合并单元格的边框*/
    background:#eeeeee;}
td{
    border:1px solid #333333;}

<table>
  <tr class="line1">
    <td>表格内容</td>
  </tr>
</table>
<table>
  <tr class="line1">
    <td>这是一个关于表格中的内容和表格大小之间的关系的示例。</td>
  </tr>
</table>
```

该样式应用于网页，其效果如图 8-62 所示。

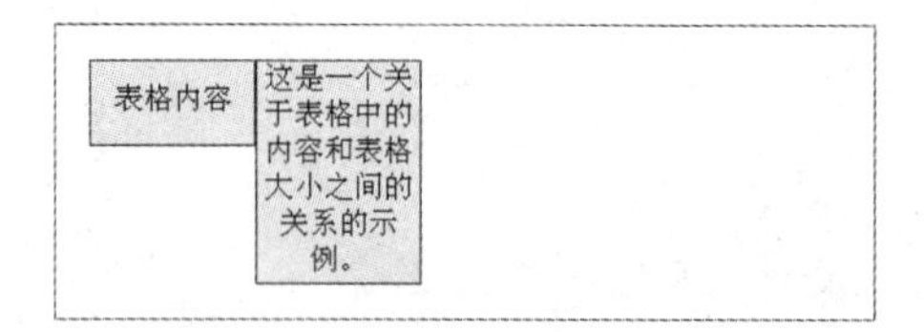

图 8-62　单元格自动适应内容的示例

此时在 IE 浏览器和 Firefox 浏览器中，都显示和图 8-62 相同的效果。这也解释了为什么使用表格不会出现兼容的问题。

8.9　分隔线的修饰

分隔线元素的写法是“<hr/>”，这是一个独立的元素，不能包含文本等任何内容。其默认的显示效果如图 8-63 所示。

从图 8-63 来看，hr 的默认显示效果很像是宽为 1px 的水平线，但实际上并不是这样的。将 hr 的效果放大后，其显示效果如图 8-64 所示。

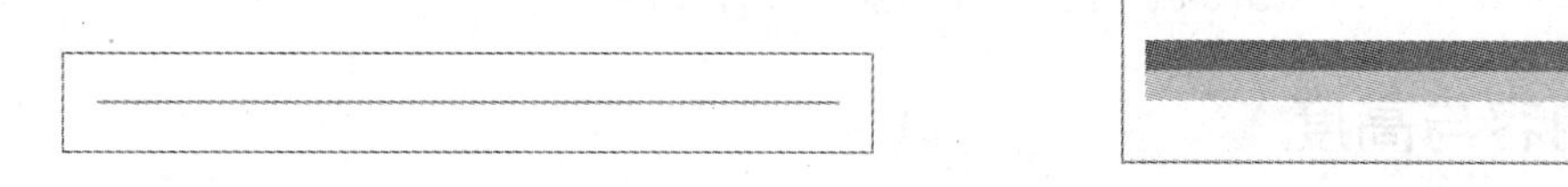

图 8-63　hr 的默认显示效果　　　　图 8-64　hr 放大后的显示效果

从图 8-64 可以看出，实际上分隔线是由两个 1px 宽的线组成的。

既然 hr 元素是分隔线，所以在默认的情况下，占有的高度一定会比其显示的高度要大，因为这样才能起到分隔的作用。下面分别在 hr 元素的上面和下面放置一个有背景的块元素，其效果如图 8-65 所示。

图 8-65　hr 元素占有的高度

从图 8-65 可以看出，hr 元素在灰色线的上面和下面，均含有一定的空白区域，用来分隔其他的元素，其总体高度为 16px。

综上所述，给 hr 元素定义 CSS 的目的就是要改变这些默认的显示颜色、方式和空白等。下面是一个修饰 hr 元素的 CSS 示例，其具体代码如下所示。

```
hr{
  margin:0;
  padding:0;
  height:1px;
  color:#cccccc;}
```

该样式中，定义了元素的补白和边界均为 0，目的是想取消分隔线的上下空白部分。然后定义高度

为 1px，目的是取消原来的 2px 的线。定义 color 的值为浅灰色，目的是取消原来的默认颜色。该样式应用于网页，其效果如图 8-66 所示。

从图 8-66 可以看出，定义的属性中，取消线条上下两侧空白区域的效果没有实现。其余的样式均可以实现。也就是说，线条上下两侧的空白区域是 hr 元素中自带的属性，是无法通过 CSS 来取消的。更改样式如下所示。

```
hr{
  margin:5px 0;
  height:10px;
  border-bottom:#333333 10px solid;
  color:#cccccc;}
```

该样式中，定义了元素的上下边界为 5px，同时定义了自身的高度和底部的边线均为 10px，前景色为浅灰色，边框颜色为深灰色。该样式应用于网页，其效果如图 8-67 所示。

图 8-66　定义样式后的 hr　　　　图 8-67　同时定义高度和边框后的效果

从图 8-67 可以看出，最终的显示结果并不像希望的那样，在 hr 元素的四周产生边框，而是在 hr 的内部产生了边框。而且增大边框的值，使它大于 hr 的高度时，元素的显示效果依然如图 8-67 所示。

当边框的宽度小于 hr 的高度时，会显示出 hr 元素的前景色。下面是一个边框宽度小于 hr 高度的示例，其代码如下所示。

```
hr{
  margin:5px 0;
  height:10px;
  border-bottom:#333333 5px solid;
  color:#cccccc;}
```

该样式应用于网页，其效果如图 8-68 所示。

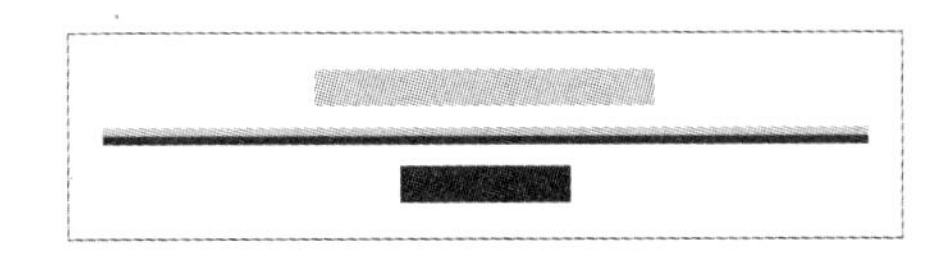

图 8-68　当边框宽度小于高度时的显示效果

从图 8-68 可以看到，此时中间的分隔线变成了浅灰色和深灰色两个部分。其中深灰色的部分是边框的部分，浅灰色的部分是 hr 元素的前景色。

8.10　关于导航栏的制作和修饰

导航栏在一个页面中有很重要的地位，根据不同的需要，导航栏也会制作成不同的格式。例如，含有下拉菜单的导航等。其中有一些效果要结合脚本语言制作。本节和 8.11 节将按照从简到繁的顺序，详细讲解导航栏的制作和修饰问题。

8.10.1 纵向导航栏的修饰

关于修饰中所使用的属性都已经讲解过了，所以先看一个导航栏修饰的示例，其结构部分的代码如下所示。

```
<div class="content">
<ul>
  <li>导航栏目 1</li>
  <li>导航栏目 2</li>
  <li>导航栏目 3</li>
  <li>导航栏目 4</li></ul>
</div>
```

在没有做任何修饰时，页面的显示效果如图 8-69 所示。

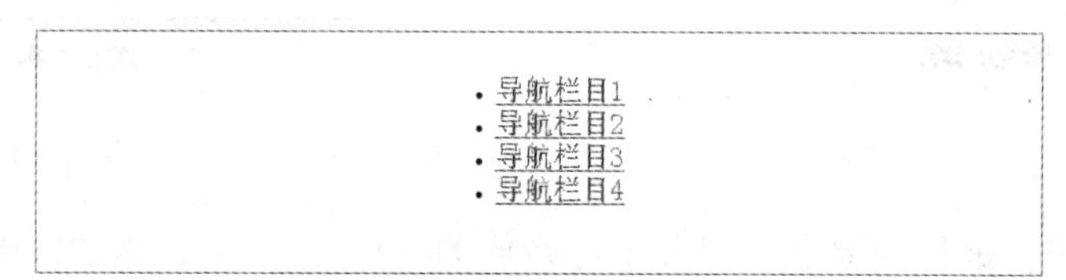

图 8-69　没有样式时的导航栏效果

现在给各个元素增加背景颜色，目的是显示出各个元素在默认时的补白和边界属性。其代码如下所示。

```
.content{
    background:#666666;}
ul{
    background:#999999;}
li{
    background:#cccccc;}
```

该样式应用于网页，其效果如图 8-70 所示。

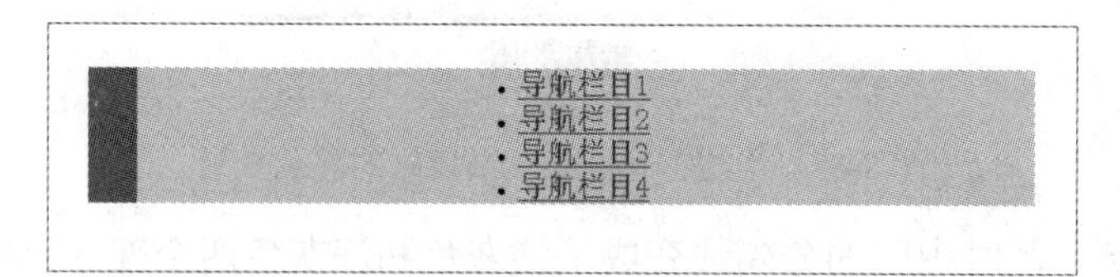

图 8-70　定义背景颜色后的显示效果

从图 8-70 可以看出，由于 div 元素默认是没有补白属性的，所以可以知道，ul 元素默认的左侧边界值并不为 0。同时，由于此时 ul 部分显示的完全是 li 元素的背景颜色，可以知道，ul 的补白属性值和 li 的边界属性值均为 0。

所以在制作导航栏时，首先就要去掉 ul 元素的边界值。接下来定义各个元素的宽度、列表样式等基础样式（由于前面的章节已经详细讲解过，所以就不再讲解）。其具体代码如下所示。

```
.content{
    background:#666666;
    width:150px;}
ul{
    background:#999999;
    margin:0;
    border-bottom:1px solid #999999;
    border-right:1px solid #999999;}
li{
    background:#cccccc;
    list-style:none;
    border-left:1px solid #999999;
    border-top:1px solid #999999;
    font-size:12px;
    text-align:center;}
```

该样式应用于网页，其效果如图 8-71 所示。

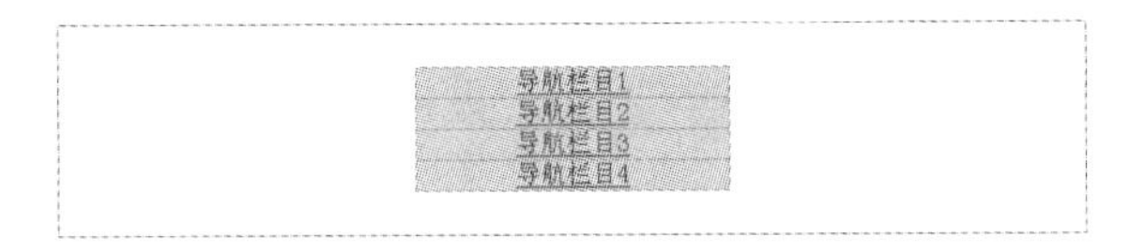

图 8-71　定义了基础样式后的效果

接下来定义导航中最重要的两个部分（链接样式和鼠标悬停）的样式。

8.10.2　制作链接样式

链接样式在前面的章节中也曾经详细讲解过，主要是控制文本的显示效果。下面是一个链接样式的示例，其代码如下所示。

```
li a{
    color:#000000;
    text-decoration:none;}
```

该样式应用于网页，其效果如图 8-72 所示。

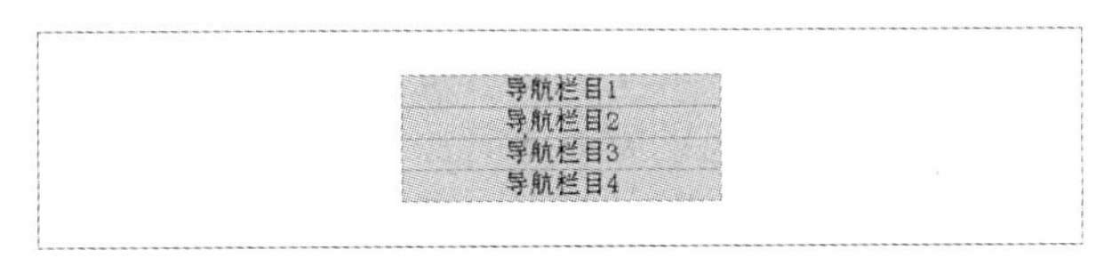

图 8-72　定义链接样式后的效果

8.10.3　制作鼠标悬停效果

下面详细讲解鼠标悬停时效果的制作。

1. 文本的样式

可以在鼠标悬停的状态下，更改字体的颜色、大小、修饰等属性。下面是一个鼠标悬停时更改字体属性的示例，其代码如下所示。

```
li a:hover{
      color:#999999;
       text-decoration:underline;
       font-weight:bold;}
```

该样式定义了鼠标悬停时，字体颜色变为浅灰色，加粗，同时文本修饰为下划线。其应用于网页，效果如图 8-73 所示。

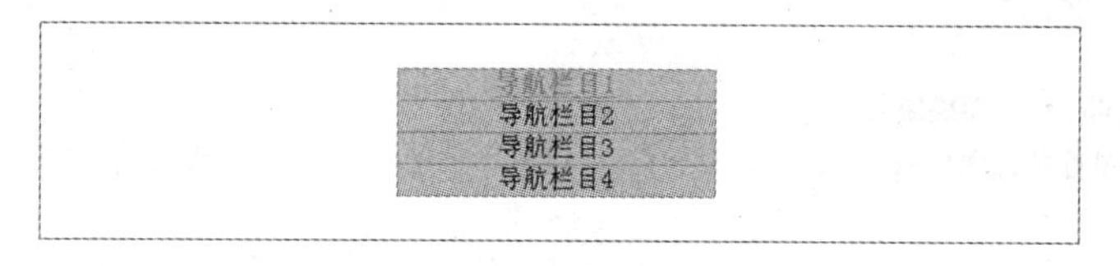

图 8-73　鼠标悬停时的效果

2. 背景的样式

以上的样式中，只是更改了文本的样式，下面是更换鼠标悬停时元素背景的示例，其代码如下所示。

```
li a:hover{
      background:#333333;
      color:#ffffff;
       text-decoration:underline;
       font-weight:bold;}
```

该样式中，定义了鼠标悬停时，文本颜色为白色，同时背景颜色为深灰色。其应用于网页，效果如图 8-74 所示。

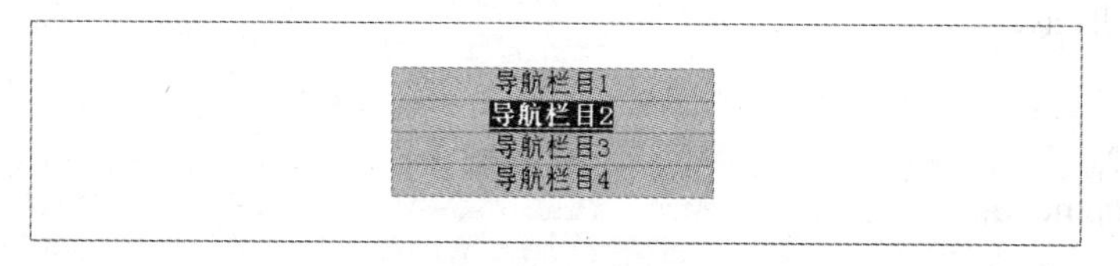

图 8-74　更改鼠标悬停时背景颜色后的效果

从图 8-74 可以看出，此时页面的显示效果并不是所希望的效果（整个 li 导航栏完全显示深灰色背景），而只有在文本内容的部分显示了深灰色的背景。其原因在于，此时定义样式的元素性质是内联元素，所以无法像块元素一样，让背景充满整个 li 元素。更改元素性质为块元素属性。更改后的样式如下所示。

```
li a:hover{
      display:block;
      color:#ffffff;
      text-decoration:underline;
      font-weight:bold;
      background:#333333;}
```

此时鼠标悬停时，显示效果如图 8-75 所示。

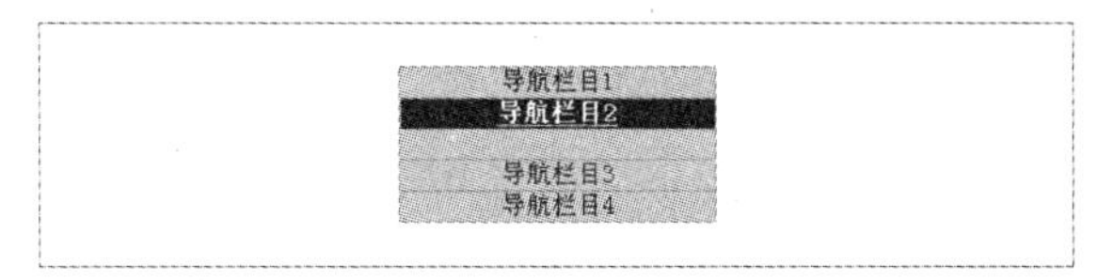

图 8-75　定义鼠标悬停样式为块元素属性后的效果

从图 8-75 可以看出，此时虽然在文本的部分产生了背景，但是元素的高度却与原来的高度不同了。为了解决这个问题，需要在 li 和 li 的鼠标悬停状态下，分别增加如下代码。

```
line-height:20px;
height:20px;
```

页面中鼠标悬停时的最终显示效果如图 8-76 所示。

图 8-76　鼠标悬停时的最终显示效果

竖直导航菜单最终的 CSS 代码如下所示。

```
.content{
    background:#666666;
    width:150px;}
ul{
    background:#999999;
    margin:0;
    padding:0;
    border-bottom:1px solid #999999;
    border-right:1px solid #999999;}
li{
    background:#cccccc;
    list-style:none;
    border-left:1px solid #999999;
    border-top:1px solid #999999;
    font-size:12px;
    text-align:center;
    line-height:20px;
    height:20px;}
li a{
    color:#000000;
    text-decoration:none;}
li a:hover{
    display:block;
    color:#ffffff;
    text-decoration:underline;
    font-weight:bold;
    background:#333333;
    height:20px;
    line-height:20px;}
```

说明：在ul部分，增加了padding属性取值为0的代码，目的是为了兼容Firefox浏览器。

8.10.4 横向导航栏

横向导航栏中，很多问题和纵向导航栏的基本相同，其中存在差异的地方在于，横向导航栏要使用浮动属性。要特别注意的问题是宽度的计算问题，下面进行详细讲解。

使用上一示例中的结构和样式，只需在 li 选择符的属性内增加左浮动属性，同时更改 content 元素的宽度为 300px，其显示效果如图 8-77 所示。

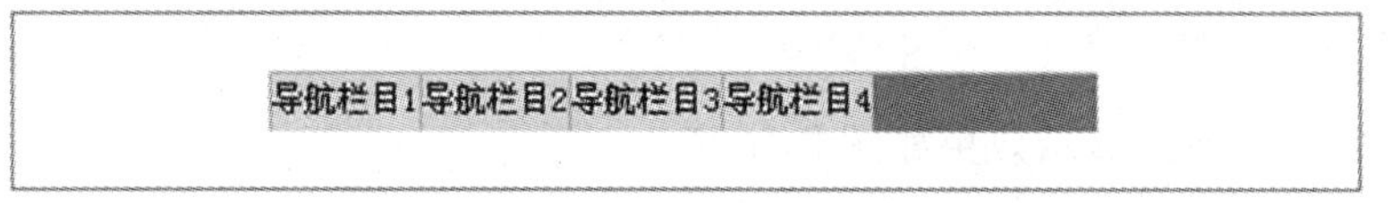

图 8-77 使用浮动属性将纵向导航改为横向导航后的效果

从图 8-77 可以看出，此时所有的导航栏目按照自身的宽度排列成一行。如果要定义每个 li 占有相同的宽度，就要在 li 的属性中定义宽度值。虽然 300px 分成 4 等份，每个导航内容的宽度应该是 75px，但由于每一条边线也占有 1px 的宽度，所以如果定义每个 li 为 75px，则此时 ul 的实际宽度将会是 305px，导致的结果如图 8-78 所示。

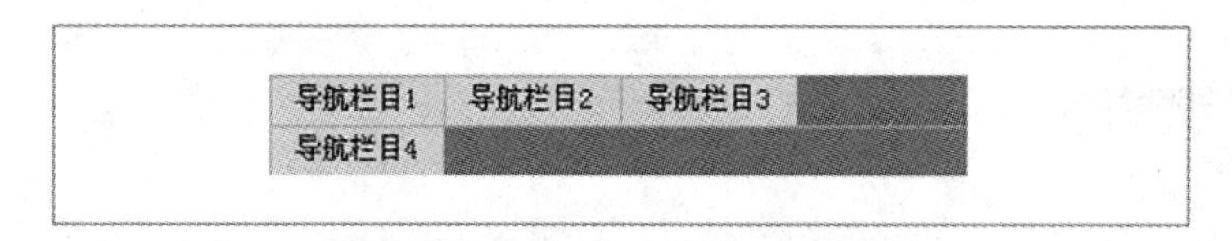

图 8-78 没有计算边框宽度导致的结果

可以从两个方面来进行修正，其中一种是更改父元素的宽度。例如，将父元素宽度改为 301px。此时就可以定义每个 li 的宽度为 74px。如果不想更改父元素的宽度，可以通过精确控制每个 li 的宽度来实现，例如，在最后一个 li 中增加代码，如下所示。

```
<li class="last_list"><a href="#">导航栏目 4</a></li>
```

然后在 last-list 中定义其宽度为 73px。

在横向导航中，使用 margin 属性和 padding 属性时，也存在类似的情况。

8.11 下拉菜单的制作

下拉菜单的制作包括下拉菜单的简介和效果、下拉菜单的原理、下拉菜单的结构、CSS 编写、JavaScript 脚本解释等几个部分。下面分别进行介绍。

8.11.1 下拉菜单的显示效果

下拉菜单是指在鼠标悬停（或者单击）时，能够显示原本隐藏的导航菜单的导航方式。本示例中，将要制作下拉菜单在没有鼠标响应时，显示效果如图 8-79 所示。当鼠标悬停时，菜单的显示效果如

图 8-80 所示。

图 8-79 没有鼠标事件时的下拉菜单

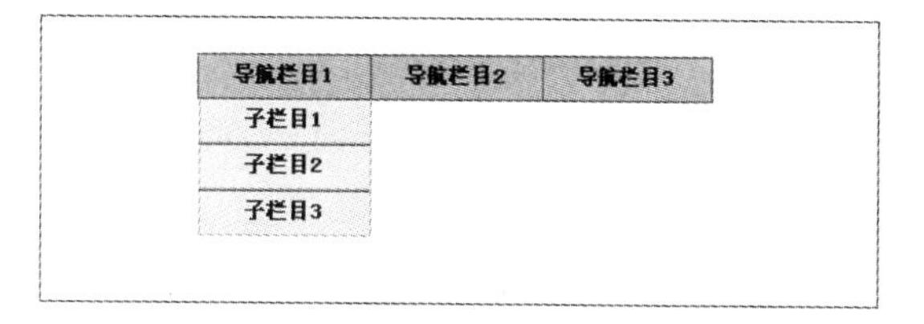

图 8-80 鼠标悬停时的显示效果

在该示例中，主要讲解下拉菜单的制作方法，以及怎样通过 CSS 控制菜单各个部分的表现，所以在所有的显示块中都添加了边框。在具体应用时，可以灵活使用，例如，可以通过使用背景图片等方法美化菜单。

8.11.2 菜单的原理

菜单所使用的原理很简单。首先，使用绝对定位，将需要隐藏的菜单移出屏幕的可视范围。然后，在鼠标悬停时，调用新的定位值，使原来移出的部分再显示出来。

因为要调用不同的样式文件，所以要使用脚本语言完成这部分功能。也就是说，首先定义好显示和隐藏的样式，然后使用脚本实现不同样式的调用。

8.11.3 制作菜单结构部分

菜单的结构部分，主要是由显示的菜单和隐藏的菜单组成，采用嵌套 ul 的方法，将需要隐藏的菜单制作成主要导航菜单的子菜单。其具体的结构代码如下所示。

```
<div class="menucontent">
        <ul id="nav">
            <li><a href="#">导航栏目 1</a>
                <ul>
                    <li><a href="#">子栏目 1</a></li>
                    <li><a href="#">子栏目 2</a></li>
                    <li><a href="#">子栏目 3</a></li>
                    </ul>
            </li>
            <li><a href="#">导航栏目 2</a>
                <ul>
                    <li><a href="#">子栏目 1</a></li>
                    <li><a href="#">子栏目 2</a></li>
                    <li><a href="#">子栏目 3</a></li>
                </ul>
            </li>
            <li><a href="#">导航栏目 3</a>
                <ul>
                    <li><a href="#">子栏目 1</a></li>
                    <li><a href="#">子栏目 2</a></li>
```

```
                <li><a href="#">子栏目 3</a></li>
            </ul>
        </li></ul> </div>
```

以上的结构中，含有 3 个大的导航栏目，其中每个导航栏目又包括 3 个子栏目。

8.11.4 编写主导航部分的样式

主导航部分，主要是定义 ul 以及每个 li 的高度和宽度。在定义时，要注意边线所占有的空间。然后定义背景和链接样式。其具体代码如下所示。

```
.menucontent{
  width:310px;
  margin:0 auto;}
ul{
     margin:0;
     padding:0;}
#nav{
     border-right:1px solid #666666;
     height:24px;
     width:303px;}
#nav li{
     float:left;
     width:100px;
     height:24px;
     list-style:none;
     border-top:1px solid #666666;          /*这里只定义 3 个方向的边框，目的是配合 ul 的边框制作矩形框*/
     border-left:1px solid #666666;
     border-bottom:1px solid #666666;
     background:#cccccc;}
#nav a {
     display: block;                         /*用来显示链接的背景 */
     font-size:12px;
     text-align:center;
     line-height:24px;
     color:#000000;
     font-weight:bold;
     text-decoration:none;}
```

说明： 样式中，首先定义menucontent的属性，使其水平居中显示，然后定义ul的补白和边界值为0，目的是取消ul元素的默认的边界和补白。接下来定义nav的宽度，其含有的每个li的宽度和边线，目的是分清每个导航元素。最后定义菜单的链接属性，替代原来的默认显示方式（注意其中定义的display属性，目的是制作鼠标悬停时的背景转换效果）。

以上样式是用来控制主栏目显示效果的。应用于网页，其效果如图 8-81 所示。

从图 8-81 可以看出，由于没有定义子栏目的样式，所以产生了换行，同时也没有将子栏目隐藏。

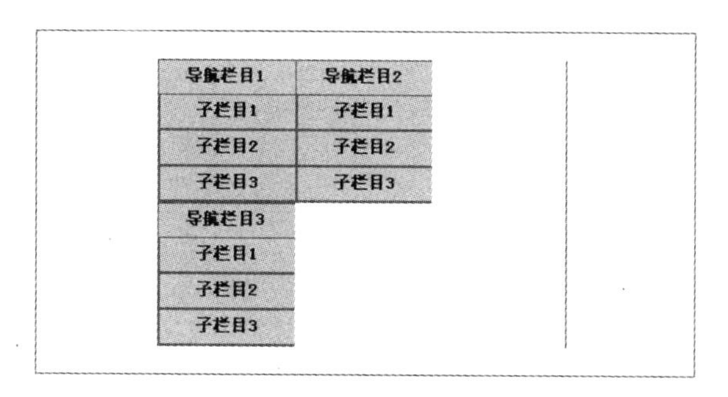

图 8-81　定义了主要导航栏目后的效果

8.11.5　编写子栏目的样式

首先定义子栏目的宽度、高度、边框和背景等属性。其具体代码如下所示。

```
#nav li ul {
      list-style-type:none;
      width: 99px;
      background:#eeeeee; }
#nav li ul li{
      width:99px;                              /*注意整体宽度的计算*/
      height:24px;
      background:#eeeeee;
      border-bottom:#cccccc 1px solid;
      border-left:#cccccc 1px solid;
      border-right:#cccccc 1px solid;}
#nav li ul li a:hover{
      background:#333333;
      color:#ffffff;}
#nav li ul li a{
      font-size:12px;
      color:#333333;}
```

该样式应用于网页，其效果如图 8-82 所示。鼠标悬停时的效果如图 8-83 所示。

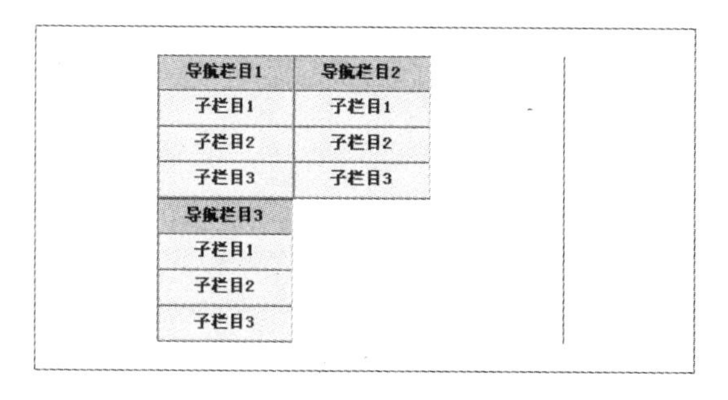

图 8-82　定义完子栏目的样式后的效果

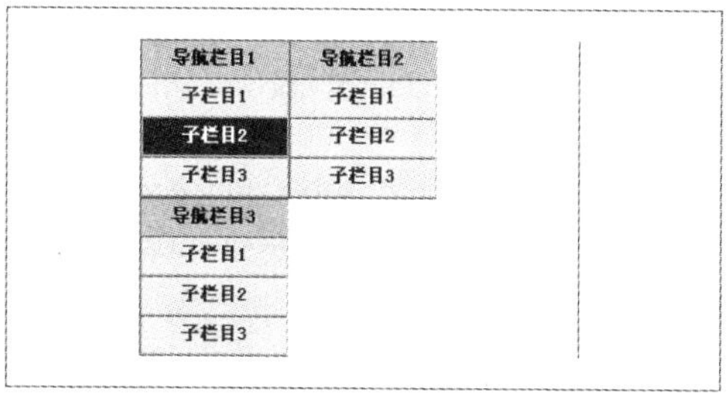

图 8-83　鼠标悬停时的效果

8.11.6　隐藏子栏目

接下来使用绝对定位属性将子栏目隐藏。因为要隐藏子栏目，所以隐藏的属性应该添加在子栏目

所在的 ul 中。添加样式如下所示。

```
#nav li ul {
    position: absolute;
    left: -999px;}
```

说明： 该样式用一个很大的负值，将子菜单移出屏幕的显示范围。

将其应用于网页，效果如图 8-84 所示。

图 8-84　隐藏子菜单后的效果

8.11.7　制作显示效果的样式

制作完隐藏效果后，还要制作一种能够显示子菜单的样式，目的是当某个子菜单调用该样式时，可以显示出菜单的内容。显示菜单的样式代码如下所示。

```
#nav li.sfhover ul {
    left: auto}
```

当某个子菜单使用该样式后，则使用 auto 值代替原有的-999px，这样原本隐藏的菜单就会重新出现。

当某个子栏目应用该样式后，其显示效果如图 8-80 所示。

8.11.8　使用的脚本代码

该导航中使用的调用不同样式的脚本如下所示。

```
sfHover = function() {
    var sfEls = document.getElementById("nav").getElementsByTagName("LI");
    for (var i=0; i<sfEls.length; i++) {
        sfEls[i].onmouseover=function() {
            this.className+=" sfhover";
        }
        sfEls[i].onmouseout=function() {
            this.className=this.className.replace(new RegExp(" sfhover\\b"), "");
        }
    }
}
if (window.attachEvent) window.attachEvent("onload", sfHover);
```

这段脚本的主要作用是，使用循环语句，找到页面代码中第一层分类菜单所在的位置，然后当鼠标悬停状态时，在 li 中添加一个名称为 sfhover 的类。由于此时的 li 使用了 sfhover 类，根据不同选择符之间的关系，子菜单将使用类 sfhover 中定义的属性，所以隐藏的菜单可重新出现。

8.12　遮盖的问题

遮盖的问题包括几个方面，一是在 IE 6 中，负边界的遮盖问题，二是使用定位属性导致的遮盖问题，三是关于 Flash 的遮盖问题。其中，负边界和定位属性遮盖的解决方法在前面的章节中已经讲解过，分别可以使用相对定位和层叠顺序属性来解决，这里不再讲解。

关于 Flash 的遮盖问题，一般出现在含有下拉菜单的页面中。因为下拉菜单的初始状态是隐藏子菜单的，如果此时在菜单的弹出方向上含有 Flash 文件，则子菜单将被遮盖。下面是一个下拉菜单下含有 Flash 的示例，其代码如下所示。

```
<div class="menucontent">
        <ul id="nav">
            <li style="left:auto"><a href="#">导航栏目 1</a>
                <ul >
                    <li><a href="#">子栏目 1</a></li>
                    <li><a href="#">子栏目 2</a></li>
                    <li><a href="#">子栏目 3</a></li>
                    <li><a href="#">子栏目 4</a></li>
                    <li><a href="#">子栏目 5</a></li>
                    <li><a href="#">子栏目 6</a></li>
                </ul>
            </li>
            <li><a href="#">导航栏目 2</a>
                <ul>
                    <li><a href="#">子栏目 1</a></li>
                    <li><a href="#">子栏目 2</a></li>
                    <li><a href="#">子栏目 3</a></li>
                    </ul>
                </li>
            <li><a href="#">导航栏目 3</a>
                <ul>
                    <li><a href="#">子栏目 1</a></li>
                    <li><a href="#">子栏目 2</a></li>
                    <li><a href="#">子栏目 3</a></li>
                </ul>
            </li></ul> </div>
<div>
  <!--Flash 代码开始-->
  <object classid="clsid:D27CDB6E-AE6D-11cf-96B8-444553540000"
codebase="http://download.macromedia.com/pub/shockwave/cabs/flash/swflash.cab#version=7,0,19,0"
width="450" height="120" title="flash">
    <param name="movie" value="images/main.swf" />
    <param name="quality" value="high" />
    <embed src="images/main.swf" quality="high" pluginspage="http://www.macromedia.com/go/ getflashplayer"
type="application/x-shockwave-flash" width="450" height="120"></embed>
  </object>
```

```
 <--Flash 代码结束-->
</div>
```

该代码中，menucontent 元素所包含的部分是下拉菜单部分，object 包含的内容是 Flash 部分。此时，Flash 刚好处于弹出式菜单的下面。当鼠标悬停在弹出菜单上时，显示的效果如图 8-85 所示。

从图 8-85 可以看出，此时导航的子栏目被 Flash 遮盖，只有超出 Flash 的第 6 个子栏目能够显示出来。问题的解决办法是，给 Flash 增加透明属性。其代码如下所示。

```
<object classid="clsid:D27CDB6E-AE6D-11cf-96B8-444553540000"
codebase="http://download.macromedia.com/pub/shockwave/cabs/flash/swflash.cab#version=7,0,19,0"
width="450" height="120" title="flash">
    <param name="movie" value="images/main.swf" />
    <param name="quality" value="high" />
    <param name="wmode" value="transparent" />
    <embed src="images/main.swf" quality="high" wmode="transparent"
     pluginspage="http://www.macromedia.com/go/getflashplayer" type="application/x-shockwave-flash"
    width="450" height="120"></embed>
</object>
```

其中，增加的语句有两处，主要的代码是 wmode 属性取值为 transparent 这一句。之所以在两个位置添加这个属性，目的是为了同时兼容 IE 和 Firefox 这两个浏览器。添加透明效果后，页面显示效果如图 8-86 所示。

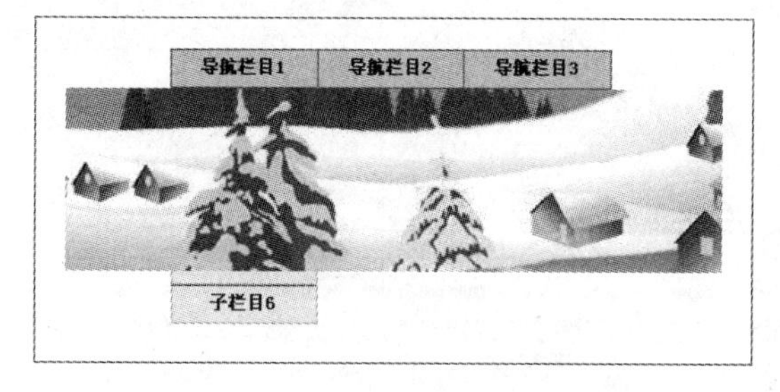

图 8-85　菜单被遮挡的显示效果

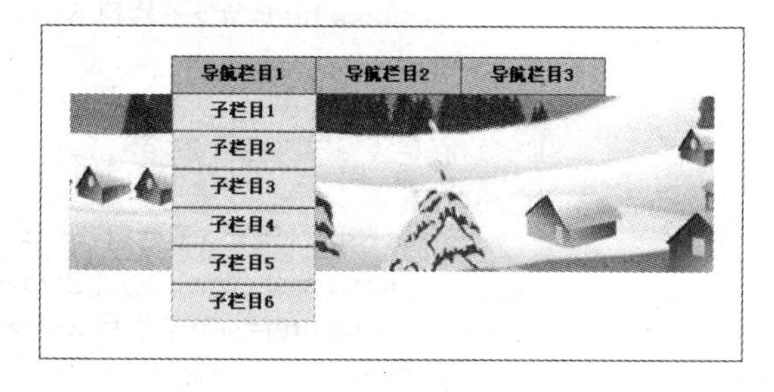

图 8-86　添加透明效果后的页面

之所以出现这种效果，是因为 Flash 的默认层级要比页面元素高。

注意： 给导航部分定义相对定位属性，并且提高显示的层叠属性，并不能解决遮盖的问题。

使用 CSS 结合 JavaScript 脚本，可以制作丰富的页面效果，例如，页面中的内容转换，滑动门式的导航菜单等。因为涉及比较复杂的脚本内容，所以本书中不作更多的介绍。

第 3 篇　整站的 CSS 定义技巧

第 9 章　DIV+CSS 布局基础

在对 CSS 技术的基础知识有了一定的掌握后就可以开始学习 DIV+CSS 布局的方法。DIV+CSS 的布局方法简单来说就是使用 div 标签作为容器，使用 CSS 技术来排布 div 标签的布局方法。常用的 CSS 布局方式有浮动、定位等。本章是学习 CSS 技术最重要的一个部分，读者应多实践本章内的各个实例。

9.1　初识 DIV+CSS 布局的流程

本节通过分析一个企业主页的排布方式来初步了解 DIV+CSS 布局的方法。该网页的效果图显示如图 9-1 所示。

图 9-1　企业主页

当网页的效果图确定后，就可以根据效果图制作成标准的 XHTML 文档。要把看似复杂的网页使用 DIV+CSS 布局方式制作成 XHTML 文档，一般流程如下。

（1）首先要确定网页的总体结构，如图 9-2 所示。

在图 9-2 中，网页分为 5 大部分。第一部分为网页的头部，用于放置企业的 logo 和宣传的 Flash 动画。第二部分为中间的部分，中间部分又分为左、中、右 3 大部分。第三部分是网页的页脚。

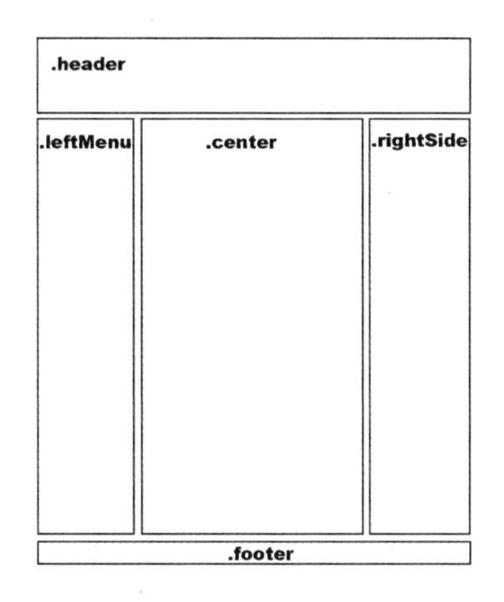

图 9-2　网页整体结构

（2）在确定好整体的分块后，就可以开始制作 XHTML 页面，设定 div 标签。每个部分都使用一个 div 标签嵌套起来，然后分别指定一个类选择器。编写 XHTML 文档代码，如下所示。

```
<div class="header">
</div>
<div class="main">
    <div class="leftMenu"></div>
    <div class="rightSide"></div>
    <div class="center"></div>
</div>
<div class="footer">
</div>
```

（3）在设定好 div 标签后，就要使用 CSS 属性来排布 div 标签，代码如下所示。

```
.header { margin: 0;}                    /*设置 header 的四边边距为 0*/
.main { margin: 0 20px 0 15px; }         /*设置 main 的右边距为 20px，左边距为 15px，其余的边距为 0*/
.leftMenu { float: left; }               /*设置 leftMenu 左浮动*/
.rightSide {float: right;}               /*设置 rightSide 右浮动*/
.footer { clear:both; }                  /*设置 footer 清除浮动*/
```

（4）细分每个 div 标签中的各个部分。在 leftMenu 中，有垂直排列的 3 部分，如图 9-3 所示。

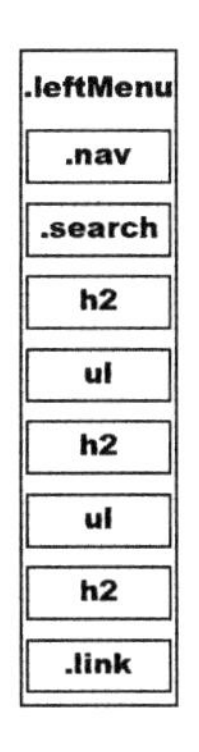

图 9-3　细分 leftMenu 模块

（5）在 leftMenu 中插入图 9-3 中的各个部分，代码如下所示。

```
<div class="leftMenu">
        <div class="nav"></div>
        <div class="search"></div>
        <h2>各类网站建设</h2>
        <ul></ul>
        <h2>各类网站推广</h2>
        <ul></ul>
        <h2>友情链接</h2>
        <div class="links"></div>
</div>
```

然后使用 CSS 样式来设置每个标签的样式。在对 leftMenu 设置好样式后就可以继续细分 center 和 rightSide 的模块。在对 leftMenu 模块进行细分时，某些小模块是使用 h2 标签而不是 div 标签来嵌套。

技巧：在制作XHTML文档时应该注意少用div标签，多用有语义的XHTML标签。

总结上述步骤，使用 DIV+CSS 的布局方法制作标准的 XHTML 页面的一般流程如下。

（1）分析效果图，分出整个网页的整体结构。

（2）根据结构，设定好 XHTML 文档中用于排版的 div 标签。

（3）使用 CSS 样式排布 div 标签。

（4）重复上述 3 个步骤细分 div 标签内的内容。

在对 DIV+CSS 布局方法有了大致的了解后，就可以学习 CSS 的布局方式。

9.2　了解盒模型

盒模型是 DIV+CSS 布局的基础，要实现 DIV+CSS 布局，必须了解盒模型的原理。在页面上的每个元素都能看作一个容器，这个容器就是一个盒子。例如，p 标签是一个能装文字的容器，它的高度就是所承载文字的高度。使用 DIV+CSS 布局，div 标签就是布局中所用到的容器。大部分人认为只有 div 标签能作为容器来安排布局。其实在 XHTML 页面中几乎所用的标签都是容器，都能被当作容器来使用。页面上的每个容器都占有一定的位置，有一定的大小。页面上的每个容器都会影响其他容器的排布，它们相互作用，而形成一个页面的布局。

9.2.1　div 标签的盒模型示例

下面以 div 标签的盒模型为例子，讲述基本盒模型的基本概念。本示例讲述基本盒模型的概念。

（1）在 XHTML 文档中插入一对 div 标签。代码如下所示。

```
<div>基本盒模型</div>
```

步骤（1）的运行效果如图 9-4 和图 9-5 所示。

分析：如图 9-4 和图 9-5 所示，在 IE 6 浏览器和 Firefox 浏览器中都只能观察到 div 标签中的文字。对比图 9-4 和图 9-5 可以看出，在 IE 6 和 Firefox 中，文字距离浏览器的左上角的距离是不相同的。这

是由于每个浏览器所设置的 margin 和 padding 初始值都不相同。

图 9-4　执行步骤（1）的效果（IE 6）

图 9-5　执行步骤（1）的效果（Firefox）

（2）设置 div 标签的宽度和高度，代码如下所示。

```
*{margin:0;padding:0;}                              /*设置页面中所有元素的边距和补白为 0*/
div{ width:200px; height:200px; background:#ccc;}
                                                    /*设置 div 容器的高度为 200px，宽度为 200px，背景为灰色*/
```

步骤（2）的运行效果如图 9-6 和图 9-7 所示。

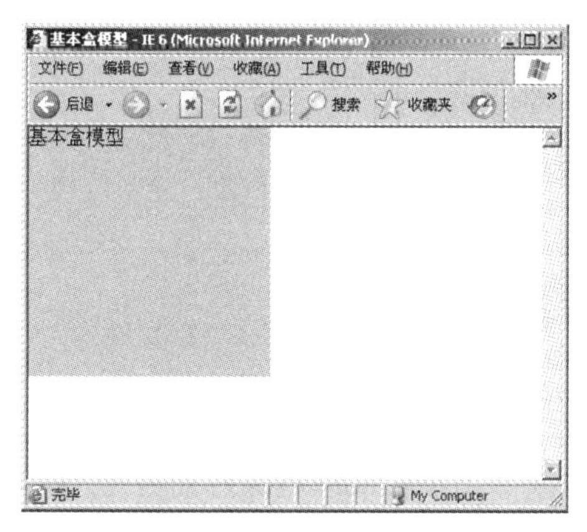

图 9-6　执行步骤（2）的效果（IE 6）

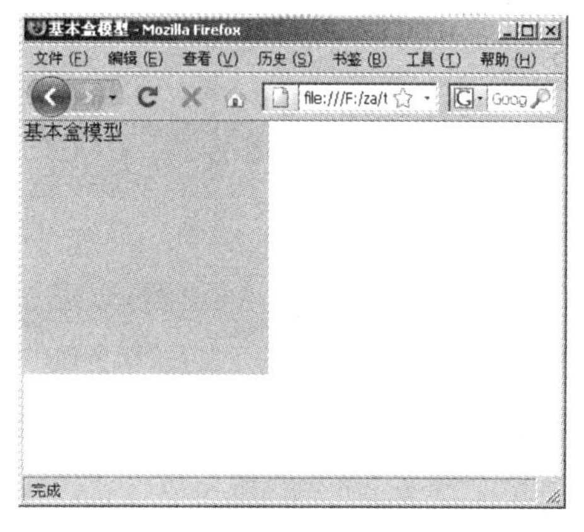

图 9-7　执行步骤（2）的效果（Firefox）

分析：设置了 div 标签的宽度和高度之后，div 标签就成为一个在页面上占有一定空间的容器。但此时是看不到 div 标签的大小的，必须设置 div 标签的背景颜色才能观察到 div 标签的实际位置和大小。在设置*{margin:0;padding:0;}后，div 标签就紧贴浏览器的左上角。所以在制作页面时，建议先设置页面的整体边距和补白初始值为 0。

（3）若要改变文字在 div 标签中的位置，就要设置 div 标签的 padding 属性，代码如下。

```
div{padding:10px;}                    /*设置 div 容器的四边的补白为 10px*/
```

步骤（3）的运行效果如图 9-8 和图 9-9 所示。

分析：图 9-8 和图 9-9 中，黑色的正方形边框代表原来宽为 200px，高为 200px 的容器。在增加了 padding 属性后，整个 div 容器都扩大了。由于背景色是灰色，背景色填充了整个 div 容器，所以可以观察到 div 容器明显扩大。设置 padding 为 10px，就是在原来 div 容器的 4 条边都加上 10px。而文字“基本盒模型”属于 div 标签的内容，就随着原来的标签移动了位置。在文字上方有 10px 补白，文字左边也有 10px 补白。把 div 容器中的文字加长，变为一个段落，那么会得到如图 9-10 所示的效果。

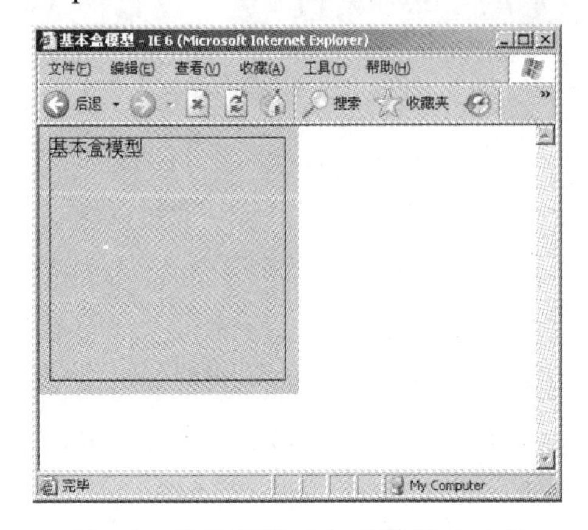

图 9-8 执行步骤（3）的效果（IE 6）

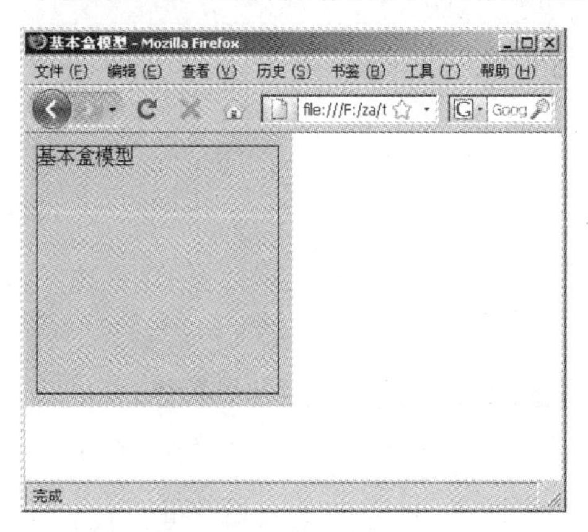

图 9-9 执行步骤（3）的效果（Firefox）

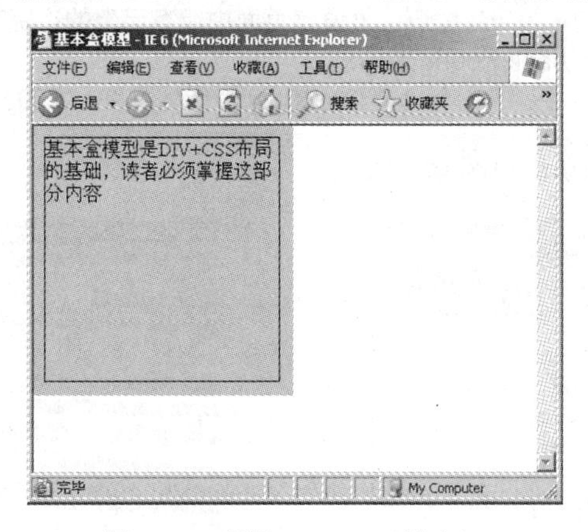

图 9-10 理解 padding（补白）

分析：从图 9-10 可以看到，文字的范围不会超出 div 容器原来的宽度。设置 4 条边的补白都为 10px，div 容器的宽度=原来 div 容器的宽度+左边补白宽度+右边补白宽度=200px+10px+10px=220px。在页面上，这个 div 容器占据的宽度就是 220px。但是在 div 容器中的文字绝不会超出原来 200px 的宽度。对于高度的计算也是一样的。最终 div 容器整体的大小变为宽度为 220px，高度为 220px。

（4）给 div 容器增加边框，代码如下。

```
div{border:10px solid red;}                /*设置 div 容器的边框为 10px 宽的红色实线*/
```

步骤（4）的运行效果如图 9-11 和图 9-12 所示。

分析：图 9-11 和图 9-12 中，红色的宽为 10px 的边框在整个 div 容器的最外面。边框和原来 div 容器之间的空白部分就是步骤（3）加上的补白部分。边框的宽度也会增加整个 div 标签的实际宽度。设置 4 条边的边框都为 10px，div 容器的宽度=原来 div 容器的宽度+左边补白宽度+右边补白宽度+左边的边框宽度+右边的边框宽度=200px+10px+10px +10px+10px =240px。在页面上，这个 div 容器占据的宽度就是 240px。但是在 div 容器中的文字绝不会超出原来 200px 的宽度。对于高度的计算也是一样的。最终 div 容器整体的大小变为宽度为 240px，高度为 240px。

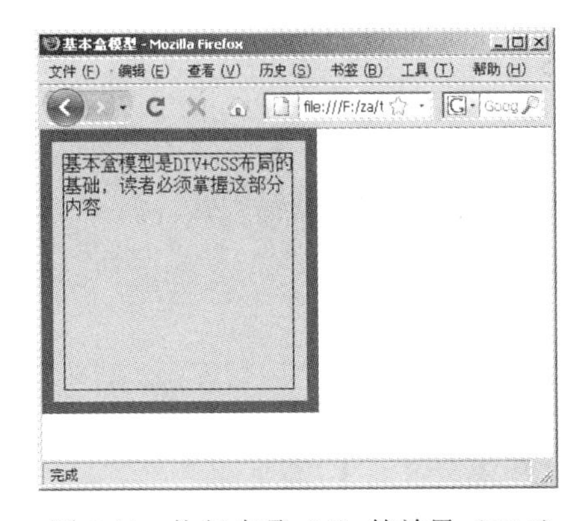

图 9-11　执行步骤（4）的效果（IE 6）

图 9-12　执行步骤（4）的效果（Firefox）

（5）在前面的几个步骤中，整个 div 容器，包括其补白和边框都是紧贴在左上角的。要想移动整个 div 容器，就要给 div 容器增加边距，代码如下。

```
div{margin:10px;}                    /*设置 div 容器 4 条边的边距为 10px*/
```

步骤（5）的运行效果如图 9-13 和图 9-14 所示。

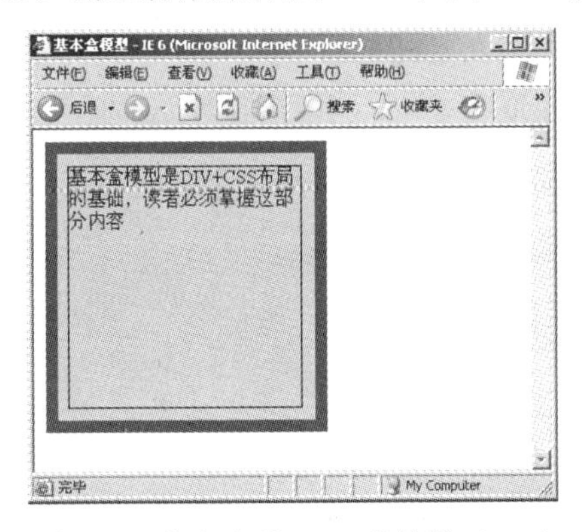

图 9-13　执行步骤（5）的效果（IE 6）

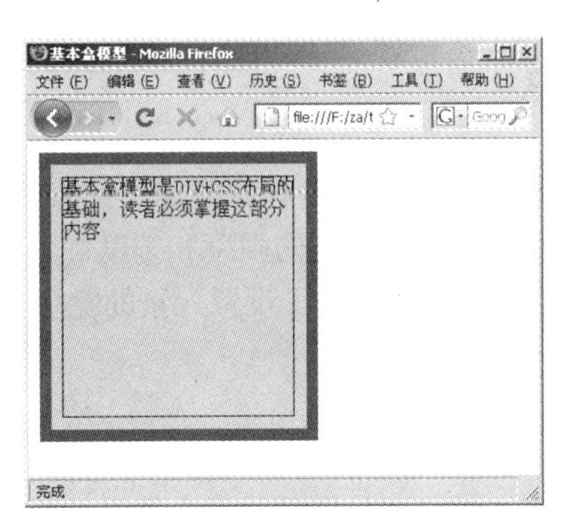

图 9-14　执行步骤（5）的效果（Firefox）

分析：如图 9-13 和图 9-14 所示，带有红色边框的 div 容器离开了浏览器的左上角，整个 div 容器向下移动了 10px，向左移动了 10px。这个 div 容器的右边和下边都没有其他页面元素，否则可以看到这个容器和其他容器之间也有 10px 的距离。设置 margin 为 10px，就是在整个 div 元素的 4 条边分别增加了 10px 的不可见的空白区域，使其他页面元素与这个 div 容器之间有空隙。

设置边距会增加整个 div 标签在页面上占据的宽度。设置 4 条边的边距都为 10px，div 容器的宽度=原来 div 容器的宽度+左边补白宽度+右边补白宽度+左边的边框宽度+右边的边框宽度+左边边距宽度+右边边距宽度=200px+10px+10px +10px+10px+10px+10px =260px。在页面上，这个 div 容器占据的宽度就是 260px。但是在 div 容器中的文字绝不会超出原来 200px 的宽度。对于高度的计算也是一样的。最终 div 容器整体的大小变为宽度为 260px，高度为 260px。

说明： 本实例中为一个div标签设定了它本身固定的宽度，在div标签中的内容就会被这个固定宽度限制，然后添加补白、边框和边距都会增加div容器在页面中占据的空间。其中，增加补白能通过背景色显示出所增加的像素，增加边框是通过边框线颜色显示边框，而增加边距所占的像素是透明的。

9.2.2 基本盒模型

如图 9-15 所示为基本盒模型。在页面中的所有元素都遵循该模型的设置方式。

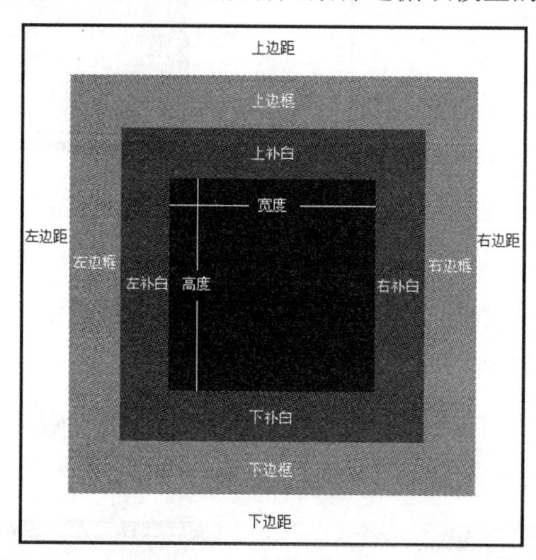

图 9-15 基本盒模型

图 9-15 展示页面中元素的盒模型。页面中任何元素都适应盒模型。给一个元素设置了高度和宽度后，它就在页面中占有这样的高度和宽度。

CSS 提供 width 属性用于设置元素的宽度，通用语法如下。

```
width:length;
```

其中，length 的值可以用长度单位定义，也可以用百分比定义，还可以使用关键字 auto 来定义。使用百分比定义的宽度是以父元素为基准计算的。例如，设置一个元素的 width 值为 80%，那么它的实际大小是其父元素的宽度的 80%。width 默认的取值是 auto，即自动取值。若一个元素没有设定 width 值，即 width 值为 auto。根据元素内容所占的宽度来决定元素的宽度。

CSS 同样提供 height 属性用于设置元素的高度，通用语法和设置 width 属性一致。

注意：width属性和height属性都不会被子元素继承。

若要增加元素额外的宽度或者高度，可以使用补白和边距，即 padding 属性和 margin 属性。设置以上两个属性都能给元素增加额外的尺寸，并且元素的内容不会进入这些额外的位置中。增加补白和边距只是为了与页面中其他元素拉开距离，形成空隙。若一个元素没有背景色或者背景图，使用补白和边距的效果没有区别。若一个元素有背景，那么增加补白就会让背景扩展到补白中，而增加边距不会对元素的背景有影响。

9.2.3 边距

边距用于设置页面元素与其他元素的距离。CSS 的 margin 属性用于设置边距距离，其通用语法如下。

```
margin:length;
```

其中，length 的值可以用长度单位定义，也可以用百分比定义，还可以使用关键字 auto 来定义。

1. 用长度单位设定 margin 的值

下面给出一个用长度单位设定 margin 的值的示例。

在页面中有 3 个并排的 p 标签。为中间的 p 标签增加边距 20px，代码如下。

```
<!DOCTYPE html PUBLIC "-//W3C//DTD XHTML 1.0 Transitional//EN"
"http://www.w3.org/TR/xhtml1/DTD/xhtml1-transitional.dtd">
<html xmlns="http://www.w3.org/1999/xhtml">
<head>
<meta http-equiv="Content-Type" content="text/html; charset=utf-8" />
<title>使用长度单位设置边距</title>
</head>
<style type="text/css">
*{margin:0;padding:0;}                          /*设置页面元素的初始边距为 0，补白为 0*/
p.two{   background:#ccc; margin:20px;}  /*设置第二个文段的背景为灰色，四边边距为 20px*/
p.one,p.three{ background:#ccc;}                /*设置第一个文段和第三个文段的背景色为灰色*/
</style>
<body>
    <p class="one">这是第一个文段</p>
    <p class="two">这是第二个文段</p>
    <p class="three">这是第三个文段</p>
</body>
</html>
```

运行效果如图 9-16 所示。

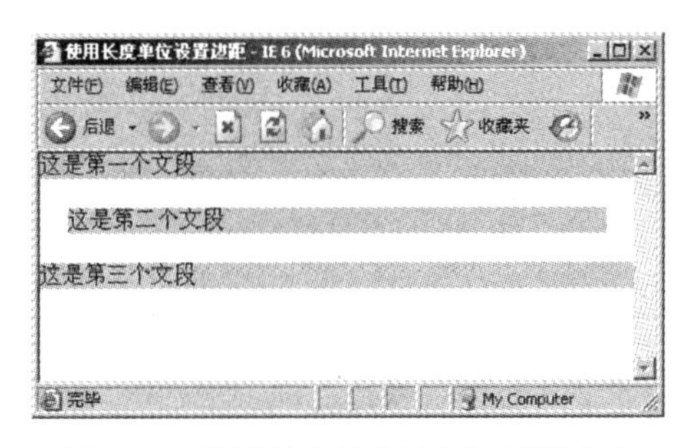

图 9-16　使用长度单位控制边距的大小

分析：通常设定固定的边距值都会使用像素作为单位。在本示例中，页面中共有 3 个 p 标签，分别嵌套 3 个文段，每个文段都有背景色。背景色能反映出该标签所占的除了边距之外的空间。设置了第二个文档的 margin 为 20px，意思就是使 p 标签与其他元素的距离 4 条边都为 20px。

2. 用百分比设定 margin 的值

使用百分比给页面元素设定 margin 的值，其计算标准是以该元素的父元素宽高为基准的。下面给出一个示例。

在页面中有 3 个并排的 p 标签。为中间的 p 标签增加 5%的边距，代码如下。

```
<!DOCTYPE html PUBLIC "-//W3C//DTD XHTML 1.0 Transitional//EN"
"http://www.w3.org/TR/xhtml1/DTD/xhtml1-transitional.dtd">
```

```
<html xmlns="http://www.w3.org/1999/xhtml">
<head>
<meta http-equiv="Content-Type" content="text/html; charset=utf-8" />
<title>使用百分比设置边距</title>
</head>
<style type="text/css">
*{margin:0;padding:0;}                          /*设置页面元素的初始边距为 0，补白为 0*/
p.two{    background:#ccc; margin:5%;}          /*设置第二个文段的背景为灰色，四边边距为 5%*/
p.one,p.three{ background:#ccc;}                /*设置第一个文段和第三个文段的背景色为灰色*/
</style>
<body>
     <p class="one">这是第一个文段</p>
     <p class="two">这是第二个文段</p>
     <p class="three">这是第三个文段</p>
</body>
</html>
```

运行效果如图 9-17 所示。

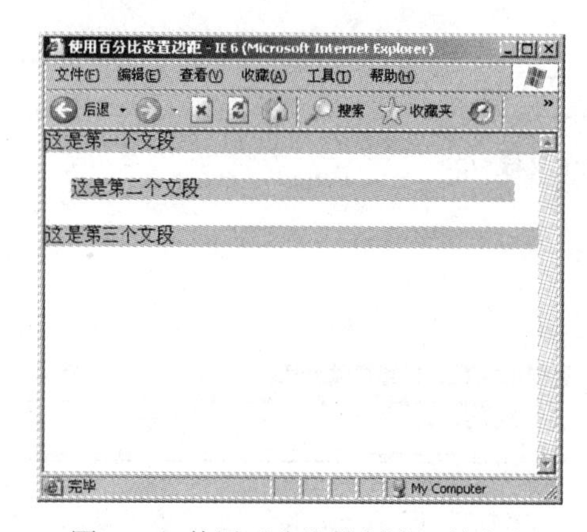

图 9-17　使用百分比控制边距的大小

在本示例中，所有 p 标签都是 body 标签的子元素。设置 p 标签的 margin 值为 5%，就是使用浏览器宽度和高度的 5%来定义 margin 的值。浏览器被拉开到宽为 400px，所以 5%的 margin 宽度就是 20px。

3．边距值的缩写

margin 属性的值可以有 4 种表示方法，但无论使用哪种方法设置 margin 值，都能设置元素四边的边距。

（1）设置 4 个值，代码如下所示。

```
margin:10px 20px 30px 40px;
```

使用 4 个值来设置 margin 属性，第 1 个值代表上边距；第 2 个值代表右边距；第 3 个值代表下边距；第 4 个值代表左边距。为了方便记忆，网页设计师常用顺时针的方向来记忆 4 个属性的意义，记忆方法如图 9-18 所示。

技巧： 通常只有margin的4个属性都不一样的情况下才会使用这种方法设置。

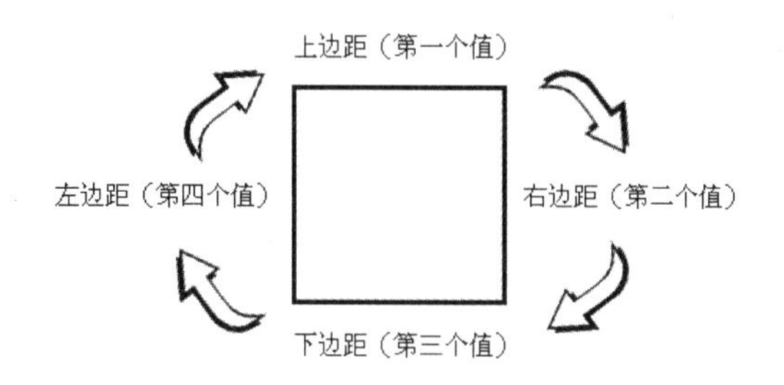

图 9-18　利用顺时针方法记忆 margin 4 个值的意义

（2）设置 3 个值，代码如下所示。

```
margin:10px 20px 30px;
```

使用 3 个值来设置 margin 属性，第 1 个值代表上边距；第 2 个值代表左边距和右边距，两个值相同；第 3 个值代表下边距。当要设置左边距和右边距的值一样时就可以使用设置 3 个值的方式。

（3）设置两个值，代码如下所示。

```
margin:10px 20px;
```

使用两个值来设置 margin 属性，第 1 个值代表上边距和下边距，两个值相同；第 2 个值代表左边距和右边距，两个值相同。当要设置上边距和下边距的值一样，同时左边距和右边距一样时就可以使用设置两个值的方式。

（4）设置一个值，代码如下所示。

```
margin:10px;
```

当要设置上下左右边距一致时，就应使用设置一个值的方法。

对于 border 和 padding 两个属性的值也有与上述方法一样的缩写方法。

4．单边距值

若要设置一个元素的上边距值为 10px，其他边距都为 0px，可以应用以上的方法设置边距，代码如下。

```
margin:10px 0 0;
```

每个边距都有对应的 CSS 属性，可以单独设置某个边距的属性。设置单边距的属性为 margin-top、margin-bottom、margin-left 和 margin-right，分别代表上边距、下边距、左边距和右边距，所以以上设置上边距的语句可以改写为以下代码。

```
margin-top:10px;
```

border 和 padding 也可单独设置某一边的属性。在实际运用中，大部分设计师都很少使用单边距值。不过无论使用哪种设置方法，都没有太大的区别。

5．边距重叠

在垂直排列的块级元素应用了边距后，可能会发生边距重叠的现象。下面给出的示例中有两个 p

标签，p 标签属于块级元素，在默认情况下，p 标签会一个接一个地垂直排列在页面上。

本示例第一个 p 标签应用下边距为 10px，第二个 p 标签应用上边距为 20px。当两个边距产生同一个边距时，就会发生重叠的情况，代码如下所示。

```
<!DOCTYPE html PUBLIC "-//W3C//DTD XHTML 1.0 Transitional//EN"
"http://www.w3.org/TR/xhtml1/DTD/xhtml1-transitional.dtd">
<html xmlns="http://www.w3.org/1999/xhtml">
<head>
<meta http-equiv="Content-Type" content="text/html; charset=utf-8" />
<title>边距重叠</title>
<style>
*{margin:0;padding:0;}                              /*设置页面元素的初始边距为 0，补白为 0*/
p.one{ background:#ccc; margin-bottom:10px;}        /*设置第一个文段的背景色为灰色，下边距为 10px*/
p.two{ background:#ccc; margin-top:20px;}           /*设置第二个文段的背景色为灰色，上边距为 20px*/
</style>
</head>

<body>
  <p class="one">第一个文段</p>
  <p class="two">第二个文段</p>
</body>
</html>
```

运行效果如图 9-19 所示。

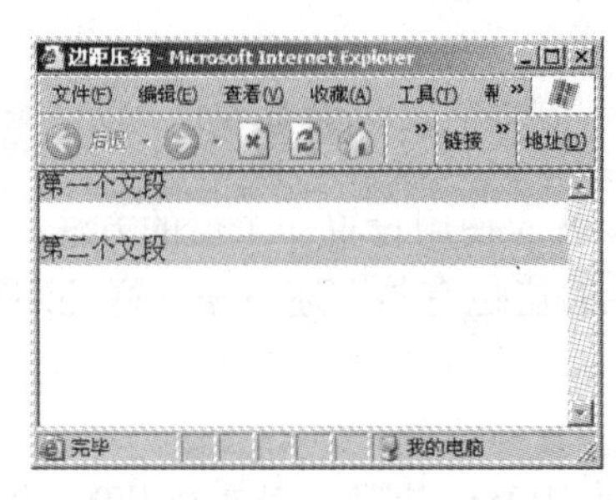

图 9-19　边距重叠

分析：如图 9-19 所示，第一个 p 标签和第二个 p 标签之间产生一个空白区域，这个空白区域是由第一个 p 标签的下边距和第二个 p 标签的上边距构成的，但这个空白区域的高度是 20px，而不是 30px。这就是边距重叠的情况。边距重叠时，会淘汰边距较小的一个，在本示例中，就淘汰了第一个 p 标签的下边距。因为第一个 p 标签的下边距小于第二个 p 标签的上边距，所以在设置页面元素边距时要注意边距重叠的情况。

边距重叠只发生在边距属性中，补白和边框都不会发生重叠现象。

注意：只有在普通文档流中的块级元素才会产生边距重叠。行内元素、浮动元素和绝对定位元素都不会产生重叠。

9.2.4　补白

补白用于增加页面元素边框与内容之间的空间。CSS 的 padding 属性用于设置补白，其通用语法

如下。

```
padding:length;
```

其中，length 的值可以用长度单位定义，也可以用百分比定义，还可以使用关键字 auto 来定义。

1. 用长度单位设定 padding 的值

使用长度单位设定页面元素的 padding 值常使用 px 或者 em。下面给出的示例是使用像素为元素设置补白。

在页面有一个 p 标签，为其增加 20px 的补白，代码如下。

```
<!DOCTYPE html PUBLIC "-//W3C//DTD XHTML 1.0 Transitional//EN"
"http://www.w3.org/TR/xhtml1/DTD/xhtml1-transitional.dtd">
<html xmlns="http://www.w3.org/1999/xhtml">
<head>
<meta http-equiv="Content-Type" content="text/html; charset=utf-8" />
<title>使用长度单位设定 padding 的值</title>
</head>
<style type="text/css">
*{margin:0;padding:0;}                    /*设置页面元素的初始边距为 0，补白为 0*/
p{padding:20px; background:#ccc;}         /*设置第一个文段的背景色为灰色，四边补白为 20px*/
</style>
<body>
    <p>这是一个文段</p>
</body>
</html>
```

运行效果如图 9-20 所示。

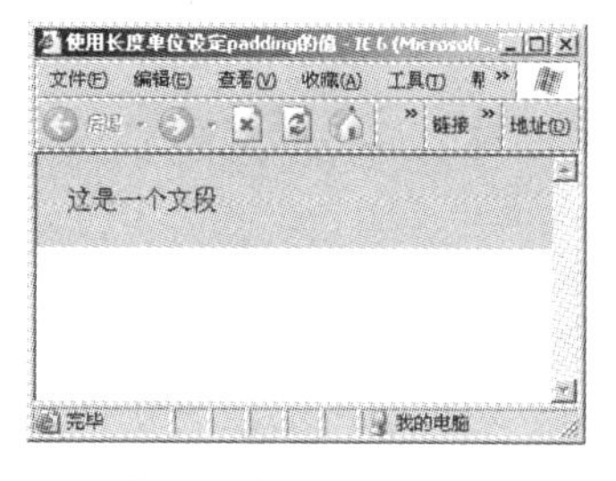

图 9-20　使用长度单位控制补白的大小

分析：设定 p 标签的背景色后，就能看出补白的增量。本示例中，设置 p 标签 4 条边的补白为 20px，整个文段在页面中所占的位置就是如图 9-20 所示的灰色区域。

2. 用百分比设定 padding 的值

使用百分比给页面元素设定 padding 的值，其计算标准是以该元素的父元素宽高为基准。下面给出的示例在页面中有 3 个并排的 p 标签。为中间的 p 标签增加 5%的补白，代码如下。

```
<!DOCTYPE html PUBLIC "-//W3C//DTD XHTML 1.0 Transitional//EN"
"http://www.w3.org/TR/xhtml1/DTD/xhtml1-transitional.dtd">
<html xmlns="http://www.w3.org/1999/xhtml">
<head>
```

```
<meta http-equiv="Content-Type" content="text/html; charset=utf-8" />
<title>使用百分比设置补白</title>
</head>
<style>
*{margin:0;padding:0;}                          /*设置页面元素的初始边距为 0，补白为 0*/
p.two{background:#ccc; padding:5%;}              /*设置第二个文段的背景色为灰色，四边补白为 5%*/
p.one,p.three{ background:#ccc;}                 /*设置第一个文段和第三个文段的背景为灰色*/
</style>
<body>
    <p class="one">这是第一个文段</p>
    <p class="two">这是第二个文段</p>
    <p class="three">这是第三个文段</p>
</body>
</html>
```

运行效果如图 9-21 所示。

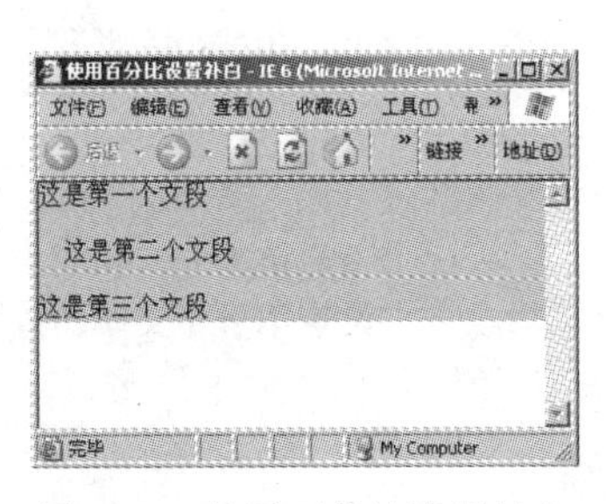

图 9-21　使用百分比设置补白

分析：在本示例中，所有 p 标签都是 body 标签的子元素。设置 p 标签的 padding 值为 5%，就是使用浏览器宽度和高度的 5%来定义 padding 的值。浏览器被拉开到 330px 宽，所以 5%的 padding 宽度就是 17px 左右。

技巧：补白值的缩写和单补白值的设置方法和边距属性是一致的。

9.2.5　边框

边框是页面元素可视范围的最外圈。边框包围的范围包括页面元素的补白和内容。CSS 中提供了 3 个设置边框的属性，如下所示。

☑　border-width：设置边框宽度。

☑　border-color：设置边框颜色。

☑　border-style：设置边框样式。

1．边框样式

CSS 提供 border-style 属性用于改变边框的样式，其通用语法如下。

```
border-style:style;
```

其中，style 的值是一系列的关键字，每个关键字都用于描述不同的边框样式。表 9-1 列出了 CSS 中大部分常用的边框样式。

表 9-1　常用的边框样式

属 性 值	样　　式
none	无边框
hidden	隐藏边框
dotted	点线
dashed	虚线
solid	实线边框
double	双线边框。两条单线与其间隔的和等于指定的 border-width 值
groove	根据 border-color 的值画 3D 凹槽
ridge	根据 border-color 的值画菱形边框
inset	根据 border-color 的值画 3D 凹边
outset	根据 border-color 的值画 3D 凸边

以下示例展示了常用的边框样式，代码如下所示。

```
<!DOCTYPE html PUBLIC "-//W3C//DTD XHTML 1.0 Transitional//EN"
"http://www.w3.org/TR/xhtml1/DTD/xhtml1-transitional.dtd">
<html xmlns="http://www.w3.org/1999/xhtml">
<head>
<meta http-equiv="Content-Type" content="text/html; charset=utf-8" />
<title>边框样式</lille>
</head>
<style type="text/css">
p.dashed{ border-style:dashed;}            /*设置边框样式为虚线*/
p.dotted{ border-style:dotted;}            /*设置边框样式为点线*/
p.double{ border-style:double;}            /*设置边框样式为双线*/
p.groove{ border-style:groove;}            /*设置边框样式为 3D 凹槽*/
p.inset{ border-style:inset;}              /*设置边框样式为 3D 凹边*/
p.outset{ border-style:outset;}            /*设置边框样式为 3D 凸边*/
p.solid{ border-style:solid;}              /*设置边框样式为实线*/
p.ridge{ border-style:ridge;}              /*设置边框样式为菱形边框*/
p.hidden{ border-style:hidden;}            /*设置边框样式为不可见*/
p.none{ border-style:none;}                /*取消边框*/
</style>
<body>
    <p class="dashed">dashed</p>
    <p class="dotted">dashed</p>
    <p class="double">dashed</p>
    <p class="groove">dashed</p>
    <p class="inset">dashed</p>
    <p class="outset">dashed</p>
    <p class="solid">dashed</p>
    <p class="hidden">dashed</p>
    <p class="dnone">dashed</p>
</body>
</html>
```

运行效果如图 9-22 所示。

分析：boder-style 是 border-top-style、border-bottom-style、border-left-style 和 border-right-style 的缩写。以上 4 个属性分别设置 4 条边的边框样式。

注意： border-style所缩写的顺序也是顺时针顺序，和设置边距补白都一样。

以下示例设置了一个 4 条边应用不同边框样式的段落，代码如下所示。

```
<!DOCTYPE html PUBLIC "-//W3C//DTD XHTML 1.0 Transitional//EN"
"http://www.w3.org/TR/xhtml1/DTD/xhtml1-transitional.dtd">
<html xmlns="http://www.w3.org/1999/xhtml">
<head>
<meta http-equiv="Content-Type" content="text/html; charset=utf-8" />
<title>四边不同的边框样式</title>
</head>
<style type="text/css">
p{ border-style:dashed solid dotted groove;}   /*设置边框四边边框的样式分别是虚线、实线、点线和凹槽*/
</style>
<body>
    <p>four styles</p>
</body>
</html>
```

运行效果如图 9-23 所示。

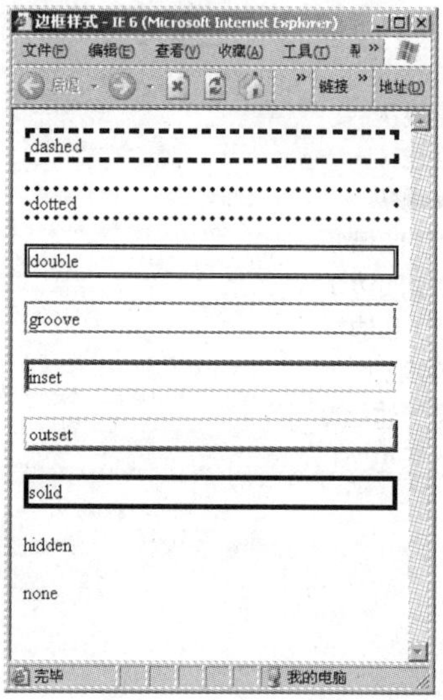

图 9-22　边框样式

图 9-23　四边不同的边框样式

分析：本示例中使用“border-style:dashed solid dotted groove;”语句设置段落的边框。其意思是，上边框样式设置为 dashed 虚线；右边框样式设置为 solid 实线；下边框样式设置为 dotted 点线；左边框样式设置为 groove 凹槽。

2．边框宽度

CSS 提供 border-width 属性用于改变边框的宽度，其通用语法如下。

```
border-width:width;
```

其中，width 值可以使用长度单位和关键字进行设置。通常使用 px 或者 em 作为长度单位，而关键字有 thin、medium 和 thick。在设置边框宽度之前，必须先指定边框的样式。

本示例中有 4 个段落，其中 3 个分别使用了关键字，最后一个段落设置了 10px 的边框，代码如下所示。

```
<!DOCTYPE html PUBLIC "-//W3C//DTD XHTML 1.0 Transitional//EN"
"http://www.w3.org/TR/xhtml1/DTD/xhtml1-transitional.dtd">
<html xmlns="http://www.w3.org/1999/xhtml">
<head>
<meta http-equiv="Content-Type" content="text/html; charset=utf-8" />
<title>边框宽度</title>
</head>
<style type="text/css">
p{ border-style:solid; }                    /*设置边框样式为实线*/
p.thin{ border-width:thin;}                 /*设置边框宽度为小*/
p.medium{ border-width:medium;}             /*设置边框宽度为中*/
p.thick{ border-width:thick;}               /*设置边框宽度为大*/
p.pixel{ border-width:10px;}                /*设置边框宽度为 10px*/

</style>
<body>
    <p class="thin">thin</p>
    <p class="medium">medium</p>
    <p class="thick">thick</p>
    <p class="pixel">10px</p>
</body>
</html>
```

运行效果如图 9-24 所示。

图 9-24　边框宽度

使用关键字设置边框宽度，默认值为 medium。这个值是由浏览器决定的，所以不同的浏览器会有不同的宽度，不建议使用关键字设置。

boder-width 是 border-top-width、border-bottom-width、border-left-width 和 border-right-width 的缩写。以上 4 个属性分别设置 4 条边的边框宽度。border-width 所缩写的顺序也是顺时针顺序，和设置边距补白一样。

3．边框颜色

CSS 提供 border-color 属性用于改变边框的颜色，其通用语法如下。

```
border-color:color;
```

其中，color 值与其他设置颜色的方法是一样的。

boder-color 是 border-top-color、border-bottom-color、border-left-color 和 border-right-color 的缩写。以上 4 个属性分别设置 4 条边的边框颜色。border-color 所缩写的顺序也是顺时针顺序，和设置边距补白一样。

4. 边框缩写

上述的 border-style、border-width 和 border-color 属性可以用复合属性 border 进行缩写。

下面给出一个示例，缩写 border-style、border-width 和 border-color 属性，代码如下所示。

```
border-style:solid;
border-width:1px;
border-color:blue;
```

可以缩写为以下形式。

```
border-color:solid 1px blue;
```

9.3 页面元素的布局

在了解了基本盒模型后，就要进入页面元素布局的学习。本节是学习 DIV+CSS 布局方式最重要的一节，内容对初学者而言比较深，但只要细心理解每个示例，就能深入了解页面元素布局的基本原则。页面元素布局的核心是定位和浮动的基本原理以及块级元素与行内元素的区别。掌握了本节内容后就能对 DIV+CSS 布局的原理有相当清晰的理解。

9.3.1 块级元素与行内元素

所有的 XHTML 页面元素只有两种，一种是块级元素，另一种是行内元素。表 9-2 中列出了 XHTML 中常见的块级元素和行内元素。

表 9-2 常用块级元素和行内元素

块 级 元 素	行 内 元 素
blockquote	a
dir	b
div	span
fieldset	cite
form	em
h1-h6	i
hr	img
dl	input
ol	label

续表

块 级 元 素	行 内 元 素
ul	select
p	br
pre	strong
	textarea

当以上这些元素单独出现在 XHTML 页面时，会按照自己本身的语义来表现样式。例如，p 标签表现为一个段落，b 标签表现为一个粗体。但是当它们组合出现在页面上，所占据的空间位置就需要由其他属性来确定。例如，当一个文档中相继出现两个 p 标签，分别嵌套不同的文段，这两个 p 标签就形成了两个段落。而当一个文档中相继出现两个 b 标签，分别嵌套两个文字，这两个 b 标签的文字会出现在同一行中。这是由于 p 标签是块级元素，而 b 标签是行内元素。在默认情况下，块级元素在页面中垂直排列，行内元素在页面中水平排列。表 9-3 列出了块级元素与行内元素的区别。

表 9-3　块级元素和行内元素的区别

	排 列 方 式	可控制属性	宽　　度
块级元素	垂直排列	高度、行高以及上下边距都可控制	其宽度默认情况下与其父元素宽度一致。可以设置 width 属性来改变其宽度
行内元素	水平排列	高度及上下边距都不可控制	宽度就是其包含的文字或者图片的宽度，设置 width 属性不生效

块级元素一般用作其他页面元素的容器，块元素一般都从新行开始，可以容纳行内元素和块级元素。form 标签这一块级元素比较特殊，它只能用来容纳其他块级元素。行内元素只能容纳文本或者其他行内元素。使用 CSS 的 display 属性能使块级元素和行内元素相互转换。

说明： Display属性中的block和inline值，分别代表块级元素和行内元素。

下面给出一个示例，将 p 标签变为行内元素。代码如下所示。

```
<!DOCTYPE html PUBLIC "-//W3C//DTD XHTML 1.0 Transitional//EN"
"http://www.w3.org/TR/xhtml1/DTD/xhtml1-transitional.dtd">
<html xmlns="http://www.w3.org/1999/xhtml">
<head>
<meta http-equiv="Content-Type" content="text/html; charset=utf-8" />
<title>改变显示属性</title>
</head>
<style type="text/css">
*{ margin:0; padding:0}                          /*设置页面元素的初始边距为 0，补白为 0*/
p{ background:#ccc; display:inline }             /*设置 p 标签为行内元素，背景为灰色*/
</style>
<body>
    <p>第一行文段</p>
    <p>第二行文段</p>
</body>
</html>
```

运行效果如图 9-25 和图 9-26 所示。

图 9-25　p 标签默认为块级元素

图 9-26　p 标签更改为行内元素

分析：如图 9-25 所示，p 标签为块级元素时，每个 p 标签按照在 XHTML 文档的位置先后在页面上垂直排列。在设置了 display:inline;后，p 标签就成为了行内元素。如图 9-26 所示，p 标签成为行内元素后就具备了行内元素的特点，按照水平方向排列。

在众多的标签中，div 标签和 span 标签分别是块级元素和行内元素的代表。主要原因是它们不具备自带的表现属性。例如，b 标签虽然是行内元素，但它带有粗体的表现属性，而 span 标签就不带有任何表现属性。所以 div 标签和 span 标签是常用的布局标签。

区分块级元素和行内元素最主要的作用是，在编写 CSS 代码时知道哪些属性是对行内元素不生效的。例如，设置行内元素的宽度、上下边距就不会生效。

9.3.2　CSS 布局方式：常规流

CSS 有 3 种基本的布局方式，分别是常规流、浮动和定位。所谓常规流（normal flow）是指页面元素按照所在 XHTML 文档的位置顺序排列的布局方式。在没有添加其他布局方式的情况下，页面遵循常规流的布局方式。以下示例中所有标签都没有添加任何布局方式，遵循常规流的布局，代码如下所示。

```
<!DOCTYPE html PUBLIC "-//W3C//DTD XHTML 1.0 Transitional//EN"
"http://www.w3.org/TR/xhtml1/DTD/xhtml1-transitional.dtd">
<html xmlns="http://www.w3.org/1999/xhtml">
<head>
<meta http-equiv="Content-Type" content="text/html; charset=utf-8" />
<title>常规流</title>
</head>
<body>
    <h1>h1</h1>
    <h2>h2</h2>
    <h3>h3</h3>
    <h4>h4</h4>
    <h5>h5</h5>
    <h6>h6</h6>
</body>
</html>
```

运行效果如图 9-27 所示。

图 9-27　常规流

分析：如图 9-27 所示，h1～h6 标签都是块级元素，按照垂直方式一个接一个地排列。在本示例的 XHTML 文档中，h1～h6 标签是顺序排列的。在页面上显示的顺序会和 XHTML 文档中元素排列的顺序一致。

第 10 章　关于整站样式表的分析

当整个网站的所有页面都使用 CSS 布局时，合理地制作页面结构、规划 CSS 样式表，将决定网站开发周期的长短和维护程度的难易。本章主要讲解怎样合理地重复利用样式，怎样合理地规划样式表的结构。同时也会讲解页面结构的扩展性问题。

通过本章的学习，重点要掌握规划样式表的方法、重复利用样式的技巧和简化页面结构的知识。

10.1　站点页面的分析

根据站点的大小不同，页面的差异情况不同，在制作站点时，规划样式表的方法也有所区别，下面分别进行讲解。

10.1.1　规划样式表的原则

使用样式表布局的主要目的是使页面的结构和表现相分离，而结构和表现相分离的目的是使得页面更加易于使用。所以规划样式表的主要原则就是使用方便。

首先，给每个页面定义独立样式表的方法，一定不是很好的方法。当然，网站中所有页面结构互相独立的站点除外。

因为每个站点都要有统一的风格，例如，页面头部的 logo、banner、导航部分和底部的版权信息等。同时，页面中字体选择、行高、链接样式等修饰部分也会基本相同。有些站点（除首页以外），其他的二级页面会保持同样的页面结构，特别是信息展示的网站，所以要尽量合理地重复使用样式。

但也不是重复的部分越多越好，因为为了显示每个页面与其他页面的不同之处，页面中很可能还要有自己独立的部分，也有可能某个部分的表现在过一段时间会更换，所以还要预先定义好独立的结构和样式。

10.1.2　规划样式表的方法

规划样式表的方法，根据不同站点的需要（以及不同团队和个人的习惯）并不一定相同。

1. 独立一个样式表

整个站点使用一个独立的样式表，适用于站点文件不多、页面一致性很好的站点。因为如果页面过多，同时又没有一致的表现效果，样式表就可能变得很大。虽然现在在站点中使用很大的图片文件已经很普遍了，但如果是流量很大的站点，还是会带来很大的收益。

同时，使用一个样式表，还可能会带来维护的问题。因为如果定义的样式很多，虽然在样式中使用了注释，也会给阅读带来影响。这个道理和计算机的磁盘分区类似。

2. 多个样式表

使用多个样式表的情况可能会比较复杂一点。根据各自的习惯和页面多少的不同，使用的分类方法也不相同。

当站点很大，例如，一个有很多栏目的站点，每个栏目有独立的色彩或者单独的风格，此时，就可以为每个栏目定义各自独立的样式文件。也可以根据子栏目中各个页面的不同，再定义各自的独立样式。但不建议每个页面都定义一个独立的样式，因为这样可能会使样式文件的结构过于复杂。

当站点比较小，页面不多，同时每个页面都会有各自独立的修饰时，也可以定义多个样式表来控制页面的表现。其中，可以在一个主要的样式中定义页面布局、字体、链接等公用的部分，然后在各自的样式中，定义独立的表现效果。这样做的主要目的是，将公用的表现和独立的表现分开，这样既便于站点统一风格的更改，也方便更改每个页面的独立部分。

10.1.3　实例的分析

下面看一个首页以外的二级页面的效果图，讲解一下怎样根据页面之间的区别和联系，更好地定义样式文件。下面是日志内容页面的显示效果，如图 10-1 所示。

图 10-1　日志内容页面的显示效果

从图 10-1 可以看出，此时页面与首页存在几个区别。其一是，此时页面中去掉了右侧的侧栏。因为整个页面的背景都是用背景图片的方法来实现的，所以此时要更换页面中的背景图片。

另一个区别是，页面的内容部分也与首页有很大的区别，主要是增加了几个输入文本的表单元素。

所以如果要制作日志内容页面，就要更改原来页面的布局结构。其中，banner、menu 和 footer 部分的结构可以保持不变。同样要添加新的样式，用来控制新添加的内容，同时要尽量利用首页定义的样式。

在 10.2 节中将详细讲解利用 main.css 中定义的公用样式的方法和添加独立样式的步骤。

10.2 站点二级页面的制作

根据 10.1.3 节中的分析，下面讲解日志内容页面和日志列表页面的详细制作方法。

10.2.1 日志内容页面结构的规划

首先要制作的就是页面的结构部分。从图 10-1 可以看出，此时页面头部、底部的内容完全没有变化。根据 CSS 布局的特点，页面的结构和表现相分离，所以不需要更改这两个部分的页面结构。需要更改结构的部分是页面的主体部分，也就是 main 元素所包含的部分。

首先，看一下内容部分与首页结构的主要区别。在首页中，使用的是两分栏的结构，在日志内容页中，只有内容部分而没有侧栏的导航部分，同时增加了评论的部分。下面看一下具体的制作步骤。

1．日志内容主体布局部分

这个部分是指日志内容和评论部分的父元素。这一部分的主要作用是从总体上控制主体内容的位置。其结构部分如下所示。

```
<div id="main">
      <div id="lookdiary">
      <div id="lookdiaryconent">
</div></div></div>
```

2．日志内容部分

这个部分也可以分为两个部分，一部分是日志分类，另一部分是日志内容。其中，日志内容部分可以使用首页相应的结构。这一部分的结构如下所示。

```
<div class="diaryclass">
  <div id="diaryclass_content">
     <a href="#">我的心情</a>
</div></div>

<div class="diary_list">
     <div class="diarytitle"> 2005-10-20 | fdsfads</div>
  <div class="diarycontent">我和我男朋友两个人都不会省钱，有钱的时候就不停的消费，我不知道我们俩什么时候才能长大，我们房租是三个月交一次的，每次到了交房租的时候就觉得，哎，怎么又没钱了，……，郁闷！什么时候才能学会不管什么时候消费都要有计划？狂郁闷……
我手机停机了，我都不想去充卡了，每天电话接着好烦的，没事还不如多看看书。
</div>
  <div class="diaryabout"><a href="@">评论 (0)</a>  | <a href="@">固定链接</a> |  <a href="@">类别 (闲时随笔) </a>|  发表于 15:44 </div> </div>
```

3. 评论部分制作

评论部分主要包括评论标题和几个输入框。其结构如下所示。

```
<div id="commentform">
  <form name="commentForm" method="post" action="#">
     <div class="help">您还未登录，只能匿名发表评论。或者您可以 <a href="#">登录</a> 后发表。</div>
       <div id="name">称      呼：
         <input type="text" name="name" id="id1" class="text" value="" size="30" />
           <span title="此项必须填写">*</span>
           </div>
       <div id="email">邮      箱：
         <input type="text" name="email" id="id2" class="text" value="" size="30" />
           </div>
       <div id="link">网站链接：
         <input type="text" name="link" id="id3" class="text" value="" size="30" />
           </div>
       <div id="remember">
         <input type="checkbox" name="remember" id="id4" />
           <span>记住我，下次匿名回复时不用重新输入个人信息</span>
             </div>
       <div class="commentcontent"><span>评论内容：</span>
        <textarea id="id5" name="commentcontent" rows="8" class="textarea"></textarea></div>
       <div class="comment_submit">
        <input type="submit" name="m" value="发表" class="button-submit" /><h4>*欢迎您来到我的家园来，也
非常感谢您的回复&gt;&gt;</h4>
            </div> </form>
 </div>
```

因为整个页面的内容部分将不会使用浮动元素进行可变内容的布局，所以在制作结构时，也就不用制作清除浮动元素。

10.2.2　日志内容页面 CSS 部分的制作

接下来制作页面的 CSS 部分。

1. 更换页面背景

首先要做的就是重新定义页面的背景。需要更改的背景包括 3 个部分，分别是 menu 部分、main 部分和 footer 部分。需要更换的背景和用来更换的背景分别如下所示。

导航部分原有图片如图 10-2 所示。

用来更换的图片如图 10-3 所示。

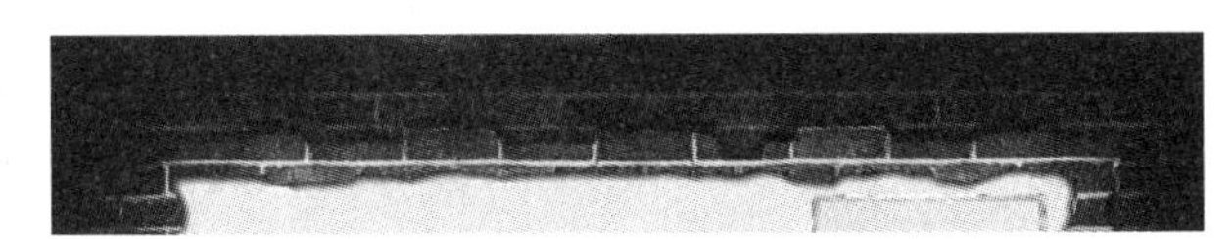

图 10-2　导航部分原有图片

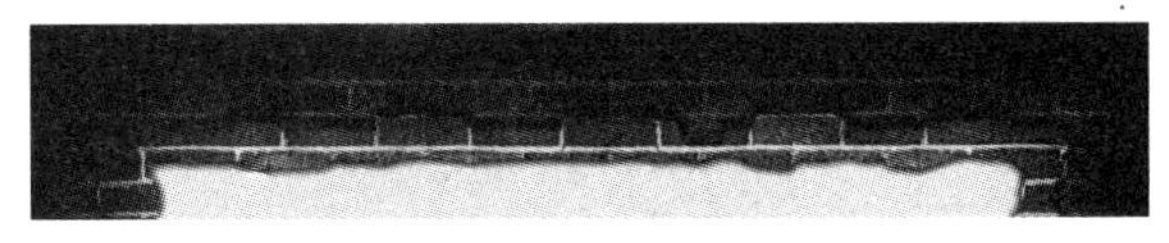

图 10-3　导航部分用来更换的图片

主体部分使用的原有图片如图 10-4 所示。

用来更换的图片如图 10-5 所示。

图 10-4　主体部分原有图片

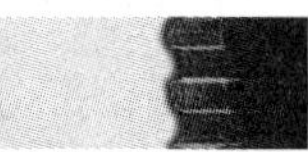

图 10-5　主体部分用来更换的图片

底部原有的图片如图 10-6 所示。

图 10-6　底部原有图片

用来更换的图片如图 10-7 所示。

图 10-7　底部用来更换的图片

其中使用的 CSS 代码如下所示。

```
#main {
      background-image: url(../images/lookdiary_main.jpg);}
#menu {
      background-image: url(../images/lookdiary_menu.jpg);}
#footer {
      background-image: url(../images/lookdiary_footer.jpg);}
```

注意： 一定要注意页面调用样式表的顺序，在前面的章节中曾经讲解过，同一个元素中使用相同的属性时，在CSS中会使用最后定义的属性值。

所以此时页面中调用 CSS 的语句，一定要如下所示。

```
<link type="text/css" href="style/main.css" rel="stylesheet" />
<link type="text/css" href="style/lookdiary.css" rel="stylesheet" />
```

代码中后一句调用的 lookdiary.css 就是日志内容页中独有的样式。

2．日志内容主体布局部分的 CSS

这一部分的样式对应页面主体部分的结构，主要定义内容的总体宽度和水平居中等，其具体代码如下所示。

```
#lookdiary{
      width:700px;
      margin:0 auto;}
```

在该样式中，定义了页面内容的居中显示，同时宽度为 700px。定义完以上样式后，页面相应的部分显示效果如图 10-8 所示。

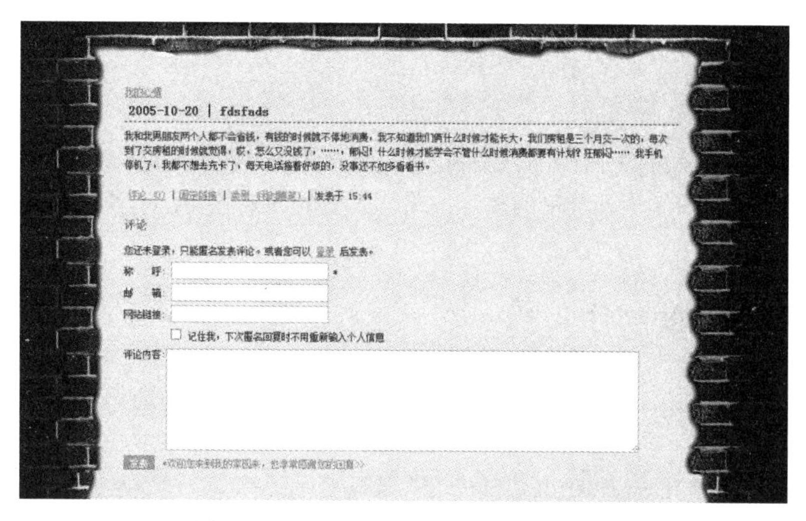

图 10-8　定义了背景和布局样式后的效果

从图 10-8 可以看出，此时由于日志内容部分使用了 main.css 中定义的样式，所以这个部分显示是正常的。主要的问题就是评论部分。其具体问题包括文本的颜色、各个表单之间的距离和表单的修饰等。为修正以上问题，按如下所示定义样式。

```
h3{
    font-size:14px;
    font-weight:bold;
    color:#f5651f;}
h4{
    display:inline;
    font-size:12px;
    font-weight:normal;
    color:#f5651f;}
.text{
    height:18px;
    width:200px;
    border:#9ba4a8 1px solid;}
.textarea{
    width:600px;
    border:#9ba4a8 1px solid;}
.button-submit{
    width:40px;
    height:18px;
    margin-right:10px;
    border:1px solid #999999;
    background:#9ba4a8;
    font-size:12px;
    color:#ffffff;}
.help,#name,#email,#link,#remember,.commentcontent{
    margin-bottom:5px;}
#remember{
    margin-left:56px;}
#remember span{
    padding-bottom:20px;}
```

```
.commentcontent span{
    display:block;
    float:left;}
```

该样式中 h3、h4 部分样式的作用是控制评论标题和欢迎文字的显示效果，text、textarea 和 buttom-submit 部分样式的作用是控制输入表单的显示效果，其他的样式主要作用是控制各个表单和文本之间的间隔。

10.2.3 日志列表页的制作

由于有了首页作为基础，日志列表页的制作就变得比较简单。首先依然看一下日志列表页面的效果图，如图 10-9 所示。

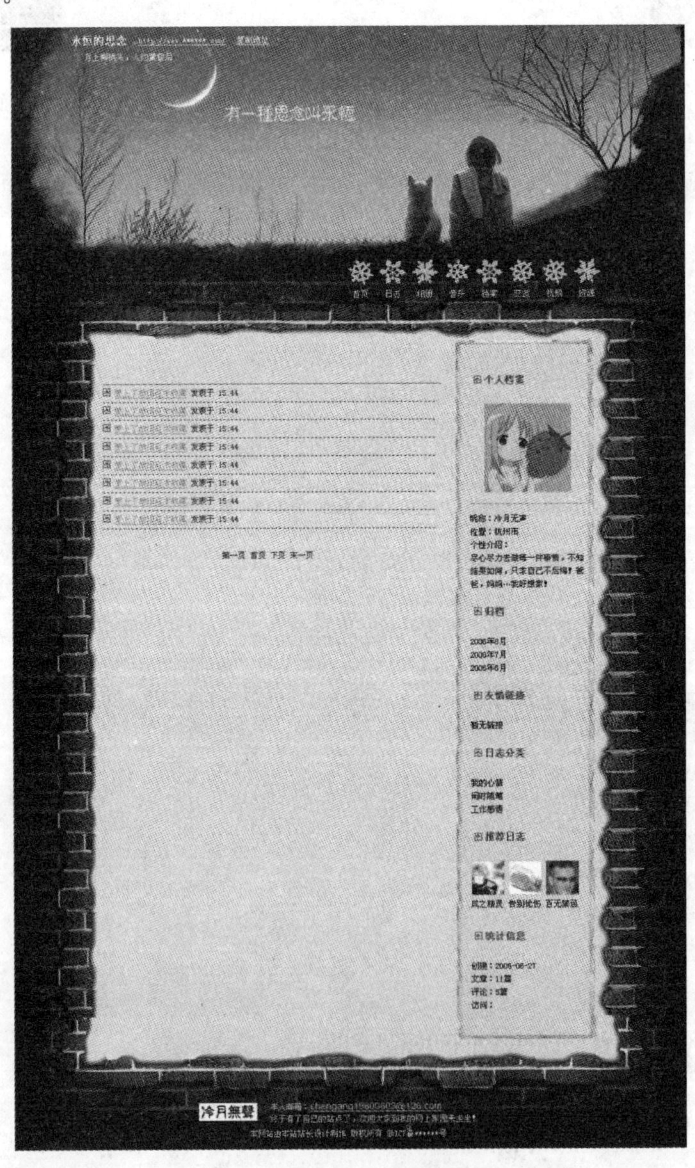

图 10-9　日志列表的效果图

从图 10-9 可以看出，日志列表页面中，只有内容部分与首页不同，所以将首页的日志内容部分更改为如下所示的结构。

```
<!--==========第一个日志内容开始==========-->

  <div class="diaryListcontent">
  <div class="diarylist">
     <ul>
     <li><img src="images/spacer.gif" alt="" class="arrow-up" /> <a href="@">爱上了故旧红木收藏</a>  发表于 15:44 </li>
     <li><img src="images/spacer.gif" alt="" class="arrow-up" /> <a href="@">爱上了故旧红木收藏</a>  发表于 15:44 </li>
     <li><img src="images/spacer.gif" alt="" class="arrow-up" /> <a href="@">爱上了故旧红木收藏</a>  发表于 15:44 </li>
     <li><img src="images/spacer.gif" alt="" class="arrow-up" /> <a href="@">爱上了故旧红木收藏</a>  发表于 15:44 </li>
     <li><img src="images/spacer.gif" alt="" class="arrow-up" /> <a href="@">爱上了故旧红木收藏</a>  发表于 15:44 </li>
     <li><img src="images/spacer.gif" alt="" class="arrow-up" /> <a href="@">爱上了故旧红木收藏</a>  发表于 15:44 </li>
     <li><img src="images/spacer.gif" alt="" class="arrow-up" /> <a href="@">爱上了故旧红木收藏</a>  发表于 15:44 </li>
     <li><img src="images/spacer.gif" alt="" class="arrow-up" /> <a href="@">爱上了故旧红木收藏</a>  发表于 15:44 </lI></ul>
  </div>
  <div class="page">第一页 首页 下页 末一页</div>
</div>

<!--==========日志重复内容结束============-->
```

注意：此时页面上的注释内容依然是首页的注释内容，目的是说明替换的结构所在的位置，在具体制作时，要将其更改为与内容相关的注释。

下面开始添加相关内容的样式。在没有添加样式之前，先看一下此时页面的显示效果，如图 10-10 所示。

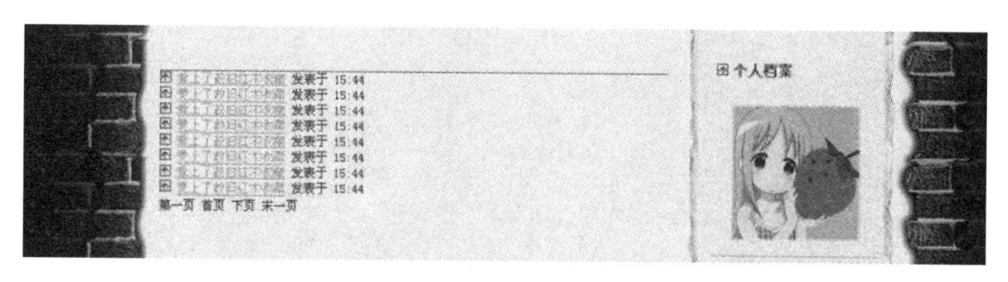

图 10-10 日志列表页的初始状态

从图 10-10 可以看出，此时存在的问题有几个方面：首先，列表之间的间距过小，其次，列表之间没有分隔的虚线，最后，分页文本没有水平居中，同时没有与列表内容分开一段距离。下面开始具体制作。

在页面的头部标签中，更改页面标题，同时添加引用新样式表的链接语句，如下所示。

```
<link type="text/css" href="style/diarylist.css" rel="stylesheet" />
```

开始编写 CSS 部分，首先定义列表部分的样式，如下所示。

```
.diarylist li{
    padding:5px 0 5px;                          /*使用补白属性定义列表的间隔*/
    border-bottom:1px dashed #333333;}          /*使用边框属性制作分隔的虚线*/
```

接下来定义分页部分的样式，其具体代码如下所示。

```
.page{
    padding-top:30px;                           /*使用补白属性定义与列表内容的间隔*/
    text-align:center;}                         /*使文本水平居中对齐*/
```

增加了以上代码后，日志列表页就制作完成了。将页面在 Firefox 浏览器中进行测试，其效果如图 10-11 所示。

图 10-11　页面在 Firefox 中的显示效果

从图 10-11 可以看出，此时存在的问题是，列表前面的修饰项目没有取消。从整个站点的显示效果来看，整个站点都不需要显示列表前面的修饰项目，所以可以在 main.css 中，一次取消所有的列表样式，增加的代码如下所示。

```
ul li{
  list-style:none;}
```

经过更改以后，页面在 Firefox 浏览器中显示正常了。这样日志列表页面就制作完成了。

第 11 章　关于标准的校验

当掌握了所有的 CSS 属性，并且可以使用 CSS 进行页面布局后，就需要知道制作的页面是否符合 Web 标准，这就需要用到标准的校验。

标准的校验分为两个部分：XHTML 校验和 CSS 校验。其中包括校验的方法、常见错误的分析、修正的方法以及实例页面的检验等。

通过本章的学习，重点要掌握标准校验的方法、常见错误以及修正的方法。

11.1　为什么要进行标准的校验

W3C 提供的在线校验服务，主要是针对 XHTML 和 CSS 代码中的语法错误，或者与标准有冲突的地方，进行校验的主要目的是验证代码中是否有语法错误。

如果使用标准以外的元素（或者属性）来制作页面效果，虽然页面能够正常显示，但也不能通过标准的校验。造成这种现象的原因有几个方面，一种是使用了某些浏览器自身定义的元素，例如，marqueen 元素等，还可能与浏览器的显示方式有关。因为浏览器对代码要求越宽泛，则越能兼容更多的页面。也就是说，浏览器都有一定的容纳错误的能力，但是标准中并不能容纳这些错误。这就是为什么即使页面显示正常时，依然会出现校验的问题。

同时，校验中只能显示语法上的错误，而无法显示出逻辑（或结构）上的错误。也就是说，只要没有语法的错误，即使完全不合理的制作方法，也一样可以通过校验。

所以标准的校验，其实主要就是进行语法的检查。通过了校验，也并不代表所制作的页面已经达到了标准的要求，也不意味着已经做到了页面的表现和结构相分离。

11.2　怎样进行标准的校验

关于进行标准的校验包括两个方面，一方面是标准校验的方法，另一方面是常见的错误的讲解。下面进行详细讲解。

11.2.1　XHTML 校验的方法

W3C 进行 XHTML 校验的官方网址是：http://validator.w3.org/。该页的显示效果如图 11-1 所示。

图 11-1 所示的页面中，3 个输入框分别是采用输入网址进行校验、通过上传文件进行校验和通过直接在文本框中输入代码来校验。下面分别讲解 3 种检验方法的使用。

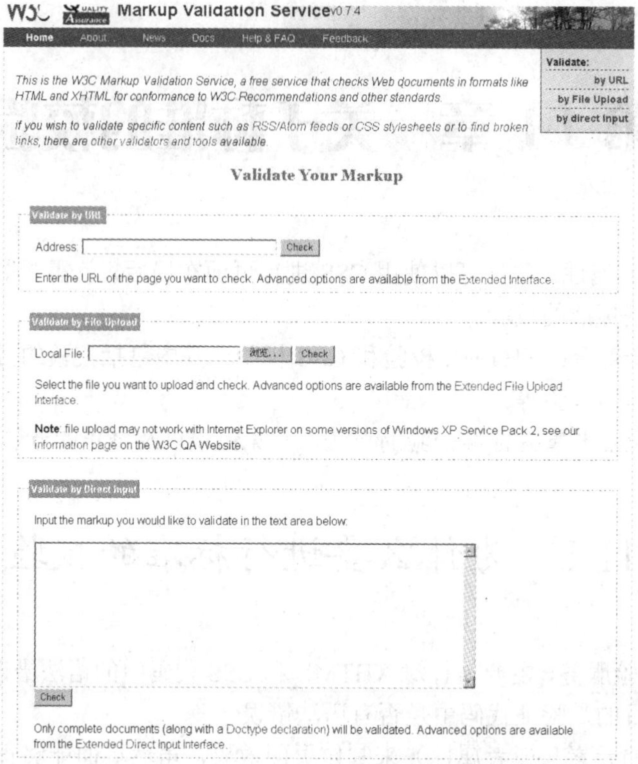

图 11-1　W3C 校验 XHTML 页面

1. 输入网址进行校验

可以在页面 address 后面的输入框中输入网址来进行校验。其中要注意的问题是，不要使用类似 www.163.com 这样的地址进行校验，如果直接输入这个地址，则显示结果如图 11-2 所示。

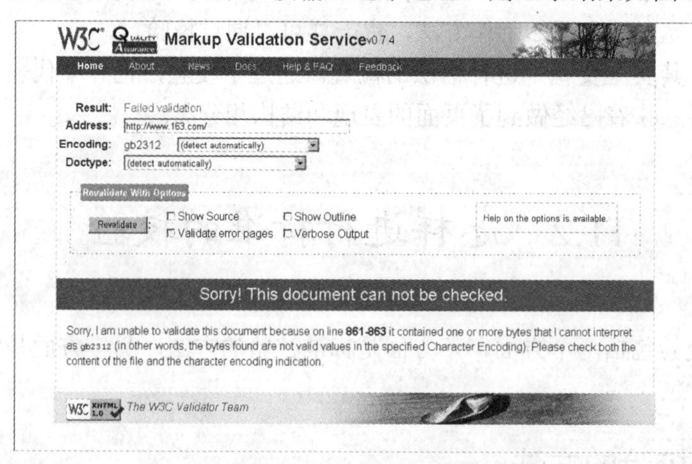

图 11-2　输入 www.163.com 后的显示结果

在 www.163.com 站点中，找到一个新闻内容页面，网址为 http://sports.163.com/06/1228/21/33F80FS100051CAQ.html。

将这个页面的地址输入地址栏，结果如图 11-3 所示。

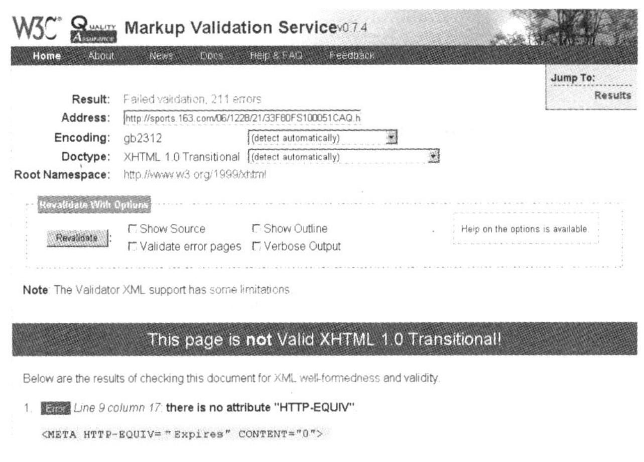

图 11-3　新闻内容页面的校验

页面的顶端显示的是错误的数量，下面显示了页面的编码、使用的页面声明等信息，还显示了页面中具体的错误信息和警告。

2．上传文件进行校验

如果制作的页面还没有具体的网址（或者正在制作之中），则可以通过上传文件的方式来进行校验。单击“浏览”按钮，打开如图 11-4 所示的对话框。

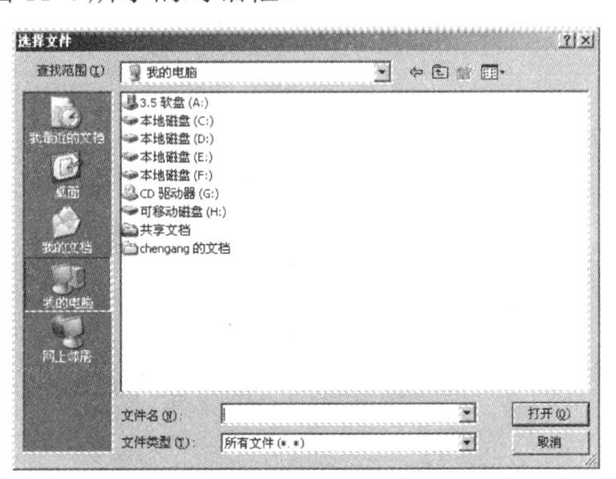

图 11-4　“选择文件”对话框

可以从弹出的对话框中选择本地的文件进行上传校验。

3．直接在文本框中输入代码来校验

如果想单独测试某些代码是否符合标准，就可以在输入框中添加相应的代码来测试。下面在输入框中添加如下所示的检验代码。

```
<div class=clear></div></div>
```

校验的结果如图 11-5 所示。

从页面的结果来看，首先，代码没有进行“文档类型”的声明，其次，代码有两个校验的错误，一是代码中属性没有加引号，另一个是含有未封闭的元素。

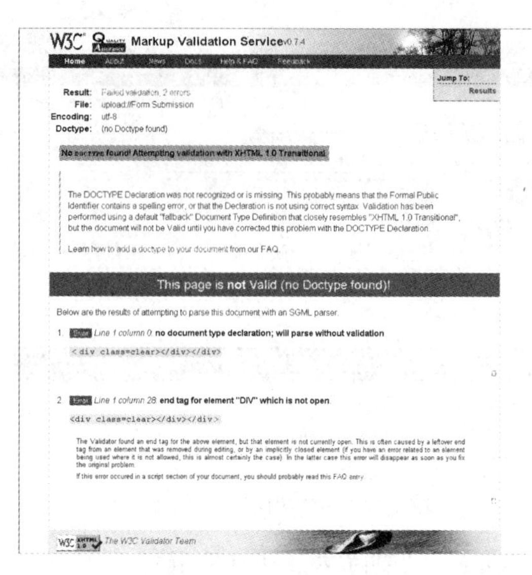

图 11-5　添加内容的校验结果

11.2.2　CSS 校验的方法

进行 CSS 校验的官方网址是：http://jigsaw.w3.org/css-validator/。这是一个中文的校验地址，所以不用过多地进行讲解。使用方法和 XHTML 校验基本相同，只是多了版本的选择。其页面效果如图 11-6 所示。

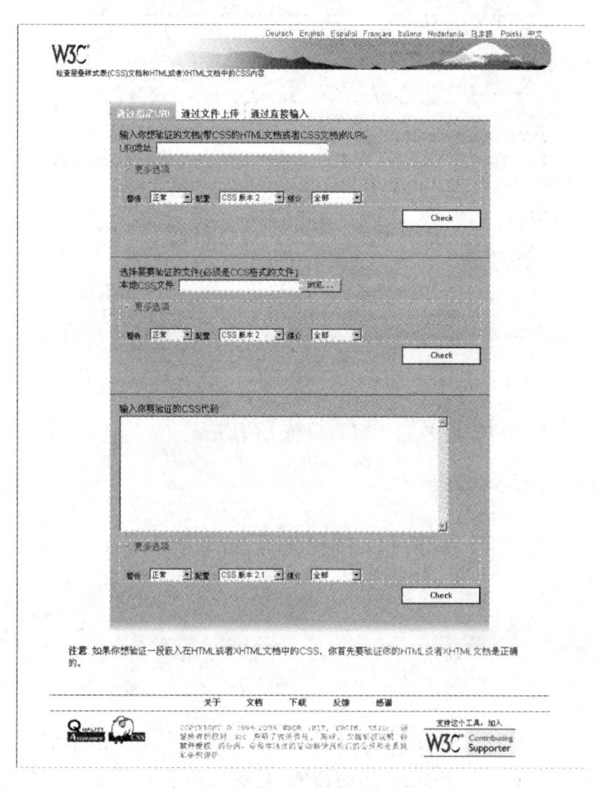

图 11-6　CSS 校验的页面

当 XHTML 代码通过校验之后，就会出现如图 11-7 所示的图标，当 CSS 代码通过校验之后，就会出现如图 11-8 所示的图标。

图 11-7　XHTML 校验成功后的图标

图 11-8　CSS 校验成功后的图标

11.2.3　XHTML 校验常见错误

XHTML 校验常见错误和 XHTML 语法结构的注意事项是相对应的，其中一些比较常见的错误如下所示。

☑　an attribute value specification must be an attribute value literal unless SHORTTAG YES is specified
属性值中没有加引号。

☑　end tag for element "h3" which is not open
某个结束元素，没有对应的起始元素。

☑　element "h" undefined
定义的某个元素不存在，也可能是使用了大写的写法引起的错误。

☑　required attribute "alt" not specified
图片元素没有定义 alt 值。

☑　end tag for "div" omitted, but OMITTAG NO was specified
元素没有封闭。

11.2.4　CSS 校验常见错误

CSS 校验常见错误相对简单一些，主要原因是 CSS 校验页是支持中文的，所以很多错误都可以按照提示进行修改。

☑　无效数字 : border cccccc 不是一个 color 值 : 1px solid cccccc
颜色值中没有使用“#”。

☑　font-family: 建议指定一个种类族科作为最后的选择
为了使文本能够在所有操作系统中正常显示，W3C 建议使用某个族类的字体作为字体的结束。

☑　无效数字 :border 1 不是一个 border-color 值
在定义长度值时，忘记加单位。

☑　没有为（前景）颜色设置背景色
这个是最常见的警告，因为标准中，建议每定义一个前景色（color），同时应该定义相应的背景色（background-color）。同时不能定义相同的前景色和背景色。

11.3　实例页面的校验

前面章节中制作的实例页面，在 3 个浏览器中都能够正常显示。下面通过上传文件，检测一下页

面的结构和样式能否通过校验。

11.3.1 实例首页的校验

下面将对本书中之前制作的实例进行校验。

1. XHTML 校验

XHTML 校验的结果页面如图 11-9 所示。

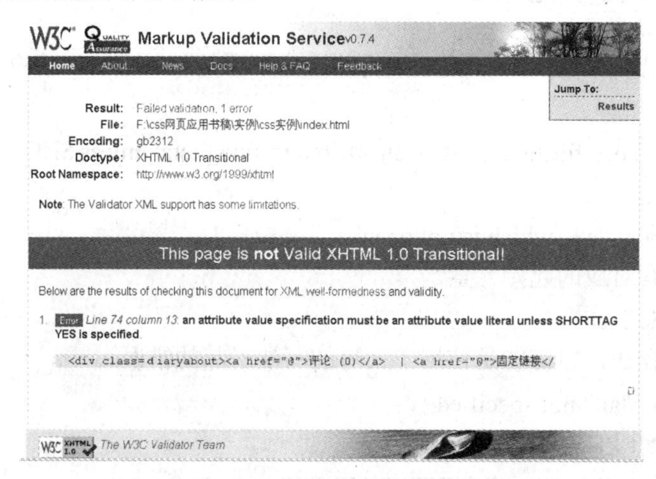

图 11-9 XHTML 校验的结果

从图 11-9 可以看出，在校验中存在一个错误，其原因在于 diaryabout 属性没有使用引号。更改后重新进行校验，结果如图 11-10 所示。

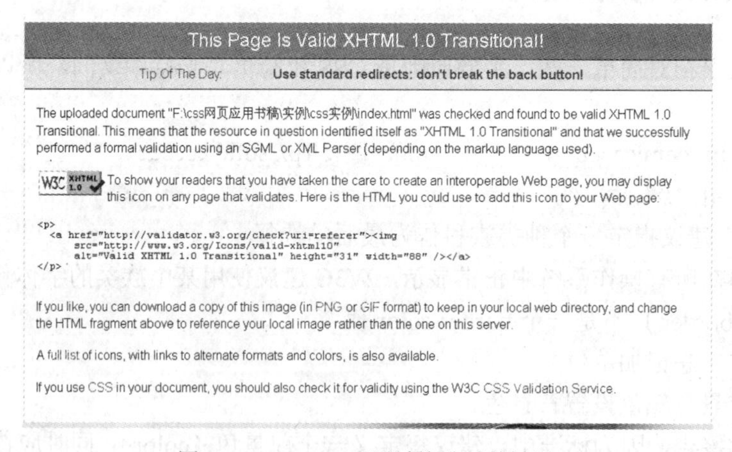

图 11-10 XHTML 通过校验后的效果

从图 11-10 可以看出，此时已经成功通过了 W3C 的 XHTML 校验。此时可以将通过校验的图标放置到自己网站相应的位置上。

2. CSS 校验

CSS 校验的结果，其中错误的部分如图 11-11 所示，警告的部分如图 11-12 所示。

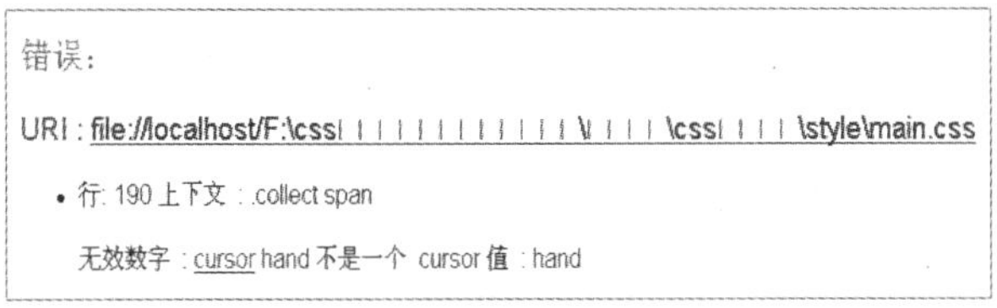

错误：

URI : file://localhost/F:\css\ ... \style\main.css

- 行: 190 上下文 : .collect span

  无效数字 : cursor hand 不是一个 cursor 值 : hand

图 11-11　CSS 校验中的错误部分

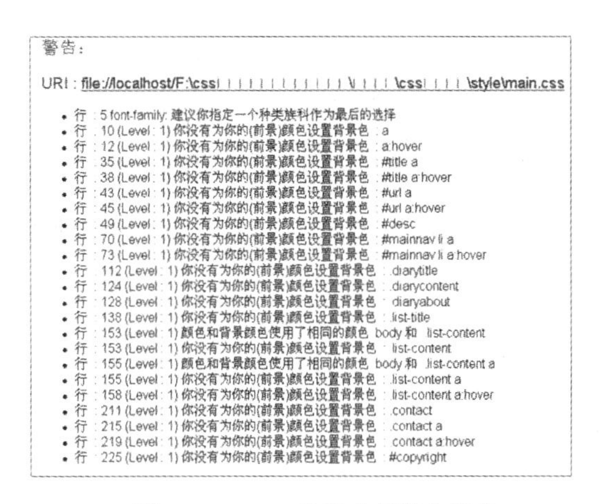

图 11-12　CSS 校验中的警告部分

在图 11-11 中，显示的错误的主要原因是 hand 这个值并不是 W3C 标准中可以使用的值，而是 IE 浏览器中私有的值，所以无法通过校验。

在讲解 cursor 属性时曾经讲解过，使用 pointer 值，在 IE 和 Firefox 中都能够显示为手的形状，所以可以通过更改 cursor 属性值为 pointer 解决这个问题。

图 11-12 中的警告部分主要提示两个问题，一个是字体的问题，另一个是关于背景色和前景色的问题。关于这两个问题，第一个可以使用在定义的字体结束的部分增加 sans-serif 来解决。关于第二个警告可以不用处理。

11.3.2　一个二级页面的校验

下面将对实例中制作的二级页面进行校验。

1．XHTML 校验

XHTML 校验的结果页面如图 11-13 所示。

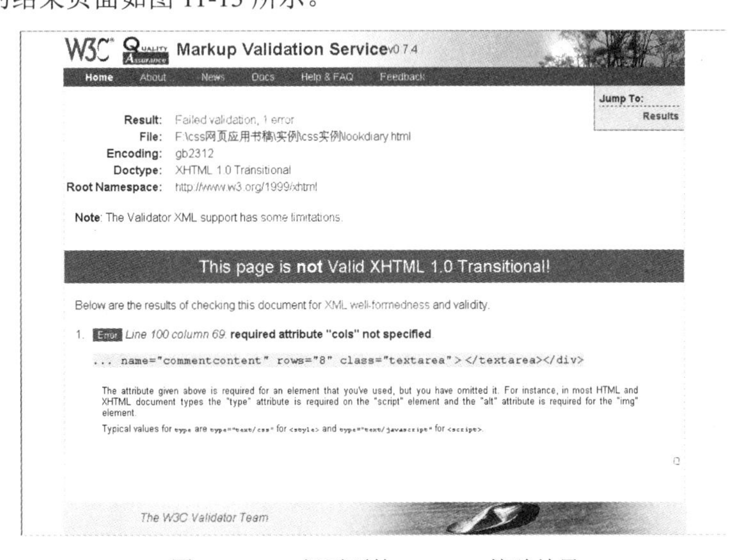

图 11-13　二级页面的 XHTML 校验结果

在校验结果的页面中详细指出了问题，同时指出了错误出现的位置。从图 11-13 可以看出，错误出现在页面的第 100 行，第 69 个字节的位置。其具体代码如下所示。

```
<textarea id="id5" name="commentcontent" rows="8" class="textarea"></textarea></div>
```

从提示的错误信息可以看出，此时出现错误是因为表单中没有定义 cols 属性造成的，所以添加如下代码。

```
cols="20"
```

通过以上修改后，页面的 XHTML 代码就可以通过校验。

2．CSS 校验

CSS 校验的结果页面如图 11-14 所示。

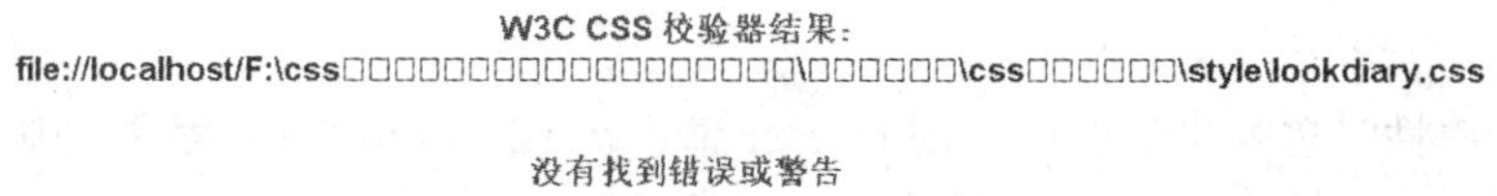

W3C CSS 校验器结果：
file://localhost/F:\css□□□□□□□□□□□□□□□□□□□□\□□□□□□\css□□□□□□\style\lookdiary.css

没有找到错误或警告

图 11-14　二级页面的 CSS 校验结果

第4篇　DIV+CSS 布局实例

第 12 章　DIV+CSS 页面布局设计

DIV 的页面布局优势在于布局灵活，便于维护，代码清晰，能实现加快网页解析的速度，缺点是浏览器可能不兼容，但是通过 CSS 和 JavaScript 都可以解决。下面就从准备工作到开始制作进行讲解。

12.1　页面布局的准备

页面布局的准备工作其实是为代码编写做规划，一个好的页面布局首先要有一个好的规划。

12.1.1　效果图的制作

效果图的制作主要采用 Photoshop 等制图软件，事先就页面的效果做出一个模型。本章的重点不是介绍制图软件的使用，这里不作赘述。下面就这个环节该如何操作给出一些参考意见。

（1）通过网上现有的模板进行修改。

（2）通过网上现有的相关网站进行模仿与修改。

（3）通过参考相关类似的网站布局获得设计灵感或自行思考，进行全新设计。

为了演示方便，这里采用网络资源进行模仿与修改。

首先，要找到合适的资源，针对页面内容进行筛选。这里就以百度新闻首页为例。如图 12-1 所示为根据百度新闻栏目修改并制作了一张页面布局效果图。

图 12-1　制作的效果图

注意：本截图（部分）摘自《百度新闻》首页，版权归百度公司所有。以后涉及相关网站的页面，则版权归其网站所有，本书是用来介绍相关技术。

12.1.2　框架的规划

有了效果图，网页的框架就可以在图上搭建起来。

1. 大框架的搭建

大框架一般以横向满屏、纵向分栏的方式搭建，如图 12-2 所示。这里一共将页面分成 8 个大栏目，在后面的 DIV 布局过程中，按照大框架先建立 8 个层，并预先给各层命名。在这个环节就要考虑好如何命名，不能在写代码时再命名，事先计划好能事半功倍。另外命名应尽量统一，很多朋友在命名时总是随便取，导致阅读和修改时都不方便，甚至出现重名现象，这都是编程习惯问题。中文、英文也应尽量统一，这里为了大家阅读方便，统一使用拼音命名，从上到下将顶部、头部、菜单、推荐、栏目 1、栏目 2、相关和底部，依次命名为“dingbu”、“toubu”、“caidan”、“tuijian”、“lanmu1”、“lanmu2”、“xiangguan”和“dibu”。

图 12-2　大框架的搭建

2．逐层搭建

（1）顶部“dingbu”层的搭建

顶部“dingbu”层内部只有“百度新闻无线版”、“百度首页”、“登录”和“注册”的超链接，所以不需要再次分层。观察可知：“dingbu”层的属性大小为 100%，文本右对齐。

（2）头部“toubu”层的搭建

头部“toubu”层本身的属性有：宽度 1000px；居中。

☑ 左右分层

如图 12-3 所示，在“toubu”层内部建立“头部左”和“头部右”两个图层，分别命名为“toubu_zuo”和“toubu_you”。经过前面的学习知道，要使两个层左右排列，需要设置层的 display 属性。具体设置如下。

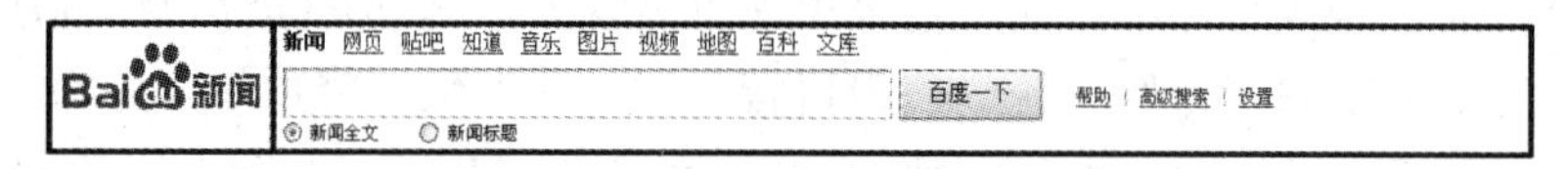

图 12-3　头部“toubu”层的左右分层

- toubu_zuo：display 属性为 block，宽度值经过测量为 150px，对齐方式 float 为 left。内部只有图片，所以不需要再次分层。
- toubu_you：对齐方式 float 为 left。观察可知内部还需要继续分层。

☑ 头部“toubu_you”层继续分层

如图 12-4 所示，在“toubu_you”层内部建立 3 个层，分别命名为“toubu_you_1”、“toubu_you_2”和“toubu_you_3”。

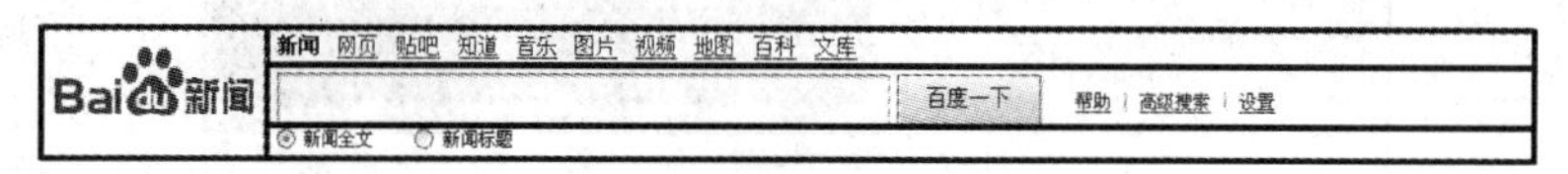

图 12-4　头部右“toubu_you”层的继续分层

至此，头部“toubu”层的搭建告一段落。

（3）菜单“caidan”层的搭建

菜单“caidan”层本身的属性有：宽度 1000px；居中；高度 45px。根据观察，内部不需要再次分层。

（4）推荐“tuijian”层的搭建

推荐“tuijian”层本身的属性有：宽度 1000px；居中。

☑ 左右分层

如图 12-5 所示，在“tuijian”层内部建立“推荐左”和“推荐右”两个图层，分别命名“tuijian_zuo”和“tuijian_you”。要使两个层左右排列，需要设置层的 display 属性。具体设置如下。

- tuijian_zuo：display 属性为 block，宽度值经过测量为 430px，高度值为 350px，对齐方式 float 为 left。内部存在上下两个栏目，所以需要再次分层。
- tuijian_you：对齐方式 float 为 right。观察可知内部一样需要分为上下两层。

☑ 推荐左“tuijian_zuo”层继续分层

如图 12-6 所示，在“tuijian_zuo”层内部建立上下两个层，分别命名为“tuijian_zuo_1”和“tuijian_zuo_2”。

图 12-5　推荐“tuijian”层的左右分层

图 12-6　推荐左“tuijian_zuo”层的继续分层

根据测量，上层分为 6 行，每个大标题的行高为 40px，小标题的行高为 22px，得出上部的高度为 186px；下层为 5 行，大标题行高为 40px，4 个小标题的行高都是 27px。

综合上下两行的高度为 334px，少于预先设置的 335px，这是正常的，不需要太精确，但是不能超过 335px，这是一个小细节。

☑　推荐右“tuijian_you”层继续分层

如图 12-7 所示，在“tuijian_you”层内部建立上下两个层，分别命名为“tuijian_you_1”和“tuijian_you_2”。

图 12-7　推荐右“tuijian_you”层的继续分层

根据测量，上层的宽度为 560px，高度为 305px。下层包含“滚动新闻”的标题和具体内容两层，所以在下层中继续建立两个层，并使用 CSS 类定义。类名为“tuijian_you_2_bt”和“tuijian_you_2_m”。具体设置如下。

- tuijian_you_2_bt：宽度 76px，行高 30px；背景色#e7e7e7，字体颜色#666666。
- tuijian_you_2_m：宽度 474px，padding-left:10px，行高 30px，背景色#fafafa。

推荐“tuijian”层至此分解搭建结束。

（5）栏目 1“lanmu1”层的搭建

栏目 1“lanmu1”层本身的属性有：宽度 1000px；居中。

☑ 上下分层

如图 12-8 所示，栏目 1“lanmu1”层存在标题，所以首先分成上下两层，分别命名为“lanmu1_shang”和“lanmu1_xia”。

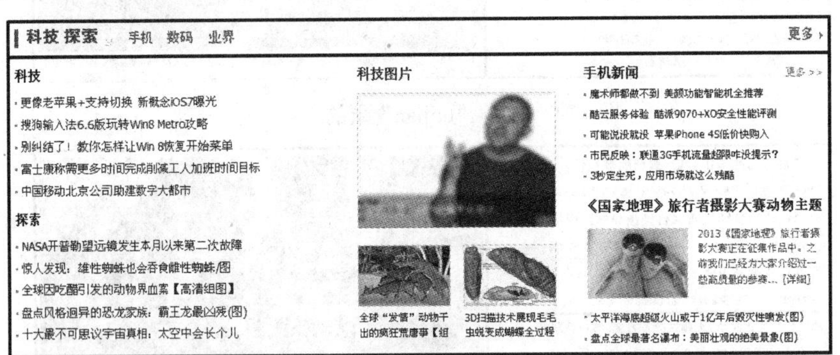

图 12-8 栏目 1“lanmu1”层的上下分层

☑ 逐层分解

上层采用 span 标签行内显示即可。下层内建立左、中、右 3 层，对应名称为“lanmu1_xia_zuo”、“lanmu1_xia_zhong”和“lanmu1_xia_you”，如图 12-9 所示。

图 12-9 栏目 1 下“lanmu1_xia”层的左中右分层

内部文字图片的排版，其实和框架的搭建已经没有多少联系，这里就不做更多的叙述，在后面的学习中会再提到。

（6）栏目 2“lanmu2”层的搭建

栏目 2“lanmu2”层本身的属性有：宽度 1000px；居中。

☑ 上下分层

如图 12-10 所示，栏目 2“lanmu2”层存在标题，所以首先分成上下两层，分别命名为“lanmu2_shang”和“lanmu2_xia”。

☑ 逐层分解

上一层采用 span 标签行内显示即可。下一层其实可以理解为 10 个层依次填充，这里不采用命名的方式，而采用类来制作。

如图 12-11 所示，“lanmu2”层中的 10 个层，每个层都由一张图片和一段文字组成，依次平铺即可。

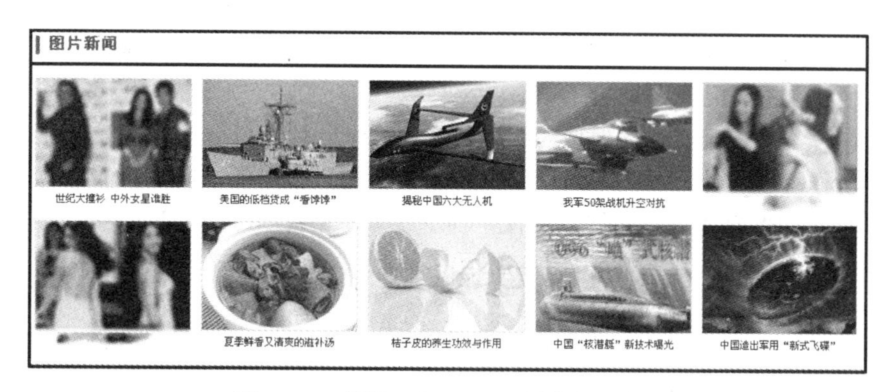

图 12-10　栏目 2“lanmu2”层的上下分层

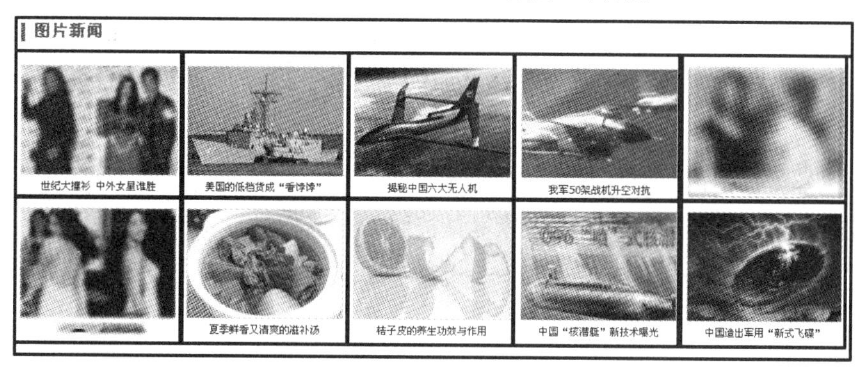

图 12-11　栏目 2“lanmu2”层的逐层分解

活用类来制作页面布局，可以去除大量的重复代码，也给二次开发提供了更多的开发空间，节省大量的时间，维护也会变得更加简单。

（7）相关“xiangguan”层的搭建

相关“xiangguan”层本身的属性有：宽度 1000px；居中。

☑　左右分层

如图 12-12 所示，顶部的边框不予考虑，因为可以通过 CSS 对“xiangguan”层的边框进行设置。根据内容可以分为 3 个层进行布局，分别命名为“xiangguan_zuo”、“xiangguan_zhong”和“xiangguan_you”。

层的排列在前面已有讲解，后面的代码中依然会进行一些描述，这里不再过多地强调。

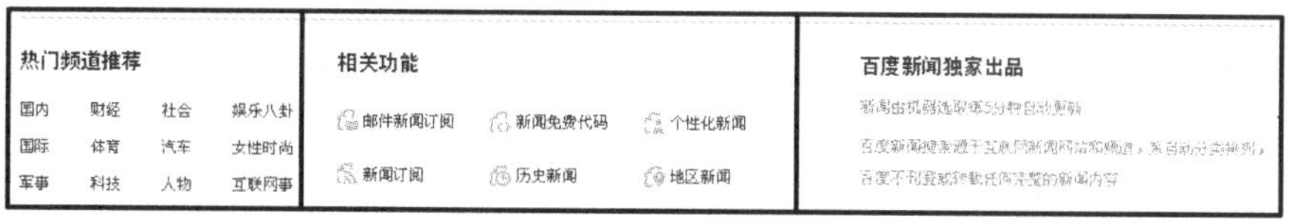

热门频道推荐
国内　财经　社会　娱乐八卦
国际　体育　汽车　女性时尚
军事　科技　人物　互联网事

相关功能
邮件新闻订阅　新闻免费代码　个性化新闻
新闻订阅　历史新闻　地区新闻

百度新闻独家出品

图 12-12　相关“xiangguan”层的左右分层

（8）底部“dibu”层的搭建

底部“dibu”层只有一行文字，不需要再进行分层。本身的属性有：宽度 1000px；居中。

12.1.3　布局图片的分离与制作

框架搭建完毕后，要对相关的修饰图片进行分离或者重新制作，采用的软件有 Photoshop 和

Fireworks 等，建议大家采用 Fireworks。相比较 Photoshop，Fireworks 对图片的输出做了大量的优化工作，导出的图片也比 Photoshop 制作的图片体积小许多。

传统的网页图片都是单个文件，大型的网站系统的系统图片甚至会达到几百张，对服务器的负担可想而知，CSS Sprites 技术应运而生，简单来说，CSS Sprites 技术就是把相关页面的一些小图片集中到一张图上，再通过 CSS 技术进行定位，这样，客户端只要加载一张图，对服务器来说只有一次读取操作，大大减少了服务器的负担。如图 12-13 所示，就是一张经过 CSS Sprites 技术处理后的图片。

图 12-13　CSS Sprites 技术处理后的图片示例

12.2　页面的制作

经过前期的准备工作，可以说整个页面已经呼之欲出，代码的编写几乎一路顺畅。不过，代码的编写中涉及更多的逻辑性，编写代码的过程应尽量按照如下过程进行。

12.2.1　框架代码的编写

按照前面的框架结构，首先编写大框架。

（1）打开 Dreamweaver，如图 12-14 所示，新建一个网页，修改标题、编码及文档类型。

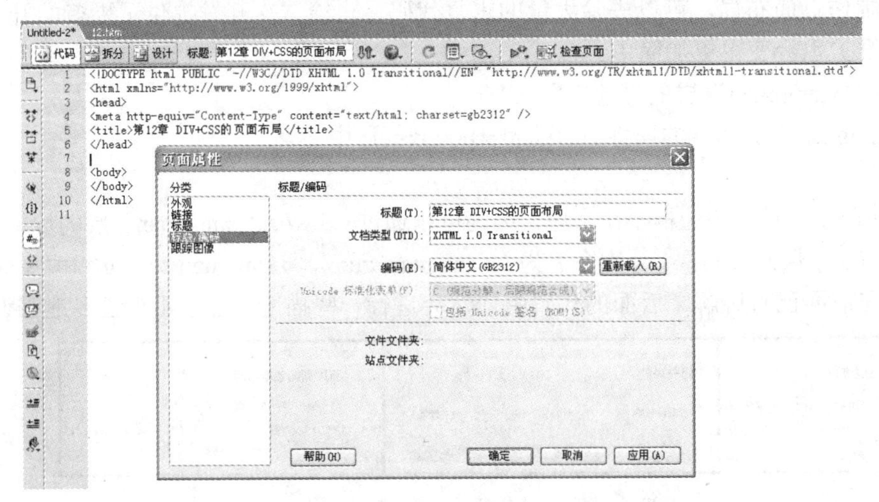

图 12-14　新建一个网页，修改标题、编码及文档类型

（2）链接外部 CSS 文件或者在文档内部编写 CSS 代码。

```
<head>
<meta http-equiv="Content-Type" content="text/html; charset=gb2312" />
<title>第 12 章 DIV+CSS 的页面布局</title>
<!--链接外部文件的 CSS 文件-->
<link rel="stylesheet" type="text/css" href="css.css" />
<style type="text/css">
```

```
<!--内部编写 CSS 代码-->
</style>
</head>
```

（3）编写大框架。

```
<body>
<div id="dingbu"></div>
<div id="body">        <!--这里要注意的是，因为下面的 7 层格式都一样，所以放到 body 层进行统一设置-->
    <div id="toubu">                                        <!--头部-->
        <div id="toubu_zuo"></div>                          <!--头部 左层-->
        <div id="toubu_you">                                <!--头部 右层-->
            <div id="toubu_you_1"></div>                    <!--头部 右层 第一行-->
            <div id="toubu_you_2"></div>                    <!--头部 右层 第二行-->
            <div id="toubu_you_3"></div>                    <!--头部 右层 第三行-->
        </div>
    </div>
    <div id="caidan"></div>                                 <!--菜单-->
    <div id="tuijian">                                      <!--推荐层-->
        <div id="tuijian_zuo">                              <!--推荐层 左层-->
            <div id="tuijian_zuo_1"></div>                  <!--推荐层 左层 第一行-->
            <div id="tuijian_zuo_2"></div>                  <!--推荐层 左层 第二行-->
        </div>
        <div id="tuijian_you">                              <!--推荐层 右层-->
            <div id="tuijian_you_1"></div>                  <!--推荐层 右层 第一行-->
            <div id="tuijian_you_2">                        <!--推荐层 右层 第二行-->
                <div class="tuijian_you_2_bt"></div>        <!--滚动新闻标题-->
                <div class="tuijian_you_2_m"></div>         <!--滚动新闻内容-->
            </div>
        </div>
    </div>
    <div id="lanmu1">                                       <!--栏目 1-->
     <div id="lanmu1_shang">                                <!--栏目 1 下第一行-->
          <h2></h2><div class="submenu"></div><span class="more"></span>
        </div>
        <div id="lanmu1_xia">                               <!--栏目 1 第二行-->
          <div id="lanmu1_xia_zuo"></div>                   <!--栏目 1 第二行下 左侧-->
            <div id="lanmu1_xia_zhong"></div>               <!--栏目 1 第二行下 中间-->
            <div id="lanmu1_xia_you"></div>                 <!--栏目 1 第二行下 右侧-->
        </div>
    </div>
<div id="lanmu2">                                           <!--栏目 2-->
    <div id="lanmu2_shang"></div>                           <!--栏目 2 第一行-->
        <div id="lanmu2_xia">                               <!--栏目 2 第二行-->
          <div class="lanmu2_xia_m"> </div>                 <!--栏目 2 第二行 内部 10 条图片新闻-->
          <div class="lanmu2_xia_m"></div>
          <div class="lanmu2_xia_m"> </div>
          <div class="lanmu2_xia_m"></div>
```

```
            <div class="lanmu2_xia_m"> </div>
            <div class="lanmu2_xia_m"></div>
            <div class="lanmu2_xia_m"> </div>
            <div class="lanmu2_xia_m"></div>
            <div class="lanmu2_xia_m"> </div>
            <div class="lanmu2_xia_m"></div>
          </div>
</div>
    <div id="xiangguan">                                       <!--相关层-->
        <div id="xiangguan_zuo"></div>                         <!--相关层 左侧-->
        <div id="xiangguan_zhong"></div>                       <!--相关层 中间-->
        <div id="xiangguan_you"></div>                         <!--相关层 右侧-->
    </div>
    <div id="dibu">                                            <!--底部层-->
</div>
</div>
</body>
```

12.2.2 内容代码的编写

内容代码比较简单，可以直接在代码中粘贴相关文字，如图 12-15 所示，加入相应的标签即可，或者通过可视化界面插入，如图 12-16 所示。插入内容代码后的篇幅比较大，这里就不全部展示。需要注意的是，通过可视化编辑状态输入内容，还是需要二次修改代码，在内容代码中一般不加入样式参数，在后面的 CSS 代码中统一修改。

```
<body>
<div id="dingbu"><a href=#>百度新闻无线版</a><a href=#>百度首页</a><a href=#>登录</a><a href=#>注册</a></div>
<div id="body">
    <div id="toubu">
        <div id="toubu_zuo"><img src="http://news.baidu.com/resource/img/logo_news_137_46.png" /></div>
        <div id="toubu_you">
            <div id="toubu_you_1">新闻 网页 贴吧 知道 音乐 图片 视频 地图 百科 文库</div>
            <div id="toubu_you_2"><input type="text" /> 帮助|高级搜索|设置</div>
            <div id="toubu_you_3"><input type="radio" />新闻全文<input type="radio" />新闻标题</div>
        </div>
    </div>
    <div id="caidan">首页 热点 国内 国际 军事 财经 互联网 体育 娱乐 女人 科技 房产 汽车 社会 游戏 教育 图片 人物 新闻名站
    </div>
    <div id="tuijian">
        <div id="tuijian_zuo">
            <div id="tuijian_zuo_1">
                <p class="tuijian_zuo_1_bt">[illegible]</p>
                <p>[illegible]</p>
                <p class="tuijian_zuo_1_bt">[illegible]</p>
                <p>[illegible]</p>
                <p class="tuijian_zuo_1_bt">[illegible]</p>
                <p>[illegible]</p>
            </div>
            <div id="tuijian_zuo_2">
                <p class="tuijian_zuo_2_bt">[illegible]</p>
                <ul>
                    <li>[illegible]</li>
                    <li>[illegible]</li>
                    <li>[illegible]</li>
                    <li>[illegible]</li>
                </ul>
            </div>
        </div>
        <div id="tuijian_you">
            <div id="tuijian_you_1">
                <img src="http://a.hiphotos.baidu.com/news/pic/item/[illegible].jpg" />
            </div>
            <div id="tuijian_you_2">
                <div class="tuijian_you_2_bt">滚动新闻</div>
                <div class="tuijian_you_2_m"><marquee scrollamount="2">[illegible]</marquee></div>
            </div>
        </div>
    </div>
    <div id="lanmu1">
```

图 12-15　代码层加入内容

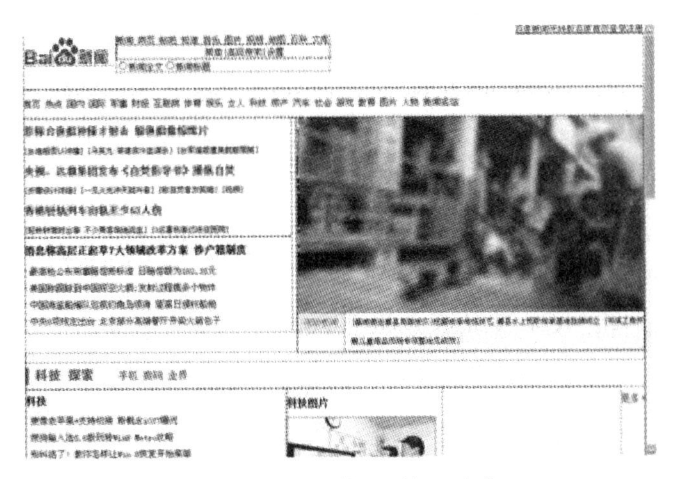

图 12-16　可视化界面加入内容

12.2.3　CSS 代码的编写

CSS 代码的编写前面已经提到，可以放置到外部 CSS 文件中，或者在“<head><style type=text/css>这里插入 CSS 代码</style></head>”标签中编写。

1. 插入公共元素代码

```
*{padding:0;margin:0;}
div {font-size:14px;}
```

“*”代表所有元素，这里为了排版时不出问题，把所有的间隔都设置为 0；div 是内置标签，为了方便，把默认文字的大小设置为大部分文字的大小。

2. 插入框架层 CSS 代码

```
#dingbu{width:100%;text-align:right;}
#body{width:1000px;margin-left:auto;margin-right:auto;}
```

从开始搭建框架时就知道，顶部“dingbu”层的宽度为 100%，居右，后面的 7 层大小都是固定为 1000px，居中。所以，为了方便，把后面的 7 层统一放置到父层（body）中，通过父层进行设置。当然，也可以不通过父层来设置。代码如下。

```
#toubu,#caidan,#tuijian,#lanmu1,#lanmu2,#xiangguan,#dibu{
width:1000px;margin-left:auto;margin-right:auto;
}
```

达到的效果是一样的，只不过思路有别罢了。

公共代码完成后，要单独编写各层的独立代码。

（1）头部“toubu”层代码

```
#toubu{height:83px;}
#toubu #toubu_zuo{width:150px;display:block;float:left;}
#toubu #toubu_you{float:left;}
```

头部层的高度设置为 83px；头部层里面的“toubu_zuo”层宽度为 150px，“toubu_you”层宽度为 850px，可设置，也可不设置；display 设置为 block 和 float 设置为 left 合用，可以达到让“toubu_zuo”层与“toubu_you”层左右排列的效果。需要注意的是，“toubu_you”层的 float 也必须设置，否则“toubu_you”层会单独成行，无法达到预定的效果。

（2）菜单“caidan”层代码

```
#caidan{line-height:45px;}
```

这里只需要设置行高就可以撑开菜单层的高度，可以省略 height:45px。

（3）推荐“tuijian”层代码

```
#tuijian{height:335px;}
#tuijian #tuijian_zuo{width:430px;display:block;float:left;}
#tuijian #tuijian_you{float:right;border:1px solid gray;}
```

推荐层的高度值为 335px；左层的宽度为 430px，前面提到过，要使层左右排列，需要设置 display 与 float 属性；右层的宽度可以省略，float 设置为右对齐的目的就很明显了，border 属性的设置为 1px 的灰色实线，达到添加边框的目的。

（4）栏目 1“lanmu1”、栏目 2“lanmu2”层代码

```
#lanmu1,#lanmu2{height:400px;clear:both;padding:15px 0 0 0;}
#lanmu1 #lanmu1_shang,#lanmu2 #lanmu2_shang{
line-height:40px;border-bottom:1px solid #f3f6f9;font-family:"黑体","微软雅黑";
}
#lanmu1 #lanmu1_xia,#lanmu2 #lanmu2_xia{height:360px;}
#lanmu1 #lanmu1_xia_zuo{width:420px;display:block;float:left;}
#lanmu1 #lanmu1_xia_zhong{width:250px;overflow:hidden;float:left;}
#lanmu1 #lanmu1_xia_you{width:310px;display:block;float:right;}
#lanmu2 #lanmu2_xia .lanmu2_xia_m{width:20%; display:block;float:left;margin-top:15px;}
```

栏目 1、栏目 2 的部分代码相同，所以一起写，用“,”隔开。clear 属性设置为 both 是指栏目的左右层没有其他元素，这样避免了下一层的内容会在本层显示的问题。

不同于 Windows XP，新一代的 Windows 操作系统下，黑体的名字发生了改变，为了解决这个问题，font-family 属性中设置第二字体，即如果系统中没有“黑体”存在，那么会使用“微软雅黑”字体。

“lanmu2”层内部的内容层宽度设置为 20%，保证一行显示 5 条内容；margin 属性的设置是为了使页面更美观。在 CSS 代码中，padding 是指内部距离，margin 指外部距离，活用这两个属性，可以更灵活地制作页面。

（5）相关“xiangguan”层的代码

```
#xiangguan{margin:0 auto 25px;border-top:1px solid #d0d4d9;}
#xiangguan #xiangguan_zuo,#xiangguan #xiangguan_zhong,#xiangguan_you{
border-top:1px solid #f3f6f9;padding-top:10px;clear:fixed;
}
#xiangguan ul{list-style:none;}
#xiangguan h4{
font-weight:normal;width:214px;height:43px;line-height:43px;overflow:hidden;font-size:16px;font-family:"微软雅黑","黑体",tahoma;color:#333;
}
```

```
#xiangguan a:link,#xiangguan a:visited{font-size:12px;color:#333;text-decoration:none;}
#xiangguan a:hover{font-size:12px;color:#333;text-decoration:underline;}
#xiangguan #xiangguan_zuo{float:left;width:250px;}
#xiangguan #xiangguan_zhong{float:left;width:400px;}
#xiangguan #xiangguan_you{float:right;width:325px;}
```

相关层设计的框架搭建代码并不多，但是里面涉及了文字的效果、超链接的效果等，需要细细琢磨，ul 标签和 h4 标签在前面的学习中也已经介绍过，这里不再强调。overflow 属性是指如果超过了容器的大小，内容该如何显示，这里设置为隐藏。

（6）底部“dibu”层代码

```
#dibu{width:1000px;font-size:12px;color:#737573;text-align:center;padding-top:5px;line-height:24px;margin-bott
om:25px;clear:both;}
```

这一层的代码基本都是针对美观和文本的，在练习的过程中，可以一句一句地加，体会每一句代码起到的效果。

3．插入内容 CSS 代码

```
<style type="text/css">
*{padding:0;margin:0;}
div {font-size:14px;}
#dingbu{width:100%;text-align:right;}
#body{width:1000px;margin-left:auto;margin-right:auto;}
#toubu{height:83px;}
#toubu #toubu_zuo{width:150px;display:block;float:left;}
#toubu #toubu_you{float:left;}

#caidan{height:45px;}
#caidan a,#caidan a:visited{line-height:40px;color:black;font-size:18px;
    border-bottom:3px solid #e7e7e7;display:block;float:left;text-decoration:none;padding:0 7px 0 6px;}
#caidan a:hover,#caidan a.selected{border-bottom:3px solid #6e7e97;}

#tuijian{height:335px;margin-top:5px;}
#tuijian #tuijian_zuo{width:430px;display:block;float:left;}
#tuijian #tuijian_you{float:right;border:1px solid gray;}

#tuijian #tuijian_zuo #tuijian_zuo_1{height:186px;}
#tuijian #tuijian_zuo #tuijian_zuo_1 .tuijian_zuo_1_bt{
    line-height:40px;font-size:16px;color:#990000;font-weight:bold;}
#tuijian #tuijian_zuo #tuijian_zuo_1 p{line-height:22px;font-size:12px;}

#tuijian #tuijian_zuo #tuijian_zuo_2{height:149px;}
#tuijian #tuijian_zuo #tuijian_zuo_2 .tuijian_zuo_2_bt{line-height:40px;font-size:16px;font-weight:bold;}
#tuijian #tuijian_zuo #tuijian_zuo_2 ul{list-style:none;}
#tuijian #tuijian_zuo #tuijian_zuo_2 li{
    padding-left:8px;line-height:27px;background:url(images12/top_bg.png) no-repeat left -272px;}

#tuijian #tuijian_you #tuijian_you_1{width:560px;height:305px;}
#tuijian #tuijian_you #tuijian_you_2{width:560px;height:30px;}
#tuijian #tuijian_you #tuijian_you_2 .tuijian_you_2_bt{
    width:76px;line-height:30px;display:block;background:#e7e7e7;float:left;text-align:center;color:#666666;}
```

```
#tuijian #tuijian_you #tuijian_you_2 .tuijian_you_2_m{
    width:474px;line-height:30px;display:block;padding-left:10px;background:#fafafa;float:left;font-size:12px;}

#lanmu1,#lanmu2{height:400px;clear:both;padding:15px 0 0 0;}
#lanmu1 #lanmu1_shang,#lanmu2 #lanmu2_shang{
    line-height:40px;border-bottom:1px solid #f3f6f9;font-family:"黑体","微软雅黑";}

#lanmu1 #lanmu1_shang h2,#lanmu2 #lanmu2_shang h2{
    border-left:5px  solid  #416c97;width:160px;display:inline;background:url(images12/top_bg.png)  no-repeat
right -680px;padding:0 20px 0 10px;color:#416c97;}
#lanmu1 #lanmu1_shang .submenu{display:inline;padding:0 10px 0 20px;color:#6e7e97;font-size:16px;}
#lanmu1 #lanmu1_shang .more{width:40px;float:right;
    background:url(images12/top_bg.png) no-repeat right -292px;color:#6e7e97;font-size:16px;}

#lanmu1 #lanmu1_xia,#lanmu2 #lanmu2_xia{height:360px;}
#lanmu1 #lanmu1_xia_zuo{width:420px;display:block;float:left;}
#lanmu1 #lanmu1_xia_zuo ul{list-style:none;}
#lanmu1 #lanmu1_xia_zuo h4 a{color:black;text-decoration:none;line-height:36px;font-size:16px;}
#lanmu1 #lanmu1_xia_zuo h4 a:hover{text-decoration:underline;}
#lanmu1 #lanmu1_xia_zuo li a{color:black;text-decoration:none;padding-left:8px;line-height:27px;
    background:url(images12/top_bg.png) no-repeat left -276px;}
#lanmu1 #lanmu1_xia_zuo li a:hover{text-decoration:underline;color:#990000;}

#lanmu1 #lanmu1_xia_zhong{width:250px;overflow:hidden;float:left;}
#lanmu1 #lanmu1_xia_zhong img{border:1px solid #666666;width:238px;height:158px;margin-bottom:20px;}
#lanmu1 #lanmu1_xia_zhong h4{line-height:45px;font-size:16px;}
#lanmu1 #lanmu1_xia_zhong .lanmu1_xia_zhong_1{
    float:left;display:inline;margin-right:13px;width:112px;height:110px;text-align:center;overflow:hidden;}
#lanmu1 #lanmu1_xia_zhong .lanmu1_xia_zhong_1 a{
    width:110px;text-decoration:none;display:block;font-size:12px;color:black;}
#lanmu1 #lanmu1_xia_zhong .lanmu1_xia_zhong_1 img{
    display:block;margin-bottom:10px;font-size:12px;width:110px;height:70px;border:1px solid #dcdcdc;}

#lanmu1 #lanmu1_xia_you{width:310px;display:block;float:right;}
#lanmu1 #lanmu1_xia_you h3{display:inline;line-height:47px;margin-top:10px;}
#lanmu1 #lanmu1_xia_you .more{width:60px;display:block;float:right;line-height:40px;}
#lanmu1 #lanmu1_xia_you ul{list-style:none;}
#lanmu1 #lanmu1_xia_you li{color:black;text-decoration:none;padding-left:8px;
    line-height:27px;background:url(images12/top_bg.png) no-repeat left -270px;}
#lanmu1 #lanmu1_xia_you .lanmu1_xia_you_1{font-size:12px;margin:10px 0 20px 0;}

#lanmu2 #lanmu2_xia .lanmu2_xia_m{width:20%; display:block;float:left;margin-top:15px;}
#lanmu2 #lanmu2_xia a{width:180px;text-align:center;display:block;
    margin-top:10px;font-size:12px;color:black;text-decoration:none;}
#lanmu2 #lanmu2_xia a:hover{text-decoration:underline;color:#990000;}
#lanmu2 #lanmu2_xia img{width:180px;height:130px;border:1px solid #e7e7e7;}

#xiangguan{margin:0 auto 25px;border-top:1px solid #d0d4d9;}
#xiangguan #xiangguan_zuo,#xiangguan #xiangguan_zhong,#xiangguan_you{
    border-top:1px solid #f3f6f9;padding-top:10px;clear:fixed;}
#xiangguan ul{list-style:none;}
#xiangguan h4{font-weight:normal;width:214px;height:43px;line-height:43px;
    overflow:hidden;font-size:16px;font-family:"微软雅黑","黑体",tahoma;color:#333;}
#xiangguan a:link,#xiangguan a:visited{font-size:12px;color:#333;text-decoration:none;}
```

```
#xiangguan a:hover{font-size:12px;color:#333;text-decoration:underline;}
#xiangguan #xiangguan_zuo{float:left;width:250px;}
#xiangguan #xiangguan_zhong{float:left;width:400px;}
#xiangguan #xiangguan_you{float:right;width:325px;}

.xiangguan_zuo_m{width:230px;border-right:1px solid #f4f6f9;overflow:hidden}
.xiangguan_zuo_m ul{width:250px}
.xiangguan_zuo_m ul li{width:56px;height:28px;line-height:28px;float:left}

.xiangguan_zhong_m{width:350px;overflow:hidden;border-right:1px solid #f4f6f9}
.xiangguan_zhong_m ul{width:400px}
.xiangguan_zhong_m ul li{width:100px;padding-left:20px;float:left;height:41px;line-height:41px}
.xiangguan_zhong_m ul li a{font-size:12px;color:#333}
.xiangguan_zhong_m ul li.center-01{background:url(images12/top_bg.png) no-repeat left 12px}
.xiangguan_zhong_m ul li.center-02{background:url(images12/top_bg.png) no-repeat left -171px}
.xiangguan_zhong_m ul li.center-03{background:url(images12/top_bg.png) no-repeat left -135px}
.xiangguan_zhong_m ul li.center-04{background:url(images12/top_bg.png) no-repeat left -100px}
.xiangguan_zhong_m ul li.center-05{background:url(images12/top_bg.png) no-repeat left -64px}
.xiangguan_zhong_m ul li.center-06{background:url(images12/top_bg.png) no-repeat left -27px}

#xiangguan_you .p1{width:325px;color:#999;font-size:12px}
#xiangguan_you .p2{width:325px;line-height:24px;color:#999;font-size:12px;margin-top:10px}

#dibu{width:1000px;font-size:12px;color:#737573;text-align:center;padding-top:5px;line-height:24px;margin-bott
om:25px;clear:both;}
#dibu .copyright,#dibu a{color:#77c;}
#dibu span{font-family:arial;}
a.cy:link,a.cy:visited,a.cy:active{color:#77c;font-size:12px;text-decoration:underline;}
</style>
```

经过以上步骤，页面已经基本制作完成，剩下的就是一些微调，大家视具体情况进行修改。如图 12-17 所示为预览效果。

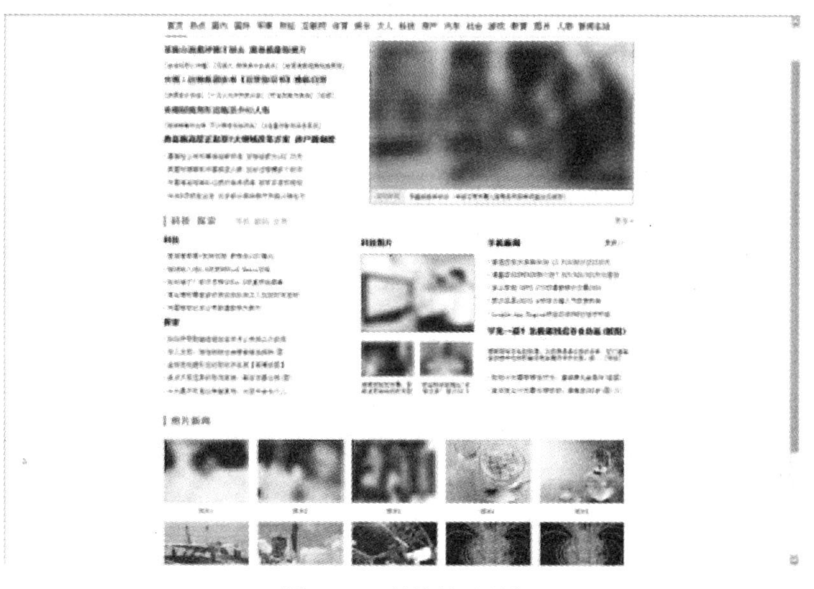

图 12-17　最终效果预览

第 13 章　新闻系统的页面布局

新闻系统的页面布局大概可以分为首页、栏目页、列表页和内容页 4 部分。下面就每个页面的制作进行分析。

13.1　新闻系统的页面分析

新闻系统是从互联网开始就一直存在的内容发布系统，可以说后来发展起来的论坛、博客等系统是建立在新闻系统的基础上发展起来的分类，而且一开始的新闻系统的模型也几乎成了制作网页的基础教程，无论网络如何发展，新闻系统的数据模型依然是主流。

- ☑ 首页：可以说是网站内容的一个大杂烩，几乎所有的栏目都有部分内容会在首页显示，当然还包括“推荐内容”、“最新更新”、“点击排行”和“回复排行”等排序的列表等。发展到今天，一些大型网站已经把首页变成了一个“推荐”内容的集合体。无论如何，首页依然是对网站的第一印象。
- ☑ 栏目页：栏目页其实是栏目的一个首页，当然也会有首页栏目的所有特征，只是其内容从整个网站内容变成了栏目的内容而已。从传统的新闻系统分析，一般会包含子栏目的内容列表。
- ☑ 列表页：列表页在传统的新闻系统中指的是子栏目或总栏目下的内容列表。相对于栏目页来说，列表页更像 Windows 系统中的资源管理器，只不过由于页面的关系，列表页一般会带有分页功能，当然也可能包含“推荐内容”、“点击排行”等相关数据。
- ☑ 内容页：内容页一般是指网站内容的详细呈现。按照内容的分类一般可有“文字+图片”、“纯图片”、“图文+影片或声音”、“纯影片或声音”等几种呈现方式。传统的新闻系统就是采用“文字+图片”的形式呈现。

经过以上介绍，大家对新闻系统的页面应该有了一个大概的了解，接下来将采用传统的新闻系统模型来练习。

13.2　新闻系统首页的设计

13.2.1　效果图的设计

如图 13-1 所示为用绘图软件制作好的效果图。

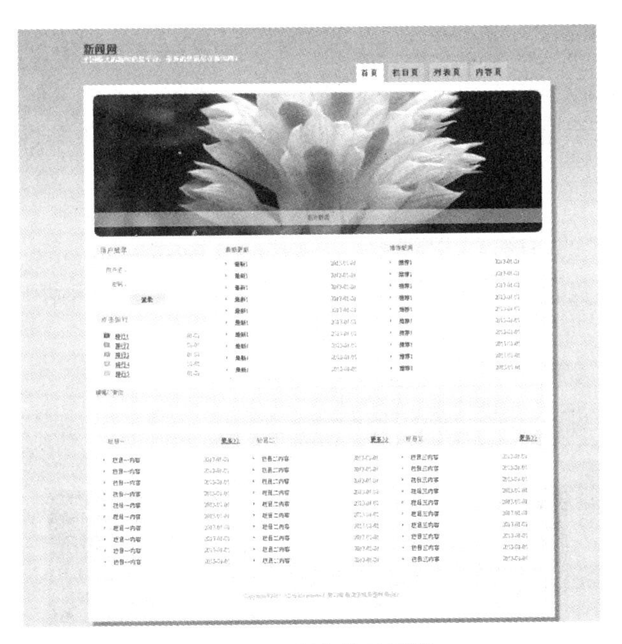

图 13-1　制作的效果图

13.2.2　框架的规划

有了效果图，网页的框架就可以根据图搭建起来。

1. 大框架的搭建

大框架一般以横向满屏、纵向分栏的方式搭建，如图 13-2 所示。这里从上到下将背景、标题、菜单、图片新闻、排行和用户登录及最新推荐、广告、栏目、底部，依次命名为“beijing”、“biaoti”、“caidan”、“tupianxinwen”、“paihang”、“guanggao”、“lanmu”、“dibu”。

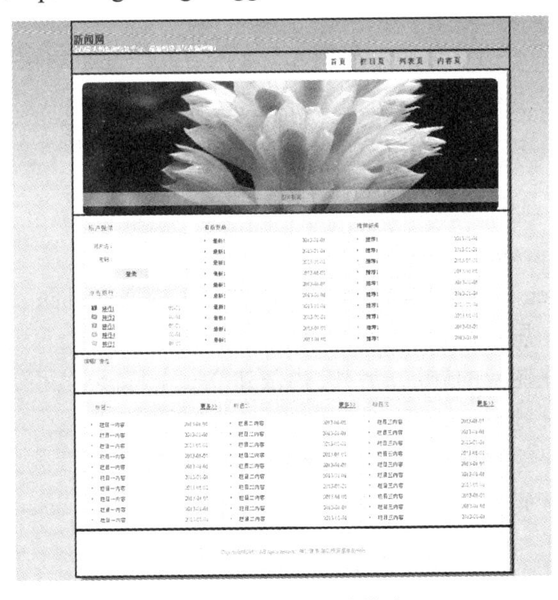

图 13-2　大框架的搭建

从效果图中可以看出，除了背景层、菜单层外，其余内容在一个层中，为了 CSS 代码编写的需要，把除了背景、菜单层以外的所有内容放到一个单独页面“yemian”层中，但是考虑到后面的浮动问题，在“yemian”层外再嵌套一个全部“all”层。这个环节不能省略。接下来进行逐层分解。

2．逐层搭建

（1）背景“beijing”层的搭建

背景“beijing”层内部包含背景图，因为标题层和背景层在整个网站中基本是固定的，所以把标题层嵌套到背景层中去。

背景层本身的属性有：宽度 100%；高度 400px（到纯颜色部分结束），如图 13-3 所示。

图 13-3　背景层的搭建

（2）标题“biaoti”层的搭建

标题“biaoti”层包含 logo 文字和说明文字，不需要单独分层，分别加上 h1 和 h3 标签即可。

宽度和下面的内容统一，都为 980px，层在页面上居中，h1 和 h3 标签左对齐即可，如图 13-4 所示。

图 13-4　标题层的搭建

（3）菜单“caidan”层的搭建

菜单“caidan”层本身的属性有：宽度 980px；高度 40px；文本右对齐；顶端上移 320px；左右间距 15px。根据观察，内部不需要再次分层。采用 ul/li/a 的方式搭建菜单层。整个菜单 ul 居右，右外间距 50px，如图 13-5 所示。

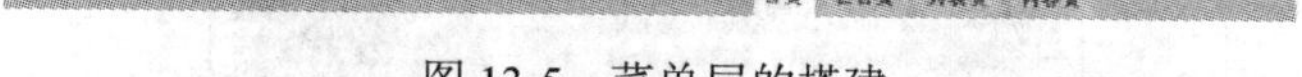

图 13-5　菜单层的搭建

（4）图片新闻“tupianxinwen”层的搭建

从图片新闻“tupianxinwen”层开始，下面的大框架层都内嵌在页面“yemian”层中，所以可以省略一些基本属性，例如宽度、居中等。

图片新闻层本身只是一张图片的展示，另外，内部建立一个标题层。图片的切换可以通过 JavaScript 控制，这不是本节的重点，此处不再讲解。

图片新闻里的标题层有一些属性要注意：透明度和位置的控制。

关于透明度，来看一段代码。

```
filter:alpha(opacity=50);        /*IE 滤镜，透明度 50%*/
-moz-opacity:0.5;                /*Firefox 私有，透明度 50%*/
opacity:0.5;                     /*其他，透明度 50%*/
```

为了方便控制，一般都是建立一个透明类，在内容中调用。

位置控制有两种方法，一种是通过相对位置来控制，另一种是通过绝对位置来控制。

相对位置指的是相对于前面一个内容的位置，如图 13-6 所示。

图 13-6　图片新闻层的搭建

正常情况下，文字层搭建好仅会显示在图片的下面，现在为了显示到图片上，把 margin-top 即上面的外距离调整到-50px，这样即可达到效果。

绝对位置指的是相对于父容器的位置，这里如果将文字层设置为绝对位置（absolute），那么文字层就显示在图片的左上角，同样地，设置 margin-top 为 250px，也能达到同样的效果。

使用相对位置，可能会对其他层产生影响，而绝对位置不会影响其他层，但是相对位置的使用比较简单，容易控制，对于新手，建议大家使用相对位置。

（5）排行、用户登录、最新推荐“paihang”层的搭建

如图 13-7 所示，首先进行左右分层，左侧为“用户登录”和“点击排行”，宽度为 25%，左浮动；右侧为“最新更新”和“推荐新闻”，宽度为 74%，右浮动。这里留下 1%是线条宽度和 margin 的宽度；也可以不用百分比的形式，而是采用精确 px 值控制。

图 13-7　排行、用户登录、最新推荐层的搭建

继续进行左侧分层，左侧为上下分层，可以继续采用盒子的形式分层，也可以单独分层，这里采用单独分层，用户登录的标题、内容、排行的标题、内容分 4 层。横向宽度自动设置，显示为 block 时自动扩充到整行。

最后进行右侧分层，左右两层宽度相同，本来都应该是 50%宽度，这里给线条和外边距留下 1%，设置为 49%即可。也可以测量一下 px 值，进行精确控制。右侧继续分标题和内容上下两层。

（6）广告“guanggao”层的搭建

广告层中只要设置好大小，并插入广告代码即可，如果不想发生超出框的情况，可以设置 overflow 属性为 hidden。这里宽度都是自动的，所以，只要设置高度为 80px 即可，如图 13-8 所示。

图 13-8　广告层的搭建

（7）栏目“lanmu”层的搭建

如图 13-9 所示，栏目层分 3 列，平均分配即可。

图 13-9　栏目层的搭建

可以把 3 个栏目理解为 3 个盒子，每个盒子里再分标题和内容上下两层。和前面一样，可以设置 33.3%或者精确到像素，前面已经讲解过百分比的使用，这里就不再使用百分比了，而是采用精确像素宽度 322px。因为左右有 2px 的 margin（外边距），所以比预定的 1/3 要小一点，在预览时微调即可。

（8）底部“dibu”层的搭建

底部“dibu”层里面只有一两行文字，所以只要一个层就可以了。

13.2.3　布局图片的分离与制作

框架搭建完毕后，要对相关的修饰图片进行分离或者重新制作，如图 13-10 所示。

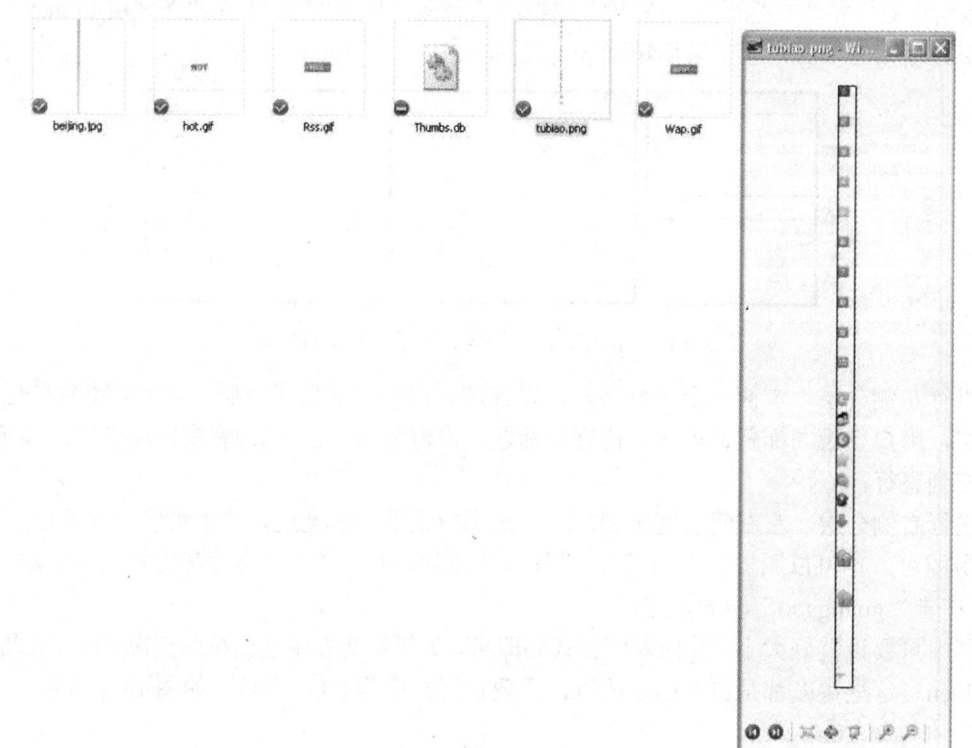

图 13-10　使用到的图片和 CSS Sprites 图片

有一些图片不适合做到一起就没必要强求做在一起，特别是一些 GIF 动画等。

13.2.4　框架代码的编写

按照前面的框架结构，首先编写大框架。

（1）打开 Dreamweaver，如图 13-11 所示，新建一个网页，修改标题、编码及文档类型。

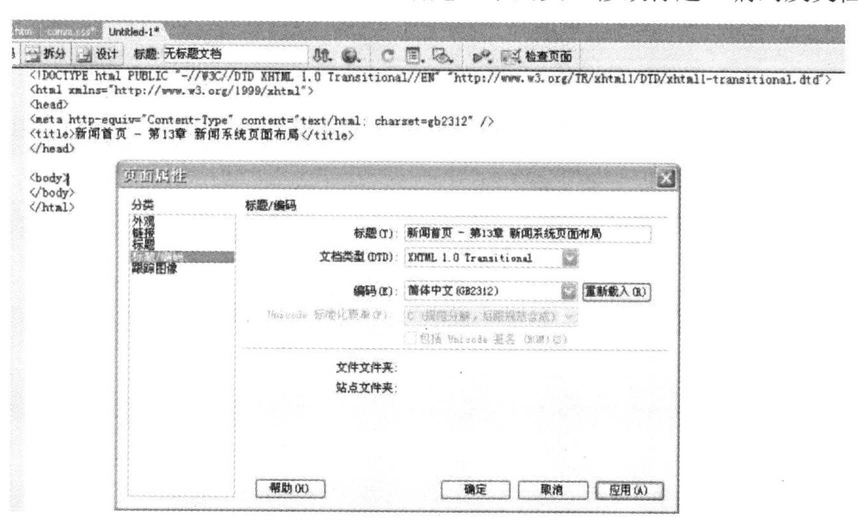

图 13-11　新建一个网页，修改标题、编码及文档类型

（2）链接外部 CSS 文件或者在文档内部编写 CSS 代码。

```
<head>
<meta http-equiv="Content-Type" content="text/html; charset=gb2312" />
<title>新闻首页 - 第 13 章 新闻系统页面布局</title>
<!--链接外部文件的公用 CSS 文件-->
<link rel="stylesheet" type="text/css" href="comm.css" />
<style type="text/css">
<!--内部编写 CSS 代码-->
</style>
</head>
```

（3）编写大框架。

```
<body>
<div id="beijing">                                                          <!-- 背景层-->
      <div id="biaoti"></div>                                               <!-- 标题层 -->
</div>
<div id="caidan">                                                           <!-- 菜单层 -->
</div>
<div id="all">                                                              <!-- 剩下全部层的边框 -->
     <div id="yemian">                                                      <!-- 剩下全部层 -->
          <div id="tupianxinwen" class="tupianxinwen"></div>                <!-- 图片新闻层 -->
          <div id="paihang" class="dakuang" style="height:300px;">          <!-- 排行层 -->
               <div id="paihang_zuo">                                       <!-- 排行层左侧 -->
               </div>
               <div id="paihang_you">                                       <!-- 排行层右侧 -->
```

```
                <div class="paihang_you_hezi">                               <!-- 最新层 -->
                </div>
                <div class="paihang_you_hezi">                               <!-- 推荐层 -->
                </div>
            </div>
        </div>
        <div id="guanggao" class="dakuang" style="height:80px;background:#eee;"></div>   <!--广告层-->
        <div id="lanmu" class="dakuang" style="height:300px;">               <!--栏目层-->
            <div class="lanmu31">                                             <!--栏目一-->
            </div>
            <div class="lanmu31">                                             <!--栏目二-->
            </div>
            <div class="lanmu31">                                             <!--栏目三-->
            </div>
        </div>
        <div id="dibu" class="dakuang"><div class="copyright"></div></div>      <!--底部-->
    </div>
</div>
</body>
```

13.2.5 内容代码的编写

内容代码的编写比较简单，可以直接在代码中输入相关文字，如图 13-12 所示，加入相应的标签即可，或者通过可视化界面插入，如图 13-13 所示。插入内容代码后的篇幅比较大，这里就不全部展示。需要注意的是，通过可视化编辑状态输入内容，还是需要二次修改代码，在内容代码中一般不加入样式参数，在后面的 CSS 代码中统一修改。这里推荐大家统一使用代码添加。

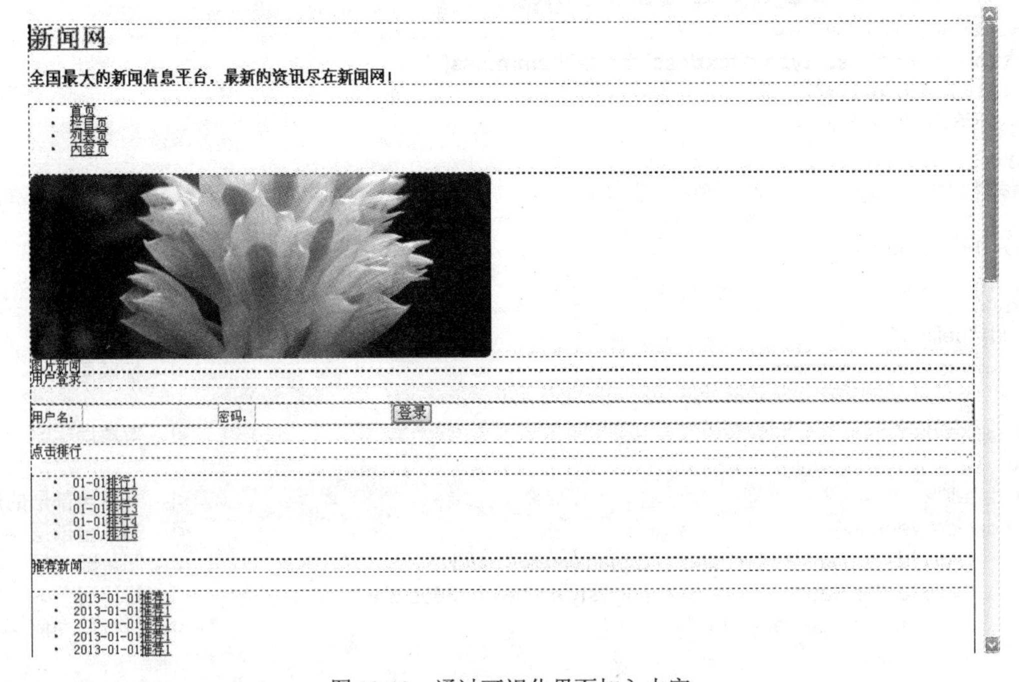

图 13-12 通过可视化界面加入内容

```
32 <div id="beijing">
33     <div id="biaoti"><h1><a href=#>新闻网</a></h1><h3>全国最大的新闻信息平台，最新的资讯尽在新闻网！</h3></div>
34 </div>
35 <div id="caidan"><ul><li><a href="首页模板.htm" class="xuanzhong">首页</a></li><li><a href="栏目页模板.htm">栏目页</a></li>
36 <li><a href="列表页模板.htm">列表页</a></li><li><a href="内容页模板.htm">内容页</a></li></ul>
37 </div>
38 <div id="all">
39 <div id="yemian">
40     <div id="tupianxinwen" class="tupianxinwen"><img src=content/01.jpg /><div class="tupianxinwen_bt touming50">图片新闻</div></div>
41     <div id="paihang" class="dakuang" style="height:300px;">
42         <div id="paihang_zuo">
43             <div class="xiaohezi_bt">用户登录</div>
44             <div class="xiaohezi_nr"><form name="form1" enctype="multipart/form-data" id="form1" method="post"><label>用户名：</label><input type=
"text" name="user" /><label>密码：</label><input type="password" name="pass" /><input class="tijiao" type="submit" value="登录" /></form></div>
45             <div class="xiaohezi_bt">点击排行</div>
46             <div class="xiaohezi_nr"><ul>
47             <li class="li1"><span>01-01</span><a href=#>排行1</a></li>
48             <li class="li2"><span>01-01</span><a href=#>排行2</a></li>
49             <li class="li3"><span>01-01</span><a href=#>排行3</a></li>
50             <li class="li4"><span>01-01</span><a href=#>排行4</a></li>
51             <li class="li5"><span>01-01</span><a href=#>排行5</a></li></ul></div>
52         </div>
53         <div id="paihang_you">
54             <div class="paihang_you_hezi">
55                 <div class="paihang_you_bt">推荐新闻</div>
56                 <div class="paihang_you_nr"><ul><li><span>2013-01-01</span><a href=#>推荐1</a></li><li><span>2013-01-01</span><a href=#>推荐1</a>
</li><li><span>2013-01-01</span><a href=#>推荐1</a></li><li><span>2013-01-01</span><a href=#>推荐1</a></li><li><span>2013-01-01</span><a href=#>
推荐1</a></li><li><span>2013-01-01</span><a href=#>推荐1</a></li><li><span>2013-01-01</span><a href=#>推荐1</a></li><li><span>2013-01-01</span><a
href=#>推荐1</a></li><li><span>2013-01-01</span><a href=#>推荐1</a></li><li><span>2013-01-01</span><a href=#>推荐1</a></li></ul></div>
57             </div>
58             <div class="paihang_you_hezi">
59                 <div class="paihang_you_bt">最新更新</div>
60                 <div class="paihang_you_nr"><li><span>2013-01-01</span><a href=#>最新1</a></li><li><span>2013-01-01</span><a href=#>最新1</a></li>
<li><span>2013-01-01</span><a href=#>最新1</a></li><li><span>2013-01-01</span><a href=#>最新1</a></li><li><span>2013-01-01</span><a href=#>最新1</
a></li><li><span>2013-01-01</span><a href=#>最新1</a></li><li><span>2013-01-01</span><a href=#>最新1</a></li><li><span>2013-01-01</span><a href=#>
最新1</a></li><li><span>2013-01-01</span><a href=#>最新1</a></li><li><span>2013-01-01</span><a href=#>最新1</a></li></div>
61             </div>
```

图 13-13　通过代码加入内容（推荐）

13.2.6　CSS 代码的编写

CSS 代码的编写前面已经讲解过，可以放置到外部 CSS 文件中，或者在“<head><style type=text/css>这里插入 CSS 代码</style></head>”标签中编写。

1. 插入公共元素代码

```
*{padding:0;margin:0;}
body{background:#dedede;font-size:12px;color:#666;}img{border:0;}
#all{margin:0 auto;width:980px;}
ul,ol{list-style:none;}li{float:left;list-style:none;}li span{float:right;margin-right:15px;}
a,a:link,a:visited{color:#333;text-decoration:underline;}
a:hover{color:#000;text-decoration:none;font-weight:bold;}
input{border:1px solid #eee;}
input:focus{border:1px solid #6cf;}
.touming50{filter:alpha(opacity=50); /*IE 滤镜，透明度 50%*/
-moz-opacity:0.5; /*Firefox 私有，透明度 50%*/
opacity:0.5;/*其他，透明度 50%*/}
.f_left{float:left;}
.f_right{float:right;}
.rss{padding:10px 5px 0 0;}
#yemian .dakuang{border:1px solid #eee;margin:10px 0 0 0;float:left;display:block;width:100%;}
#yemian .konghang{width:100%;height:10px;clear:both;}
```

“*”代表所有元素，这里为了排版时不出问题，把所有的间隔都设置为 0。

body 是窗体标签，背景色为#dedede，即渐变的背景图片的最下面的颜色；字体大小为 12px；默认颜色为#666666，要注意的是 IE 不支持缩写。

img 是图片标签，把所有边框都去掉，需要用时再添加。

#all 是指 id 名为 all 的对象，margin:0 auto 的作用是上下外边距为 0，左右自动就是平均分配，以

达到居中的目的，宽度为 980px。

ul、ol 是列表的容器，把默认列表样式设置为没有。

li 是列表的内容，左浮动。

li span 是指 li 标签内部出现的 span 标签的属性，这里指的是发表日期，设置为右浮动，右边距 15px。

a,a:link,a:visited 是指超链接和已经访问过的超链接的样式，这里设置为一样，也可以设置为不同样式。颜色为#333333，文字样式设置为下划线。

a:hover 指的是鼠标移动到超链接上时的样式，颜色为#000000，文字样式设置为无线条，字体加粗。

input 标签一般指的是输入框和按钮，边框为 1px 实线，颜色为#eeeeee，如果存在单选按钮或者复选框，就不能这么设置了，需要用类或者 id 来设置 CSS 样式。

input:focus 指的是当单击或者按 Tab 键使 input 获得焦点时使用的样式，这里把输入框的边框设置为 1px 宽的颜色为#66ccff 的浅蓝色。

.touming50 是一个类，里面的代码已经讲解过，针对不同的浏览器设置透明度为 50%的效果。

.f_left 为左浮动的类。

.f_right 为右浮动的类。

.rss 类是针对 rss 图片进行内边距调整的样式。

#yemian.dakuang 指的是 id 为 yemian 的容器里面样式类设置为 dakuang 的元素的属性，设置一个灰度边框，上外边距为 10px，宽度为 100%，显示为块，左浮动不能省略，如果容器中存在着很多浮动元素，要想使容器能自动适应大小，则需将容器也设置为浮动元素。

#yemian.konghang 是一个空行类，高度为 10px，需要注意的是 clear 属性设置为 both 是让空行左右不存在浮动元素，即隔开上下栏中的内容。

2. 插入框架层 CSS 代码

```
#beijing{width:100%;height:400px;background:url(images/beijing.jpg) repeat-x;z-index:100;position:relative;}
#beijing #biaoti{width:980px;margin:0 auto 15px auto;padding:30px 10px 10px 10px;}
#caidan{width:980px;height:40px;text-align:right;z-index:200;position:relative;
margin:-320px auto 0 auto;padding:0 15px 0 15px;}
#yemian{width:980px;background:#fafafa;z-index:200;position:relative;margin:0 auto 10px auto;
padding:20px;box-shadow: 10px 10px 5px #888;min-height:500px;float:left;}
#yemian #dibu{height:80px;}
```

3. 插入内容 CSS 代码、完整 CSS 代码

```
*{padding:0;margin:0;}
body{background:#dedede;font-size:12px;color:#666;}img{border:0;}
#all{margin:0 auto;width:980px;}
ul,ol{list-style:none;}li{float:left;list-style:none;}li span{float:right;margin-right:15px;}
a,a:link,a:visited{color:#333;text-decoration:underline;}
a:hover{color:#000;text-decoration:none;font-weight:bold;}
input{border:1px solid #eee;}
input:focus{border:1px solid #6cf;}
.touming50{filter:alpha(opacity=50); /*IE 滤镜，透明度 50%*/
-moz-opacity:0.5; /*Firefox 私有，透明度 50%*/
        opacity:0.5;/*其他，透明度 50%*/}
```

```
.f_left{float:left;}
.f_right{float:right;}
.rss{padding:10px 5px 0 0;}

#beijing{width:100%;height:400px;background:url(images/beijing.jpg) repeat-x;z-index:100;position:relative;}
#beijing #biaoti{width:980px;margin:0 auto 15px auto;padding:30px 10px 10px 10px;}
#beijing #biaoti h1{font-family:"黑体","微软雅黑";}
#beijing a,#beijing a:link,#beijing a:visited{color:#333;text-decoration:underline;}
#beijing a:hover{color:#000;text-decoration:none;}
#beijing #biaoti h3{color:#fff;}

#caidan{width:980px;height:40px;text-align:right;z-index:200;position:relative;
    margin:-320px auto 0 auto;padding:0 15px 0 15px;}
#caidan ul{float:right;margin:0 50px 0 auto;}
#caidan li a{display:block;padding:0 10px 0 10px;margin:0 5px 0 5px;text-decoration:none;}
#caidan li a{background:#a6d1fb;font:bold 16px/40px "宋体";letter-spacing:3px;}
#caidan li a.xuanzhong,#caidan li a:hover{background:#fafafa;color:#930;text-decoration:none;}

#zicaidan{float:right;}
#zicaidan a,#zicaidan a:link,#zicaidan a.visited{font:normal 14px/30px "宋体";
    text-decoration:none;padding:0 10px 0 10px;display:block;}
#zicaidan a:hover,#zicaidan a.xuanzhong{background:#eee;color:#930;}

#yemian{width:980px;background:#fafafa;z-index:200;position:relative;margin:0 auto 10px auto;
    padding:20px;box-shadow: 10px 10px 5px #888;min-height:500px;float:left;}

#yemian .weizhi{font:bold 14px/30px "宋体";}
#yemian .weizhi span{padding-left:15px;}
#yemian .weizhi a,#yemian .weizhi a:visited{font-weight:normal;text-decoration:none;}
#yemian .weizhi a:hover{color:#930;}

#yemian .dakuang{border:1px solid #eee;margin:10px 0 0 0;float:left;display:block;width:100%;}
#yemian .konghang{width:100%;height:10px;clear:both;}

.xiaohezi_bt{height:30px;background:#eee;margin:2px;font:normal 14px/30px "黑体","微软雅黑";
    letter-spacing:1px;padding:0 10px 0 10px;}
.xiaohezi_nr{padding:10px;border:1px solid #eee;margin:2px;}
.xiaohezi_nr li{width:200px;margin-left:5px;padding-left:25px;height:20px;
    background:url(images/tubiao.png) no-repeat 0 -545px;}
.xiaohezi_nr .li1{background-position:0 0;}
.xiaohezi_nr .li2{background-position:0 -30px;}
.xiaohezi_nr .li3{background-position:0 -60px;}
.xiaohezi_nr .li4{background-position:0 -90px;}
.xiaohezi_nr .li5{background-position:0 -120px;}
.xiaohezi_nr .li6{background-position:0 -150px;}
.xiaohezi_nr .li7{background-position:0 -180px;}
.xiaohezi_nr .li8{background-position:0 -210px;}
.xiaohezi_nr .li9{background-position:0 -240px;}
.xiaohezi_nr .li10{background-position:0 -270px;}
.xiaohezi_nr label{clear:left;float:left;width:60px;text-align:right;line-height:30px;}
.xiaohezi_nr input{width:100px;height:17px;font-size:13px;display:block;float:left;margin-top:5px;}
```

```
.xiaohezi_nr .tijiao{width:80px;height:25px;display:block;float:left;clear:left;margin-left:60px;}

.dahezi{width:99%;float:left;clear:both;}
.dahezi_bt{width:97%;height:25px;border:1px solid #eee;float:left;margin-top:5px;
    font:normal 14px/25px "宋体";padding-left:3%;background:#eee;}
.dahezi_nr{width:100%;border:1px solid #eee;border-top-width:0px;float:left;}

.zhonghezi{width:48.5%;float:left;margin:5px 10px 5px 0;}
.zhonghezi_bt{width:95%;height:25px;border:1px solid #eee;float:left;background:#eee;
    font:normal 14px/25px "宋体";padding-left:5%;}
.zhonghezi_nr{width:100%;height:180px;border:1px solid #eee;border-top-width:0;float:left;padding-top:5px;}
.zhonghezi_nr a{text-decoration:none;}
.zhonghezi_nr li{width:90%;line-height:20px;float:left;display:block;padding-left:15px;margin-left:15px;
    background:url(images/tubiao.png) no-repeat 0 -545px;border-bottom:1px dotted #eee;}

.tupianhezi{width:99%;height:200px;float:left;clear:both;}
.tupianhezi li{width:23.5%;float:left;display:block;margin:5px;text-align:center;padding:20px 0 10px 0;}
.tupianhezi img{width:100%;height:100px;}
.tupianhezi .dahezi_nr{height:160px;}
<!---------------------------------------------------------------------------------------------------------
-----------------------------下面的代码输入到<style>标签内-----------------------------------------
------------------------------------------------------------------------------------------------------------>
#yemian #dibu{height:80px;}
#dibu .copyright{text-align:center;color:#6cf;line-height:80px;}

#yemian .tupianxinwen{border:1px solid #eee;height:300px;clear:both;}
#yemian .tupianxinwen img{width:100%;height:100%;}
#yemian .tupianxinwen_bt{margin:-50px 0 0 0;padding:0 100px 0 100px;
    line-height:30px;background:#fff;position:relative;text-align:center;}

#paihang_zuo{width:25%;float:left;display:block;}
#paihang_you{width:74%;float:right;display:block;}
.xiaohezi_nr{height:92px;}
#paihang_you .paihang_you_hezi{width:49%;float:right;margin:2px;display:block;}
#paihang_you .paihang_you_bt{margin:2px;background:#eee;height:25px;
    font:normal 13px/25px "黑体","微软雅黑";padding:2px 10px 0 20px;}
#paihang_you .paihang_you_nr{margin:2px;border:1px solid #eee;height:253px;padding:4px;}
#paihang_you .paihang_you_nr li{width:280px;height:24px;margin-left:15px;padding-left:20px;
    border-bottom:1px solid #eee;line-height:24px;background:url("images/tubiao.png") no-repeat 0px
-545px;}
#paihang_you .paihang_you_nr li a{text-decoration:none;}

#yemian .lanmu31{width:322px;height:294px;float:left;margin:2px;}
#yemian .lanmu31 .lanmu31_bt{background:#eee;margin:2px;height:30px;
    font:normal 13px/30px "黑体","微软雅黑";padding:2px 10px 0 20px;}
#yemian .lanmu31 .lanmu31_nr{border:1px solid #eee;margin:2px;height:238px;padding:10px 0 10px 0;}
#yemian .lanmu31 li{width:270px;border-bottom:1px dotted #eee;margin:0 10px 0 10px;
    padding-left:20px;line-height:23px;background:url(images/tubiao.png) no-repeat 0px -545px;}
#yemian .lanmu31 li a{text-decoration:none;}
#yemian .lanmu31 span{float:right;}
```

13.2.7　预览效果及微调

经过以上步骤，页面已经基本制作完成，剩下的就是进行一些微调，可视具体情况进行修改。如图 13-14 所示为最终效果预览。

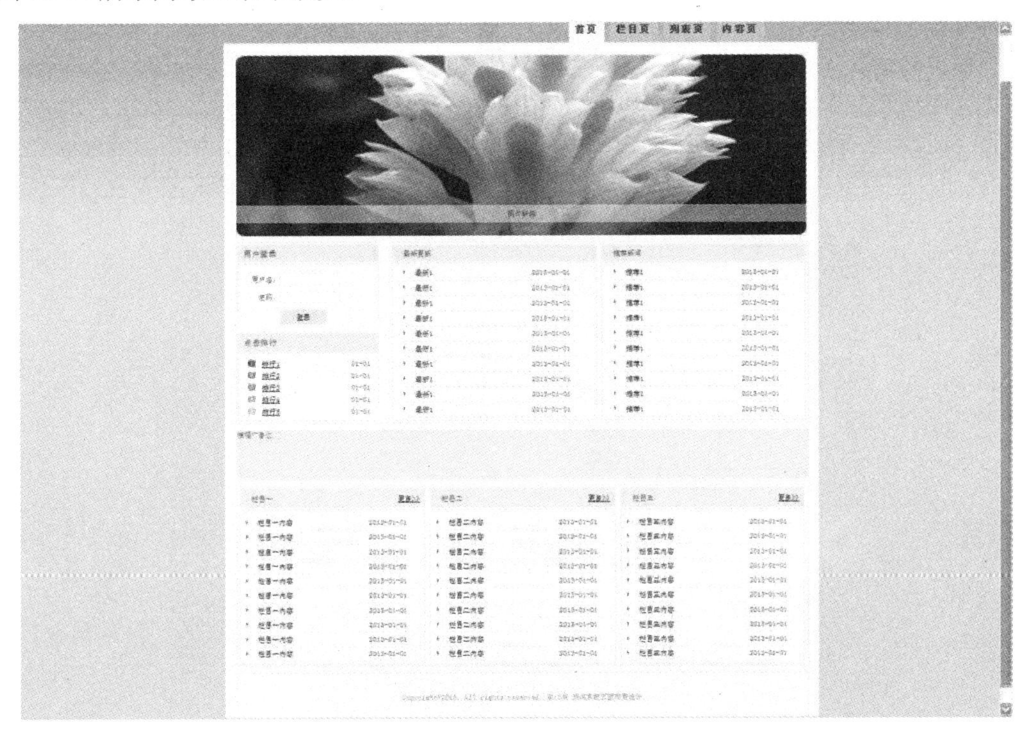

图 13-14　最终效果预览（IE 下，建议使用 360 安全浏览器 6.0 及以上版本浏览）

13.3　新闻系统栏目页面的设计

13.3.1　效果图的设计

如图 13-15 所示为用绘图软件制作好的效果图。

13.3.2　框架的规划

有了效果图，网页的框架就可以根据图搭建起来。

1. 大框架的搭建

前面已经做过首页的框架，制作栏目页时，可以参考前面的设计。这里从上到下将背景、标题、菜单、子菜单、位置、内容和底部依次命名为“beijing”、“biaoti”、“caidan”、“zicaidan”、“weizhi”、“neirong”和“dibu”。

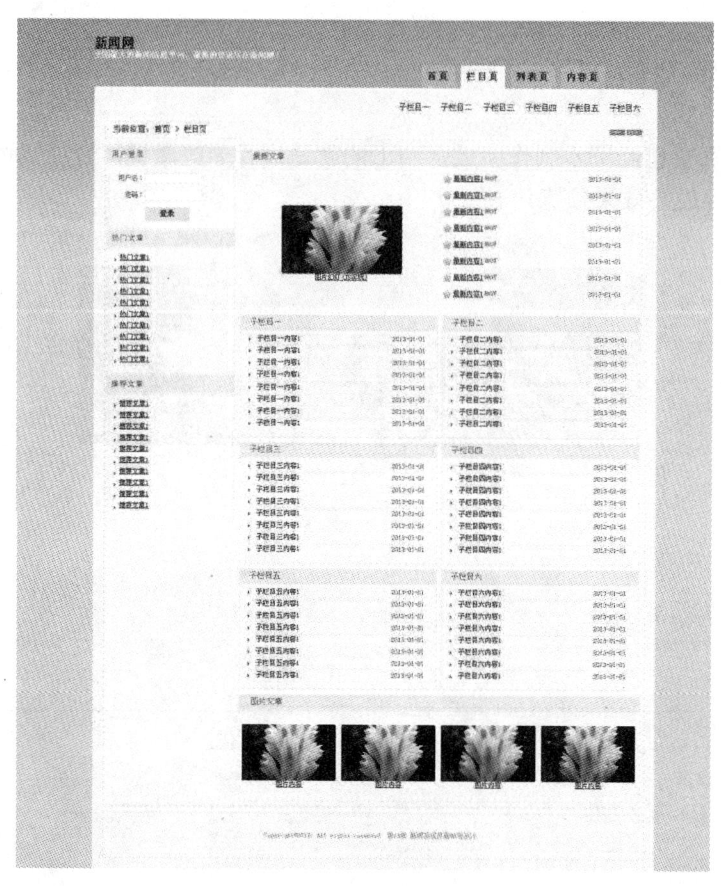

图 13-15　制作的效果图

参考首页设计，除了背景层、菜单层外，其余内容在一个层里，为了 CSS 代码编写的需要，把除了背景、菜单层以外的所有内容放到一个单独页面“yemian”层里，但考虑到后面的浮动问题，在“yemian”层外再嵌套一个全部“all”层，如图 13-16 所示。这个环节不能省略，接下来进行逐层分解。

2. 逐层搭建

背景“beijing”层和标题“biaoti”层的搭建，详情可参考首页的背景层设计。这里不再重复。

（1）菜单“caidan”层的搭建

详情参考首页的菜单层设计。先来看一下菜单层的内容代码。

```
<div id="caidan">
<ul>
<li><a href="首页模板.htm">首页</a></li>
<li><a href="栏目页模板.htm" class="xuanzhong">栏目页</a></li>
<li><a href="列表页模板.htm">列表页</a></li>
<li><a href="内容页模板.htm">内容页</a></li>
</ul>
</div>
```

当前的菜单选项中添加了一个类，即“xuanzhong”。传统的菜单设计中还对第一个菜单和最后一个菜单选项进行了单独的 CSS 类设计。

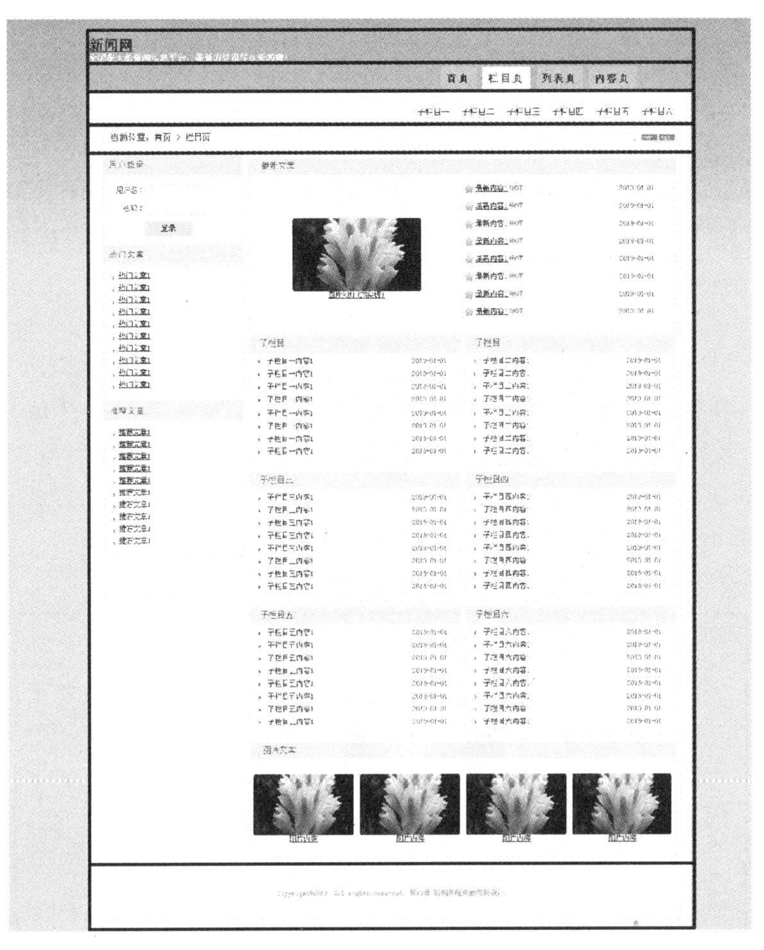

图 13-16　大框架的搭建

（2）子菜单“zicaidan”层的搭建

子菜单的设计几乎与菜单的设计完全相同，唯一的区别是一些数据不相同，如图 13-17 所示。

```
<div id="caidan"><ul>
<li><a href="首页模板.htm">首页</a></li>
<li><a href="栏目页模板.htm" class="xuanzhong">
栏目页</a></li>
<li><a href="列表页模板.htm">列表页</a></li>
<li><a href="内容页模板.htm">内容页</a></li>
</ul></div>
```

```
<div id="zicaidan"><ul>
<li><a href="列表页模板.htm">子栏目一</a></li>
<li><a href="列表页模板.htm">子栏目二</a></li>
<li><a href="列表页模板.htm">子栏目三</a></li>
<li><a href="列表页模板.htm">子栏目四</a></li>
<li><a href="列表页模板.htm">子栏目五</a></li>
<li><a href="列表页模板.htm">子栏目六</a></li>
</ul></div>
```

图 13-17　菜单和子菜单设计的比较

（3）位置“weizhi”层的搭建

位置层效果如图 13-18 所示。

当前位置：首页 > 栏目页

图 13-18　位置层的搭建

```
<div class="weizhi dakuang">
    <span>当前位置：</span><a href="首页模板.htm">首页</a> &gt; <a href="栏目页模板.htm">栏目页</a>
    <span class="f_right rss">
        <a href=#><img src="images/wap.gif" /></a>
        <a href="#"><img src="images/rss.gif" /></a>
    </span>
</div>
```

位置类除了首页用不到之外，其他页面都会用到，所以放置到公共 CSS 中编写；大框是首页设计中就用到的一个类，效果是画出外框；f_right 类也是首页设计时就用到的右浮动类；rss 类是用来校正两张图片的位置的。

（4）内容“neirong”层的搭建

内容层比较复杂，可以把它看作一个页面单独搭建，如图 13-19 所示。

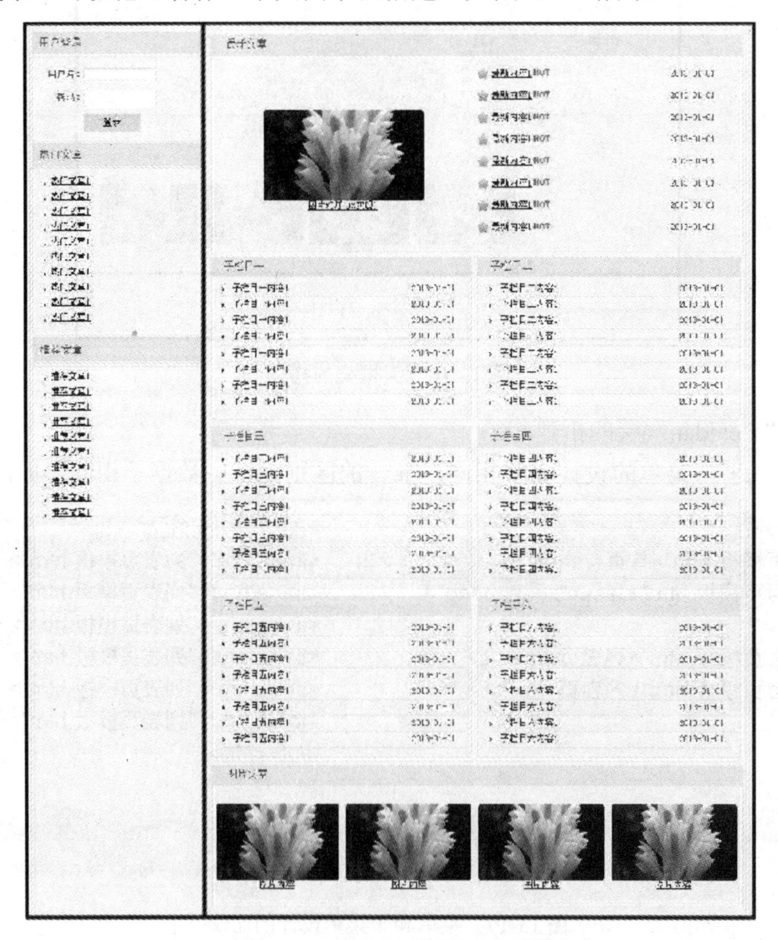

图 13-19　内容层的大框架分割

左边按标题内容分成 6 层即可；右边分为“最新、栏目一～栏目六、图片文章”8 层，如图 13-20 所示。

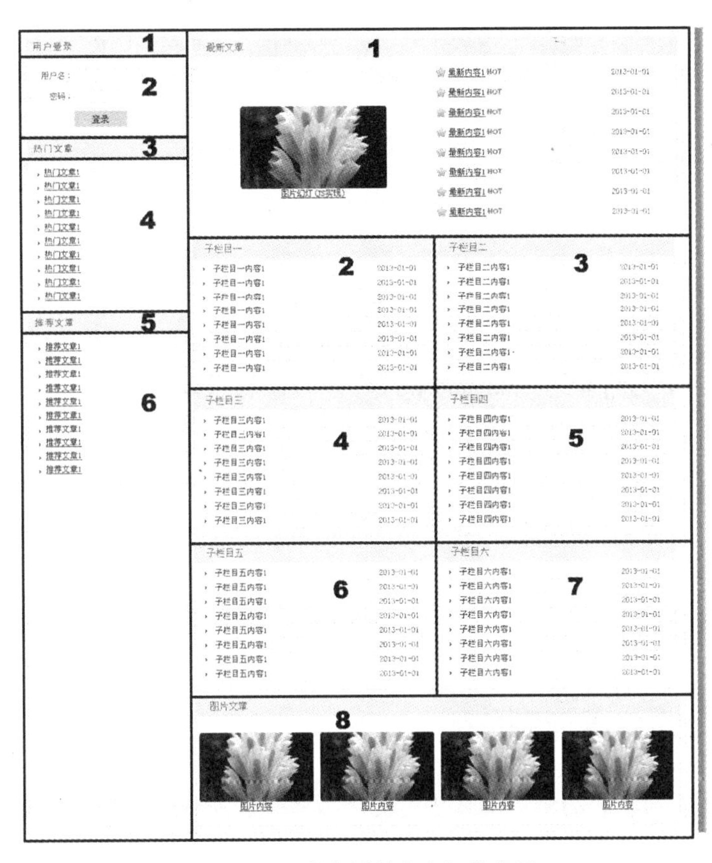

图 13-20　内容层的左右细化分层

左边层只要把内容填进去即可。将右边逐层分解：1 号是一种样式，2～7 号是一种样式，8 号是一种样式。

1 号区域，使用类“dahezi”；子层标题层使用类“dahezi_bt”，子层内容层使用类“dahezi_nr”；内容再分为左右两层，因为在页面中只此一个，所以用 id 取名的方式进行 CSS 编写，而没有使用类。

```
<div class="dahezi">
    <div class="dahezi_bt">最新文章</div>
    <div id="zuixin" class="dahezi_nr">
        <div id="zuixin_zuo"></div>
        <div id="zuixin_you"></div>
    </div>
</div>
```

2～7 号区域都是相同的格式，所以采用类。盒子使用类“zhonghezi”，事先要考虑的是大小，所以 50%大小左右的命名中盒子“zhonghezi”。上下分层为标题“zhonghezi_bt”和内容“zhonghezi_nr”；内容中用列表来展示，在内容中增加时间显示，前置了“<span class=f_right>”，这样保证在 IE 下也能正常显示。

```
<div class="zhonghezi">
    <div class="zhonghezi_bt">子栏目标题</div>
    <div class="zhonghezi_nr">
      <ul>
```

```
        <li><span class="f_right">2013-01-01</span><a href="">子栏目 1 内容 1</a></li>
      </ul>
    </div>
</div>
```

8 号区域，使用图片盒子“tupianhezi”类，上下分标题和内容层，内容层里建立列表，和中盒子类似，但排序为横排。

```
<div class="tupianhezi">
    <div class="dahezi_bt">图片文章</div>
    <div class="dahezi_nr"><ul>
        <li><a href=#><img src="content/01.jpg" />图片内容</a></li>
        <li><a href=#><img src="content/01.jpg" />图片内容</a></li>
        <li><a href=#><img src="content/01.jpg" />图片内容</a></li>
        <li><a href=#><img src="content/01.jpg" />图片内容</a></li>
    </ul></div>
</div>
```

（5）底部“dibu”层的搭建

底部“dibu”层里面只有一两行文字，所以只要一个层就可以了。

13.3.3 布局图片的分离与制作

框架搭建完毕后，要对相关的修饰图片进行分离或者重新制作，本章所有的图片都比较简单，已经在首页设计中演示过，此处不再重复。

13.3.4 框架代码的编写

按照前面的框架结构，首先编写大框架。

（1）打开 Dreamweaver，如图 13-21 所示，新建一个网页，修改标题、编码及文档类型。

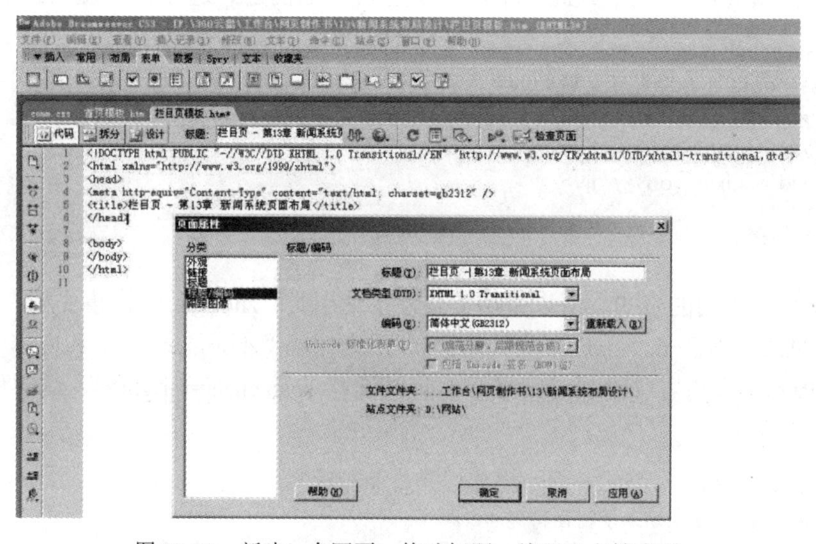

图 13-21 新建一个网页，修改标题、编码及文档类型

（2）链接外部 CSS 文件或者在文档内部编写 CSS 代码。

```
<head>
<meta http-equiv="Content-Type" content="text/html; charset=gb2312" />
<title>新闻首页 - 第 13 章 新闻系统页面布局</title>
<!--链接外部文件的公用 CSS 文件-->
<link rel="stylesheet" type="text/css" href="comm.css" />
<style type="text/css">
<!--内部编写 CSS 代码-->
</style>
</head>
```

（3）编写大框架。因为背景菜单部分相近，所以很多代码不需要再次编写，直接复制即可。

```
<body>
<div id="beijing">
    <div id="biaoti"><h1><a href=#>新闻网</a></h1><h3>全国最大的新闻信息平台，最新的资讯尽在新闻网！
</h3></div>
</div>
<div id="caidan"><ul><li><a href="首页模板.htm">首页</a></li><li><a href="栏目页模板.htm" class=
"xuanzhong">栏目页</a></li>
<li><a href="列表页模板.htm">列表页</a></li><li><a href="内容页模板.htm">内容页</a></li></ul>
</div>
<div id="all">
<div id="yemian">
    <div id="zicaidan"></div>
   <div class="weizhi dakuang"><span>当前位置：</span></div>
   <div id="neirong" class="dakuang">
    <div class="neirong_zuo">
          <div class="xiaohezi_bt">用户登录</div>
             <div class="xiaohezi_nr" style="height:92px;"></div>
             <div class="xiaohezi_bt">热门文章</div>
             <div class="xiaohezi_nr"></div>
             <div class="xiaohezi_bt">推荐文章</div>
             <div class="xiaohezi_nr"></div>
         </div>
         <div class="neirong_you">
          <div class="dahezi">
               <div class="dahezi_bt">最新文章</div>
               <div id="zuixin" class="dahezi_nr">
                    <div id="zuixin_zuo">图片幻灯（JavaScript 实现）</div>
                     <div id="zuixin_you"></div>
                 </div>
             </div>
             <div class="zhonghezi">
               <div class="zhonghezi_bt">子栏目一</div>
                 <div id="zilanmu1" class="zhonghezi_nr"></div>
             </div>
             <div class="zhonghezi">
               <div class="zhonghezi_bt">子栏目二</div>
                 <div id="zilanmu2" class="zhonghezi_nr"></div>
```

```
                </div>
                <div class="zhonghezi">
                  <div class="zhonghezi_bt">子栏目三</div>
                    <div id="zilanmu3" class="zhonghezi_nr"></div>
                </div>
                <div class="zhonghezi">
                  <div class="zhonghezi_bt">子栏目四</div>
                    <div id="zilanmu4" class="zhonghezi_nr"></div>
                </div>
                <div class="zhonghezi">
                  <div class="zhonghezi_bt">子栏目五</div>
                    <div id="zilanmu5" class="zhonghezi_nr"></div>
                </div>
                <div class="zhonghezi">
                  <div class="zhonghezi_bt">子栏目六</div>
                    <div id="zilanmu6" class="zhonghezi_nr"></div>
                </div>
                <div class="tupianhezi">
                  <div class="dahezi_bt">图片文章</div>
                    <div class="dahezi_nr"></div>
                </div>
            </div>
        </div>
        <div id="dibu" class="dakuang">
            <div class="copyright">Copyright&copy;2013. All rights reserved. 第 13 章 新闻系统页面布局设
计.</div>
        </div>
</div>
</div>
</body>
```

13.3.5 内容代码的编写

内容代码列表部分的代码如图 13-22 和图 13-23 所示。

```
30      <div id="zicaidan"><ul><li><a href="列表页模板.htm">子栏目一</a></li><li><a href="列表页模板.htm">子栏目二</a></li><li><a href=
   "列表页模板.htm">子栏目三</a></li><li><a href="列表页模板.htm">子栏目四</a></li><li><a href="列表页模板.htm">子栏目五</a></li><li><a href=
   "列表页模板.htm">子栏目六</a></li></ul></div>
31      <div class="weizhi dakuang"><span>当前位置：</span><a href="首页模板.htm">首页</a> &gt; <a href="栏目页模板.htm">栏目页</a><span class=
   "f_right rss"><a href=#><img src="images/wap.gif" /></a><a href="#"><img src="images/rss.gif" /></a></span></div>
32      <div id="neirong" class="dakuang">
33          <div class="neirong_zuo">
34              <div class="xiaohezi_bt">用户登录</div>
35              <div class="xiaohezi_nr" style="height:92px;"><form name="form1" enctype="multipart/form-data" id="form1" method="post"><label>
   用户名：</label><input type="text" name="user" /><label>密码：</label><input type="password" name="pass" /><input class="tijiao" type="submit"
   value="登录" /></form></div>
36              <div class="xiaohezi_bt">热门文章</div>
37              <div class="xiaohezi_nr"><ul><li><a href="内容页模板.htm">热门文章1</a></li><li><a href="内容页模板.htm">热门文章1</a></li><li><a href
   ="内容页模板.htm">热门文章1</a></li><li><a href="内容页模板.htm">热门文章1</a></li><li><a href="内容页模板.htm">热门文章1</a></li><li><a href=
   "内容页模板.htm">热门文章1</a></li><li><a href="内容页模板.htm">热门文章1</a></li><li><a href="内容页模板.htm">热门文章1</a></li><li><a href=
   "内容页模板.htm">热门文章1</a></li><li><a href="内容页模板.htm">热门文章1</a></li></ul></div>
38              <div class="xiaohezi_bt">推荐文章</div>
39              <div class="xiaohezi_nr"><ul><li><a href="内容页模板.htm">推荐文章1</a></li><li><a href="内容页模板.htm">推荐文章1</a></li><li><a href
   ="内容页模板.htm">推荐文章1</a></li><li><a href="内容页模板.htm">推荐文章1</a></li><li><a href="内容页模板.htm">推荐文章1</a></li><li><a href=
   "内容页模板.htm">推荐文章1</a></li><li><a href="内容页模板.htm">推荐文章1</a></li><li><a href="内容页模板.htm">推荐文章1</a></li><li><a href=
   "内容页模板.htm">推荐文章1</a></li><li><a href="内容页模板.htm">推荐文章1</a></li></ul></div>
40          </div>
41          <div class="neirong_you">
42              <div class="dahezi">
43                  <div class="dahezi_bt">最新文章</div>
44                  <div id="zuixin" class="dahezi_nr">
45                      <div id="zuixin_zuo"><a href="#"><img src="content/01.jpg" />图片幻灯(JS实现)</a></div>
46                      <div id="zuixin_you"><ul><li><span class="f_right">2013-01-01</span><a href=#>最新内容1</a><img src="images/hot.gif" /></li>
   <li><span class="f_right">2013-01-01</span><a href=#>最新内容1</a><img src="images/hot.gif" /></li><li><span class="f_right">2013-01-01</span><a
   href=#>最新内容1</a><img src="images/hot.gif" /></li><li><span class="f_right">2013-01-01</span><a href=#>最新内容1</a><img src="images/hot.gif" /
   ></li><li><span class="f_right">2013-01-01</span><a href=#>最新内容1</a><img src="images/hot.gif" /></li><li><span class="f_right">2013-01-01</
   span><a href=#>最新内容1</a><img src="images/hot.gif" /></li><li><span class="f_right">2013-01-01</span><a href=#>最新内容1</a><img src=
   "images/hot.gif" /></li><li><span class="f_right">2013-01-01</span><a href=#>最新内容1</a><img src="images/hot.gif" /></li></ul></div>
```

图 13-22　子菜单及最新等部分内容代码的编写

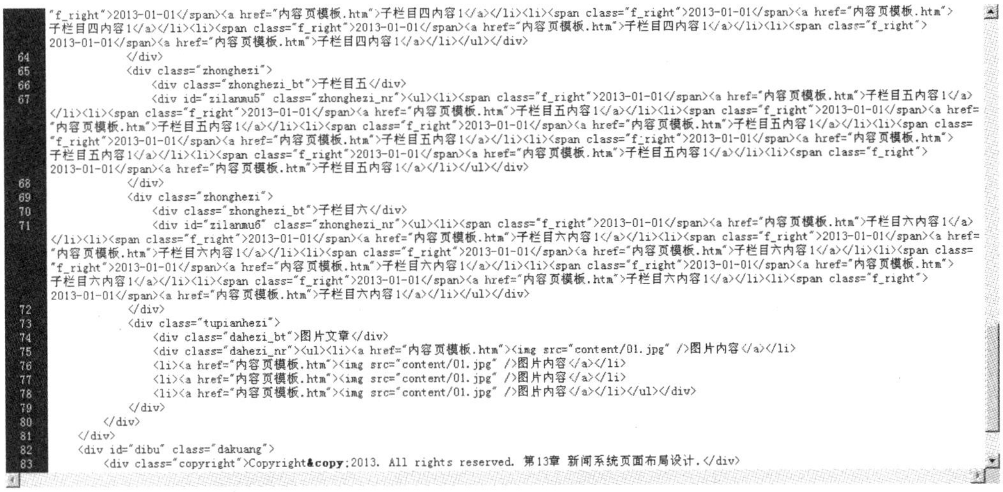

```
"f_right">2013-01-01</span><a href="内容页模板.htm">子栏目四内容1</a></li><li><span class="f_right">2013-01-01</span><a href="内容页模板.htm">
子栏目四内容1</a></li><li><span class="f_right">2013-01-01</span><a href="内容页模板.htm">子栏目四内容1</a></li><li><span class="f_right">
2013-01-01</span><a href="内容页模板.htm">子栏目四内容1</a></li></ul></div>
64              </div>
65              <div class="zhonghezi">
66                  <div class="zhonghezi_bt">子栏目五</div>
67                  <div id="zilanmu5" class="zhonghezi_nr"><ul><li><span class="f_right">2013-01-01</span><a href="内容页模板.htm">子栏目五内容1</a>
</li><li><span class="f_right">2013-01-01</span><a href="内容页模板.htm">子栏目五内容1</a></li><li><span class="f_right">2013-01-01</span><a href=
"内容页模板.htm">子栏目五内容1</a></li><li><span class="f_right">2013-01-01</span><a href="内容页模板.htm">子栏目五内容1</a></li><li><span class=
"f_right">2013-01-01</span><a href="内容页模板.htm">子栏目五内容1</a></li><li><span class="f_right">2013-01-01</span><a href="内容页模板.htm">
子栏目五内容1</a></li><li><span class="f_right">2013-01-01</span><a href="内容页模板.htm">子栏目五内容1</a></li><li><span class="f_right">
2013-01-01</span><a href="内容页模板.htm">子栏目五内容1</a></li></ul></div>
68              </div>
69              <div class="zhonghezi">
70                  <div class="zhonghezi_bt">子栏目六</div>
71                  <div id="zilanmu6" class="zhonghezi_nr"><ul><li><span class="f_right">2013-01-01</span><a href="内容页模板.htm">子栏目六内容1</a>
</li><li><span class="f_right">2013-01-01</span><a href="内容页模板.htm">子栏目六内容1</a></li><li><span class="f_right">2013-01-01</span><a href=
"内容页模板.htm">子栏目六内容1</a></li><li><span class="f_right">2013-01-01</span><a href="内容页模板.htm">子栏目六内容1</a></li><li><span class=
"f_right">2013-01-01</span><a href="内容页模板.htm">子栏目六内容1</a></li><li><span class="f_right">2013-01-01</span><a href="内容页模板.htm">
子栏目六内容1</a></li><li><span class="f_right">2013-01-01</span><a href="内容页模板.htm">子栏目六内容1</a></li><li><span class="f_right">
2013-01-01</span><a href="内容页模板.htm">子栏目六内容1</a></li></ul></div>
72              </div>
73              <div class="tupianhezi">
74                  <div class="dahezi_bt">图片文章</div>
75                  <div class="dahezi_nr"><ul><li><a href="内容页模板.htm"><img src="content/01.jpg" />图片内容</a></li>
76                  <li><a href="内容页模板.htm"><img src="content/01.jpg" />图片内容</a></li>
77                  <li><a href="内容页模板.htm"><img src="content/01.jpg" />图片内容</a></li>
78                  <li><a href="内容页模板.htm"><img src="content/01.jpg" />图片内容</a></li></ul></div>
79              </div>
80          </div>
81      </div>
82      <div id="dibu" class="dakuang">
83          <div class="copyright">Copyright&copy;2013. All rights reserved. 第13章 新闻系统页面布局设计.</div>
```

图 13-23　子栏目及图片文章的部分内容代码编写

13.3.6　CSS 代码的编写

CSS 代码的编写前面已经提到，可以放置到外部 CSS 文件中，或者在“<head><style type=text/css>这里插入 CSS 代码</style></head>”标签中编写。

1. 插入公共元素代码

公共元素代码详见首页公共元素代码部分。

2. 栏目页专属 CSS 代码

```
<style type="text/css">
.neirong_zuo{width:240px;float:left;}                    /* 内容左宽度 240px，左浮动 */
.neirong_you{width:730px;float:right;padding:2px;}       /* 内容右宽度 730px，右浮动 内边距 2px */
.xiaohezi_nr{height:200px;}
.xiaohezi_nr li{padding-left:10px;}

#zuixin{height:260px;}
#zuixin_zuo{width:30%;float:left;text-align:center;margin:10%;} /* 图片的容器 */
#zuixin_you{width:49%;float:left;margin-top:10px;}
#zuixin_zuo img{width:100%;height:120px;}
#zuixin_you li{width:90%;padding-right:5%;padding-left:5%;
    background:url(images/tubiao.png) no-repeat 0 -362px;line-height:23px;margin:3px;}
</style>
```

13.3.7　预览效果及微调

经过以上步骤，页面已经基本制作完成，剩下的就是进行一些微调，可视具体情况进行修改。如图 13-24 所示为最终预览效果。

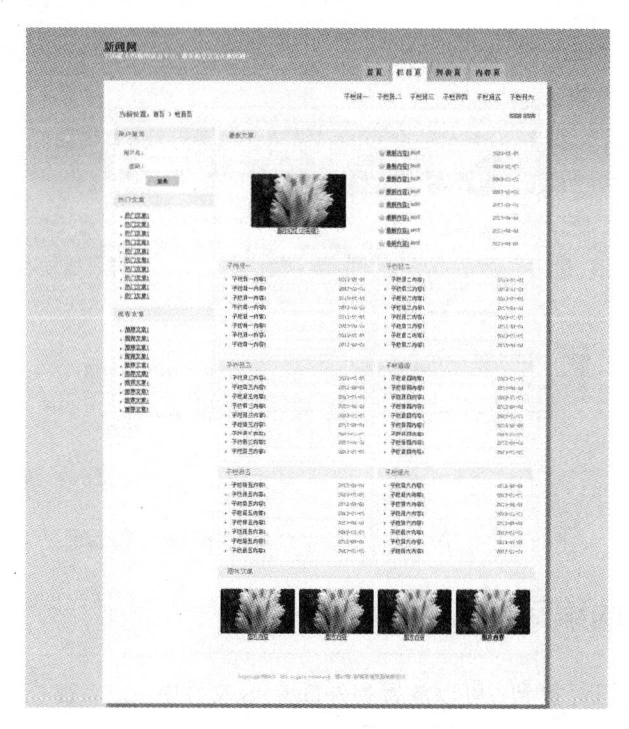

图 13-24　最终效果预览

13.4　新闻系统列表页的设计

13.4.1　效果图的设计

如图 13-25 所示为用绘图软件制作好的效果图。

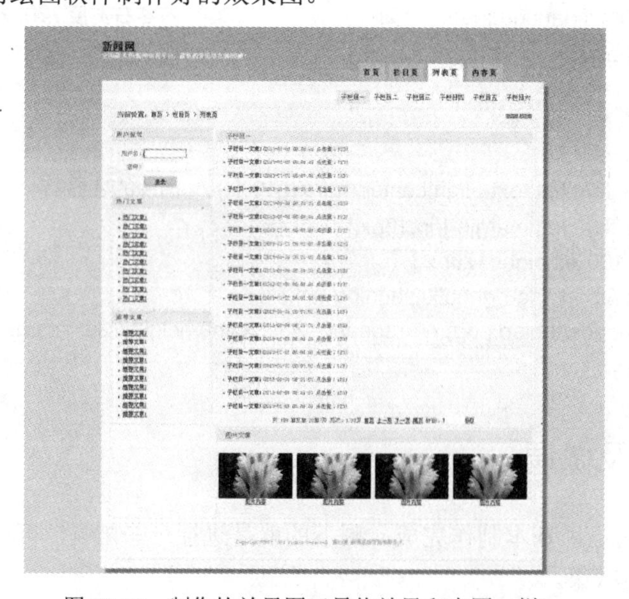

图 13-25　制作的效果图（最终效果和本图一样）

13.4.2　框架的规划

1. 大框架的搭建

本页的框架和栏目页完全一样，有区别的是内容层的不同。

2. 逐层搭建

下面着重看一下内容部分的设计。这部分代码属于公共代码。

```
.dahezi{width:99%;float:left;clear:both;}
.dahezi_bt{width:97%;height:25px;border:1px solid #eee;float:left;margin-top:5px;
	font:normal 14px/25px "宋体";padding-left:3%;background:#eee;}
.dahezi_nr{width:100%;border:1px solid #eee;border-top-width:0px;float:left;}
```

如图 13-26 所示，大盒子类的宽度为 99%；左浮动，清除左右的浮动元素，保证大盒子占用整行。大盒子标题宽度为 97%；高度为 25px；边框为 1px 实线，颜色为#eeeeee；左浮动；上外边距为 5px，字体大小为 14px；行高为 25px，可以达到上下居中的目的；左内边距为 3%，和标题宽度加起来正好是 100%。内容宽度为 100%；边框和标题一样，上边框不需要，因为标题已经有下边框，这样就能做成一个盒子的样式。

图 13-26　列表页的框架搭建

```
#zhuandao{font:normal 12px/30px "宋体";text-align:center;clear:both;}
#zhuandao form{display:inline;}
#zhuandao .zhuandao_text{width:50px;}
```

转到层需要提交输入的页码，使用了 form 标签。form 标签默认是单独成行的，所以要设置 display 为 inline；另外调整 form 内的输入框的宽度。

13.4.3　布局图片的分离与制作

框架搭建完毕后，要对相关的修饰图片进行分离或者重新制作，本章所有的图片都比较简单，已经在首页设计中演示过，此处不再重复。

13.4.4 框架代码的编写

按照前面的框架结构，首先编写大框架。

（1）打开 Dreamweaver，如图 13-27 所示，新建一个网页，修改标题、编码及文档类型。

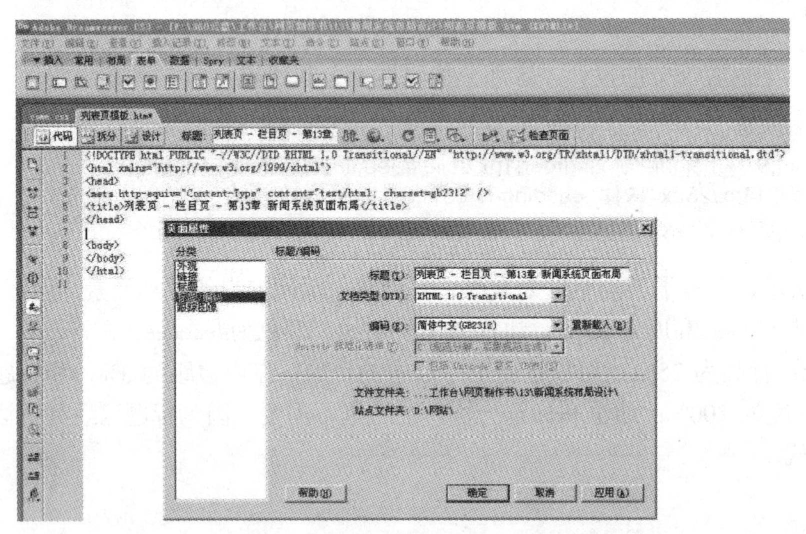

图 13-27　新建一个网页，修改标题、编码及文档类型

（2）链接外部 CSS 文件或者在文档内部编写 CSS 代码。

列表页使用的是公共 CSS 代码。除了转到部分，不需要另外再编写其他 CSS 代码。

（3）编写大框架。

因为与栏目页相近，所以，很多代码不需要再次编写，直接复制即可。

13.4.5 内容代码的编写

内容代码列表部分的代码如图 13-28 所示。

```
46          <div class="xiaohezi_nr"><ul><li><a href="内容页模板.htm">推荐文章1</a></li><li><a href="内容页模板.htm">推荐文章1</a></li><li><a href
   ="内容页模板.htm">推荐文章1</a></li><li><a href="内容页模板.htm">推荐文章1</a></li><li><a href="内容页模板.htm">推荐文章1</a></li><li><a href=
   "内容页模板.htm">推荐文章1</a></li><li><a href="内容页模板.htm">推荐文章1</a></li><li><a href="内容页模板.htm">推荐文章1</a></li><li><a href=
   "内容页模板.htm">推荐文章1</a></li><li><a href="内容页模板.htm">推荐文章1</a></li></ul></div>
47        </div>
48        <div class="neirong_you">
49          <div id="zilanmu" class="dahezi">
50            <div class="dahezi_bt">子栏目一</div>
51            <div class="dahezi_nr">
52 <ul><li><a href="内容页模板.htm">子栏目一文章1</a>(2013-01-01 08:01:01 点击量: 123)</li><li><a href="内容页模板.htm">子栏目一文章1</a>(2013-01-01
   08:01:01 点击量: 123)</li><li><a href="内容页模板.htm">子栏目一文章1</a>(2013-01-01 08:01:01 点击量: 123)</li><li><a href="内容页模板.htm">
   子栏目一文章1</a>(2013-01-01 08:01:01 点击量: 123)</li><li><a href="内容页模板.htm">子栏目一文章1</a>(2013-01-01 08:01:01 点击量: 123)</li><li><a
   href="内容页模板.htm">子栏目一文章1</a>(2013-01-01 08:01:01 点击量: 123)</li><li><a href="内容页模板.htm">子栏目一文章1</a>(2013-01-01 08:01:01
   点击量: 123)</li><li><a href="内容页模板.htm">子栏目一文章1</a>(2013-01-01 08:01:01 点击量: 123)</li><li><a href="内容页模板.htm">子栏目一文章1</a
   >(2013-01-01 08:01:01 点击量: 123)</li><li><a href="内容页模板.htm">子栏目一文章1</a>(2013-01-01 08:01:01 点击量: 123)</li><li><a href=
   "内容页模板.htm">子栏目一文章1</a>(2013-01-01 08:01:01 点击量: 123)</li><li><a href="内容页模板.htm">子栏目一文章1</a>(2013-01-01 08:01:01
   点击量: 123)</li><li><a href="内容页模板.htm">子栏目一文章1</a>(2013-01-01 08:01:01 点击量: 123)</li><li><a href="内容页模板.htm">子栏目一文章1</a
   >(2013-01-01 08:01:01 点击量: 123)</li><li><a href="内容页模板.htm">子栏目一文章1</a>(2013-01-01 08:01:01 点击量: 123)</li><li><a href=
   "内容页模板.htm">子栏目一文章1</a>(2013-01-01 08:01:01 点击量: 123)</li><li><a href="内容页模板.htm">子栏目一文章1</a>(2013-01-01 08:01:01
   点击量: 123)</li><li><a href="内容页模板.htm">子栏目一文章1</a>(2013-01-01 08:01:01 点击量: 123)</li><li><a href="内容页模板.htm">子栏目一文章1</a
   >(2013-01-01 08:01:01 点击量: 123)</li><li><a href="内容页模板.htm">子栏目一文章1</a>(2013-01-01 08:01:01 点击量: 123)</li></ul>
53 <div id="zhuandao">共 199 篇文章  20篇/页  页次: 1/10页  <a href=#>首页</a> <a href=#>上一页</a> <a href=#>下一页</a> <a href=#>尾页</a>  转到:
   <form name="form2" id="form2" enctype="multipart/form-data" action="#"><input class="zhuandao_text" name="page" type="text" value="1" /><input
   class="zhuandao_queding" type="submit" value="GO" /></form></div>
54            </div>
55          </div>
56          <div class="tupianhezi">
57            <div class="dahezi_bt">图片文章</div>
58            <div class="dahezi_nr"><ul><li><a href="内容页模板.htm"><img src="content/01.jpg" />图片内容</a></li>
59            <li><a href="内容页模板.htm"><img src="content/01.jpg" />图片内容</a></li>
60            <li><a href="内容页模板.htm"><img src="content/01.jpg" />图片内容</a></li>
61            <li><a href="内容页模板.htm"><img src="content/01.jpg" />图片内容</a></li></ul></div>
62          </div>
```

图 13-28　列表页的栏目部分代码

13.4.6　CSS 代码的编写

此部分 CSS 代码使用栏目页代码即可。

13.4.7　预览效果及微调

经过以上步骤，页面已经基本制作完成，剩下的就是进行一些微调，可视具体情况进行修改。预览的效果图如图 13-25 所示。

13.5　新闻系统内容页的设计

13.5.1　效果图的设计

如图 13-29 所示为用绘图软件制作的效果图。

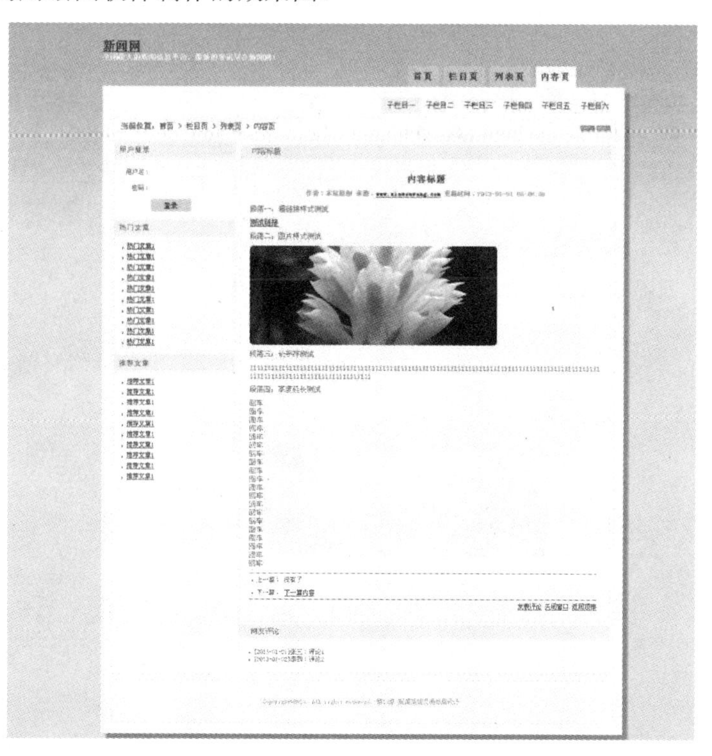

图 13-29　制作内容页效果图（最终效果和本图一样）

13.5.2　框架的规划

1. 大框架的搭建

本页的框架和栏目页完全一样，区别是内容层的不同。

2. 逐层搭建

下面着重讲解内容的部分设计。右边内容层里包含内容盒子和评论盒子，使用的类都是“dahezi”。

内容盒子里继续分标题层和内容层；内容层里再分标题、作者和来源及更新时间、具体内容、上一篇下一篇和链接 5 层。

评论盒子里只需要分标题和内容两层即可。

```
<div class="neirong_you">
    <div id="neirong" class="dahezi">
        <div class="dahezi_bt">内容标题</div>
        <div class="dahezi_nr">
            <div class="biaoti"><h2>内容标题</h2></div>
            <div class="laiyuan"><h4>作者：  来源：  更新时间：2013-01-01 08:08:08</h4></div>
            <div class="neirong">
              内容
            </div>
            <div class="shangxia">上一篇  下一篇</div>
            <div class="lianjie">发表评论  关闭窗口  返回顶部</div>
        </div>
    </div>
    <div id="pinglun" class="dahezi">
        <div class="dahezi_bt">网友评论</div>
        <div  class="dahezi_nr"><ul><li>[2013-01-01] 张三：评论  1</li><li>[2013-01-02] 李四：评论  2</li>
</ul></div>
    </div>
</div>
```

如图 13-30 所示，大盒子类前面已经设计过了，这里直接使用即可。

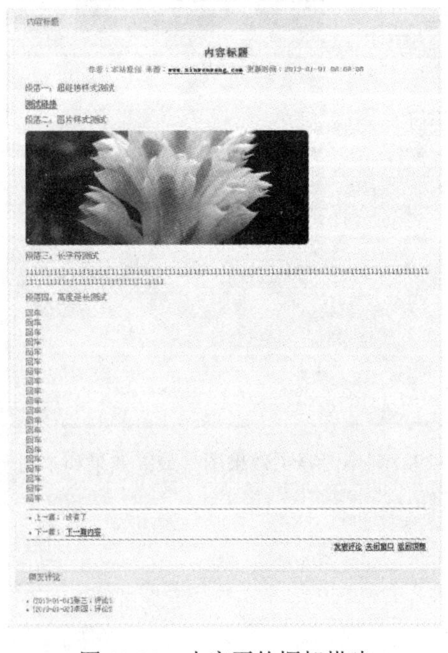

图 13-30　内容页的框架搭建

标题行高度 40px；文本居中；字体颜色为#993300。

来源行居中；颜色为#999999 灰色；内容间距 15px。

内容默认字体大小 14px；所有可能撑开层宽度的内容自动换行；实在没有办法而导致超出的部分隐藏；为使页面美观，需要设置最小高度 400px。

上一篇、下一篇宽度为 95%；边距为 5px；列表内容的样式为正方形内部显示。

分隔线宽度为 99%；没有边框；没有阴影效果；高度为 1px。

13.5.3　布局图片的分离与制作

框架搭建完毕后，要对相关的修饰图片进行分离或者重新制作，本章所有的图片都比较简单，已经在首页设计中演示过，不再重复。

13.5.4　框架代码的编写

按照前面的框架结构，首先编写大框架。

（1）打开 Dreamweaver，如图 13-31 所示，新建一个网页。修改标题、编码及文档类型。

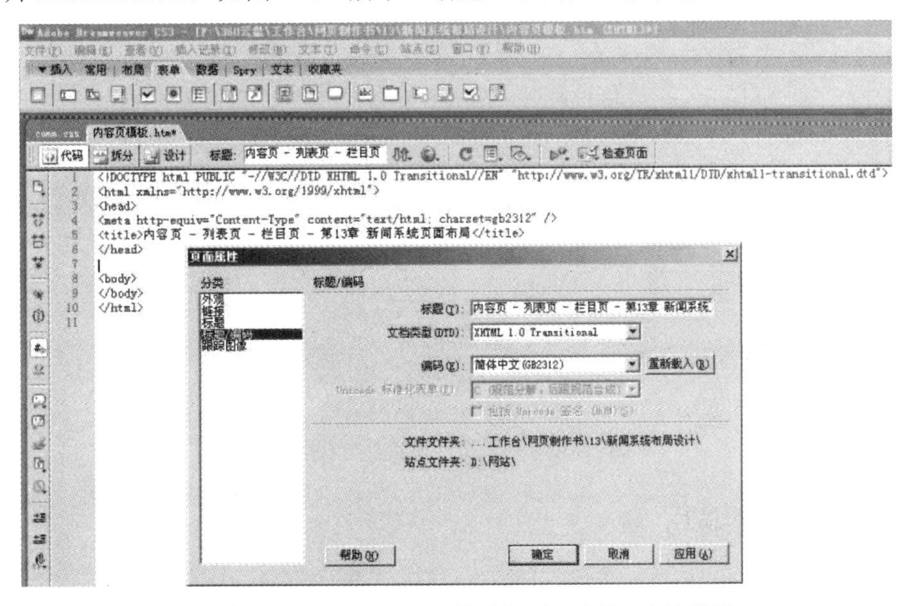

图 13-31　新建一个网页，修改标题、编码及文档类型

（2）链接外部 CSS 文件或者在文档内部编写 CSS 代码。

```
<link href="comm.css" type="text/css" rel="stylesheet" />          /*链接公共 CSS 文件*/
<style type="text/css">
.neirong_zuo{width:240px;float:left;}                                /*框架公共代码*/
.neirong_you{width:730px;float:right;padding:2px;}
.xiaohezi_nr{height:200px;}
.xiaohezi_nr li{padding-left:10px;}

#neirong .dahezi_nr{padding:2.5%;width:95%;}                         /*内容页代码*/
#neirong .biaoti{text-align:center;line-height:40px;color:#930;}
```

```
#neirong .laiyuan{text-align:center;color:#999;margin-bottom:15px;}
#neirong .neirong{min-height:400px;word-wrap:break-word; overflow:hidden;font-size:14px;}
#neirong .shangxia{clear:both;}
#neirong .shangxia li{list-style:square inside;width:95%;float:left;padding:5px;}
#neirong .shangxia hr{width:99%;border:0;height:1px;}
#neirong .lianjie{clear:both;padding:5px;text-align:right;}
#neirong p{margin-bottom:10px;}

#pinglun li{list-style:square inside;width:99%;float:left;}
</style>
```

（3）编写大框架。

因为与栏目页相近，所以很多代码不需要再次编写，直接复制即可。

13.5.5　内容代码的编写

内容代码如图 13-32 所示。

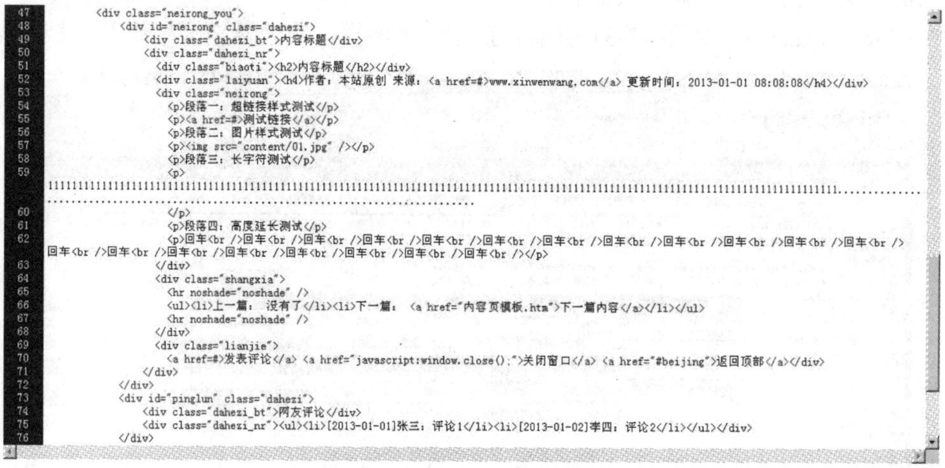

```
47          <div class="neirong_you">
48              <div id="neirong" class="dahezi">
49                  <div class="dahezi_bt">内容标题</div>
50                  <div class="dahezi_nr">
51                    <div class="biaoti"><h2>内容标题</h2></div>
52                    <div class="laiyuan"><h4>作者：本站原创 来源：<a href=#>www.xinwenwang.com</a> 更新时间：2013-01-01 08:08:08</h4></div>
53                    <div class="neirong">
54                      <p>段落一：超链接样式测试</p>
55                      <p><a href=#>测试链接</a></p>
56                      <p>段落二：图片样式测试</p>
57                      <p><img src="content/01.jpg" /></p>
58                      <p>段落三：长字符测试</p>
59                      <p>
111111111111111111111111111111111111111111111111111111111111111111111111111111111111111111111111111111111111111111111.............
..................................................................
60                    </p>
61                      <p>段落四：高度延长测试</p>
62                      <p>回车<br />回车<br />回车<br />回车<br />回车<br />回车<br />回车<br />回车<br />回车<br />回车<br />回车<br />回车<br />
回车<br />回车<br />回车<br />回车<br />回车<br />回车<br />回车<br />回车<br /></p>
63                    </div>
64                    <div class="shangxia">
65                      <hr noshade="noshade" />
66                      <ul><li>上一篇： 没有了</li><li>下一篇： <a href="内容页模板.htm">下一篇内容</a></li></ul>
67                      <hr noshade="noshade" />
68                    </div>
69                    <div class="lianjie">
70                      <a href=#>发表评论</a> <a href="javascript:window.close();">关闭窗口</a> <a href="#beijing">返回顶部</a></div>
71                  </div>
72              </div>
73              <div id="pinglun" class="dahezi">
74                  <div class="dahezi_bt">网友评论</div>
75                  <div class="dahezi_nr"><ul><li>[2013-01-01]张三：评论1</li><li>[2013-01-02]李四：评论2</li></ul></div>
76              </div>
```

图 13-32　列表页的栏目部分代码

13.5.6　CSS 代码的编写

此部分 CSS 代码使用 13.5.4 节中的代码即可。

13.5.7　预览效果及微调

经过以上步骤，页面已经基本制作完成，剩下的就是一些微调，可视具体情况进行修改。预览的效果图如图 13-29 所示。

第 14 章　微博系统的页面布局

微博是当前比较热门的信息获取方式，分析和设计微博页面，可以让读者练习从界面分析系统的设计，希望读者学习了本章内容后，能够养成分析各种热点网页的习惯。

14.1　微博系统的页面分析

微博，即微博客（MicroBlog）的简称，是一个基于用户关系信息分享、传播以及获取的平台，用户可以通过 Web、Wap 等各种客户端组建个人社区，以 140 字左右的文字更新信息，并实现即时分享。最早也是最著名的微博是美国 Twitter。2009 年 8 月中国门户网站新浪推出“新浪微博”内测版，成为门户网站中第一家提供微博服务的网站，微博正式进入中文上网主流人群视野。2011 年 10 月，中国微博用户总数达到 2.498 亿，成为世界上微博用户第一大国。随着微博在网民中的日益火热，与之相关的词汇如“微夫妻”也迅速走红网络，微博效应正在逐渐形成。

本章的学习仅分析其中几个常用页面。

☑ 个人首页：个人首页可以包含关注的博友的微博，也包括自己发表的。从页面布局的角度来说，区别在于多一个图标和一个超链接而已。

☑ 相册列表：图片是微博中一个重要的内容，它的列表也相对博客的相册有一些细小差别，大家可以参考一下博客的相册页面作一下比较。

☑ 相册幻灯：图片的幻灯展示是到目前为止网络上使用最多的技术之一，里面包含了大量的 JavaScript 脚本技术，在本章也会有所涉猎。

☑ 日志详情：日志详情其实应该叫微博详情，不过比首页中的显示更完整一些。

☑ 微频道：新浪微博里叫广场，腾讯微博里叫微频道，其实都是一样的，类似于专题或者话题的一个功能开发。

经过以上介绍，大家对微博系统的页面应该有了一个大概的了解，接下来就模仿腾讯微博和新浪微博结合来练习。

14.2　微博系统个人首页的设计

14.2.1　效果图的设计

如图 14-1 所示为用绘图软件制作好的效果图。

图 14-1　制作的效果图

14.2.2　框架的规划

有了效果图，网页的框架就可以根据图搭建起来。

1. 大框架的搭建

本章的页面布局有一些特殊情况，例如，置顶工具条、固定背景层等。抛开这些特殊层，先把页面进行简单分层。

从效果图中可以看出，从上到下，将标题背景层、个人信息层、内容层、底部层分别命名或使用类名“biaoti”、“gerenxinxi”、“hezi”和“copyright”。特殊层包括顶部工具条“gongjutiao”层、固定背景“beijing”层和标题与个人信息之间的大头像“datouxiang”层，如图 14-2 所示。接下来进行逐层分解。

2. 逐层搭建

（1）标题“biaoti”层的搭建

标题层只有一张图片，所以不需要再分层。

（2）个人信息“gerenxinxi”层的搭建

个人信息层中只有右浮动的 3 段文字。中间浮动的大头像层暂时不考虑，后面单独分析。

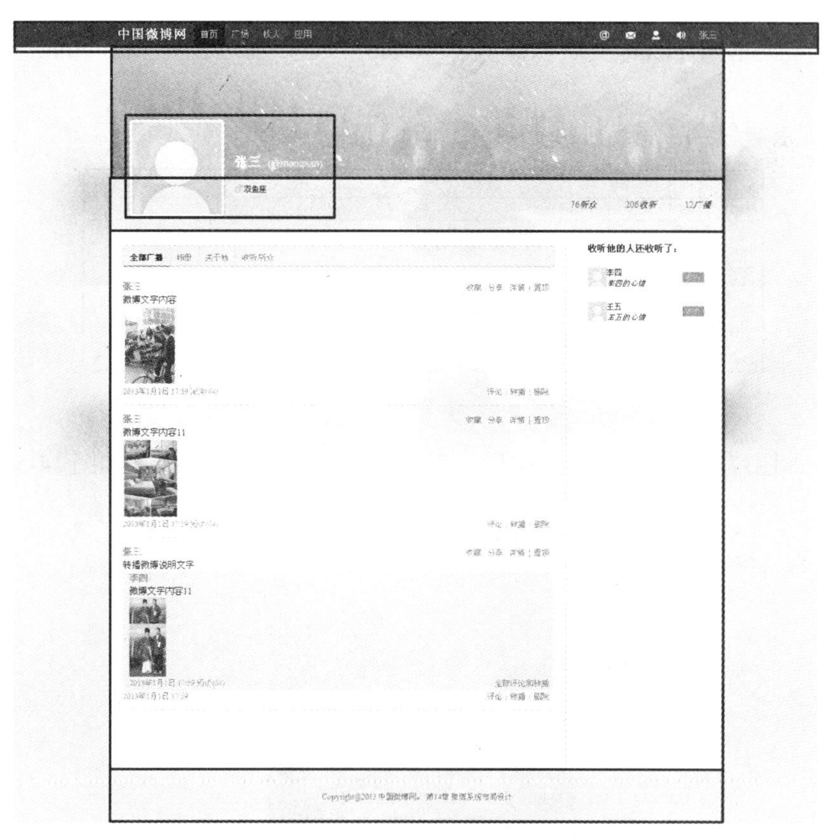

图 14-2　大框架的搭建

（3）内容盒子“hezi”层的搭建

内容盒子首先分成左右两层，如图 14-3 所示。

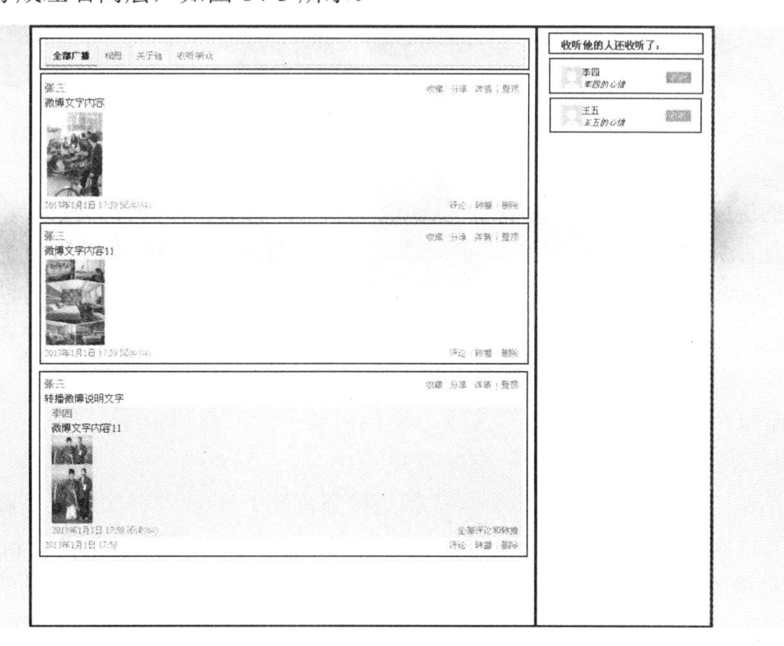

图 14-3　内容盒子的搭建

左边上下分层，菜单 “menu” 层、微博 “weibo” 层；右边收听“shouting”层，包含一个标题层和收听列表。

微博“weibo”层，包含 4 层，如图 14-4 所示。

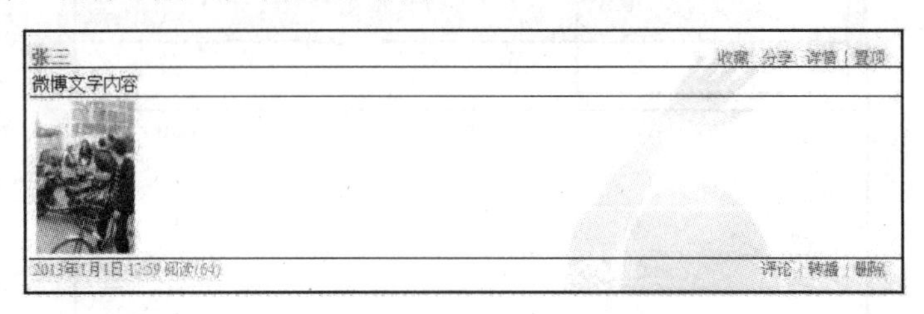

图 14-4　微博内容的搭建

其中第三层，即图片层存在一个隐藏图层，在单击小图片时就会出现，如图 14-5 所示。

图 14-5　图片内容的搭建

这里把小图的层应用类“xiao”命名为“xiao1”，后面的 id 号可以根据数据库中的 id 编号来取，也可以按顺序递加，只要在页面中唯一即可。同样，大图所在的层应用类“da”命名为“da1”。在页面中通过 JavaScript 来控制两个层的显示与隐藏，当然也可以用 innerHTML 的方法替换代码来实现，无论用哪一种方法，这个层都要事先建立好。

（4）底部“copyright”层的搭建

底部“copyright”层里面只有一两行文字，所以只要一个层就可以了。

（5）特殊层：工具条“gongjutiao”层的搭建

如图 14-6 所示，工具条层有一个显著特征就是位置固定，不管内容如何上下移动，工具条始终在最顶部。从图中可以明显看出工具条层还带有透明效果，如果在工具条层上设置 opacity 效果，工具条上的文字也会变得透明，所以，透明层必须单独存在，那么在建立层时，在工具条层内部首先要建立两层，一层是背景层，用来做透明效果，另一层是内容。在内容层中根据需要，还需要建立左右两层，当然也可以用 span 等其他标签代替。

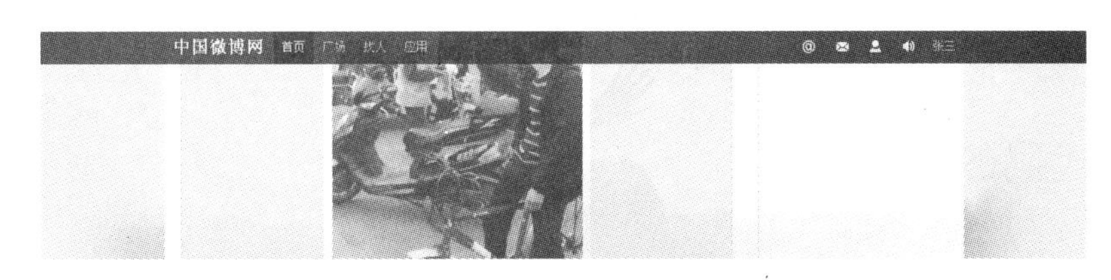

图 14-6　工具条层的搭建

（6）特殊层：大头像“datouxiang”层的搭建

如图 14-7 所示，大头像层浮动于标题层和个人信息层的中间，那么在建立层时可以在标题层和个人信息层中间建层，设置其位置为绝对位置，外边距通过预览进行调整到合适位置。另外需要注意的是，这 3 层必须设置 z-index 值，并且大头像层的 z-index 值必须大于其余两层，标题层和个人信息层的 position 也必须设置为 releative（相对位置），如果不设置，z-index 值的设置将不会起作用。

图 14-7　大头像层的搭建

（7）固定背景层的搭建

在实例中，大家可以看到该页的内容在上下移动时，其背景是不动的，固定层的设置方法是将 position 设置为 fixed，既然是固定的层，就不能将其放置到不固定的容器中去，在创建层时，把背景层、工具条层都要放置到最顶部，尽量减少其他层对它们的影响。

层的分离就学习到这里，下面进行制作网页的图片准备。

14.2.3　布局图片的分离与制作

框架搭建完毕后，要对相关的修饰图片进行分离或者重新制作，如图 14-8 所示。

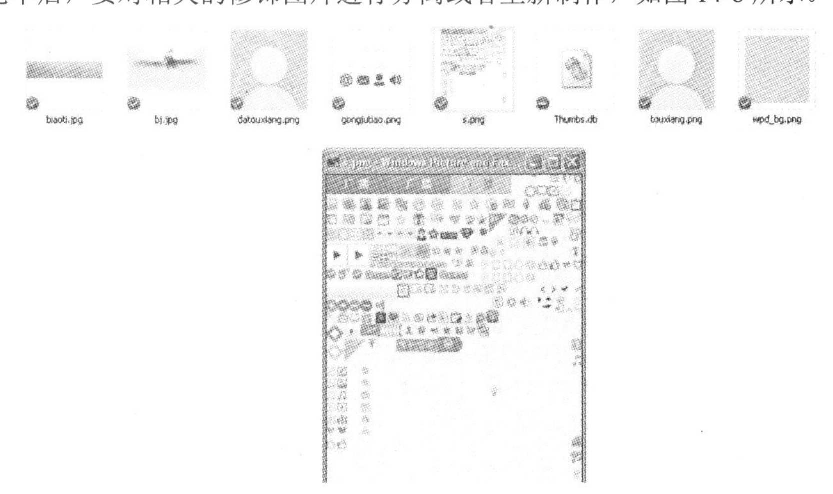

图 14-8　使用到的图片和 CSS Sprites 图片

注意：有一些图片在制作网站的过程中会遇到，只是暂时用不到。

14.2.4 框架代码的编写

按照前面的框架结构，首先编写大框架。

（1）打开 Dreamweaver，如图 14-9 所示，新建一个网页，修改标题、编码及文档类型。

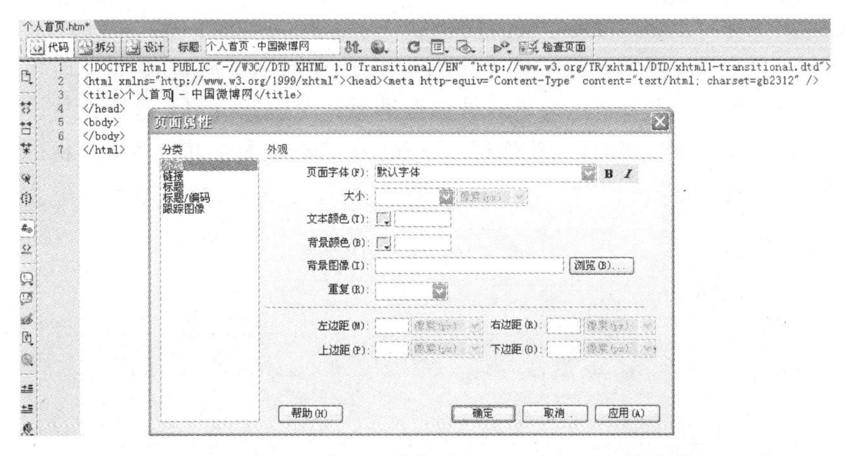

图 14-9 新建一个网页并修改标题、编码及文档类型

（2）链接外部 CSS 文件或者在文档内部编写 CSS 代码。

```
<style type="text/css">
/*公共元素*/
/*公共类元素*/
/*公共 ID 元素*/
/*私有类*/
</style>
```

（3）编写大框架。

```
<body>
<div id="gongjutiao">                                              <!--工具条层-->
      <div class="bj"></div>
        <div class="gongjutiao">
          <div class="kd1 juzhong yanse_bai">
              <span class="wz1">中国微博网</span>
              <span class="wz2">首页  广场  找人  应用</span>
              <span class="wz3 f_you"><ul>
                  <li><a href=# class="gjt_at" title="提到我的"></a></li>
                  <li><a href=# class="gjt_sx" title="私信"></a></li>
                  <li><a href=# class="gjt_ti" title="听众"></a></li>
                  <li><a href=# class="gjt_to" title="通知"></a></li></ul>
                  <a href=# title="@zhangsan">张三</a>
              </span>
          </div>
      </div>
</div>
```

```
<div id="beijing"></div>                                        <!--固定背景层-->
<div id="body">                                                  <!--其他内容层-->
    <div id="yemian" class="kd1 juzhong">                        <!--页面层，用来设置居中和页面宽度-->
        <div class="biaoti f_zuo"></div>                         <!--标题层-->
        <div class="datouxiang">                                 <!--大头像层-->
            <img src="images/datouxiang.png" />张三 (@zhangsan) 双鱼座
        </div>
        <div class="gerenxinxi kd1 w_you biankuang_xia"> <!--个人信息层-->
            <span class="biankuang_you">76<em>听众</em></span>
            <span class="biankuang_you">206<em>收听</em></span>
            <span>12<em>广播</em></span>
        </div>
        <div class="hezi kd1 f_zuo">                             <!--内容盒子层-->
         <div class="yemian_zuo f_zuo biankuang_you biangkuang_xia">    <!--内容盒子左层-->
            <div class="menu">                                          <!--菜单层-->
                全部广播 相册 关于他 收听/听众
            </div>
            <div class="konghang f_zuo kd2"></div>                          <!--空行层-->
            <div class="weibo">                                             <!--单条微博层-->
              <div class="weibo1">                                          <!--单条微博的第一层-->
                  张三<span class="f_you a12">收藏 分享 详情 置顶</span>
               </div>
               <div class="weibo2">微博文字内容</div>                       <!--单条微博文字层-->
               <div class="weibo3">                                         <!--图片视频层-->
                  <div id="xiao1" class="xiao">                             <!--小图片层-->
                      <img src="content/02.jpg" />
                  </div>
                  <div id="da1" class="da" style="display:none;">           <!--大图片层-->
收起左转右转<img id="tupian1" name="tupian1" src="content/01.jpg" />
                  </div>
               </div>
               <div class="weibo4">                                         <!--单条微博底层-->
                  2013 年 1 月 1 日 17:59 阅读(64)
                 <span class="f_you a12">评论 转播 删除</span>
               </div>
            </div>
            <div class="fengexian"></div>                                   <!--分隔线层-->
            <div class="weibo">                                             <!--第二条微博-->
              <div class="weibo1">
                  张三<span class="f_you a12">收藏 分享 详情 置顶</span>
               </div>
               <div class="weibo2">微博文字内容 11</div>
               <div class="weibo3">
                  <div id="xiao2" class="xiao">
                      <img src="content/04.jpg" />
                  </div>
                  <div id="da2" class="da" style="display:none;"><p class="w_zuo">
                      收起 左转 右转
                          <img id="tupian2" name="tupian2" src="content/03.jpg" />
                  </div>
               </div>
```

```
            <div class="weibo4">
                2013 年 1 月 1 日  17:59 阅读(64)
                <span class="f_you a12">评论  转播  删除</span>
            </div>
        </div>
        <div class="fengexian"></div>                                   <!--分隔线层-->
        <div class="weibo">                                             <!--第三条微博，转播层-->
            <div class="weibo1">
                <a href=#><strong>张三</strong></a>
                <span class="f_you a12">收藏  分享  详情置顶</span>
            </div>
            <div class="weibo2">转播微博说明文字
                <div class="zhuanbo">                                   <!--从这里内嵌一条微博的结构-->
                    <div class="weibo">                                 <!--内嵌微博层-->
                        <div class="weibo1">李四</div>
                        <div class="weibo2">微博文字内容 11</div>
                        <div class="weibo3">
                            <div id="xiao3" class="xiao">
                                <img src="content/06.jpg" />
                            </div>
                            <div id="da3" class="da" style="display:none;"><p class="w_zuo">
                                收起  左转  右转
                                <img id="tupian3" name="tupian3" src="content/05.jpg" />
                            </div>
                        </div>
                        <div class="weibo4">
                            2013 年 1 月 1 日  17:59 阅读(64)
                            <span class="f_you a12"><a href=#>全部评论和转播</a></span>
                        </div>
                    </div>
                </div>
            </div>
            <div class="weibo4">
                2013 年 1 月 1 日 17:59
                <span class="f_you a12">评论  转播  删除</span>
            </div>
        </div>
        <div class="biankuang_shang konghang kd2 f_zuo"></div>
    </div>
    <div class="yemian_you f_you">                                      <!--页面右层-->
        <div class="shouting"><h3>收听他的人还收听了：</h3></div>       <!--第一行-->
        <div class="shouting">                                          <!--第二行-->
            <span class="shouting1"><img src="images/touxiang.png" /></span>
            <span class="shouting2">李四<em>李四的心情</em></span>
            <span class="shouting3 f_you"><a href="#" class="shoutinganniu">收听</a></span>
        </div>
        <div class="shouting">                                          <!--第三行-->
            <span class="shouting1"><img src="images/touxiang.png" /></span>
            <span class="shouting2">王五<em>王五的心情</em></span>
            <span class="shouting3 f_you"><a href="#" class="shoutinganniu">收听</a></span>
        </div>
```

```
            </div>
        </div>
        <div class="copyright kd1 f_zuo w_zhong"></div>                              <!--底部 copyright 层-->
    </div>
</div>
</body>
```

14.2.5　内容代码的编写

内容代码部分如图 14-10、图 14-11 和图 14-12 所示。

```
91  <body>
92  <div id="gongjutiao">
93      <div class="bj"></div>
94      <div class="gongjutiao">
95          <div class="kd1 juzhong yanse_bai">
96              <span class="wz1"><a href=# class="logo"><h2>中国微博网</h2></a></span>
97              <span class="wz2"><a href="个人首页.htm" class="xuanzhong">首页</a><a href="微频道.htm">广场</a><a Href=#>找人</a><a href
=#>应用</a></span>
98              <span class="wz3 f_you"><ul>
99                  <li><a href=# class="gjt_at" title="提到我的"></a></li>
100                 <li><a href=# class="gjt_sx" title="私信"></a></li>
101                 <li><a href=# class="gjt_ti" title="听众"></a></li>
102                 <li><a href=# class="gjt_to" title="通知"></a></li></ul>
103                 <a href=# title="@zhangsan">张三</a>
104             </span>
105         </div>
106     </div>
107 </div>
108 <div id="beijing"></div>
109 <div id="body">
110     <div id="yemian" class="kd1 juzhong">
111         <div class="biaoti f_zuo"></div>
112         <div class="datouxiang">
113             <img src="images/datouxiang.png" />
114             <div class="name"><a href=#>张三</a>(@zhangsan)<br /><br /><span>双鱼座</span></div>
115         </div>
116         <div class="gerenxinxi kd1 w_you biankuang_xia">
117             <span class="biankuang_you">76<em>听众</em></span>
118             <span class="biankuang_you">206<em>收听</em></span>
119             <span>12<em>广播</em></span>
120         </div>
121         <div class="hezi kd1 f_zuo">
122             <div class="yemian_zuo f_zuo biankuang_you biangkuang_xia">
123                 <div class="menu">
124                     <ul>
125                         <li><a href=个人首页.htm class="xuanzhong menu_youkuang">全部广播</a></li>
126                         <li><a href=相册列表.htm class="menu youkuang">相册</a></li>
```

图 14-10　工具条、背景、大头像等内容代码

```
132                 <div class="weibo">
133                     <div class="weibo1">
134                         <a href=#><strong>张三</strong></a>
135                         <span class="f_you a12">
136                             <a href=#>收藏</a><a href=#>分享</a><a href="日志详情.htm">详情</a>|<a href=#>置顶</a>
137                         </span>
138                     </div>
139                     <div class="weibo2">微博文字内容</div>
140                     <div class="weibo3">
141                         <div id="xiao1" class="xiao" onclick="da1.style.display='block';this.style.display='none';">
142                             <img src="content/02.jpg" />
143                         </div>
144                         <div id="da1" class="da" style="display:none;"><p class="w_zuo">
145                             <a href=javascript:xiao1.style.display='block';da1.style.display='none';>收起</a>
146                             <a href="javascript:zuozhuan(tupian1,90,660);">左转</a>
147                             <a href="javascript:youzhuan(tupian1,90,660);">右转</a></p>
148                             <img id="tupian1" name="tupian1" src="content/01.jpg" />
149                         </div>
150                   </div>
151                     <div class="weibo4">
152                         2013年1月1日 17:59 <font color="#999999">阅读(64)</font>
153                       <span class="f_you a12"><a href=#>评论</a>|<a href=#>转播</a>|<a href=#>删除</a></span>
154                     </div>
155                 </div>
156                 <div class="fengexian"></div>
157                 <div class="weibo">
158                     <div class="weibo1">
159                         <a href=#><strong>张三</strong></a>
160                         <span class="f_you a12">
161                             <a href=#>收藏</a><a href=#>分享</a><a href=#>详情</a>|<a href=#>置顶</a>
162                         </span>
163                     </div>
164                     <div class="weibo2">微博文字内容11</div>
165                     <div class="weibo3">
166                         <div id="xiao2" class="xiao" onclick="da2.style.display='block';this.style.display='none';">
167                             <img src="content/04.jpg" />
168                         </div>
```

图 14-11　单条微博、分隔线等内容代码

```
198                         <img src="content/06.jpg" />
199                     </div>
200                     <div id="da3" class="da" style="display:none;"><p class="w_zuo">
201                         <a href=javascript:xiao3.style.display='block';da3.style.display='none';>收起</a>
202                         <a href="javascript:zuozhuan(tupian3,90,620);">左转</a>
203                         <a href="javascript:youzhuan(tupian3,90,620);">右转</a></p>
204                         <img id="tupian3" name="tupian3" src="content/05.jpg" />
205                     </div>
206                 </div>
207                 <div class="weibo4">
208                     2013年1月1日 17:59 <font color="#999999">阅读(64)</font>
209                     <span class="f_you a12"><a href=#>全部评论和转播</a></span>
210                 </div>
211             </div>
212         </div>
213     </div>
214     <div class="weibo4">
215         2013年1月1日 17:59 <font color="#999999"></font>
216          <span class="f_you a12"><a href=#>评论</a>|<a href=#>转播</a>|<a href=#>删除</a></span>
217     </div>
218   </div>
219   <div class="biankuang_shang konghang kd2 f_zuo"></div>
220 </div>
221 <div class="yemian_you f_you">
222   <div class="shouting"><h3>收听他的人还收听了：</h3></div>
223   <div class="shouting">
224       <span class="shouting1"><img src="images/touxiang.png" /></span>
225       <span class="shouting2">李四<em>李四的心情</em></span>
226       <span class="shouting3 f_you"><a href="#" class="shoutinganniu">收听</a></span>
227   </div>
228   <div class="shouting">
229       <span class="shouting1"><img src="images/touxiang.png" /></span>
230       <span class="shouting2">王五<em>王五的心情</em></span>
231       <span class="shouting3 f_you"><a href="#" class="shoutinganniu">收听</a></span>
232   </div>
233 </div>
234 </div>
```

图 14-12　转播微博、收听层等内容代码

14.2.6　CSS 代码的编写

CSS 代码的编写前面已经提到，可以放置到外部 CSS 文件中，或者在“<head><style type=text/css>这里插入 CSS 代码</style></head>”标签中编写。

1. 插入公共元素代码

```
<style type="text/css">
/*公共元素*/
*{padding:0;margin:0;}
body{background:#fff0c5;}
ul{list-style:none;float:left;}li{list-style:none;}
/*公共类元素*/
.f_zuo{float:left;/*左浮动*/}
.f_you{float:right;/*右浮动*/}
.w_zuo{text-align:left;/*文字左对齐*/}
.w_zhong{text-align:center;/*文字居中对齐*/}
.w_you{text-align:right;/*文字右对齐*/}
.kd1{width:960px;/*页面宽度*/}
.kd2{width:100%;}
.juzhong{margin:0 auto;/*居中*/}
.yanse_bai{color:#ffffff;/*颜色：白*/}
.biankuang_you{border-right:1px solid #dedede;/*右边框*/}
.biankuang_shang{border-top:1px solid #e4e4e4;/*上边框*/}
.biankuang_xia{border-bottom:1px solid #e4e4e4;/*下边框*/}
```

2. 插入框架层 CSS 代码

```
#gongjutiao{position:fixed;width:100%;height:40px;left:0;top:0;z-index:999;/*工具条外框*/
}
```

```
/*固定背景*/
#beijing{background:url(images/bj.jpg) no-repeat top center;position:fixed;width:100%;height:650px;z-index:1;}
/*其他所有层*/
#body{margin-top:40px;padding-top:0px;z-index:99;position:relative;}
/*页面*/
#yemian{min-height:800px;filter:alpha(opacity=90);opacity:.9;}
/*标题*/
.biaoti{background:url(images/biaoti.jpg) no-repeat;width:960px;height:200px;position:releative;z-index:1;}
/*大头像层*/
.datouxiang{width:140px;height:140px;margin:110px -30px -110px 30px;border:0;padding:4px; border-radius:5px;
box-shadow:0 1px 5px #999;z-index:99;position:absolute;background:#ffffff;}
/*个人信息层*/
.gerenxinxi{height:50px;background:#eee;float:left;z-index:98;position:relative;font-size:14px;padding-top:30px;
}
/*菜单层*/
.menu{width:100%;float:left;height:30px;background:#eee;border:1px solid #d0d0d0;border-bottom-width:2px;}
/*转播层*/
.zhuanbo{background:#eeeeee;padding-left:10px;}
/*单条微博层*/
.weibo{font-size:14px;line-height:20px;}
/*分隔线*/
.fengexian{margin:10px 0;width:100%;height:1px;border-top:1px dotted #d0d0d0;}
/*内容盒子*/
.hezi{background:#ffffff;}
/*页面左层*/
.yemian_zuo{width:670px;margin:20px;padding-right:20px;padding-bottom:0;margin-bottom:0;min-height:800px
;}
/*页面右层*/
.yemian_you{width:220px;}
/*收听层*/
.shouting{margin-top:10px;font-size:12px;padding:5px;clear:both;width:210px;display:block;float:left;}
/*空行*/
.konghang{height:10px;margin-top:10px;}
/*底部*/
.copyright{font-size:12px;color:#666666;line-height:80px;}
```

3. 内容 CSS 代码

```
#gongjutiao .bj{position:absolute;background:#000000;z-index:1;height:100%;width:100%;
    filter:alpha(opacity=80);opacity:.8;/*工具条背景*/}
#gongjutiao .gongjutiao{position:absolute;width:100%;height:100%;z-index:2;/*工具条内容*/}
#gongjutiao h2{display:inline;line-height:40px;color:#fff0c5;/*logo 文字*/}
#gongjutiao a{line-height:40px;height:40px;padding:0 10px;display:block;float:left;
    text-decoration:none;color:#cccccc;border-right:1px solid #333333;font-size:14px;}
#gongjutiao a.xuanzhong,#gongjutiao a:hover{background:#000000;border-right:1px solid #333333;}
#gongjutiao a.xuanzhong{color:#ffffff;}
#gongjutiao a.logo{background:none;}
#gongjutiao .wz3 li{float:left;height:20px;display:block;padding:10px;}
#gongjutiao .wz3 li:hover{background:#000000;border:0;}
```

```
#gongjutiao .wz3 a{border:0;}
#gongjutiao .wz3 span{font-size:12px;color:#ffffff;background:#f56200;margin:5px -5px;}
#gongjutiao a.gjt_at{background:url(images/gongjutiao.png) no-repeat 0 -20px;height:20px;}
#gongjutiao a.gjt_sx{background:url(images/gongjutiao.png) no-repeat -20px -20px;height:20px;}
#gongjutiao a.gjt_ti{background:url(images/gongjutiao.png) no-repeat -40px -20px;height:20px;}
#gongjutiao a.gjt_to{background:url(images/gongjutiao.png) no-repeat -60px -20px;height:20px;}
/*工具条内容*/
.datouxiang img{width:140px;height:140px;vertical-align:middle;}
.datouxiang .name{width:500px;display:block;margin:-90px -150px 90px 150px;
    font:normal 14px/20px Arial;color:#ffffff;}
.datouxiang .name a{font:bold 20px/20px "黑体","微软雅黑";color:#ffffff;padding:0 10px;text-decoration:none;}
.datouxiang .name a:hover{text-decoration:underline;}
.datouxiang .name span{margin-left:10px;padding-left:15px;font-size:12px;color:#000000;
    background:url(images/s.png) no-repeat -338px -52px;}

.gerenxinxi span{color:#006a92;padding:20px;width:40px;}
.gerenxinxi span em{color:#000000;font-weight:normal;}
/*菜单内容*/
.menu li{float:left;}
.menu_youkuang{border-right:1px solid #d5d5d5;height:12px;}
.menu li a{padding:10px;border-bottom:2px solid #d0d0d0;display:block;float:left;
    height:10px;text-decoration:none;font-size:12px;color:#666666;}
.menu                    li                    a.xuanzhong,.menu                    li
a.xuanzhong:hover{border-bottom-color:#229bd7;color:#000000;font-weight:bold;}
.menu li a:hover{border-bottom-color:#999999;}
/*单条微博*/
.weibo1 a,.weibo4 a{color:#229bd7;text-decoration:none;}
.weibo1 a:hover,.weibo4 a:hover{text-decoration:underline;}
.a12 a{font-size:12px;padding:0 5px;}
.weibo3{width:660px;overflow:hidden;}
.weibo4{color:#229bd7;font-size:12px;}
.da{cursor:pointer;background:#eeeeee;text-align:center;padding:5px;border:1px solid #d5d5d5;}
.xiao{cursor:pointer;}
/*收听样式*/
.shouting img{width:30px;height:30px;}
.shouting span{display:block;float:left;}
.shouting span em{display:block;}
.shouting2{width:120px;overflow:hidden;}
a.shoutinganniu{width:50px;line-height:30px;
height:20px;color:#ffffff;background:#00CC66;font-size:12px;padding:0 5px;text-decoration:none;}
```

14.2.7 预览效果及微调

经过以上步骤，页面已经基本制作完成，剩下的就是进行一些微调，可视具体情况进行修改，然后加入 JavaScript 代码就能看到效果，如图 14-13 所示。

图 14-13　最终效果预览

14.3　微博系统相册列表页的设计

14.3.1　效果图的设计

如图 14-14 所示为用绘图软件制作好的效果图。

图 14-14　制作的效果图

14.3.2 框架的规划

有了效果图，网页的框架就可以根据图搭建起来。

1. 大框架的搭建

前面已经做过首页的框架，继续做相册列表页时，可以参考前面的设计。对比首页的设计，这里唯一不同的只是中间的图片部分。接下来进行中间层的分解。

2. 逐层搭建

如图 14-15 所示，每一大行里，有一张大图，4 张小图。而且最重要的一点是，所有图之间的间隔都是一样大，这就给统一设计带来了方便。

图片行层里分 5 个层，第一个层应用大图类“datu”，4 个小层应用小图类“xiaotu”。

图 14-15　图片列表层的搭建

14.3.3 布局图片的分离与制作

框架搭建完毕后，要对相关的修饰图片进行分离或者重新制作，本章所有的图片都比较简单，已经在首页设计中演示过，不再重复。

14.3.4 框架代码的编写

按照前面的框架结构，首先编写大框架。

（1）打开 Dreamweaver，如图 14-16 所示，新建一个网页，修改标题、编码及文档类型。

（2）链接外部 CSS 文件或者在文档内部编写 CSS 代码。公共 CSS 代码部分在首页设计中已经讲解过，这里不再重复。

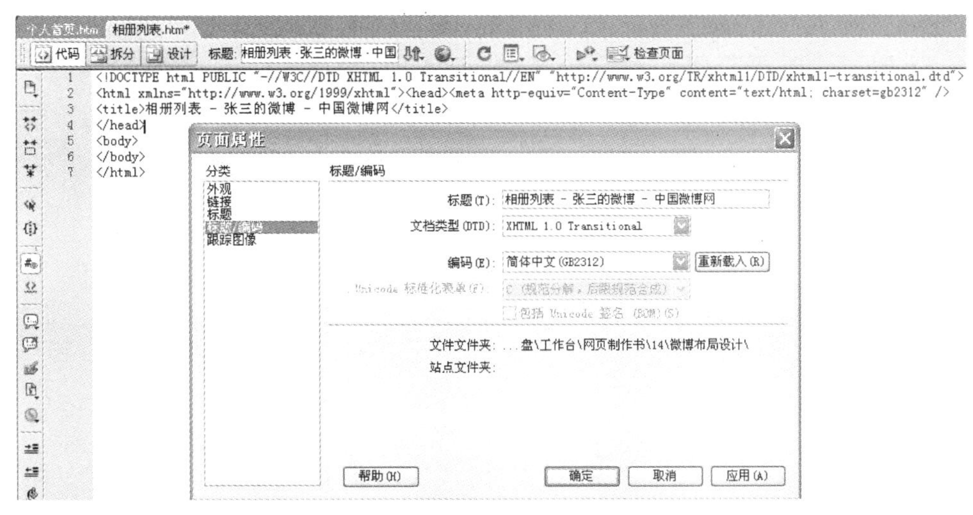

图 14-16　新建一个网页，修改标题、编码及文档类型

（3）编写大框架。大框架基本上也可直接复制，修改中间内容部分即可。下面是列表部分的框架代码。

```
<div class="xiangce1">            <!--第一行-->
    <div class="datu"><a href="相册幻灯.htm" target="_blank"><img src="content/01.jpg" /></a></div>
    <div class="xiaotu"><a href="相册幻灯.htm" target="_blank"><img src="content/02.jpg" /></a></div>
    <div class="xiaotu"><a href="相册幻灯.htm" target="_blank"><img src="content/03.jpg" /></a></div>
    <div class="xiaotu"><a href="相册幻灯.htm" target="_blank"><img src="content/04.jpg" /></a></div>
    <div class="xiaotu"><a href="相册幻灯.htm" target="_blank"><img src="guangchang/01.jpg" /></a></div>
</div>
<div class="xiangce2">            <!--第二行-->
    <div class="datu"><a href="相册幻灯.htm" target="_blank"><img src="content/05.jpg" /></a></div>
    <div class="xiaotu"><a href="相册幻灯.htm target="_blank""><img src="content/06.jpg" /></a></div>
    <div class="xiaotu"><a href="相册幻灯.htm target="_blank""><img src="content/06.jpg" /></a></div>
    <div class="xiaotu"><a href="相册幻灯.htm target="_blank""><img src="content/04.jpg" /></a></div>
</div>
```

14.3.5　CSS 代码的编写

CSS 代码的编写前面已经提到，可以放置到外部 CSS 文件中，或者在“<head><style type=text/css>这里插入 CSS 代码</style></head>”标签中编写。

1. 插入公共元素代码

公共元素代码详见首页公共元素代码部分。

2. 相册列表页专属 CSS 代码

```
<style type="text/css">
.xiangce1,.xiangce2{width:680px;clear:both;}                    /*设置每行的总宽度*/
```

```
.xiangce1 div{margin:8px;float:left;border:1px solid #d0d0d0;padding:1px;}        /*第一行边框边距 左浮动*/
.xiangce2 div{margin:8px;float:right;border:1px solid #d0d0d0;padding:1px;}       /*第二行边框边距 右浮动*/
.datu img{width:320px;height:320px;}                                               /*大图的大小*/
.xiaotu img{width:150px;height:150px;}                                             /*小图的大小*/
</style>
```

14.3.6　预览效果及微调

经过以上步骤，页面已经基本制作完成，剩下的就是进行一些微调，可视具体情况进行修改。预览效果如图 14-14 所示。

14.4　微博系统相册幻灯页的设计

14.4.1　效果图的设计

如图 14-17 所示为用绘图软件制作好的效果图。本节的内容多偏向 JavaScript，所以这里只把代码简单分析一下。

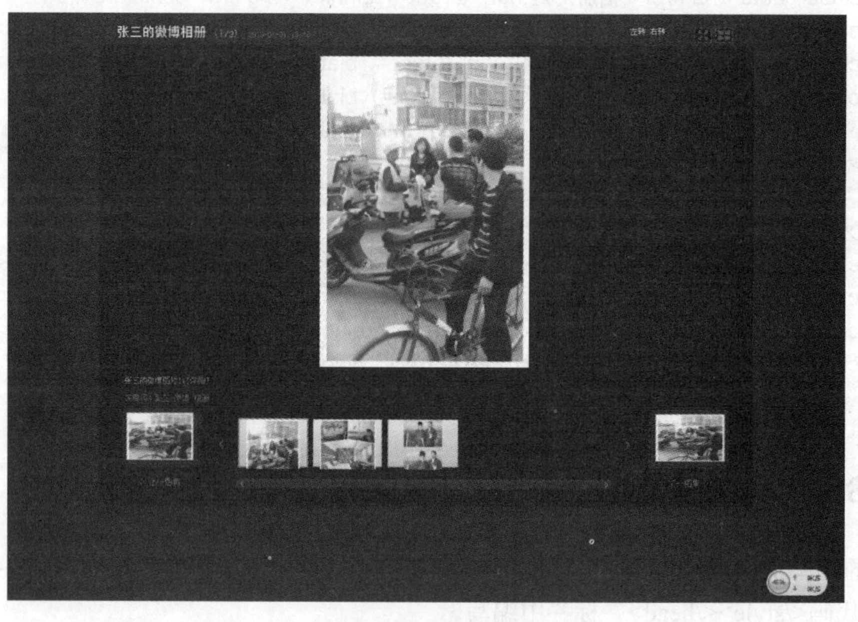

图 14-17　制作的效果图（最终效果同）

14.4.2　源代码分析

此部分框架代码如下。

```
<!DOCTYPE html PUBLIC "-//W3C//DTD XHTML 1.0 Transitional//EN"
 "http://www.w3.org/TR/xhtml1d/DTD/xhtml1-transitional.dtd">
<html xmlns="http://www.w3.org/1999/xhtml"><head><meta content="text/html;
```

```
 charset=gb2312" http-equiv="Content-Type" />
<title>相册幻灯展示 - 相册列表 - 张三的微博</title>
<link type="text/css" rel="stylesheet" href="huandeng/base.css" media="screen" />          <!--基本 CSS 代码-->
<link type="text/css" rel="stylesheet" href="huandeng/gallery.css" media="screen" />       <!--类代码-->
</head>
<body>
    <div class="photoMHD">
        <div class="title">                                                                <!--标题行-->
            <div class="txt">
            <h1>张三的微博相册 <span class="num">(<em id="photoIndex"></em>/3)</span> <!--标题文字-->
<span class="time">2013-01-01 13:18</span></h1>
            </div>
            <div class="function">                                                         <!--功能按钮-->
            <a href="javascript:zuozhuan('photo',90,1000);"><font color="#ffffff">左转</font></a>
            <a href="javascript:youzhuan('photo',90,1000);"><font color="#ffffff">右转</font></a>
                <a class="ckap" title="查看全部图片" id="showallPic"></a>
                <a class="ckbp" id="btnOrig" title="查看大图" target="_blank"></a>
                <a class="return" title="返回幻灯" style="display:none"></a>
            </div>
        </div><!--title end-->
        <div class="photoNews" id="imgBox">                                                <!--图片显示层-->
            <div id="picDiv" style="display:block;">
                <div class="pic" id="photoView">
<!--图片预下载区域-->
    <img id="photoPrevLoading" src="content/02.jpg" width="609" height="800" style="display:none"/>
<!--左箭头-->
<div class="photo_prev"><a id="photoPrev" class="btn_pphoto" target="_self" hidefocus="true"></a></div>
<!--右箭头-->
<div class="photo_next"><a id="photoNext" class="btn_nphoto" target="_self" hidefocus="true"></a></div>
<!--图片显示区域-->
<a id="photoimg"><img id="photo" style="filter:alpha(opacity=100);" src="content/02.jpg" width="609" height=
"800" /></a>
                </div>
            </div>
            <div class="allPic" id="moretab" style="display:none">
                <div class="leftArae"><a id="moreLeft"></a></div>
                <div class="smallpic_box clearfix">
                    <div style="height:560px;overflow:hidden;position:relative;width:935px;">
                        <div id="imageListView" class="smallpic_con clearfix"></div>
                    </div>
                </div>
                <div class="rightArae"><a id="moreRight"></a></div>
                <div class="clear"></div>
                <div class="btn" id="btnPage"></div>
            </div>
            <div class="zy clearfix">
                <div class="wrap_text">
                    <p class="text_con" id="photoDesc">张三的微博相册</p>
                    <p class="keywords">关键词：<a href="#" target="_blank">张三</a> <a href="#" target=
"_blank">微博</a> <a href="#" target="_blank">相册</a></p>
```

```
                </div>
            </div>
            <div class="clear"></div>
            <div class="photoList" id="picList_b">
                <div class="before">
                    <a id="prevSet" href="相册幻灯.htm" target="_blank"><img src="content/01.jpg" width=
"104" height="69" /></a>
                    <p><a href="相册幻灯.htm" target="_blank">&lt;&lt; 上一图集</a></p>
                </div>
                <div class="picList" id="scrl">
                    <div id="scrlPrev" class="l1"><a id="scrlPrev_b"></a></div>
                    <div class="l2">
                        <div class="listM" style="position:relative">
                            <ul id="thumb" style="position:absolute">
                                <li><a href="#p=1" hidefocus="true"><img src="content/02.jpg" /></a></li>
                                <li><a href="#p=2" hidefocus="true"><img src="content/04.jpg" /></a></li>
                                <li><a href="#p=3" hidefocus="true"><img src="content/06.jpg" /></a></li>
                            </ul>
                        </div>
                        <div class="scrollBar">
                            <a class="drag" id="bar"><b class="l_arrow"></b><b class="r_arrow">
</b></a>
                        </div>
                    </div>
                    <div id="scrlNext" class="l3"><a id="scrlNext_b"></a></div>
                </div>
                <div class="after">
                    <a id="nextSet" href="相册幻灯.htm" target="_blank"><img src="content/01.jpg"
width="104" height="69" /></a>
                    <p><a href="相册幻灯.ht," target="_blank">下一图集 &gt;&gt;</a></p>
                </div>
                <div class="clear"></div>
            </div>
        </div>                                              <!--photoNews end-->
        <div class="clear"></div>
    </div>
<script type="text/javascript" src="xuanzhuan.js"></script>              <!--图片旋转脚本-->
<script type="text/javascript" src="huandeng/BX.1.0.1.U.js"></script>    <!--全局类（仅供学习）-->
<script type="text/javascript" src="huandeng/gallery.js"></script>       <!--控制类-->
<!--图片数据 JavaScript 脚本，数据库中的数据通过程序导出为该文件-->
<script type="text/javascript" src="huandeng/piclist.js"></script>
</body>
</html>
```

14.4.3 布局图片的分离与制作

相册幻灯片部分用到的图片如图 14-18 所示。

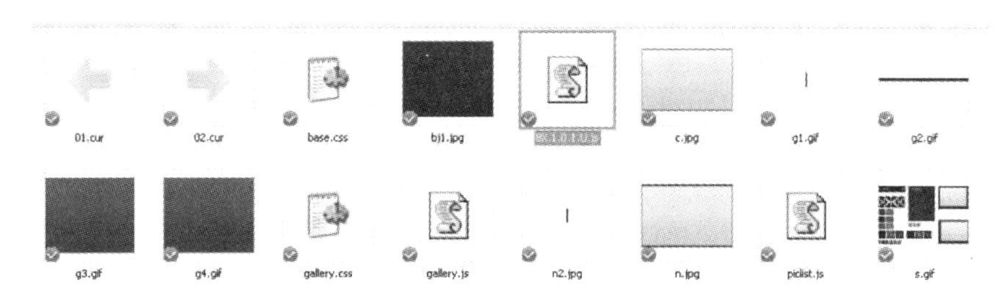

图 14-18　相册幻灯使用到的图片

14.5　微博系统日志详情页的设计

14.5.1　效果图的设计

如图 14-19 所示为用绘图软件制作好的效果图。

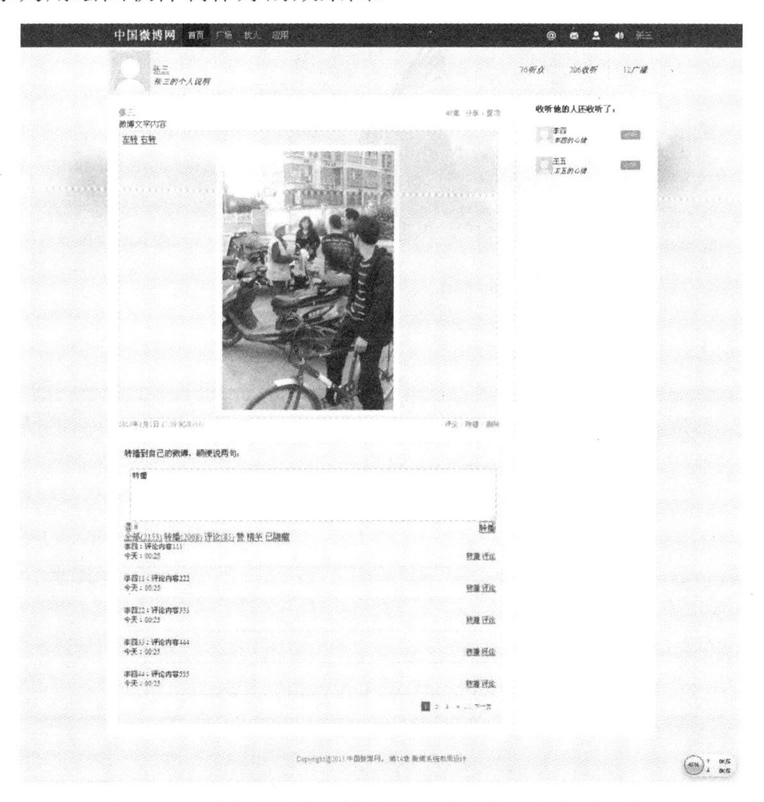

图 14-19　制作的内容页效果图（最终效果和本图一样）

14.5.2　框架的规划

1. 大框架的搭建

本页的框架和首页完全一样，有区别的是内容层不同。

2. 逐层搭建

下面着重讲解内容的部分设计。如图 14-20 所示，大版块的划分上，可以分为上下两个部分。上半部分是单条微博的展示，只是没有小图了，相对少了一些东西，这块问题不大；下半部分的划分也非常简单，都是上下排列。如果要用 Ajax 技术进行动态更新，要把评论部分（3～7 号区域）合并到一个层里并且命名，便于 Ajax 控制。

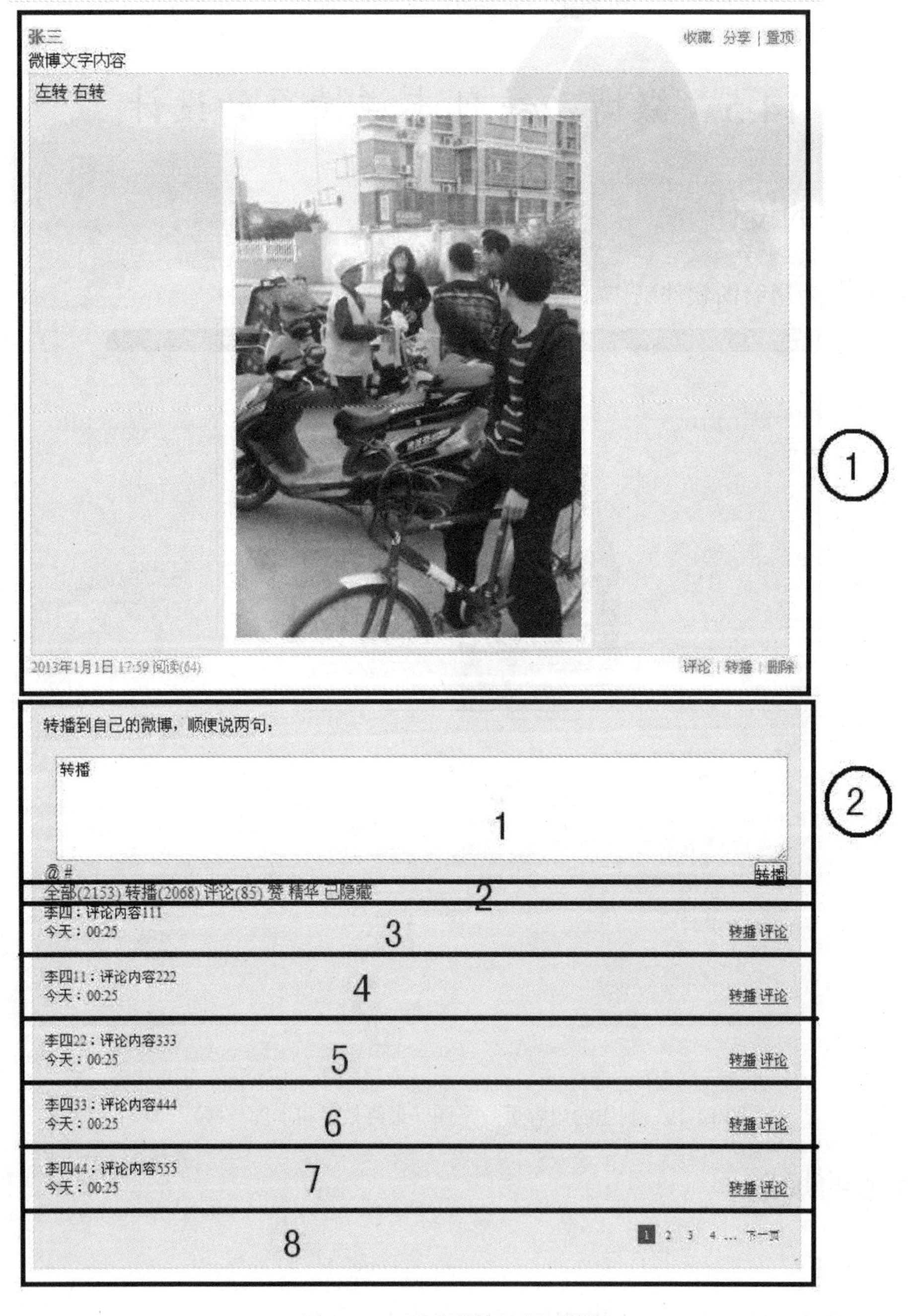

图 14-20　日志详情的框架搭建

14.5.3　框架代码的编写

按照前面的框架结构，首先编写大框架。

（1）打开 Dreamweaver，如图 14-21 所示，新建一个网页，修改标题、编码及文档类型。

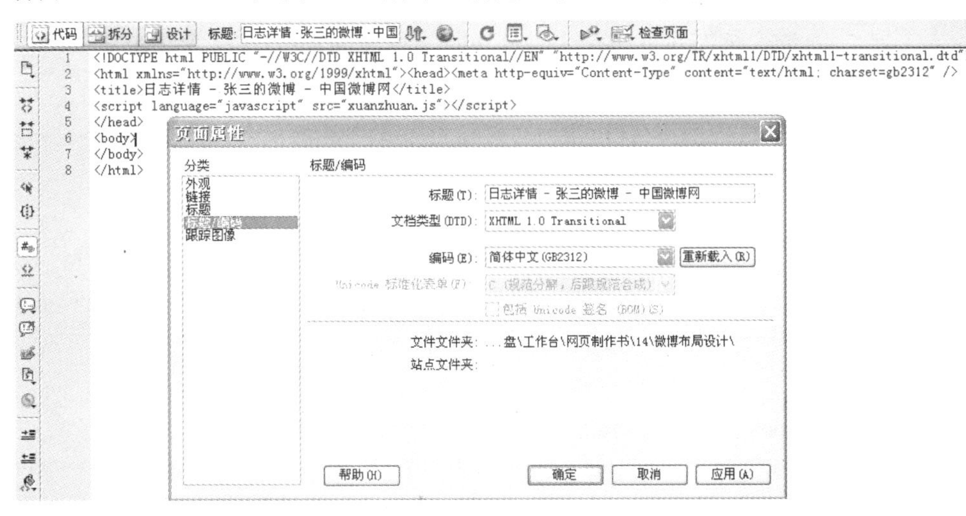

图 14-21　新建一个网页，修改标题、编码及文档类型

（2）链接外部 CSS 文件或者在文档内部编写 CSS 代码。

同首页公共 CSS 部分。注意不能忘记导入 JavaScript 文件。

（3）编写大框架。因为与栏目页相近，所以很多代码不需要再次编写，直接复制即可。

```
<div class="yemian_zuo f_zuo biankuang_you biangkuang_xia">
    <div class="weibo">                        <!--微博展示层-->
        <div class="weibo1">
            <a href=#><strong>张三</strong></a>
            <span class="f_you a12">
              <a href=#>收藏</a><a href=#>分享</a>|<a href=#>置顶</a>
            </span>
        </div>
        <div class="weibo2">微博文字内容</div>
        <div class="weibo3">
            <div id="da1" class="da"><p class="w_zuo">
                <a href="javascript:zuozhuan(tupian1,90,660);">左转</a>
                <a href="javascript:youzhuan(tupian1,90,660);">右转</a></p>
                <img id="tupian1" name="tupian1" src="content/01.jpg" />
            </div>
        </div>
        <div class="weibo4">
            2013 年 1 月 1 日  17:59 <font color="#999999">阅读(64)</font>
            <span class="f_you a12">
                <a href=#>评论</a>|<a href=#>转播</a>|<a href=#>删除</a>
            </span>
        </div>
```

```
        </div>
        <div class="fengexian"></div>                          <!--分隔线-->
        <div class="pinglun">
                <div class="zhuanboform">              <!--评论提交窗口-->
                        <form>转播到自己的微博，顺便说两句：
                        <br /><textarea cols="66" rows="5">转播</textarea>
                        <br />@ #<input type="button" value="转播" class="f_you" /></form>
                </div>
                <div class="pingluncaidan">         <!--评论的筛选菜单-->
<a href=#>全部(2153)</a> <a href=#>转播(2068)</a> <a href=#>评论(85)</a> <a href=#>赞</a> <a href=#>精
华</a> <a href=#>已隐藏</a>
                </div>
                <div class="pinglun_nr">                <!--评论内容 1-->
<p><span><font color="#003333">李四</font>：评论内容 111</span></p>
<p><span>今天：00:25</span><span class="f_you"><a href=#>转播</a> <a href=#>评论</a></span></p>
<div class="fengexian"></div>
                </div>
                <div class="pinglun_nr">
<p><span><font color="#003333">李四 11</font>：评论内容 222</span></p>
<p><span>今天：00:25</span><span class="f_you"><a href=#>转播</a> <a href=#>评论</a></span></p>
<div class="fengexian"></div>
                </div>
                <div class="pinglun_nr">
<p><span><font color="#003333">李四 22</font>：评论内容 333</span></p>
<p><span>今天：00:25</span><span class="f_you"><a href=#>转播</a> <a href=#>评论</a></span></p>
<div class="fengexian"></div>
                </div>
                <div class="pinglun_nr">
<p><span><font color="#003333">李四 33</font>：评论内容 444</span></p>
<p><span>今天：00:25</span><span class="f_you"><a href=#>转播</a> <a href=#>评论</a></span></p>
<div class="fengexian"></div>
                </div>
                <div class="pinglun_nr">
<p><span><font color="#003333">李四 44</font>：评论内容 555</span></p>
<p><span>今天：00:25</span><span class="f_you"><a href=#>转播</a> <a href=#>评论</a></span></p>
<div class="fengexian"></div>
                </div>
                <div class="fenye">                <!--分页机制-->
                        <a href=# class="xuanzhong">1</a><a href=#>2</a>
                        <a href=#>3</a><a href=#>4</a>...<a href=#>下一页</a>
                </div>
        </div>
        <div class="konghang"></div>
</div>
```

14.5.4 CSS 代码的编写

本页的私有 CSS 代码如下。

```
.pinglun{background:#efefef;border:1px solid #e5e5e5;font-size:14px;padding:10px;}
.pinglun textarea{width:630px;padding:3px;margin:0 10px;}
.pinglun_nr{font-size:12px;}
.fenye{margin-bottom:10px;text-align:right;}
.fenye a{text-decoration:none;font-size:10px;padding:2px 5px;margin:2px;}
.fenye a:hover{background:#66CCCC;}
.fenye a.xuanzhong{background:#006699;color:#ffffff;}
```

14.5.5　预览效果及微调

经过以上步骤，页面已经基本制作完成，剩下的就是进行一些微调，可视具体情况进行修改。预览的效果图如图 14-19 所示。

14.6　微博系统微频道（广场）的设计

14.6.1　效果图的设计

如图 14-22 所示为用绘图软件制作好的效果图。

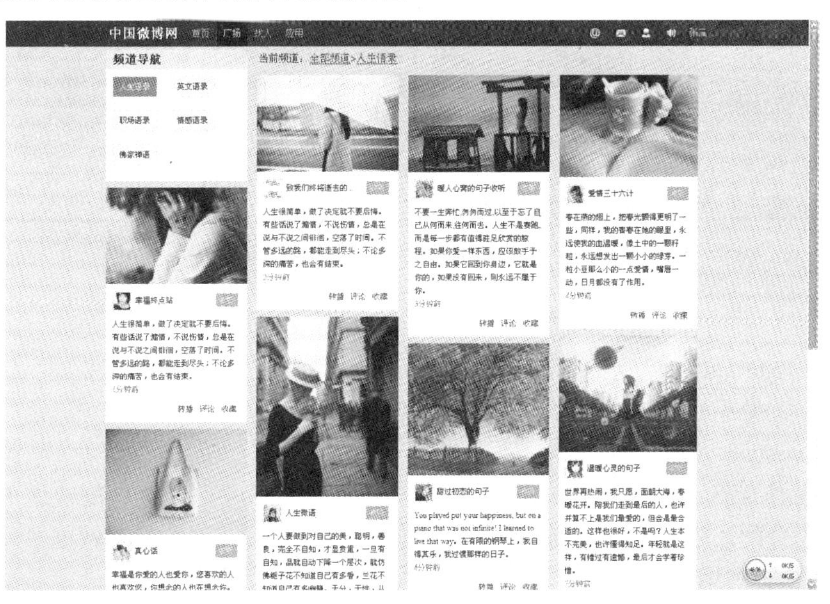

图 14-22　制作的效果图

14.6.2　框架的规划

有了效果图，网页的框架就可以根据图搭建起来。

1. 大框架的搭建

本章的页面布局有一些特殊情况，例如，置顶工具条、固定背景层等。抛开这些特殊层，先把页面进行简单分层。

从效果图中可以看出，从上到下，工具条层、内容层、底部层分别命名或使用类名“gongjutiao”、“yemian”和“copyright”，如图 14-23 所示。接下来进行逐层分解。

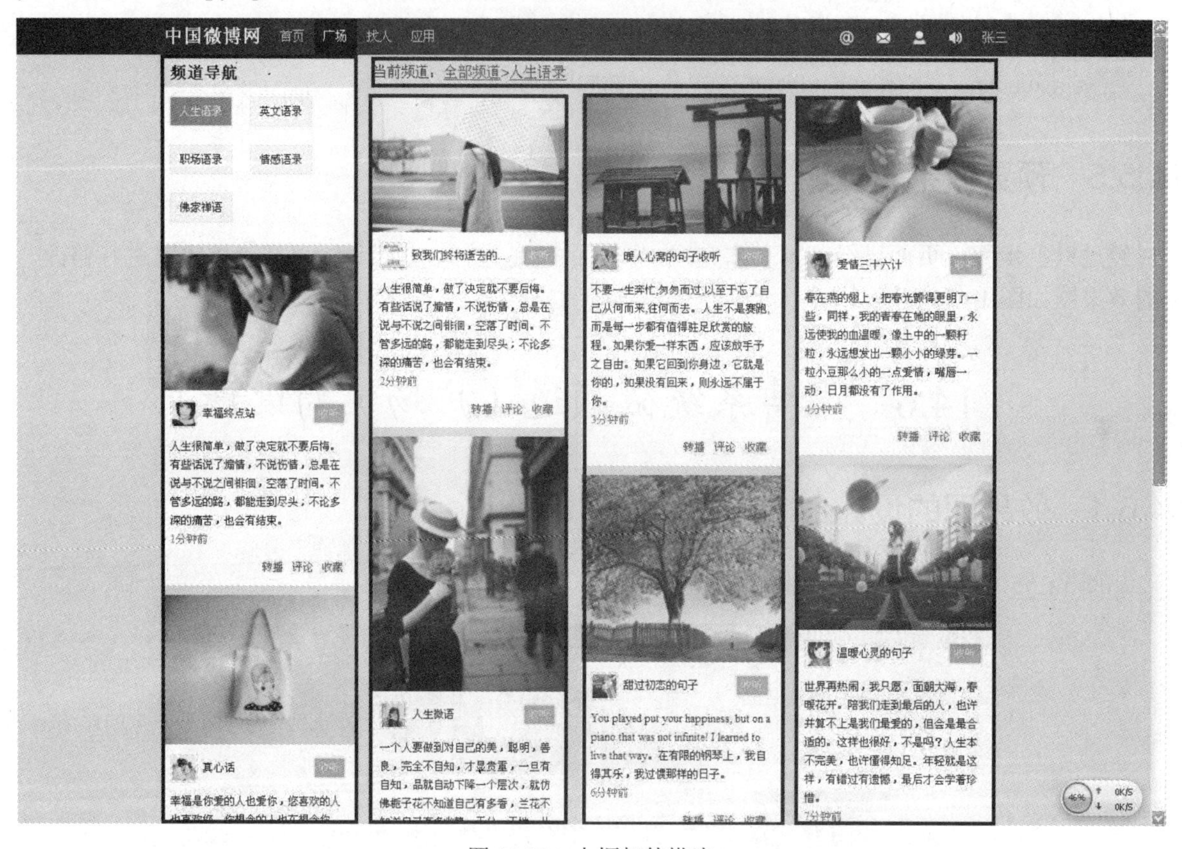

图 14-23　大框架的搭建

2. 逐层搭建

（1）工具条“gongjutiao”层的搭建。

同首页设计，此处不再讲解。

（2）页面“yemian”层的搭建。

页面层中采用瀑布流分成 4 列，进行布局。在低版本的 CSS 中，是无法解决这个问题的，只能通过服务端进行动态分配，或者通过 JavaScript 或 JQuery 进行处理。这里就不做过多讨论。每列应用类“lie41”，然后把内容平均分配到各列中去。

（3）底部“copyright”层的搭建

底部“copyright”层里面只有一两行文字，所以只要一个层就可以了。

14.6.3　框架代码的编写

按照前面的框架结构，首先编写大框架。

（1）打开 Dreamweaver，如图 14-24 所示，新建一个网页，修改标题、编码及文档类型。

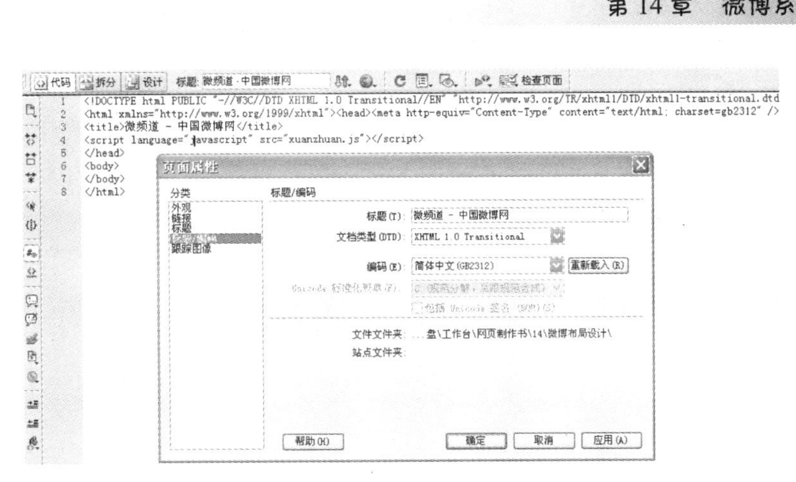

图 14-24　新建一个网页，修改标题、编码及文档类型

（2）链接外部 CSS 文件或者在文档内部编写 CSS 代码。

```
<style type="text/css">
/*公共元素*/
*{padding:0;margin:0;}
body{background:url(images/wpd_bg.png);}  /*背景图*/
ul{list-style:none;float:left;}li{list-style:none;}
</style>
```

（3）编写大框架。

```
<body>
<div id="gongjutiao">                                    <!--工具条层-->
     <div class="bj"></div>
       <div class="gongjutiao">
         <div class="kd1 juzhong yanse_bai">
              <span class="wz1">中国微博网</span>
              <span class="wz2">首页  广场  找人  应用</span>
              <span class="wz3 f_you"><ul>
                   <li><a href=# class="gjt_at" title="提到我的"></a></li>
                   <li><a href=# class="gjt_sx" title="私信"></a></li>
                   <li><a href=# class="gjt_ti" title="听众"></a></li>
                   <li><a href=# class="gjt_to" title="通知"></a></li></ul>
                   <a href=# title="@zhangsan">张三</a>
              </span>
         </div>
     </div>
</div>
<div id="body">
     <div id="yemian" class="kd1 juzhong">
      <div class="lie41">                                          <!--第一列-->
              <div class="hezi" style="height:200px;">页面导航
              </div>
         <div class="hezi"></div>
         <div class="hezi"></div>
         <div class="lujing lie43">当前频道：<a href=#>全部频道</a>&gt;<a href=#>人生语录</a>
      </div>
```

```
        <div class="lie41">                                                    <!--第二列-->
          <div class="hezi"> </div>
          <div class="hezi"> </div>
          <div class="hezi"></div>
        </div>
        <div class="lie41">                                                    <!--第三列-->
          <div class="hezi"></div>
          <div class="hezi"></div>
          <div class="hezi"></div>
        </div>
        <div class="lie41">                                                    <!--第四列-->
          <div class="hezi"></div>
          <div class="hezi"></div>
        </div>
      <div class="copyright kd1 f_zuo w_zhong">Copyright@2013 中国微博网。 第 14 章 微博系统布局设计
</div>
      </div>
</div>
</body>
```

14.6.4 内容代码的编写

来看一下盒子的格式。把内容分成 4 行。第 1 行为图片；第 2 行为作者及收听按钮；第 3 行为文字内容；第 4 行为操作。

```
<div class="hezi">
        <div class="g1"><img src="guangchang/03.jpg" /></div>
        <div class="g2">
                <img src="guangchang/03-1.jpg" />
                <a href=#>爱情三十六计</a>
                <a href=# class="f_you shouting">收听</a>
        </div>
        <div class="g3">春在燕的翅上，把春光颤得更明了一些，同样，我的青春在她的眼里，永远使我的血温暖，
像土中的一颗籽粒，永远想发出一颗小小的绿芽。一粒小豆那么小的一点爱情，嘴唇一动，日月都没有了作用。
              <p>4 分钟前</p>
        </div>
        <div class="g4"><a href=#>转播</a><a href=#>评论</a><a href=#>收藏</a></div>
</div>
```

14.6.5 CSS 代码的编写

CSS 代码的编写前面已经提到，可以放置到外部 CSS 文件中，或者在“<head><style type=text/css>这里插入 CSS 代码</style></head>”标签中编写。

```
<title>微频道 - 中国微博网</title>
<style type="text/css">
/*公共元素*/
*{padding:0;margin:0;}
```

```
body{background:url(images/wpd_bg.png);}
ul{list-style:none;float:left;}li{list-style:none;}
/*公共类元素*/
.f_zuo{float:left;/*左浮动*/}
.f_you{float:right;/*右浮动*/}
.w_zuo{text-align:left;/*文字左对齐*/}
.w_zhong{text-align:center;/*文字居中对齐*/}
.w_you{text-align:right;/*文字右对齐*/}
.kd1{width:960px;/*页面宽度*/}
.kd2{width:100%;}
.juzhong{margin:0 auto;/*居中*/}
.yanse_bai{color:#ffffff;/*颜色：白*/}
.biankuang_you{border-right:1px solid #dedede;/*右边框*/}
.biankuang_shang{border-top:1px solid #e4e4e4;/*上边框*/}
.biankuang_xia{border-bottom:1px solid #e4e4e4;/*下边框*/}

/*公共 ID 元素*/
#gongjutiao{position:fixed;width:100%;height:40px;left:0;top:0;z-index:999;/*工具条外框*/}
#gongjutiao .bj{position:absolute;background:#000000;z-index:1;height:100%;width:100%;
filter:alpha(opacity=80);opacity:.8;/*工具条背景*/}
#gongjutiao .gongjutiao{position:absolute;width:100%;height:100%;z-index:2;/*工具条内容*/}
#gongjutiao h2{display:inline;line-height:40px;color:#fff0c5;/*logo 文字*/}
#gongjutiao a{line-height:40px;height:40px;padding:0 10px;display:block;float:left;
text-decoration:none;color:#cccccc;border-right:1px solid #333333;font-size:14px;}
#gongjutiao a.xuanzhong,#gongjutiao a:hover{background:#000000;border-right:1px solid #333333;}
#gongjutiao a.xuanzhong{color:#ffffff;}
#gongjutiao a.logo{background:none;}
#gongjutiao .wz3 li{float:left;height:20px;display:block;padding:10px;}
#gongjutiao .wz3 li:hover{background:#000000;border:0;}
#gongjutiao .wz3 a{border:0;}
#gongjutiao .wz3 span{font-size:12px;color:#ffffff;background:#f56200;margin:5px -5px;}
#gongjutiao a.gjt_at{background:url(images/gongjutiao.png) no-repeat 0 -20px;height:20px;}
#gongjutiao a.gjt_sx{background:url(images/gongjutiao.png) no-repeat -20px -20px;height:20px;}
#gongjutiao a.gjt_ti{background:url(images/gongjutiao.png) no-repeat -40px -20px;height:20px;}
#gongjutiao a.gjt_to{background:url(images/gongjutiao.png) no-repeat -60px -20px;height:20px;}
#beijing{background:url(images/bj.jpg) no-repeat top center;position:fixed;width:100%;height:650px;z-index:1;}

#body{margin-top:40px;padding-top:0px;z-index:99;position:relative;}
#yemian{min-height:800px;filter:alpha(opacity=90);opacity:.9;}

.lie41{width:23%;margin:0 .8%;float:left;overflow:hidden;}
.lie43{width:70%;}
.hezi{background:#ffffff;width:100%;margin:5px
0;font-size:12px;line-height:20px;display:inline-block;position:releative;}
.lujing{width:70%;height:30px;margin:1%;margin-bottom:0;display:inline-block;position:relative;}
a.fenlei,a.fenlei:link,a.fenlei:visited{background:#fafafa;border:1px solid #eeeeee;padding:0 10px;
line-height:30px;color:#000000;text-decoration:none;display:block;float:left;margin:10px;}
a.fenlei:hover,a.fenlei.xuanzhong,a.xuanzhong:link,a.xuanzhong:visited{background:#3399CC;color:#ffffff;}
.hezi h2{padding:5px 10px;background:#e9e9e9;}
.g1 img{border:0;width:100%;}
.g1 img:hover{filter:alpha(opacity=90);opacity:.9;}
```

```
.g2 img{width:26px;height:26px;vertical-align:middle;border:1px solid #e5e5e5;padding:1px;}
.g2,.g3,.g4{padding:10px;}
.g2 a,.g2 a:link,.g2 a:visited{font-size:12px;line-height:30px;padding:3px;text-decoration:none;color:#000000;}
.g2 a:hover{text-decoration:underline;color:#3399CC;}
a.shouting,a.shouting:link,a.shouting:visited{text-decoration:none;background:#33CCFF;color:#ffffff;
height:20px;margin:5px;line-height:20px;padding:0 5px;}
.g3{padding-top:0;}
.g3 p{color:#666666;}
.g4{padding-top:0;text-align:right;}
.g4 a,.g4 a:link,.g4 a:visited{padding:0 5px;color:#006699;text-decoration:none;}
.g4 a:hover{text-decoration:underline;}

.konghang{height:10px;margin-top:10px;}
.copyright{font-size:12px;color:#666666;line-height:80px;}
/*私有类*/
</style>
<script language="javascript" src="xuanzhuan.js"></script>
</head>
```

14.6.6　预览效果及微调

经过以上步骤，页面已经基本制作完成，剩下的就是进行一些微调，可视具体情况进行修改。然后加入 JavaScript 代码就能看到大概的效果，如图 14-22 所示。

第 15 章　论坛系统的页面布局

论坛系统也是长盛不衰的一种 Web 应用，其内容发布自有独到之处。本章分析论坛的布局方法和各种关键页面的设计，读者可从中体会设计较大型系统的方法。

15.1　论坛系统的页面分析

论坛全称为Bulletin Board System（电子公告板）或者Bulletin Board Service（公告板服务），是Internet上的一种电子信息服务系统。它提供一块公共电子白板，每个用户都可以在上面输入内容，可发布信息或提出看法。它是一种交互性强，内容丰富而及时的 Internet 电子信息服务系统，用户在 BBS 站点上可以获得各种信息服务、发布信息、进行讨论、聊天等。

传统的论坛一般包含首页、栏目页、版块页和内容页。

☑　首页：传统的论坛首页就是版块的列表。发展到今天也和新闻系统一样，带有新帖和推荐帖的列表，甚至还有专题页面的出现。

☑　栏目页：栏目页是版块的结合，一般情况下并无内容的展示，只是版块的列表。

☑　版块页：版块页就是帖子的列表，按照权限的高低进行排列，一般的顺序是：公告→论坛置顶帖→栏目置顶帖→版块置顶帖→推荐帖→热帖→最新帖。

☑　内容页：内容页一般是指帖子的详细呈现。按照发表的顺序进行排列，第 1 帖又称楼主帖；第 2 帖又称沙发帖；第 3 帖又称板凳帖；第 4 帖及以后称作地板帖或用具体的序号称作楼层。

经过以上介绍，大家对论坛系统的页面应该有了一个大概的了解，接下来采用传统的论坛系统模型来练习。

15.2　论坛系统首页的设计

15.2.1　效果图的设计

如图 15-1 所示为用绘图软件制作好的效果图。

15.2.2　框架的规划

有了效果图，网页的框架就可以根据图搭建起来。

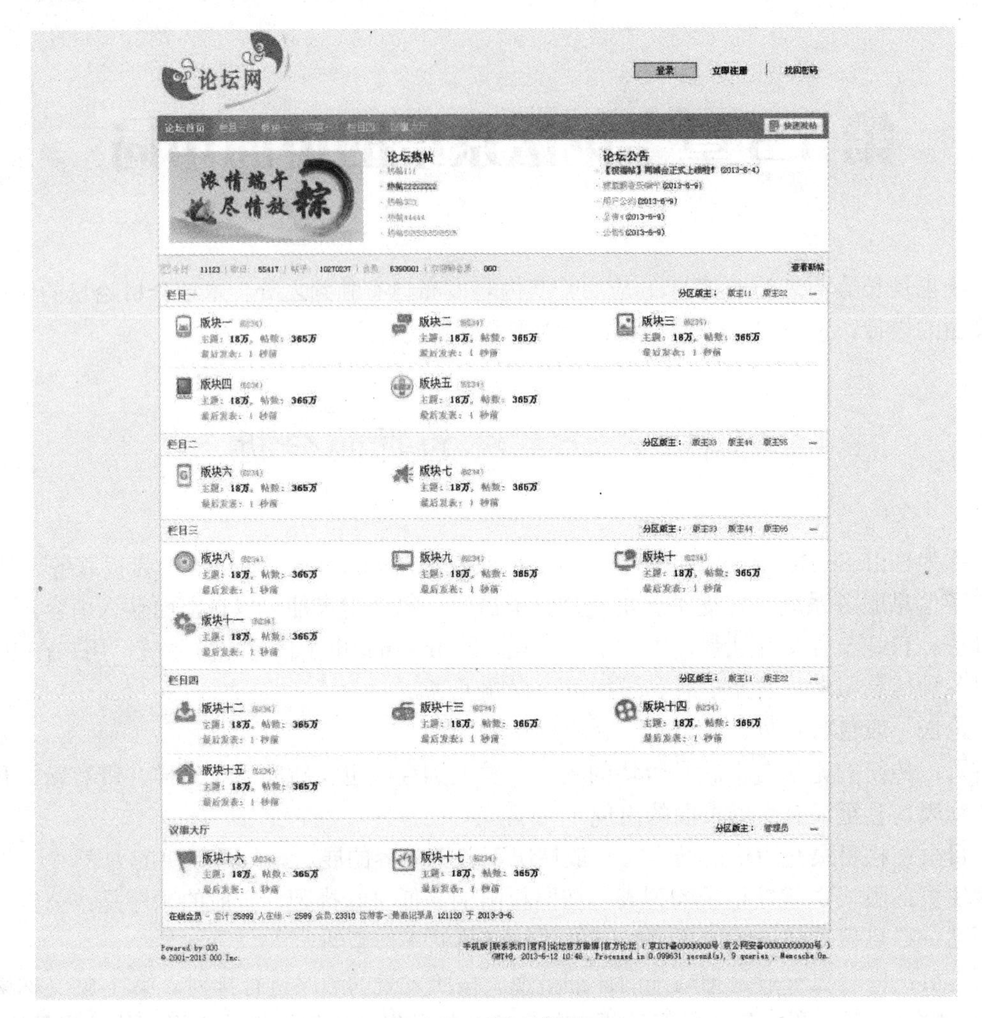

图 15-1　制作的效果图

1. 大框架的搭建

因为没有渐变的背景，所以不需要单独建层，从上到下将顶部、菜单、公告、统计、分类一标题、分类一内容、分类二标题、分类二内容、分类三标题、分类三内容、分类四标题、分类四内容、分类五标题、分类五内容、在线人数、底部，依次命名为“dingbu”、“caidan”、“gonggao”、“tongji”、“fenlei1_bt”、“fenlei1_nr”、“fenlei2_bt”、“fenlei2_nr”、“fenlei3_bt”、“fenlei3_nr”、“fenlei4_bt”、“fenlei4_nr”、“fenlei5_bt”、“fenlei5_nr”、“zaixian”和“dibu”。

从效果图中可以看出，整个页面有个外框，那就需要把所有层放置到一个大层里，建立页面“yemian”层；从“分类一”到“在线人数”又有一个统一外框，那么就把这些内容放在一个层里，命名为“hezi”，如图 15-2 所示。接下来进行逐层分解。

2. 逐层搭建

（1）顶部“dingbu”层的搭建

顶部层包含左右两个部分，如图 15-3 所示。左边只有一张图片，并无其他内容，所以左边层可以省略，只需要建立右层即可。

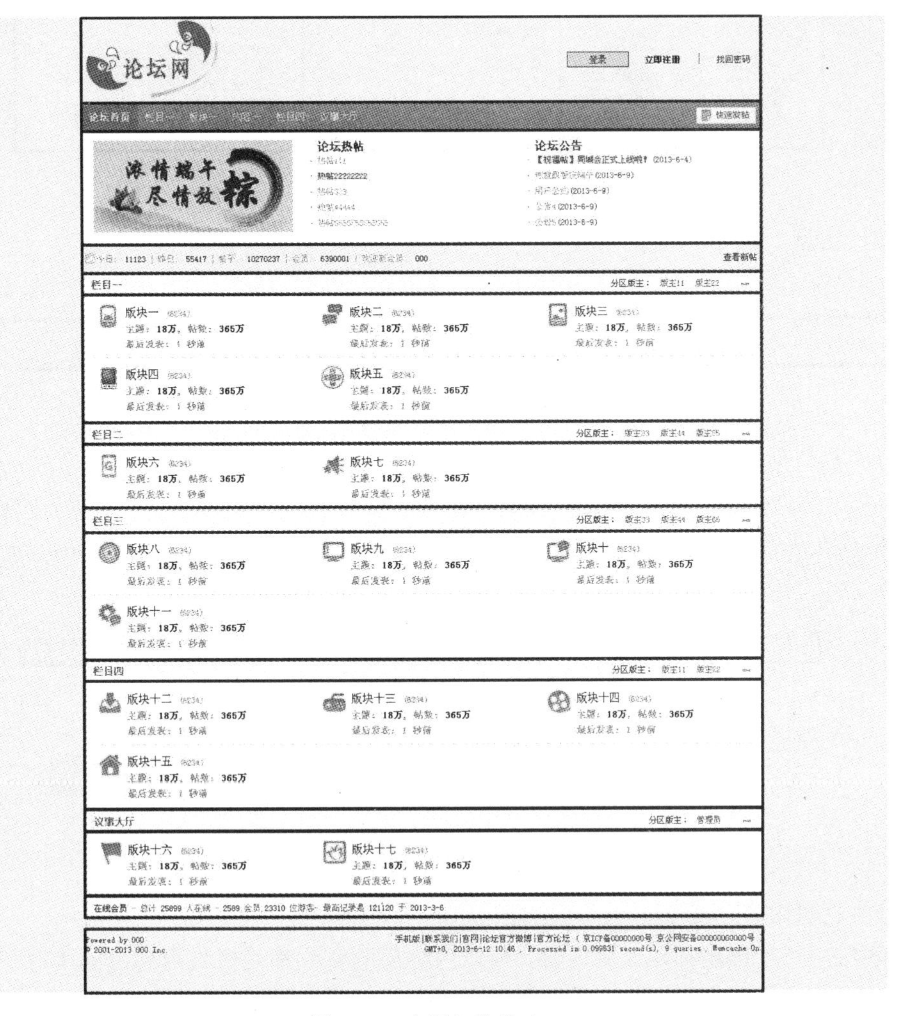

图 15-2　大框架的搭建

图 15-3　顶部层的搭建

（2）菜单“caidan”层的搭建

和顶部层一样，左边列表中的菜单，ul 标签不是浮动元素，且并无其他内容的存在，所以不需要单独建层；右侧也只有一张图片，也不需要建层，只要添加 span 标签右浮动就能达到效果，如图 15-4 所示。

图 15-4　菜单层的搭建

（3）公告热帖层（以下简称公告）“gonggao”层的搭建

公告层很容易看出是由 3 个层组成，如图 15-5 所示为简化代码，使用统一宽度 33%，左浮动。左边是一张图片，可以通过 JavaScript 实现幻灯效果；中间和右边的样式相同，都是一个标题，一个列表。

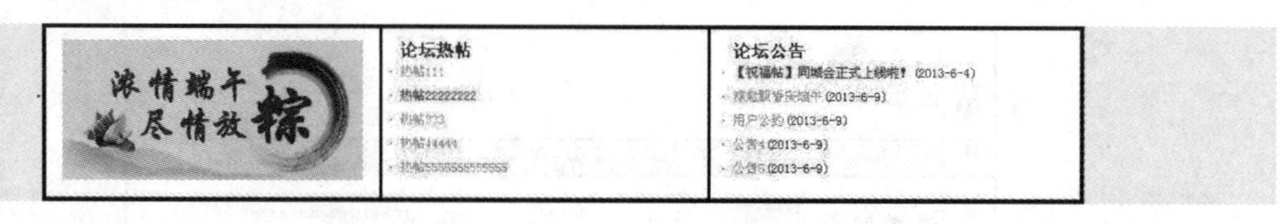

图 15-5　公告层的搭建

（4）统计信息“tongji”层的搭建

统计层都是文字元素，只要使用 span 标签。其中，“查看新帖”为右浮动，如图 15-6 所示。

图 15-6　统计层的搭建

（5）分类栏目标题“fenlei1_bt”层的搭建

如图 15-7 所示，分类标题 1～5 的样式都是相同的。同样使用 span 标签将版主及收起展开按钮进行右浮动。但是在进行弹出窗口的设计中，如图 15-8 所示就需要对弹出层设置 position 为 absolute，即绝对定位。

图 15-7　排行、最新、推荐层的搭建

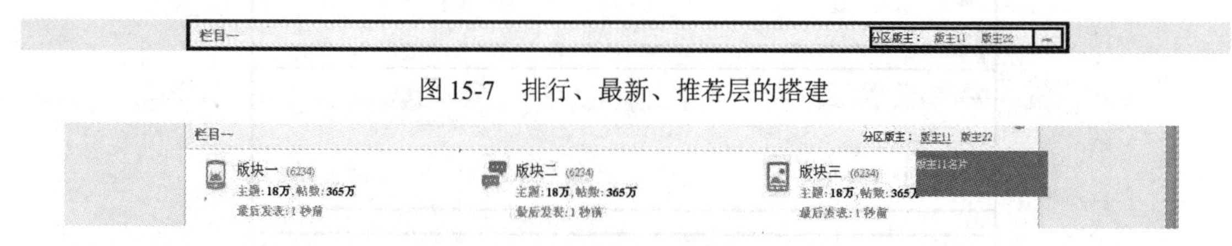

图 15-8　绝对位置在弹出窗口中的应用

（6）分类栏目内容“fenlei1_nr”层的搭建

栏目内容层中每行铺满都是 3 层内容，所以内容层的宽度都是栏目内容层的 1/3，考虑边框等其他因素，实际的宽度大概只有 31.3%，具体要调试或者使用像素值精确控制，如图 15-9 所示。

在内容层中又需要左右分层，如图 15-10 所示。除了可以用 div 标签来搭建外，还可以使用 span 标签和 a 标签来进行占位，例如，左边可以设置 a 标签的宽度和高度，改变其 display 属性为 block，并使其左浮动，一样可以达到和层占位一样的效果，不过前提是没有其他元素的干扰，否则还是使用 div 标签比较保险。右边上下 3 层也同样可以使用 span 标签设置 display 属性为 block。

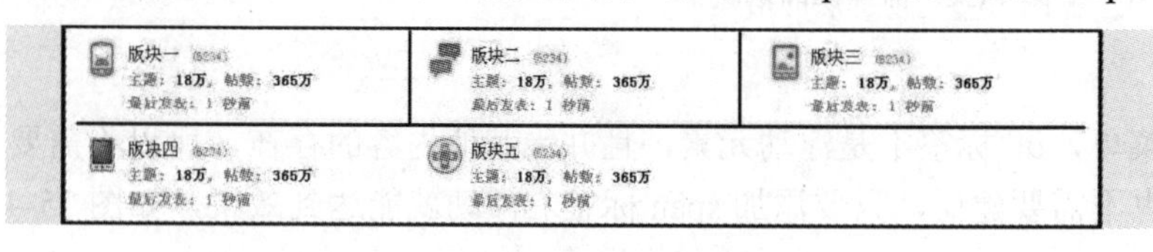

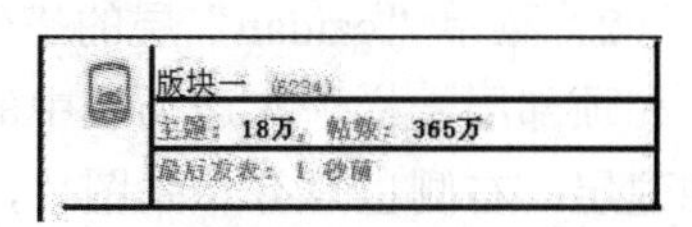

图 15-9　分类栏目内容层的搭建　　图 15-10　分类栏目内部子内容的分层搭建

（7）在线“zaixian”层的搭建

通过效果图就能知道，该层只有文字，并且没有任何浮动，直接使用 span 标签即可。

（8）底部“dibu”层的搭建

底部“dibu”层里面有两行文字，且左右浮动，所以需要上下两层。每一层里都存在左右浮动元素。上下分层使用 div 标签，层内使用 span 标签来左右浮动。

15.2.3　布局图片的分离与制作

框架搭建完毕后，要对相关的修饰图片进行分离或者重新制作，如图 15-11 所示。

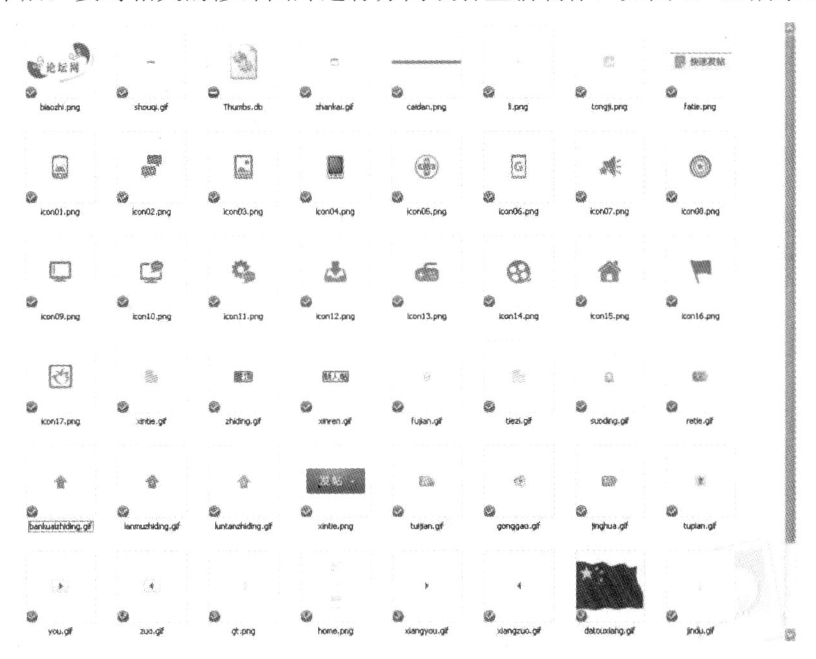

图 15-11　使用到的图片和 CSS Sprites 图片

注意： 无须将一些不适合组合的图片放在一起，特别是一些GIF动画等。

15.2.4　框架代码的编写

按照前面的框架结构，首先编写大框架。

（1）打开 Dreamweaver，如图 15-12 所示，新建一个网页，修改标题、编码及文档类型。

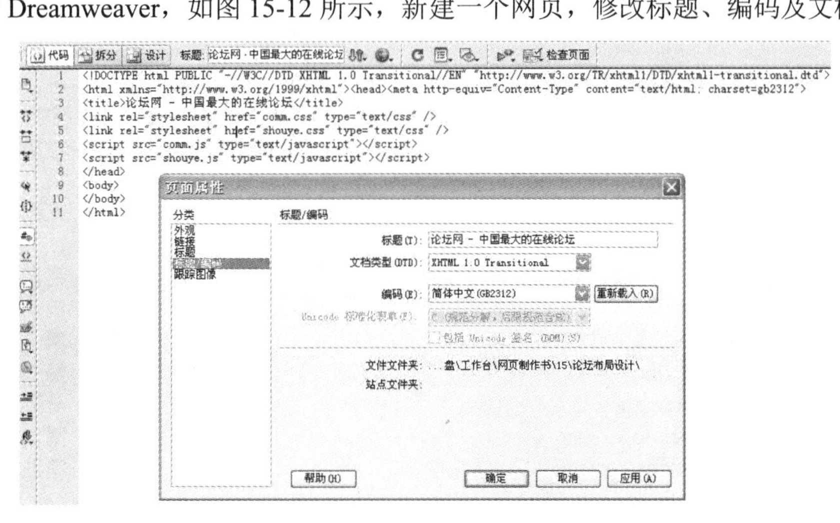

图 15-12　新建一个网页，修改标题、编码及文档类型

（2）链接外部 CSS 文件或者在文档内部编写 CSS 代码。

```
<head>
<meta http-equiv="Content-Type" content="text/html; charset=gb2312" />
<title>论坛网 - 中国最大的在线论坛</title>
<!--链接外部文件的公用 CSS 文件-->
<link rel="stylesheet" type="text/css" href="comm.css" />
<!--链接首页 CSS 文件-->
<link rel="stylesheet" type="text/css" href="shouye.css" />
<!--加载公用 JavaScript 文件-->
<script src="comm.js" type="text/javascript"></script>
<!--加载首页 JavaScript 文件-->
<script src="shouye.js" type="text/javascript"></script>
</head>
```

（3）编写大框架。

```
<body>
<div id="yemian" class="yemian">                                              <!--整个页面-->
    <div id="top" class="dingbu">                                             <!--顶部-->
        <div id="dingbu_you" class="f_you zihao_12">立即注册|找回密码</div>   <!--顶部右-->
        <img src="images/biaozhi.png" class="shangxia_zhong" />               <!--顶部左-->
    </div>
    <div id="caidan" class="hezi_caidan">                                     <!--菜单盒子-->
<span class="f_you"><img src="images/fatie.png" class="shangxia_zhong" /></span> <!--快速发帖-->
        <ul></ul>                                                             <!--菜单列表-->
    </div>
    <div id="gonggao" class="hezi_gonggao bjs_neirong">                       <!--公告盒子-->
       <div><img src="content/01.png" /></div>                                <!--公告左-->
        <div><h4>论坛热帖</h4>                                                <!--公告中-->
            <ul></ul>
        </div>
        <div><h4>论坛公告</h4>                                                <!--公告右-->
         <ul><li><font color="#ff0000"></font></li><li></li><li></li><li></li><li></li></ul>
        </div>
    </div>
    <div id="hezi" class="biankuang">                                         <!--其余内容的盒子-->
        <div id="tongji" class="hezi_tongji bjs_tongji yanse_tongji zihao12"></div> <!--统计层-->
        <div id="fenlei1_bt" class="hezi_biaoti bjs_dabiaoti yanse_biaoti">   <!--栏目一标题-->
          <a href="栏目模板.htm"><font color="#666666">栏目一</font></a>
              <span class="f_you banzhu"></span>
       </div>
        <div id="fenlei1_nr" class="hezi_neirong bjs_neirong">                <!--栏目一内容-->
            <div class="neirong"></div>                                       <!--第一排左-->
            <div class="neirong"></div>                                       <!--第一排中-->
            <div class="neirong"></div>                                       <!--第一排右-->
            <div class="fengexian f_zuo"></div>                               <!--分隔线层-->
            <div class="neirong"></div>                                       <!--第二排左-->
            <div class="neirong"></div>                                       <!--第二排中-->
        </div>
        <div id="fenlei2_bt" class="hezi_biaoti bjs_dabiaoti yanse_biaoti">栏目二  <!--栏目二标题-->
```

```
            <span class="f_you banzhu"></span>
        </div>
        <div id="fenlei2_nr" class="hezi_neirong bjs_neirong">                    <!--栏目二内容-->
            <div class="neirong"></div>                                           <!--第一排左-->
            <div class="neirong"></div>                                           <!--第一排中-->
        </div>
        <div id="fenlei3_bt" class="hezi_biaoti bjs_dabiaoti yanse_biaoti">栏目三  <!--栏目三标题-->
            <span class="f_you banzhu"></span>
        </div>
        <div id="fenlei3_nr" class="hezi_neirong bjs_neirong">                    <!--栏目三内容-->
            <div class="neirong"></div>                                           <!--第一排左-->
            <div class="neirong"></div>                                           <!--第一排中-->
            <div class="neirong"></div>                                           <!--第一排右-->
            <div class="fengexian f_zuo"></div>                                   <!--分隔线层-->
            <div class="neirong"></div>                                           <!--第二排左-->
        </div>
        <div id="fenlei4_bt" class="hezi_biaoti bjs_dabiaoti yanse_biaoti">栏目四  <!--栏目四标题-->
            <span class="f_you banzhu"></span>
        </div>
        <div id="fenlei4_nr" class="hezi_neirong bjs_neirong">                    <!--栏目四内容-->
            <div class="neirong"></div>                                           <!--第一排左-->
            <div class="neirong"></div>                                           <!--第一排中-->
            <div class="neirong"></div>                                           <!--第一排右-->
            <div class="fengexian f_zuo"></div>                                   <!--分隔线层-->
            <div class="neirong"></div>                                           <!--第一排左-->
        </div>
        <div id="fenlei5_bt" class="hezi_biaoti bjs_dabiaoti yanse_biaoti">议事大厅<!--栏目五标题-->
            <span class="f_you banzhu"></span>
        </div>
        <div id="fenlei5_nr" class="hezi_neirong bjs_neirong">                    <!--栏目五内容-->
            <div class="neirong"></div>                                           <!--第一排左-->
            <div class="neirong"></div>                                           <!--第一排中-->
        </div>
        <div id="zaixian" class="hezi_biaoti bjs_dabiaoti yanse_biaoti">          <!--在线层-->
<span>在线会员</span> - 总计 <span>25899</span> 人在线 - <span>2589</span> 会员,<span>23310
</span> 位游客- 最高记录是 <span>121120</span> 于 <span>2013-3-6</span>.
        </div>
        <div class="konghang"></div>                                              <!--空行，用来调间距-->
    </div>
    <div id="dibu" class="zihao10">                                               <!--底部层-->
    <div><span class="f_zuo"></span><span class="zihao12 f_you"></span></div>     <!--底部第一行-->
    <div><span class="f_zuo"></span><span class="f_you"></span></div>             <!--底部第二行-->
    </div>
</div>
</body>
```

15.2.5　内容代码的编写

内容添加就不详细介绍了，下面着重看几个关键地方的内容代码。

1. 菜单列表部分

```
<ul>
<li class="xuanzhong"><a href=#>论坛首页</a></li>          <!--这里给当前菜单选项单独设置 CSS 类-->
<li><a href="栏目模板.htm">栏目一</a></li>
<li><a href="列表模板.htm">版块一</a></li>
<li><a href="内容模板.htm">内容一</a></li>
<li><a href="列表模板.htm">栏目四</a></li>
<li><a href=#fenlei5_bt>议事大厅</a></li></ul>
```

2. 版主弹出层的设计

```
<a href="栏目模板.htm"><font color="#666666">栏目一</font></a>                <!--左边标题-->
<span class="f_you banzhu">分区版主：                                        <!--右边版主标题-->
<a href=# onmouseover="showMP(1);" onmouseout="hideMP(1);">版主 11          <!--版主 11 的超链接-->
<div id="mingpian1" class="mingpian">版主 11 名片</div>                     <!--内部加载名片层-->
</a>
<a href=# onmouseover="showMP(2);" onmouseout="hideMP(2);">版主 22
<div id="mingpian2" class="mingpian">版主 22 名片</div>
</a>
<a href="javascript:;" onclick="SHchild(1);" class="no_kuang">   <!--收起/展开触发器，在 JavaScript 中实现-->
<img id="fenlei1_anniu" class="shangxia_zhong" src=images/shouqi.gif />
</a>
</span>
```

3. 版块层的设计

```
<div class="neirong">
<a href=# class="bankuai1 no_kuang"></a>                                      <!--左边图标及其链接-->
<!--右边第一行-->
    <a href=#><font color="#000000">版块一</font></a><span class="xintie" title="今日新帖">(6234)</span>
    <!--右边第二行-->
    <h5>主题: <font color="#000000">18 万</font>，帖数: <font color="#000000">365 万</font></h5>
    <!--右边第三行-->
    <h5><a href=#><font color="#999999">最后发表: 1 秒前</font></a></h5>
</div>
```

15.2.6 CSS 代码的编写

CSS 代码的编写前面已经提到，可以放置到外部 CSS 文件中，或者在“<head><style type=text/css>这里插入 CSS 代码</style></head>”标签中编写。

1. 插入公共元素代码

```
/*公共元素部分*/
*{padding:0;margin:0;}                                  /*去除所有元素的内外边距*/
ul{list-style:none;}                                    /*默认列表无样式*/
```

```
body {color:#333333; background: #eeefef; }                          /*整个窗体的默认背景色和字体颜色*/
a,a:link,a:visited{text-decoration:none;}                            /*默认超链接无样式*/
a:hover{text-decoration:underline;color:#999999;}                    /*默认超链接的鼠标移上去的效果*/
img{border:0;}                                                       /*默认图片标签无边框*/
/*公共类部分*/
.konghang{height:10px;clear:both;}                                   /*空行类*/
.biankuang{border:1px solid #cdcdcd;}                                /*边框类*/
.bjs_tongji{background:#eeefef;}                                     /*统计层背景色类*/
.bjs_dabiaoti{background:#fafafa;}                                   /*大标题的背景色类*/
.bjs_neirong{background:#ffffff;}                                    /*内容层的背景色类*/
.fengexian{width:98%;border-bottom:1px dotted #dadada;height:1px;clear:both;margin:0 1%;}  /*分隔线*/
.yanse_tongji{color:#999999;}                                        /*统计层的字体颜色类*/
.yanse_biaoti{color:#666666;font-weight:bold;font-size:14px;}        /*标题字体颜色类*/
.yanse_neirong{color:#333333;}                                       /*内容字体颜色类*/
.yanse_hong{color:#ff6600;}                                          /*橘红色类*/
.yanse_dahong{color:#ff0000;}                                        /*大红色类*/
.f_zuo{float:left;}                                                  /*左浮动类*/
.f_you{float:right;}                                                 /*右浮动类*/
.zuo{text-align:left;}                                               /*文字左对齐类*/
.zhong{text-align:center;}                                           /*文字居中对齐类*/
.you{text-align:right;}                                              /*文字右对齐类*/
.shangxia_zhong{vertical-align:middle;}                              /*文字图片上下居中对齐类*/
.zihao10{font-size:10px;}                                            /*10px 字号类*/
.zihao12{font-size:12px;}                                            /*12px 字号类*/
.zihao14{font-size:14px;}                                            /*14px 字号类*/
.zihao16{font-size:16px;}                                            /*16px 字号类*/
.no_kuang{outline:none;}                                             /*去除超链接的外框虚线类*/
.shangbian{border-top:1px solid #cdcdcd;}                            /*上边框类*/
.youbian{border-right:1px solid #cdcdcd;}                            /*右边框类*/
/*公共内容部分*/
.yemian{width:980px;margin:0 auto;}                                  /*页面层宽度，居中*/
.dingbu{height:120px;}                                               /*顶部层高度*/
#dingbu_you{line-height:120px;}                                      /*顶部右行高*/
#dingbu_you input{width:90px;height:22px;border:1px solid #333;cursor:pointer;}  /*顶部右按钮效果*/
#dingbu_you a{font-size:12px;color:#000000;padding:0 15px;}          /*顶部右超链接效果*/

#caidan{height:36px;background:url(images/caidan.png);clear:both;}   /*菜单层*/
#caidan li{float:left;}                                              /*菜单选项框*/
#caidan li a{line-height:36px;padding:0 10px;display:block;          /*默认菜单样式*/
border-right:1px solid #58a907;color:#ffffff;font-size:14px;}
#caidan li a:hover{text-decoration:none;background:#31a50a;}         /*菜单鼠标移过效果*/
#caidan li.xuanzhong{font-weight:bold;background:#31a50a;}           /*当前菜单样式*/

#zaixian{font-weight:normal;font-size:12px;padding:0 10px;}          /*在线人数*/
#zaixian span{color:#000000;}                                        /*在线人数 span 字体颜色*/

#dibu{height:80px;border:0;clear:both;float:left;padding-top:10px;}  /*底部*/
#dibu div{float:left;clear:both;width:980px;}                        /*底部行效果*/
```

2. 插入框架层 CSS 代码

本页框架采用公共类设计，所以不需要单独设计。

3. 内容 CSS 代码

```
#gonggao{clear:both;padding:15px;height:130px;font-weight:bold;border:1px solid #cdcdcd;border-top:none;}
#gonggao div{width:33%;float:left;}
#gonggao h4{padding-left:10px;}
#gonggao ul{font-size:12px;line-height:22px;font-weight:normal;}
#gonggao li{background:url(images/li.png) no-repeat left center;padding-left:10px;}
#gonggao a,#tongji a{color:#000000;}
#gonggao a:visited{color:#999999;}

#hezi{clear:both;}
#tongji{height:40px;line-height:40px;}
#tongji img{vertical-align:text-bottom;padding:0 2px;}
#tongji span{padding:0 5px;color:#000000;}
.hezi_biaoti{height:30px;line-height:30px;border:1px solid #cdcdcd;padding:0 10px;clear:both;}
.hezi_biaoti img{padding-left:15px;}
.hezi_biaoti .banzhu{font-weight:normal;font-size:12px;color:#000000;}
.hezi_biaoti .banzhu a{color:#336699;margin:0 5px;}
.hezi_neirong{min-height:90px;border:1px solid #cdcdcd;border-top:none;border-bottom:none;clear:both;}
#fenlei1_nr,#fenlei3_nr,#fenlei4_nr{height:180px;}

.mingpian{display:none;position:absolute;z-index:3;width:150px;height:50px;background:#ff6600;color:#ffffff;}

.neirong{width:31.3%;height:70px;padding:2px;float:left;margin:10px 7px 2px 7px;
    line-height:22px;font-weight:normal;}
.neirong h5{color:#999999;}
.neirong .xintie{color:#ff6600;font-size:12px;padding-left:10px;}
.bankuai1{display:block;width:50px;height:70px;float:left;
    background:url(images/icon01.png) no-repeat top center;}
.bankuai2{display:block;width:50px;height:70px;float:left;
    background:url(images/icon02.png) no-repeat top center;}
.bankuai3{display:block;width:50px;height:70px;float:left;
    background:url(images/icon03.png) no-repeat top center;}
.bankuai4{display:block;width:50px;height:70px;float:left;
    background:url(images/icon04.png) no-repeat top center;}
.bankuai5{display:block;width:50px;height:70px;float:left;
    background:url(images/icon05.png) no-repeat top center;}
.bankuai6{display:block;width:50px;height:70px;float:left;
    background:url(images/icon06.png) no-repeat top center;}
.bankuai7{display:block;width:50px;height:70px;float:left;
    background:url(images/icon07.png) no-repeat top center;}
.bankuai8{display:block;width:50px;height:70px;float:left;
    background:url(images/icon08.png) no-repeat top center;}
.bankuai9{display:block;width:50px;height:70px;float:left;
    background:url(images/icon09.png) no-repeat top center;}
.bankuai10{display:block;width:50px;height:70px;float:left;
```

```
    background:url(images/icon10.png) no-repeat top center;}
.bankuai11{display:block;width:50px;height:70px;float:left;
    background:url(images/icon11.png) no-repeat top center;}
.bankuai12{display:block;width:50px;height:70px;float:left;
    background:url(images/icon12.png) no-repeat top center;}
.bankuai13{display:block;width:50px;height:70px;float:left;
    background:url(images/icon13.png) no-repeat top center;}
.bankuai14{display:block;width:50px;height:70px;float:left;
    background:url(images/icon14.png) no-repeat top center;}
.bankuai15{display:block;width:50px;height:70px;float:left;
    background:url(images/icon15.png) no-repeat top center;}
.bankuai16{display:block;width:50px;height:70px;float:left;
    background:url(images/icon16.png) no-repeat top center;}
.bankuai17{display:block;width:50px;height:70px;float:left;
    background:url(images/icon17.png) no-repeat top center;}
```

15.2.7　预览效果及微调

经过以上步骤，页面已经基本制作完成，剩下的就是进行一些微调，可视具体情况进行修改。预览的效果图如图 15-1 所示。

15.3　论坛系统栏目页的设计

15.3.1　效果图的设计

如图 15-13 所示为用绘图软件制作好的效果图。

图 15-13　制作的效果图

15.3.2　框架的规划

有了效果图，网页的框架就可以根据图搭建起来。

1. 大框架的搭建

栏目页框架和首页的大框架并无太大区别，可以参考前面的设计。

2. 逐层搭建

大部分排版都是相同的，主要看一下不同的设计部分。

```
<div id="fenlei1_nr" class="hezi_neirong bjs_neirong">
    <div class="neirong">
        <div class="neirong1"></div>
        <div class="neirong2"></div>
        <div class="neirong3"></div>
        <div class="neirong4"> </div>
    </div>
    <div class="fengexian f_zuo"></div>
    <div class="neirong">
        <a href=# class="bankuai2 no_kuang"></a>
        <div class="neirong2"></div>
        <div class="neirong3"></div>
        <div class="neirong4"> </div>
    </div>
    <div class="fengexian f_zuo"></div>
    <div class="neirong">
        <a href=# class="bankuai3 no_kuang"></a>
        <div class="neirong2"></div>
        <div class="neirong3"></div>
        <div class="neirong4"></div>
    </div>
    <div class="fengexian f_zuo"></div>
    <div class="neirong">
        <a href=# class="bankuai4 no_kuang"></a>
        <div class="neirong2"></div>
        <div class="neirong3"></div>
        <div class="neirong4"> </div>
    </div>
    <div class="fengexian f_zuo"></div>
    <div class="neirong">
        <a href=# class="bankuai5 no_kuang"></a>
        <div class="neirong2"></div>
        <div class="neirong3"></div>
        <div class="neirong4"> </div>
    </div>
</div>
```

内容使用“neirong”类，每行之间使用分隔线类的层进行分隔。

和首页的设计一样，图标使用 a 标签进行占位。其余的 3 行分别使用“neirong2”、“neirong3”和“neirong4”类进行统一设计。

15.3.3　布局图片的分离与制作

框架搭建完毕后，要对相关的修饰图片进行分离或者重新制作，本章所有的图片都比较简单，已经在首页设计中演示过，此处不再重复。

15.3.4　框架代码的编写

按照前面的框架结构，首先编写大框架。

（1）打开 Dreamweaver，如图 15-14 所示，新建一个网页，修改标题、编码及文档类型。

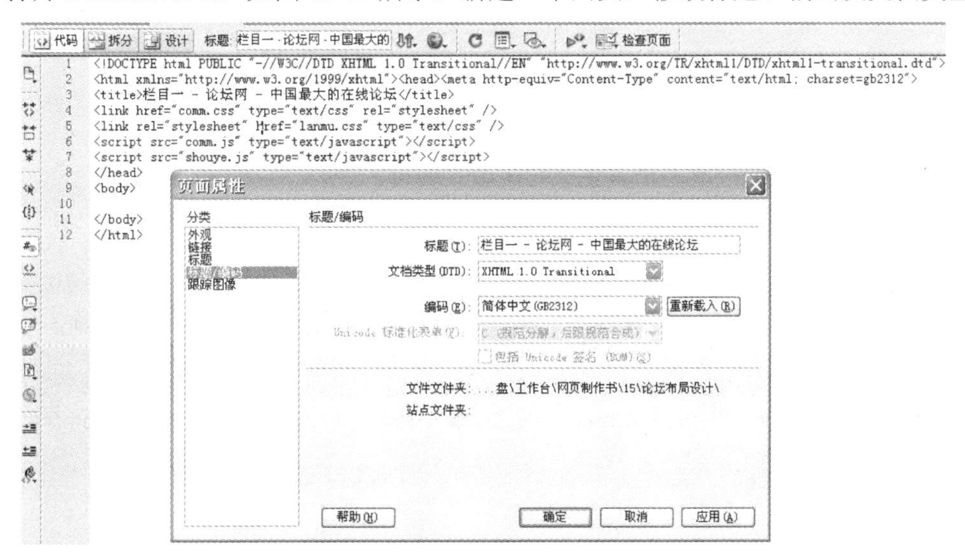

图 15-14　新建一个网页，修改标题、编码及文档类型

（2）链接外部 CSS 文件或者在文档内部编写 CSS 代码。

```
<head>
<meta http-equiv="Content-Type" content="text/html; charset=gb2312" />
<title>栏目一 - 论坛网 - 中国最大的在线论坛</title>
<!--链接外部文件的公用 CSS 文件-->
<link rel="stylesheet" type="text/css" href="comm.css" />
<!--链接首页 CSS 文件-->
<link rel="stylesheet" type="text/css" href="lanmu.css" />
<!--加载公用 JavaScript 文件-->
<script src="comm.js" type="text/javascript"></script>
<!--加载首页 JavaScript 文件，本页的 JavaScript 和首页的一样，所以直接调用-->
<script src="shouye.js" type="text/javascript"></script>
</head>
```

（3）编写大框架。

因为和首页相近，所以很多代码不需要再次编写，直接复制即可，如图 15-15 所示。

```
<html xmlns="http://www.w3.org/1999/xhtml"><head><meta http-equiv="Content-Type" content="text/html; charset=gb2312">
<title>栏目一 - 论坛网 - 中国最大的在线论坛</title>
<link href="comm.css" type="text/css" rel="stylesheet" />
<link rel="stylesheet" href="lanmu.css" type="text/css" />
<script src="comm.js" type="text/javascript"></script>
<script src="shouye.js" type="text/javascript"></script>
</head>
<body>
<div id="yemian" class="yemian">
    <div id="top" class="dingbu">
        <div id="dingbu_you" class="f_you zihao_12"><input type="button" value="登录"> <a href=#><b>立即注册</b></a> | <a href=#>找回密码</a></div
>
        <img src="images/biaozhi.png" class="shangxia_zhong" />
    </div>
    <div id="caidan" class="hezi_caidan"><span class="f_you" style="line-height:30px;"><a href=# class="no_kuang"><img src="images/fatie.png"
class="shangxia_zhong" /></a> </span>
        <ul><li><a href="首页模板.htm">论坛首页</a></li><li class="xuanzhong"><a href="栏目模板.htm">栏目一</a></li><li><a href="列表模板.htm">
版块一</a></li><li><a href="内容模板.htm">内容一</a></li><li><a href="列表模板.htm">栏目四</a></li><li><a href=#fenlei5_bt>议事大厅</a></li></ul>
    </div>
    <div id="hezi" class="biankuang">
        除了这里，其余大部分代码复制首页即可！
    </div>
    <div id="dibu" class="zihao10">
    <div><span class="f_zuo">Powered by 000</span><span class="zihao12 f_you">手机版|联系我们|官网|论坛官方微博|官方论坛 （ 京ICP备00000000号
京公网安备000000000000号 ）</span></div>
    <div><span class="f_zuo">&copy; 2001-2013 000 Inc.</span><span class="f_you">GMT+8, 2013-6-12 10:46 , Processed in 0.099631 second(s), 9
queries , Memcache On.</span></div>
    </div>

</div>
</body>
</html>
```

图 15-15　栏目的大框架

15.3.5　内容代码的编写

具体内容在发布网站时通过动态语言生成对应数据即可。

```
<div id="fenlei1_nr" class="hezi_neirong bjs_neirong">
    <div class="neirong">
        <div class="neirong1"><a href=# class="bankuai1 no_kuang"></a></div>
        <div class="neirong2"><a href=#><font color="#000000">版块一</font></a><span class="xintie" title="今日新帖">(6234)</span><h5>版主：<a href=# onmouseover="showMP(3);" onmouseout="hideMP(3);">版主11<div id="mingpian3" class="mingpian">版主 11 名片</div></a></h5></div>
        <div class="neirong3"><h5><a href=#>发表的帖子标题 111</a></h5> 1 秒前 <a href=#><font color="#999999">作者一</font></a></div>
        <div class="neirong4"><font color="#000000">18 万</font> / 365 万</div>
    </div>
    <div class="fengexian f_zuo"></div>
    <div class="neirong">
        <a href=# class="bankuai2 no_kuang"></a>
        <div class="neirong2"><a href=#><font color="#000000">版块二</font></a><span class="xintie" title="今日新帖">(6234)</span><h5>版主：<a href=# onmouseover="showMP(4);" onmouseout="hideMP(4);">版主 22<div id="mingpian4" class="mingpian">版主 22 名片</div></a></h5></div>
        <div class="neirong3"><h5><a href=#>发表的帖子标题 222</a></h5> 1 秒前 <a href=#><font color="#999999">作者一</font></a></div>
        <div class="neirong4"><font color="#000000">6500</font> / 13 万</div>
    </div>
    <div class="fengexian f_zuo"></div>
    <div class="neirong">
        <a href=# class="bankuai3 no_kuang"></a>
        <div class="neirong2"><a href=#><font color="#000000">版块三</font></a><span class="xintie" title="今日新帖">(6234)</span><h5>版主：<a href=# onmouseover="showMP(5);" onmouseout="hideMP(5);">版主 11<div id="mingpian5" class="mingpian">版主 11 名片</div></a></h5></div>
        <div class="neirong3"><h5><a href=#>发表的帖子标题 111</a></h5> 1 秒前 <a href=#><font color="#999999">作者一</font></a></div>
        <div class="neirong4"><font color="#000000">18 万</font> / 365 万</div>
    </div>
    <div class="fengexian f_zuo"></div>
    <div class="neirong">
```

```
            <a href=# class="bankuai4 no_kuang"></a>
            <div class="neirong2"><a  href=#><font  color="#000000"> 版 块 四 </font></a><span  class="xintie"
title="今日新帖">(6234)</span><h5>版主：<a href=# onmouseover="showMP(6);" onmouseout="hideMP(6);">
版主 11<div id="mingpian6" class="mingpian">版主 11 名片</div></a></h5></div>
            <div class="neirong3"><h5><a href=#>发表的帖子标题 111</a></h5> 1 秒前 <a href=#><font color=
"#999999">作者一</font></a></div>
            <div class="neirong4"><font color="#000000">18 万</font> / 365 万</div>
        </div>
        <div class="fengexian f_zuo"></div>
        <div class="neirong">
            <a href=# class="bankuai5 no_kuang"></a>
            <div class="neirong2"><a href=#><font color="#000000">版块五</font></a><span class="xintie" title="
今日新帖">(6234)</span><h5>版主：<a  href=# onmouseover="showMP(7);" onmouseout="hideMP(7);">版主
11<div id="mingpian7" class="mingpian">版主 11 名片</div></a></h5></div>
            <div class="neirong3"><h5><a href=#>发表的帖子标题 111</a></h5> 1 秒前 <a href=#><font color=
"#999999">作者一</font></a></div>
                <div class="neirong4"><font color="#000000">18 万</font> / 365 万</div>
        </div>
</div>
```

15.3.6 CSS 代码的编写

CSS 代码的编写前面已经提到，可以放置到外部 CSS 文件中，或者在“<head><style type=text/css>这里插入 CSS 代码</style></head>”标签中编写。

1. 插入公共元素代码

公共元素代码详见首页公共元素代码部分。

2. 栏目页专属 CSS 代码

```
<style type="text/css">
#hezi{clear:both;}
#tongji{height:40px;line-height:40px;}
#tongji img{vertical-align:text-bottom;padding:0 2px;}
#tongji span{padding:0 5px;color:#000000;}
.hezi_biaoti{height:30px;line-height:30px;border:1px solid #cdcdcd;padding:0 10px;}
.hezi_biaoti img{padding-left:15px;}
.hezi_biaoti .banzhu{font-weight:normal;font-size:12px;color:#000000;}
.hezi_biaoti .banzhu a{color:#336699;margin:0 5px;}
.hezi_neirong{min-height:90px;border:1px solid #cdcdcd;border-top:none;border-bottom:none;clear:both;}
#fenlei1_nr{height:350px;}
#fenlei2_nr{height:140px;}
#fenlei3_nr{height:280px;}
#fenlei4_nr{height:280px;}
#fenlei5_nr{height:140px;}

.mingpian{display:none;position:absolute;z-index:2;width:150px;height:50px;background:#ff6600;color:#ffffff;}

.neirong{height:50px;padding:2px;float:left;margin:10px 7px 2px 7px;
```

```
    line-height:22px;font-weight:normal;clear:both;font-size:14px;}
.neirong h5{color:#999999;}
.neirong a{color:#000000;}
.neirong .neirong1{float:left;width:50px;}
.neirong .neirong2{float:left;width:500px;}
.neirong .neirong3{float:right;}
.neirong .neirong3 h5{font-size:14px;}
.neirong .neirong4{float:right;width:150px;text-align:center;line-height:50px;}
.neirong .xintie{color:#ff6600;font-size:12px;padding-left:10px;}</style>
/*版块代码略*/
```

15.3.7　预览效果及微调

经过以上步骤，页面已经基本制作完成，剩下的就是进行一些微调，可视具体情况进行修改。如图 15-13 所示为效果图预览。

15.4　论坛系统版块页的设计

15.4.1　效果图的设计

如图 15-16 所示为用绘图软件制作好的效果图。

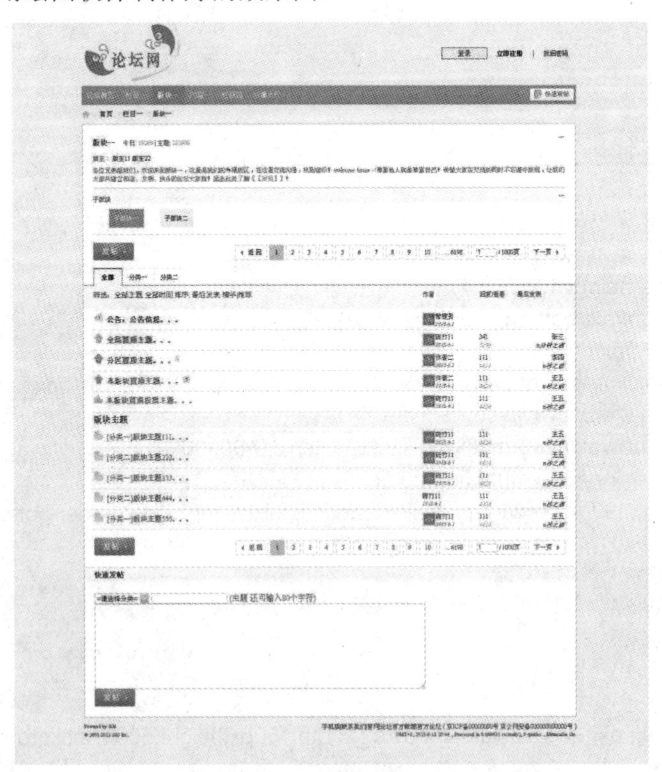

图 15-16　效果图的制作（最终效果和本图一样）

15.4.2　框架的规划

1. 大框架的搭建

如图 15-17 所示，从上到下依次将顶部、菜单、路径、说明、子版块、分页、分类导航、筛选、公共主题、版块主题、快速发帖、底部分别命名或使用类“dingbu”、“caidan”、“lujing”、“shuoming”、“zibankuai”、“pages_shang”、“daohang”、“shaixuan”、“gonggongzhuti”、“bankuaizhuti”、“kuaisufatie”和“dibu”。

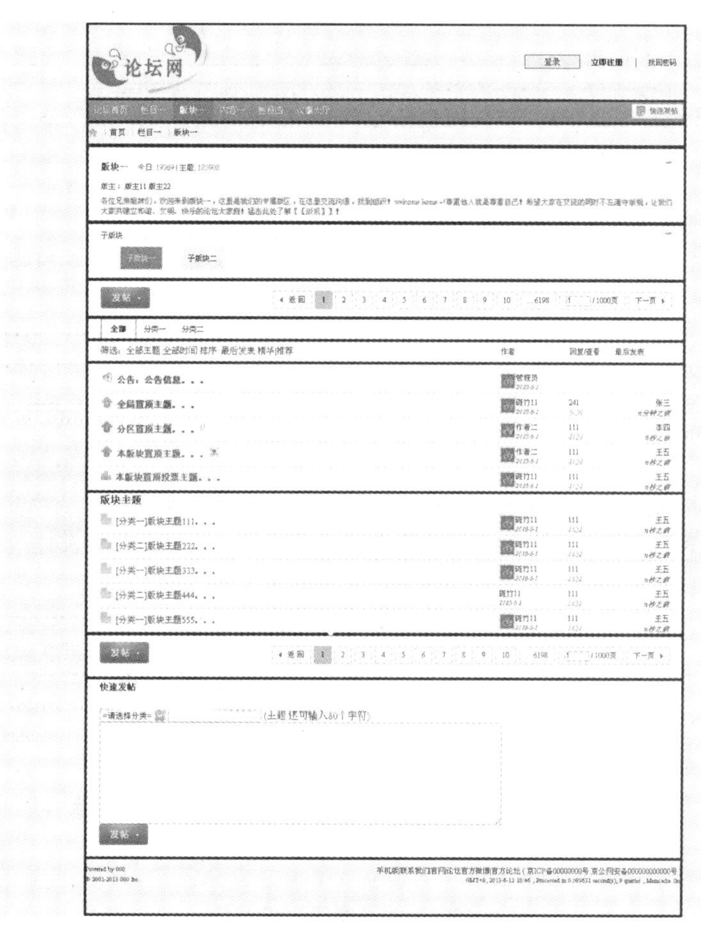

图 15-17　版块页面大框架的搭建

2. 逐层搭建

（1）顶部“dingbu”层

顶部层和首页的设计一样，这里不再详细讲解。

（2）菜单“caidan”层

菜单层和首页也一样，唯一不同的是把“xuanzhong”类应用到当前的菜单选项上。

（3）路径“lujing”层

如图 15-18 所示，路径层最左边使用 a 标签应用“.h”CSS 类；每级之间使用“gt”CSS 类的 span

标签作为“>”标志分隔。

图 15-18　路径层的搭建

（4）说明“shuoming”层

如图 15-19 所示，在说明层内部除了标题行外，建立版主层和说明文字层，通过右边的“收起/展开”按钮控制“说明文字层”的显示与隐藏。因为子版块层和分页层都有相同的左右边距，所以说明层的关闭标签放置到分页层之后。

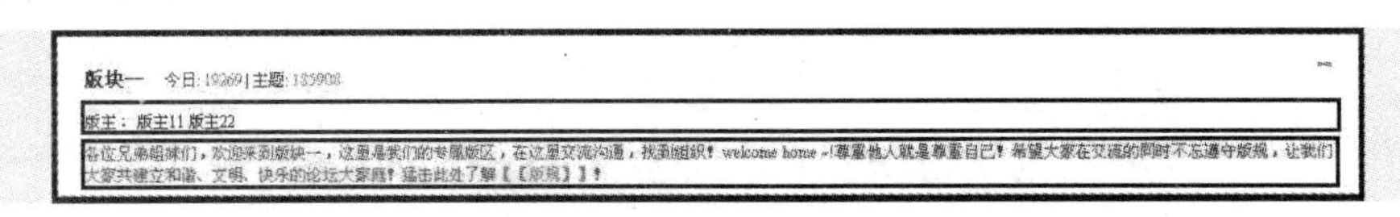

图 15-19　版块说明层的搭建

（5）子版块“zibankuai”层

如图 15-20 所示，子版块层内部除了标题外，只要建立一层，内部使用 a 标签设置边距就可以达到预定效果。

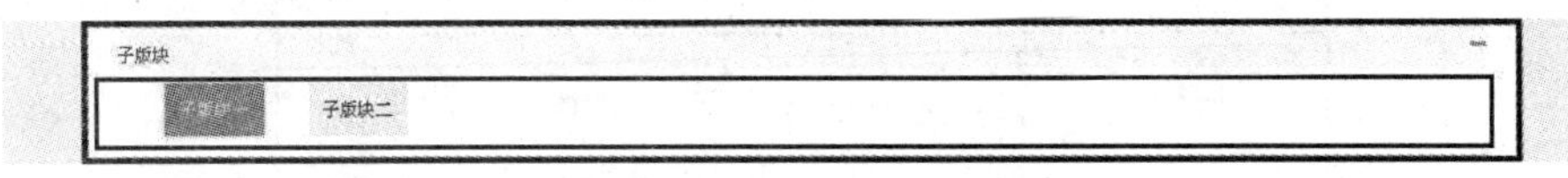

图 15-20　子版块的搭建

（6）分页“pages_shang”层

分页层使用“pages_shang”类，因为分页在内容上下都有，可以使用类设计节省一些代码。左边是发帖的图片，右边使用 span 标签右浮动，如图 15-21 所示。

图 15-21　分页层的搭建

（7）分类导航“daohang”层

如图 15-22 所示，导航层的底边框被当前选中的菜单遮住，就可以达到该效果。

图 15-22　分类导航层的搭建

（8）筛选“shaixuan”层

该层主要通过超链接加动态语言控制显示结果的改变，本身并无太大难度。使用 4 个 span 标签，并使用主题文字“ztwz1”、“ztwz2”、“ztwz3”和“ztwz4”类来控制宽度，从而达到标题的作用。

（9）公共主题“gonggongzhuti”层和版块主题“bankuaizhuti”层

这两层的搭建几乎一样，唯一的区别是帖子标志图片的不同，如图 15-23 所示。

（10）快速发帖“kuaisufatie”层

该层由标题和 form 标签构成。

（11）底部“dibu”层

与首页相同，这里不再赘述。

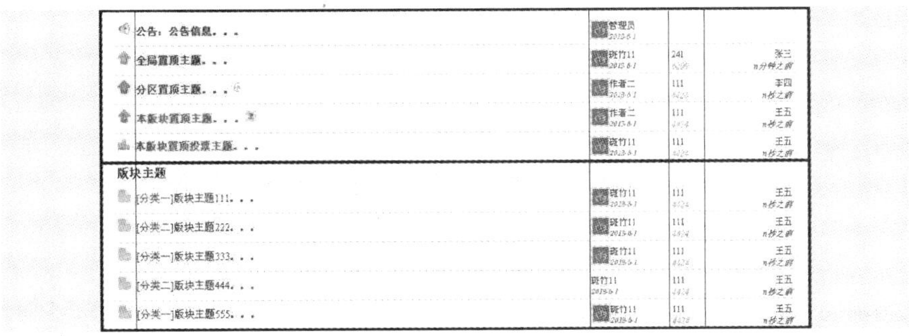

图 15-23　主题层的搭建

15.4.3　布局图片的分离与制作

框架搭建完毕后，要对相关的修饰图片进行分离或者重新制作，本章所有的图片都比较简单，已经在首页设计中演示过，这里不再重复。

15.4.4　框架代码的编写

按照前面的框架结构，首先编写大框架。

（1）打开 Dreamweaver，如图 15-24 所示，新建一个网页，修改标题、编码及文档类型。

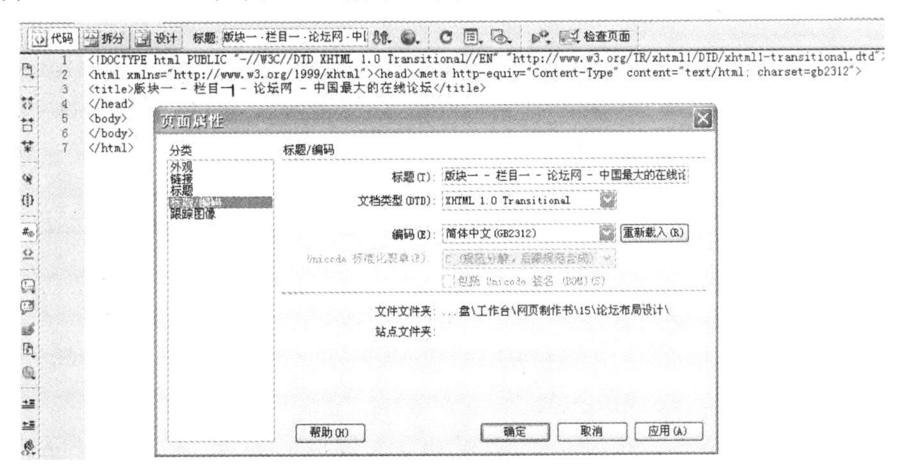

图 15-24　新建一个网页，修改标题、编码及文档类型

（2）链接外部 CSS 文件或者在文档内部编写 CSS 代码。

```
<head><meta http-equiv="Content-Type" content="text/html; charset=gb2312">
<title>版块一 - 栏目一 - 论坛网 - 中国最大的在线论坛</title>
<!--链接公用 CSS 文件-->
<link rel="stylesheet" href="comm.css" type="text/css" />
<!--链接首页 CSS 文件，有一些内容需要用到，省去二次编写的麻烦，直接链接-->
<link rel="stylesheet" href="shouye.css" type="text/css" />
<!--链接栏目页 CSS 文件，使用部分内容-->
<link rel="stylesheet" href="liebiao.css" type="text/css" />
<!--导入 JavaScript 文件-->
```

```
<script src="comm.js" type="text/javascript"></script>
<script src="shouye.js" type="text/javascript"></script>
</head>
```

（3）编写大框架。

```
<body>
<div id="yemian" class="yemian">
    <div id="top" class="dingbu">
        <div id="dingbu_you" class="f_you zihao_12"></div>
    <img src="images/biaozhi.png" class="shangxia_zhong" />
    </div>
    <div id="caidan" class="hezi_caidan"><span class="f_you" style="line-height:30px;"></span>
    <ul></ul>
    </div>
    <div id="lujing"></div>
    <div id="hezi" class="biankuang border2 bjs_neirong">
    <div id="shuoming" class="padding20"><span class="wz1">版块一</span>
            <div id="banzhu" class="banzhu">版主：</div>
            <div id="fenlei1_nr" class="shuomingwz" style="height:40px;"></div>
            <div id="zibankuai">子版块
                <div id="fenlei2_nr" class="zibankuai_nr">
                    <a href=#>子版块一</a><a href=#>子版块二</a>
                </div>
            </div>
            <div class="pages_shang">
              <span class="f_you yema">返回 123456789</span><a href="#" class="f_zuo"></a>
            </div>
        </div>
        <div id="daohang"><span class="daohangcaidan">
         <a href=# class="xuanzhong">全部</a><a href=#>分类一</a><a href=#>分类二</a></span>
        </div>
        <div id="shaixuan">
            <span class="ztwz1">筛选</span><span class="ztwz2">作者</span>
            <span class="ztwz3">回复/查看</span><span class="ztwz4">最后发表</span>
        </div>
        <div id="gonggongzhuti">
           <div class="zhutihang"><span class="ztwz1"></span><span class="ztwz2"></span></div>
           <div class="zhutihang">
              <span class="ztwz1"></span><span class="ztwz2"></span>
              <span class="ztwz3"></span><span class="ztwz4 you"></span>
           </div>
        </div>
        <div id="bankuaizhuti_bt">版块主题</div>
        <div id="bankuaizhuti">
          <div class="zhutihang">
              <span class="ztwz1">[分类一]版块主题</span><span class="ztwz2"></span>
              <span class="ztwz3"></span><span class="ztwz4 you"></span>
          </div>
        </div>
        <div class="pages">
```

```
            <div class="pages_shang"><span class="f_you yema">返回 123456789</div>
        </div>
        <div id="kuaisufatie">快速发帖</div>
                <div class="kuaisufatie"><form></form></div>
    </div>
    <div id="dibu" class="zihao10">
      <div><span class="f_zuo"></div>
      <div><span class="f_zuo"></div>
    </div>
</div>
</body>
```

15.4.5　内容代码的编写

内容代码列表部分的代码如图 15-25 和图 15-26 所示。

```
11 <div id="yemian" class="yemian">
12     <div id="top" class="dingbu">
13         <div id="dingbu_you" class="f_you zihao_12"><input type="button" value="登录" > <a href=#><b>立即注册</b></a> | <a href=#>找回密码</a></div
   >
14         <img src="images/biaozhi.png" class="shangxia_zhong" />
15     </div>
16     <div id="caidan" class="hezi_caidan"><span class="f_you" style="line-height:30px;"><a href=# class="no_kuang"><img src="images/fatie.png"
   class="shangxia_zhong" /></a> </span>
17         <ul><li><a href="首页模板.htm">论坛首页</a></li><li><a href="栏目模板.htm">栏目一</a></li><li class="xuanzhong"><a href="列表模板.htm">
   版块一</a></li><li><a href="内容模板.htm">内容一</a></li><li><a href="列表模板.htm">栏目四</a></li><li><a href=#fenlei5_bt>议事大厅</a></li></ul>
18     </div>
19     <div id="lujing"><span><a class="h" href="首页模板.htm"></a></span><span class="gt"></span> <a href="首页模板.htm">首页</a> <span class="gt">
   </span> <a href="栏目模板.htm">栏目一</a> <span class="gt"></span> <a href="列表模板.htm">版块一</a></div>
20     <div id="hezi" class="biankuang border2 bjs_neirong">
21         <div id="shuoming" class="padding20"><span class="wz1">版块一</span><span class="wz2">今日: </span><span class="yanse_hong zihao12">19269
   </span><span class="wz2"> | 主题: </span><span class="yanse_hong zihao12">185908</span>
22             <a href="javascript:;" onclick="SHchild(1);" class="no_kuang f_you"><img id="fenlei1_anniu" class="shangxia_zhong" src
   =images/shouqi.gif /></a>
23             <div id="banzhu" class="banzhu">版主:
24             <a href=# onmouseover="showMP(1);" onmouseout="hideMP(1);">版主11<div id="mingpian1" class="mingpian">版主11名片</div></a>
25             <a href=# onmouseover="showMP(2);" onmouseout="hideMP(2);">版主22<div id="mingpian2" class="mingpian">版主22名片</div></a>
26             </div>
27             <div id="fenlei1_nr" class="shuomingwz" style="height:40px;">
   各位兄弟姐妹们，欢迎来到版块一，这里是我们的专属版区，在这里交流沟通，找到组织！welcome home
   ~!尊重他人就是尊重自己！希望大家在交流的同时不忘遵守版规，让我们大家共建立和谐、文明、快乐的论坛大家庭！猛击此处了解<a href=#><span class=
   "yanse_hong">【【版规】】</span></a>!
28             </div>
29             <div id="zibankuai">子版块<a href="javascript:;" onclick="SHchild(2);" class="no_kuang f_you"><img id="fenlei2_anniu" class=
   "shangxia_zhong" src=images/shouqi.gif /></a>
30                 <div id="fenlei2_nr" class="zibankuai_nr">
31                     <a href=#>子版块一</a><a href=#>子版块二</a>
32                 </div>
33             </div>
```

图 15-25　版块页部分代码 1

```
37         </div>
38         <div id="daohang"><span class="daohangcaidan"><a href=# class="xuanzhong">全部</a><a href=#>分类一</a><a href=#>分类二</a></
   span></div>
39         <div id="shaixuan"><span class="ztwz1">筛选: 全部主题 全部时间 排序: 最后发表 精华|推荐</span><span class="ztwz2">作者</span>
   <span class="ztwz3">回复/查看</span><span class="ztwz4">最后发表</span></div>
40         <div id="gonggongzhuti">
41             <div class="zhutihang"><span class="ztwz1"><img src="images/gonggao.gif" />公告: <a href=#><font color="#ff00000">
   公告信息。。。</font></a></span><span class="ztwz2"><img src="images/touxiang.jpg" class="f_zuo" />管理员<em>2013-6-1</em></span></div
   >
42             <div class="zhutihang"><span class="ztwz1"><img src="images/luntanzhiding.gif" /><a href=#><font color="#FF0066">
   全局置顶主题。。。</font></a></span><span class="ztwz2"><img src="images/touxiang.jpg" class="f_zuo" />斑竹11<em>2013-6-1</em></span>
   <span class="ztwz3">241<em>6299</em></span><span class="ztwz4 you">张三<em title="2013-6-1 8:00">n分钟之前</em></span></div>
43             <div class="zhutihang"><span class="ztwz1"><img src="images/lanmuzhiding.gif" /><a href=#><font color="#0066CC">
   分区置顶主题。。。</font></a><img src="images/fujian.gif" /></span><span class="ztwz2"><img src="images/touxiang.jpg" class="f_zuo" />
   作者二<em>2013-6-1</em></span><span class="ztwz3">111<em>4424</em></span><span class="ztwz4 you">李四<em title="2013-6-1 8:00">n秒之前
   </em></span></div>
44             <div class="zhutihang"><span class="ztwz1"><img src="images/bankuaizhiding.gif" /><a href=#><font color="#FF3366">
   本版块置顶主题。。。</font></a><img src="images/tupian.gif" /></span><span class="ztwz2"><img src="images/touxiang.jpg" class="f_zuo"
   />作者二<em>2013-6-1</em></span><span class="ztwz3">111<em>4424</em></span><span class="ztwz4 you">王五<em title="2013-6-1 8:00">
   n秒之前</em></span></div>
45             <div class="zhutihang"><span class="ztwz1"><img src="images/toupiao.gif" /><a href=#><font color="#FF3366">
   本版块置顶投票主题。。。</font></a></span><span class="ztwz2"><img src="images/touxiang.jpg" class="f_zuo" />斑竹11<em>2013-6-1</em></
   span><span class="ztwz3">111<em>4424</em></span><span class="ztwz4 you">王五<em title="2013-6-1 8:00">n秒之前</em></span></div>
46         </div>
47         <div id="bankuaizhuti_bt">版块主题</div>
48         <div id="bankuaizhuti">
49             <div class="zhutihang"><span class="ztwz1"><img src="images/xintie.gif" />[<a href=#>分类一</a>]<a href=#>
   版块主题111。。。</a></span><span class="ztwz2"><img src="images/touxiang.jpg" class="f_zuo" />斑竹11<em>2013-6-1</em></span><span
   class="ztwz3">111<em>4424</em></span><span class="ztwz4 you">王五<em title="2013-6-1 8:00">n秒之前</em></span></div>
50             <div class="zhutihang"><span class="ztwz1"><img src="images/xintie.gif" />[<a href=#>分类二</a>]<a href=#>
   版块主题444。。。</a></span><span class="ztwz2">斑竹11<em>2013-6-1</em></span><span class="ztwz3">111<em>4424</em></span><span class=
   "ztwz4 you">王五<em title="2013-6-1 8:00">n秒之前</em></span></div>
51             <div class="zhutihang"><span class="ztwz1"><img src="images/xintie.gif" />[<a href=#>分类一</a>]<a href=#>
   版块主题555。。。</a></span><span class="ztwz2"><img src="images/touxiang.jpg" class="f_zuo" />斑竹11<em>2013-6-1</em></span><span
   class="ztwz3">111<em>4424</em></span><span class="ztwz4 you">王五<em title="2013-6-1 8:00">n秒之前</em></span></div>
52         </div>
53         <div class="pages">
54             <div class="pages_shang">
55                 <span class="f_you yema"><a href=# class="zuo">返 回</a><a class="xuanzhong">1</a><a href=#>2</a><a href=#>3</a>
   <a href=#>4</a><a href=#>5</a><a href=#>6</a><a href=#>7</a><a href=#>8</a><a href=#>9</a><a href=#>10</a><a href=#>... 6198</a><a
   style="padding-bottom:4px;padding-top:5px;"><input type="text" size="2" maxlength="4" style="font-size:12px;height:12px;margin:0;
   padding:0;" value="1" /> / 1000页</a><a href=# class="you">下一页</a></span><a href="#" class="f_zuo"><img src="images/xintie.png" />
   </a>
```

图 15-26　版块页部分代码 2

15.4.6 CSS 代码的编写

1. 插入公共元素代码

公共元素代码详见前面公共元素代码部分。

2. 栏目页专属 CSS 代码

```
.border2{border-width:2px;}
.padding20{padding:20px 20px 0 20px;}

#lujing{line-height:36px;}
#lujing a{float:left;font-size:13px;color:#000000;}
#lujing .h{width:16px;height:26px;background:url(images/home.png) no-repeat -8px -119px;
    float:left;margin-top:3px;}
#lujing .gt{width:10px;height:10px;background:url(images/gt.png) no-repeat;float:left;margin:13px 5px 0 5px;}

#shuoming{font-size:12px;}
#shuoming .wz1{font:bold 14px/14px "宋体";margin-right:15px;}
#shuoming .wz2{font:normal 12px/30px "宋体";}
#shuoming a{color:#000000;font-size:12px;}
.shuomingwz{color:#009933;height:30px;}

#banzhu{line-height:30px;}

#zibankuai{border-top:2px solid #cdcdcd;border-bottom:1px solid #cdcdcd;
    line-height:22px;padding-top:10px;background:#fafafa;}
#fenlei2_nr,.zibankuai_nr{background:#ffffff;line-height:30px;padding:10px;height:35px;clear:both;}
#fenlei2_nr a,.zibankuai_nr a{padding:10px;background:#eeeeee;margin:0 10px 0 22px;color:#000000;}
#fenlei2_nr a:hover,.zibankuai_nr a:hover{background:#ff6600;color:#ffffff;text-decoration:none;}

.pages{margin:0 20px;font-size:12px;}
.pages_shang{padding:15px 0 5px 0;height:50px;clear:both;}
.pages_shang .yema a{padding:5px 10px 5px 10px;background:#ffffff;border:1px solid #cdcdcd;
    text-align:center;margin:5px 0 0 5px;display:block;float:left;}
.pages_shang .yema a:hover{text-decoration:none;color:#009933;border:1px solid #00CC33;}
.pages_shang .yema a.xuanzhong{font-weight:bold;border:1px solid #66CC66;background:#66FFCC;}
.pages_shang .yema .zuo{background:url(images/xiangzuo.gif) no-repeat 10% 50%;padding-left:25px;}
.pages_shang .yema .you{background:url(images/xiangyou.gif) no-repeat 90% 50%;padding-right:25px;}

#daohang{border-bottom:1px solid #009933;height:26px;}
.daohangcaidan{padding-left:20px;}
#daohang a.xuanzhong{height:22px;border:1px solid #009933;
    border-top-width:2px;border-bottom-color:#fafafa;background:#fafafa;padding:8px 15px 9px 15px;
    font-size:12px;text-decoration:none;color:#000000;font-weight:bold;font-size:12px;}
```

```
#daohang a.xuanzhong:hover{color:#000000;}
#daohang a{height:22px;border:1px solid #eeeeee;border-bottom:none;background:#ffffff;
    padding:8px 12px;font-size:12px;text-decoration:none;color:#000000;font-size:12px;}
#daohang a:hover{color:#00CCFF;}

#shaixuan{background:#fafafa;padding:10px 20px 10px 20px;font-size:12px;height:28px;}
.ztwz1{width:70%;display:block;float:left;font-size:14px;}
.ztwz1 img{padding-right:8px;}
.ztwz1 a{font-size:14px;}
.ztwz2{width:12%;display:block;float:left;font-size:12px;}
.ztwz2 img{width:22px;height:22px;padding:1px;border:1px solid #cdcdcd;}
.ztwz2 em{display:block;font-size:10px;color:#666666;}
.ztwz3{width:8%;display:block;float:left;font-size:12px;}
.ztwz3 em{color:#999999;font-weight:normal;display:block;}
.ztwz4{width:10%;display:block;float:left;font-size:12px;}
.ztwz4 em{display:block;font-size:12px;}
.zhutihang{padding:6px;margin:0 15px;height:26px;border-bottom:1px solid #dddddd;}
.zhutihang:hover{background:#fafafa;}

#gonggongzhuti .ztwz1,#gonggongzhuti .ztwz1 a{font-weight:bold;}

#bankuaizhuti_bt{background:#fafafa;padding:5px;margin:0 15px;font-weight:bold;}
#bankuaizhuti .zhutihang{background:#fffaf3;}
#bankuaizhuti .zhutihang:hover{background:#fafafa;}

#kuaisufatie{font-weight:bold;font-size:14px;padding-left:20px;border-top:1px solid #cdcdcd;
    background:#fafafa;line-height:30px;}
.kuaisufatie{padding:20px;}
```

15.4.7　预览效果及微调

经过以上步骤，页面已经基本制作完成，剩下的就是进行一些微调，可视具体情况进行修改。预览的效果图如图 15-16 所示。

15.5　论坛系统内容页的设计

15.5.1　效果图的设计

如图 15-27 所示为用绘图软件制作好的效果图。图 15-28 是图 15-27 的简化图，省略了大部分帖子。这里用简化效果图来学习，大家在练习时要把内容都加上去。

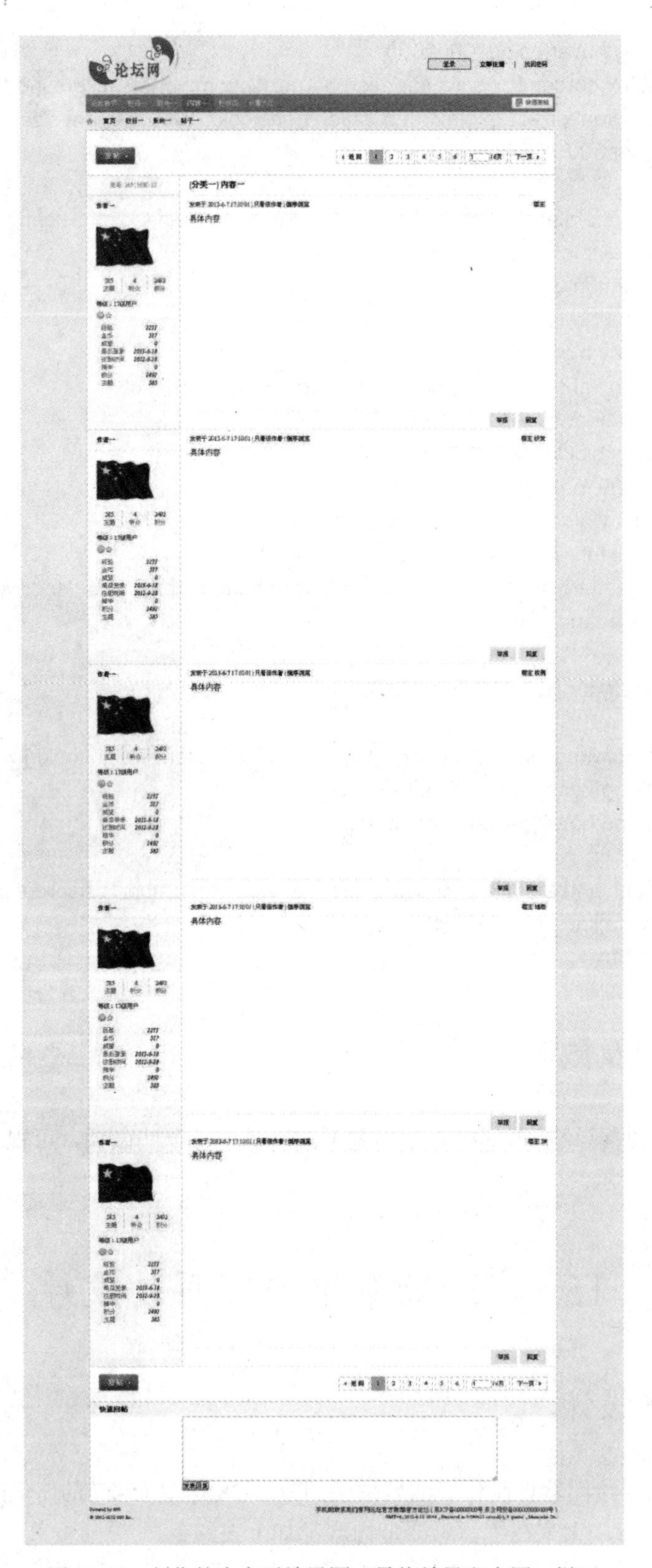

图 15-27　制作的内容页效果图（最终效果和本图一样）

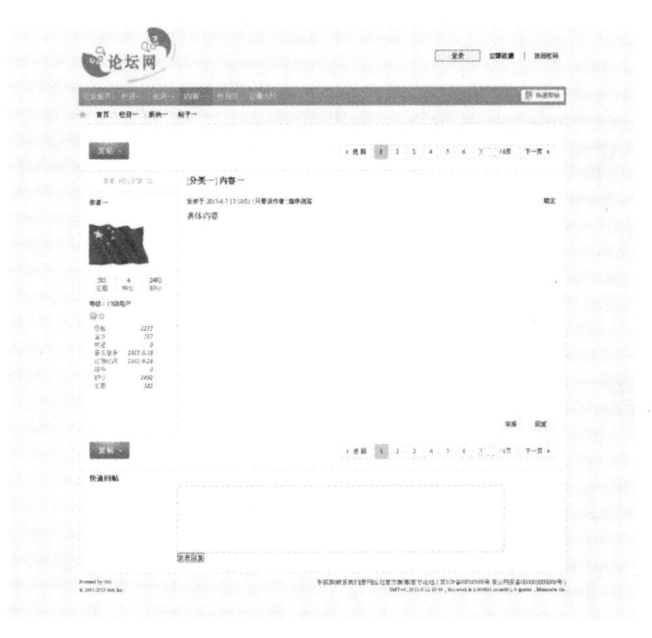

图 15-28　内容效果图（省略大部分帖子）

15.5.2　框架的规划

1. 大框架的搭建

本页的框架和版块页很多层一样，有区别的是内容层的不同。从上到下依次为顶部“dingbu”层、菜单“caidan”层、路径“lujing”层、分页“pages_shang”层、帖子“tiezi”层、分页“pages”层、快速回帖“kuaisuhuitie”层和底部“dibu”层，如图 15-29 所示。

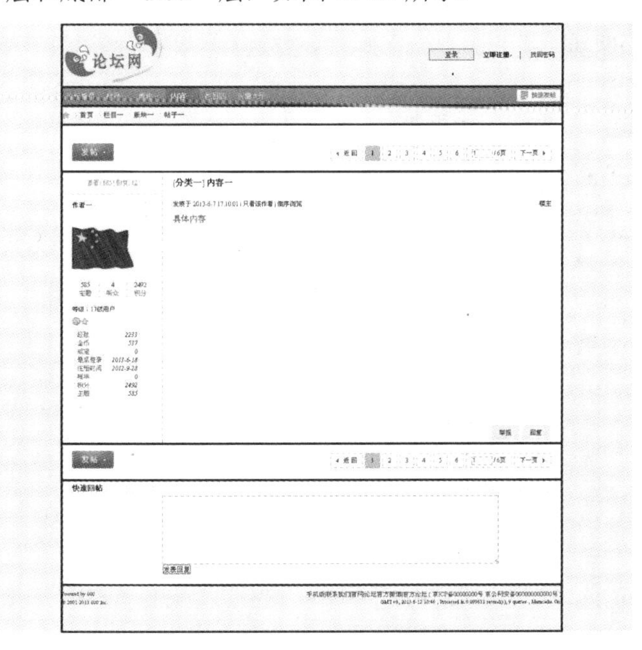

图 15-29　内容页大框架的搭建

2. 逐层搭建

因为各层大部分都是相同的，下面着重分析帖子层。

帖子层首先分成左右两层。左层里分 5 层，右层里分 4 层，如图 15-30 所示。左层的第 3 层里除了一幅头像外，还存在 3 个平均分的层。

其他帖子因为没有帖子信息，所有左右的 1 号层中都不需要，要注意删除。

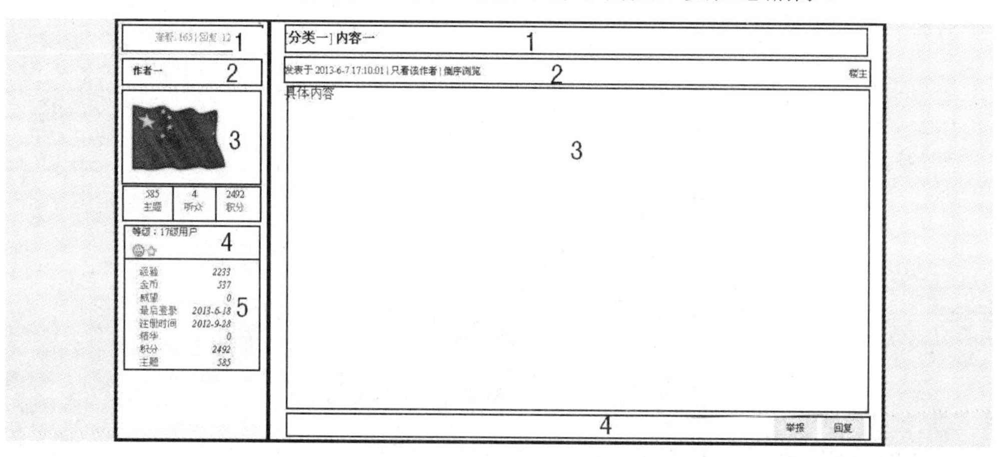

图 15-30　帖子“tiezi”层的框架搭建

15.5.3　布局图片的分离与制作

框架搭建完毕后，要对相关的修饰图片进行分离或者重新制作，本章所有的图片都比较简单，已经在首页设计中演示过，这里不再重复。

15.5.4　框架代码的编写

按照前面的框架结构，首先编写大框架。

（1）打开 Dreamweaver，如图 15-31 所示，新建一个网页，修改标题、编码及文档类型。

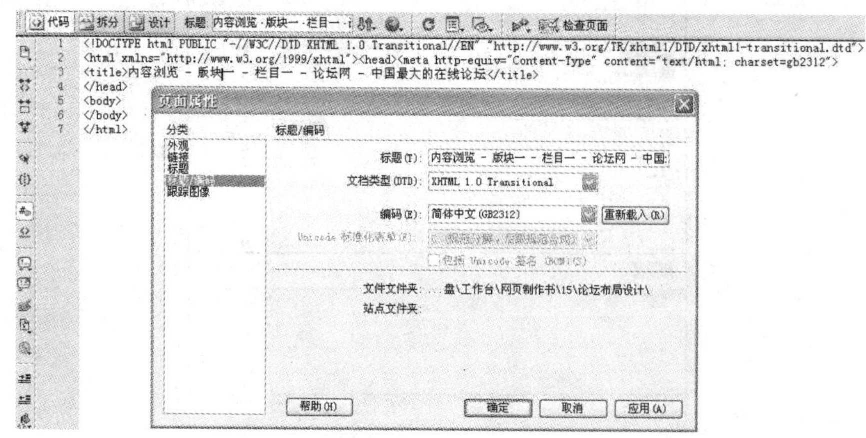

图 15-31　新建一个网页，修改标题、编码及文档类型

（2）链接外部 CSS 文件或者在文档内部编写 CSS 代码。

```
<head><meta http-equiv="Content-Type" content="text/html; charset=gb2312">
<title>内容浏览 - 版块一 - 栏目一 - 论坛网 - 中国最大的在线论坛</title>
<!--链接公用 CSS 文件-->
<link rel="stylesheet" href="comm.css" type="text/css" />
<!--链接其他 CSS 文件-->
<link rel="stylesheet" href="shouye.css" type="text/css" />
<link rel="stylesheet" href="liebiao.css" type="text/css" />
<link rel="stylesheet" href="neirong.css" type="text/css" />
<!--导入 JavaScript 文件-->
<script src="comm.js" type="text/javascript"></script>
<script src="shouye.js" type="text/javascript"></script>
</head>
```

（3）编写大框架。

```
<div id="yemian" class="yemian">
      <div id="top" class="dingbu">
          <div id="dingbu_you" class="f_you zihao_12"></div>
     <img src="images/biaozhi.png" class="shangxia_zhong" />
     </div>
     <div id="caidan" class="hezi_caidan"><span class="f_you" style="line-height:30px;"></span>
     <ul></ul>
     </div>
     <div id="lujing"></div>
     <div id="hezi" class="biankuang bjs_neirong">
     <div id="shuoming" class="padding20">
               <div class="pages_shang">
               <span  class="f_you  yema"></span><a  href="#"  class="f_zuo"><img  src="images/xintie.png"
/></a>
               </div>
          </div>
          <div class="tiezi shangbian">
               <div class="neirongyou">
                 <div class="neirongyou1"></div>
                   <div class="neirongyou2"></div>
                   <div class="neirongyou3">具体内容</div>
                   <div class="neirongyou4"><a href=#>回复</a><a href=#>举报</a></div>
               </div>
            <div class="neirongzuo">
                 <div  class="neirongzuo1">查看：<span  class="yanse_hong">165</span>  |  回复：<span
class="yanse_hong">12</span></div>
                   <div class="neirongzuo2">作者一</div>
                   <div class="neirongzuo3"><img src="images/datouxiang.gif" />
                      <div class="nr31 youbian paddingzuo20">585<em>主题</em></div>
```

```
                    <div class="nr31 youbian">4<em>听众</em></div>
                    <div class="nr31">2492<em>积分</em></div>
                </div>
                <div class="neirongzuo4"><br />等级：17 级</div>
                <div class="neirongzuo5"></div>
            </div>
        </div>
        <div class="tiezi">
            <div class="neirongyou">
                <div class="neirongyou2"></div>
                <div class="neirongyou3">具体内容</div>
                <div class="neirongyou4"><a href=#>回复</a><a href=#>举报</a></div>
            </div>
          <div class="neirongzuo">
                <div class="neirongzuo2">作者一</div>
                <div class="neirongzuo3"><img src="images/datouxiang.gif" />
                    <div class="nr31 youbian paddingzuo20">585<em>主题</em></div>
                    <div class="nr31 youbian">4<em>听众</em></div>
                    <div class="nr31">2492<em>积分</em></div></div>
                <div class="neirongzuo4"><br />等级：17 级</div>
                <div class="neirongzuo5"></div>
            </div>
        </div>
        <!--下面的帖子都相同，只是文字不同-->
        <div class="pages">
          <div class="pages_shang">
                <span  class="f_you  yema"></span><a  href="#"  class="f_zuo"><img  src="images/xintie.png"
/></a>
            </div>
        </div>
        <div id="kuaisufatie">快速回帖</div>
        <div class="kuaisuhuitie"></div>
    </div>
    <div id="dibu" class="zihao10">
     <div><span class="f_zuo"></span><span class="zihao12 f_you"></span></div>
          <div><span class="f_zuo"></span><span class="f_you"></span></div>
    </div>
</div>
</body>
```

15.5.5　内容代码的编写

内容代码列表部分部分代码如图 15-32 和图 15-33 所示。

```
20      <div id="lujing"><span><a class="h" href="首页模板.htm"></a></span><span class="gt"></span> <a href="首页模板.htm">首页</a> <span class="gt">
</span> <a href="栏目模板.htm">栏目一</a> <span class="gt"></span> <a href="列表模板.htm">版块一</a> <span class="gt"></span> <a href=#>帖子一</a>
</div>
21      <div id="hezi" class="biankuang bjs_neirong">
22          <div id="shuoming" class="padding20">
23              <div class="pages_shang">
24                  <span class="f_you yema"><a href=# class="zuo">返 回</a><a class="xuanzhong">1</a><a href=#>2</a><a href=#>3</a><a href=#>4
</a><a href=#>5</a><a href=#>6</a><a style="padding-bottom:4px;padding-top:5px;"><input type="text" size="2" maxlength="4" style="font-size:12px;
height:12px;margin:0;padding:0;" value="1" /> / 6页</a><a href=# class="you">下一页</a></span><a href="#" class="f_zuo"><img src=
"images/xintie.png" /></a>
25              </div>
26          </div>
27          <div class="tiezi shangbian">
28              <div class="neirongyou">
29                  <div class="neirongyou1">[<a href=#>分类一</a>] <a href=#>内容一</a></div>
30                  <div class="neirongyou2">发表于 2013-6-7 17:10:01 <font color="#666666">|</font> <a href=#>只看该作者</a> <font color="#666666">|
</font> <a href=#>倒序浏览</a> <a href=# class="f_you">楼主</a></div>
31                  <div class="neirongyou3">具体内容</div>
32                  <div class="neirongyou4"><a href=#>回复</a><a href=#>举报</a></div>
33              </div>
34              <div class="neirongzuo">
35                  <div class="neirongzuo1">查看: <span class="yanse_hong">165</span> | 回复: <span class="yanse_hong">12</span></div>
36                  <div class="neirongzuo2">作者一</div>
37                  <div class="neirongzuo3"><img src="images/datouxiang.gif" /><div class="nr31 youbian paddingzuo20">585<em>主题</em></div><div
class="nr31 youbian">4<em>听众</em></div><div class="nr31">2492<em>积分</em></div></div>
38                  <div class="neirongzuo4"><br />等级: 17级用户<br /><img src="images/taiyang.gif" /><img src="images/xingxing.gif" /></div>
39                  <div class="neirongzuo5">经验<em>2233</em><br />金币<em>537</em><br />威望<em>0</em><br />最后登录<em>2013-6-18</em><br />注册时间
<em>2012-9-28</em><br />精华<em>0</em><br />积分<em>2492</em><br />主题<em>585</em></div>
40              </div>
41          </div>
42          <div class="tiezi">
43              <div class="neirongyou">
44                  <div class="neirongyou2">发表于 2013-6-7 17:10:01 <font color="#666666">|</font> <a href=#>只看该作者</a> <font color="#666666">|
```

图 15-32　版块页部分代码 1

```
77                  <div class="neirongzuo4"><br />等级: 17级用户<br /><img src="images/taiyang.gif" /><img src="images/xingxing.gif" /></
div>
78                  <div class="neirongzuo5">经验<em>2233</em><br />金币<em>537</em><br />威望<em>0</em><br />最后登录<em>2013-6-18</em>
<br />注册时间<em>2012-9-28</em><br />精华<em>0</em><br />积分<em>2492</em><br />主题<em>585</em></div>
79              </div>
80          </div>
81          <div class="tiezi">
82              <div class="neirongyou">
83                  <div class="neirongyou2">发表于 2013-6-7 17:10:01 <font color="#666666">|</font> <a href=#>只看该作者</a> <font color=
"#666666">|</font> <a href=#>倒序浏览</a> <a href=# class="f_you">楼主 5#</a></div>
84                  <div class="neirongyou3">具体内容</div>
85                  <div class="neirongyou4"><a href=#>回复</a><a href=#>举报</a></div>
86              </div>
87              <div class="neirongzuo">
88                  <div class="neirongzuo2">作者一</div>
89                  <div class="neirongzuo3"><img src="images/datouxiang.gif" /><div class="nr31 youbian paddingzuo20">585<em>主题</em></
div><div class="nr31 youbian">4<em>听众</em></div><div class="nr31">2492<em>积分</em></div></div>
90                  <div class="neirongzuo4"><br />等级: 17级用户<br /><img src="images/taiyang.gif" /><img src="images/xingxing.gif" /></
div>
91                  <div class="neirongzuo5">经验<em>2233</em><br />金币<em>537</em><br />威望<em>0</em><br />最后登录<em>2013-6-18</em>
<br />注册时间<em>2012-9-28</em><br />精华<em>0</em><br />积分<em>2492</em><br />主题<em>585</em></div>
92              </div>
93          </div>
94          <div class="pages">
95              <div class="pages_shang">
96                  <span class="f_you yema"><a href=# class="zuo">返 回</a><a class="xuanzhong">1</a><a href=#>2</a><a href=#>3</a>
<a href=#>4</a><a href=#>5</a><a href=#>6</a><a style="padding-bottom:4px;padding-top:5px;"><input type="text" size="2" maxlength="4"
style="font-size:12px;height:12px;margin:0;padding:0;" value="1" /> / 6页</a><a href=# class="you">下一页</a></span><a href="#" class=
"f_zuo"><img src="images/xintie.png" /></a>
97              </div>
98          </div>
99          <div id="kuaisufatie">快速回帖</div>
100       <div class="kuaisuhuitie">
101         <textarea name="textfield2" cols="80" rows="8" wrap="virtual" id="textfield2"></textarea>
102         </label>
103         <p><input type="button" value="发表回复" /></p>
104       </div>
105     </div>
106     <div id="dibu" class="zihao10">
107     <div><span class="f_zuo">Powered by 000</span><span class="zihao12 f_you">手机版|联系我们|官网|论坛官方微博|官方论坛 (
京ICP备00000000号 京公网安备000000000000号 )</span></div>
108     <div><span class="f_zuo">&copy; 2001-2013 000 Inc.</span><span class="f_you">GMT+8, 2013-6-12 10:46 , Processed in 0.099631
second(s), 9 queries , Memcache On.</span></div>
```

图 15-33　版块页部分代码 2

15.5.6　CSS 代码的编写

1. 插入公共元素代码

公共元素代码详见前面公共元素代码部分。

2. 栏目页专属 CSS 代码

```
.paddingzuo20{padding-left:20px;}
.tiezi{width:100%;display:block;float:left;background:#f9fff2;border-bottom:2px solid #e4eed9;}
```

```
.tiezi .neirongzuo{width:195px;}
.tiezi .neirongyou{width:782px;display:block;float:right;background:#ffffff;border-left:1px solid #cdcdcd;
    margin-bottom:-2px;border-bottom:2px solid #f5f5f5;}
.kuaisuhuitie{padding-left:195px;padding-bottom:20px;}

.neirongzuo1{line-height:40px;border-bottom:2px solid #e4eed9;font-size:12px;text-align:center;color:#999999;}
.neirongzuo2{line-height:40px;border-bottom:1px dashed #e4eed9;
    font-size:12px;padding-left:20px;font-weight:bold;}
.neirongzuo3{font-size:12px;}
.neirongzuo3 img{padding:20px;}
.neirongzuo3 .nr31{width:27%;display:block;float:left;text-align:center;}
.neirongzuo3 .nr31 em{font-style:normal;display:block;color:#666666;}
.neirongzuo4{width:190px;padding:10px 20px;line-height:30px;font-size:12px;}
.neirongzuo5{font-size:12px;color:#666666;line-height:16px;width:60%;padding-left:30px;}.neirongzuo5
em{padding-left:5px;color:#000000;float:right;}

.neirongyou1{margin:0 20px;border-bottom:2px solid #f5f5f5;}
.neirongyou1 a,.neirongyou1 a:link,.neirongyou1 a:visited{font:bold 16px/40px "黑体";color:#000000;}
.neirongyou2{margin:0 20px;line-height:36px;border-bottom:1px dashed #ececec;font-size:12px;}
.neirongyou3{min-height:400px;margin:0 20px;word-wrap:break-word; overflow:hidden;}
.neirongyou4{text-align:right;margin:0 20px;border-top:1px dashed #ececec;line-height:30px;}
.neirongyou4 a{display:block;padding:0 15px;
    background:#ececec;float:right;margin:3px;color:#000000;font-size:12px;text-decoration:none;}
.neirongyou4 a:hover{background:#0099cc;color:#ffffff;}
```

15.5.7 预览效果及微调

经过以上步骤，页面已经基本制作完成，剩下的就是进行一些微调，可视具体情况进行修改。预览的效果图如图 15-27 所示。

第 16 章　商城系统的页面布局

商城系统的页面比较多而杂，算是大型系统。作为系统本身来说，需要设计的内容并不是很多，主要是根据商品的需要进行系统设计。本章主要学习商城系统首页的设计。

16.1　商城系统的页面分析

商城系统又叫网上商城系统，英文是 Online Mall System，这个单词最先由英国的 Lap 公司提出，该公司在中国大陆设有分公司。1998 年，英国在线购物刚刚起步，Lap 公司在英国系统开发方面已经小有名气，为规范市场称谓，提出了 Online Mall System 这一统一名称，同时还提出了 Online Shopping System（网上购物系统）和 Online Store System（网上商店系统），后被引入中国，亦是现在的网上购物系统。国内比较著名的商城以淘宝网为首。本章的学习建立在淘宝的页面布局基础上进行，所有内容版权归原制作者（公司）所有，本书只用于学习制作。

商城系统中常用的 4 种页面如下。

☑ 首页：商城的内容比较多，容量非常大，所以不能用常规的更新排行来显示，而是以分类列表为主，再辅助以推荐商品、广告商品、热卖商品等。一般少有最新更新出现。

☑ 搜索列表页：一般情况下搜索列表是普通用户用的最多的页面之一。

☑ 分类列表页：分类列表包含大量的推荐商品以及分类下的小分类。

☑ 商品详情页：商品的具体呈现与展示。

接下来着重进行首页设计的布局练习，限于篇幅，这里不详细练习所有页面。

16.2　商城系统首页的设计

16.2.1　效果图的设计

如图 16-1 所示为用绘图软件制作好的效果图。

16.2.2　框架的规划

有了效果图，网页的框架就可以根据图搭建起来。

1. 大框架的搭建

因为没有渐变的背景，所以不需要单独创建背景层，从上到下将工具条、标志、菜单、内容、热卖、底部依次命名或使用类“gongjutiao”、“logo”、“caidan”、“dahezi”、“remai”和“dibu”。

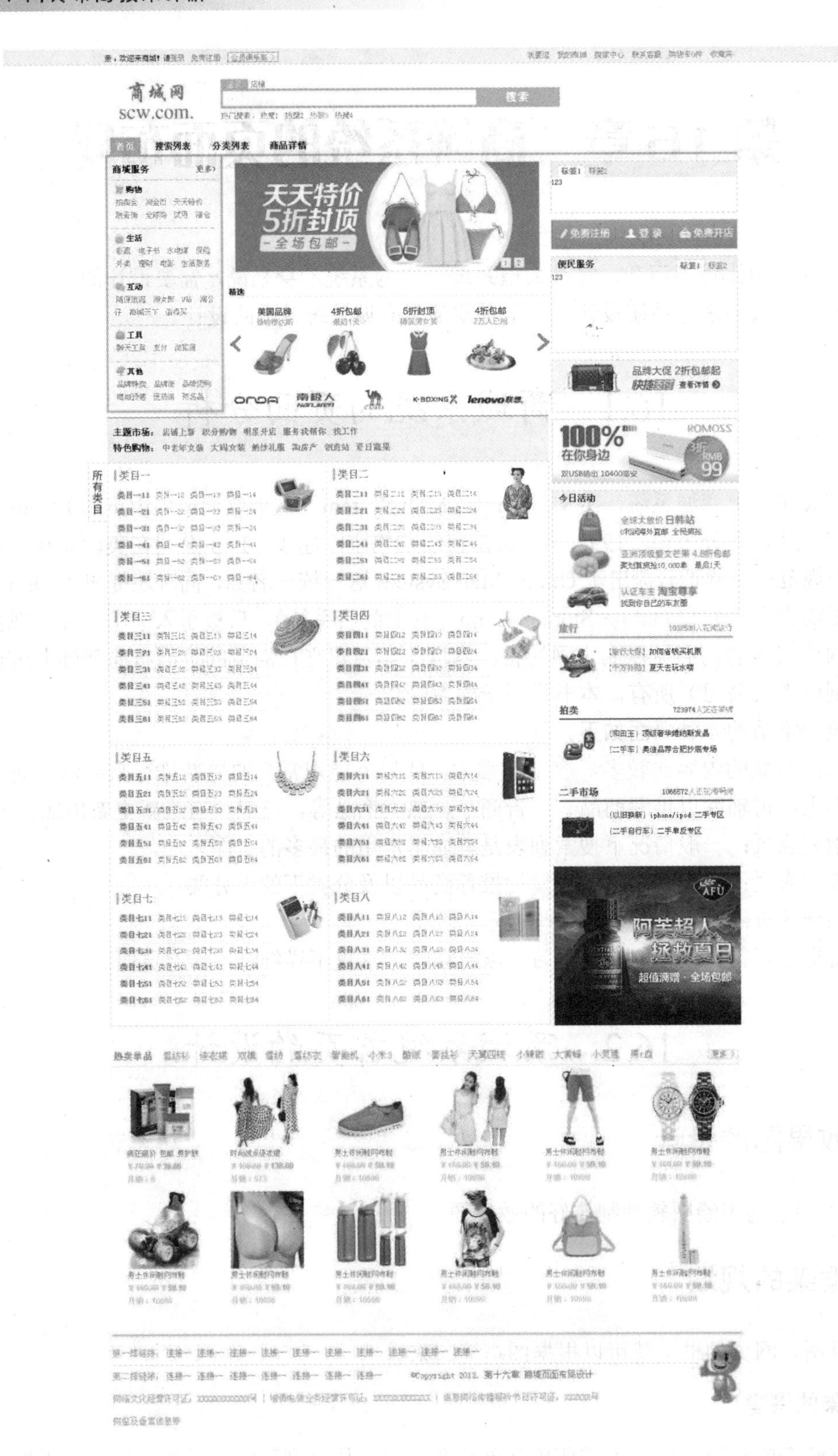
商城网
scw.com.
搜索
首页
搜索列表
分类列表
商品详情
商城服务
天天特价
5折封顶
全场包邮
所有类目
类目一
类目二
类目三
类目四
类目五
类目六
类目七
类目八
今日活动
阿芙超人
拯救夏日
超值满赠·全场包邮

图 16-1　制作的效果图

从效果图中可以看出，整个页面除了工具条的宽度为100%外，其余的层都是固定宽度，那就需要把其他层放置到一个大层里，建立页面“yemian”层，如图16-2所示。接下来进行逐层分解。

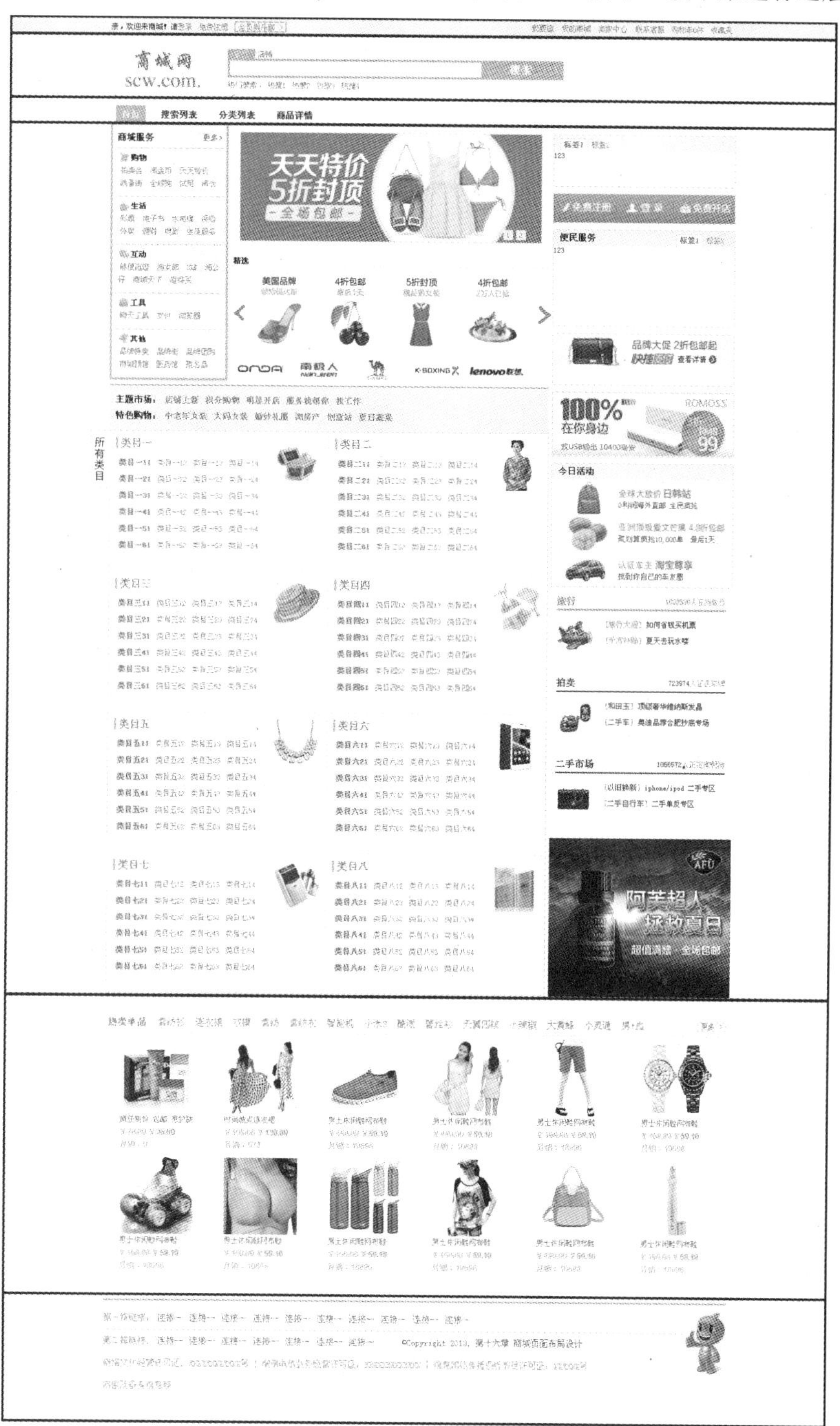

图 16-2　大框架的搭建

2. 逐层搭建

（1）工具条“gongjutiao”层的搭建

如图 16-3 所示，工具条层本身是 100%的宽度，但是内部的宽度却和下面的内容相同，所以在内部层再建立一层，应用大盒子类，该类是对内容层的格式化。内部分左右两部分，即存在一个右浮动对象，这里采用的是 span 标签，左边采用默认即可，包含文字和超链接。右浮动的 span 标签内部是以菜单的形式出现的，所以先建立列表形式的菜单横向显示，每一个存在子菜单的超链接后再搭建一个列表标签，属性设置为隐藏，在鼠标 hover 事件下触发其显示，如图 16-4 所示。

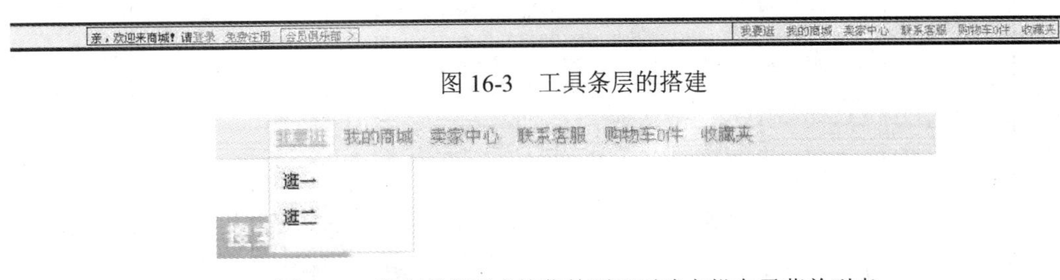

图 16-3　工具条层的搭建

图 16-4　横向列表形式的菜单项里再建立纵向子菜单列表

（2）标志“logo”层的搭建

标志层包含两层，如图 16-5 所示，数字 1 区域为第一层，数字 2、3、4 区域为第二层。两层都是左浮动，这样排版后就会按图排列，当然，根据需要，第二层可以右浮动。第二层内部再分 3 层，即数字 2、3、4 区域。2 号区域类似于菜单，内部只要添加两个超链接即可，选中后的样式通过 JavaScript 控制。3 号区域是一个表单，内部建立一个输入框和一个提交按钮，为了方便 JavaScript 控制交互，可以再建立一个隐藏参数，用来获取菜单的选项，当然也可以直接通过 JavaScript 控制提交的参数来提交菜单属性值。4 号区域为热门关键词，只是几个超链接，不同颜色的超链接可以加<font></font>标签来控制，也可以通过类来控制，实现效果即可。

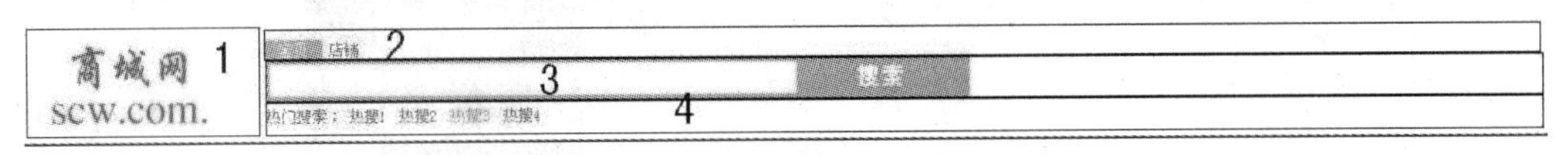

图 16-5　标志层的搭建

（3）菜单“caidan”层的搭建

菜单层比较简单，由一个列表构成，如图 16-6 所示。

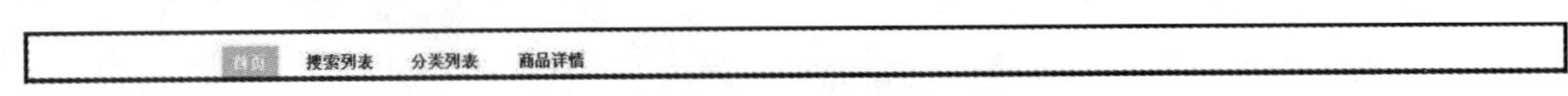

图 16-6　菜单层的搭建

（4）内容层的搭建

内容层比较复杂，本身应用“dahezi”类，内部建立左右两层，如图 16-7 所示，分别应用类“fenlei_zuo”和“fenlei_you”。测量的宽度大小分别是 715px 和 300px。遇到比较复杂的布局时，先分大块，然后再细分。接下来按照左右分层后，继续细化。

☑　内容左“fenlei_zuo”层的搭建

如图 16-8 所示，左层大概可以分成 5 个部分，当然，也可以把 1、2、3 号区域的内容集合到一层

中。因为这里的大小都是经过格式化的，所以，可以不用集合到一起，只需要排列好之后全部左浮动即可。

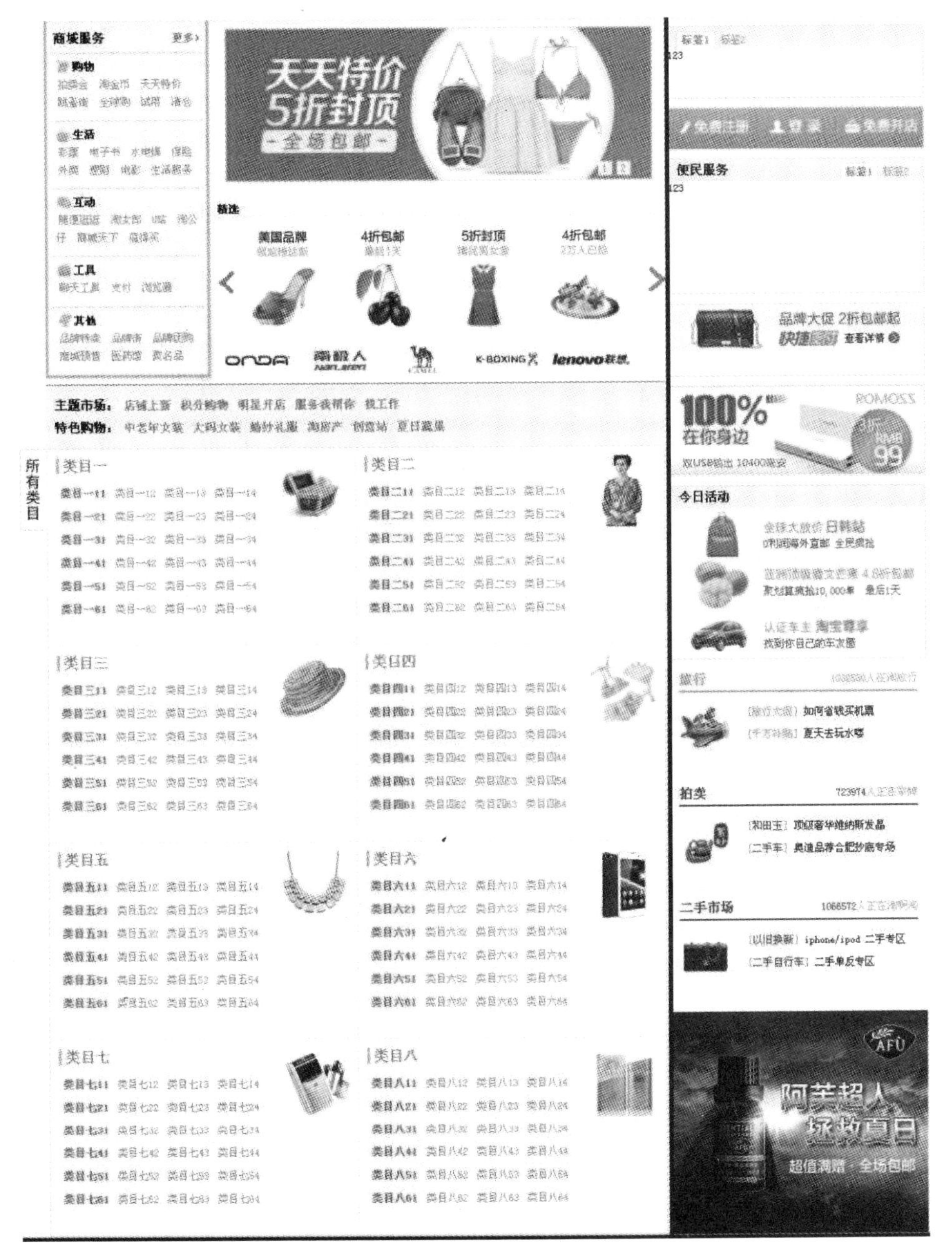

图 16-7　内容层的左右分层

下面按照区域再进行细分。

1 号区域如图 16-9 所示，首先内建一个大层，用来放置内容，父层用来设置边框阴影效果。在内层（即整个外框）里依次建立商城服务层、购物分类层、购物分类内容层、生活分类层、生活分类内容层、互动分类层、互动分类内容层、工具分类层、工具分类内容层、其他分类层和其他分类内容层。当然，每组标题和内容可以集合在一个层中，这样可以节约一些分层结构。

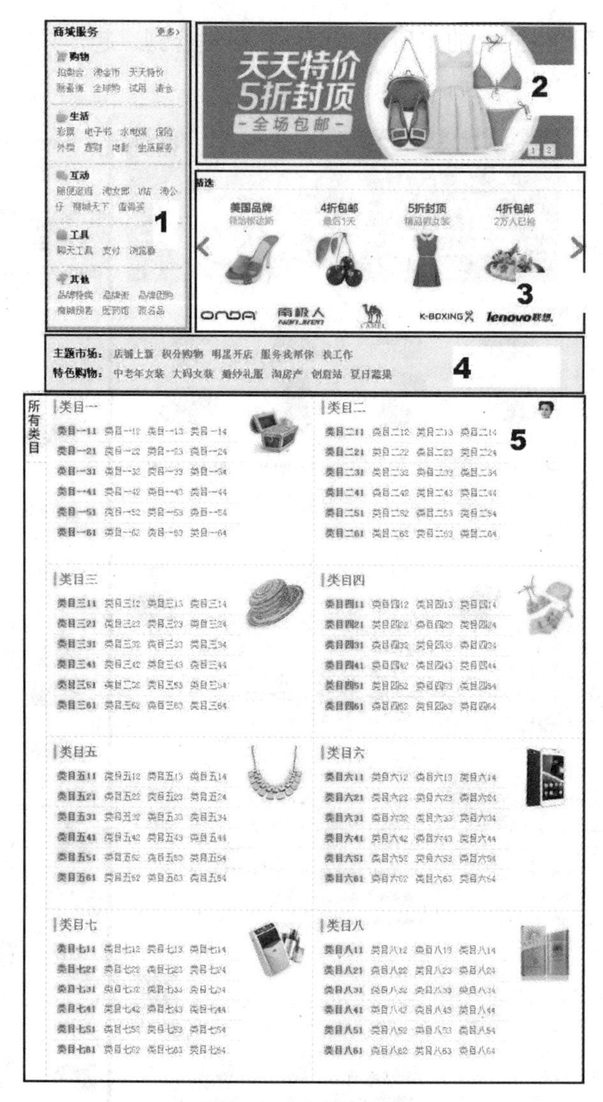

图 16-8 绝对位置在弹出窗口中的应用

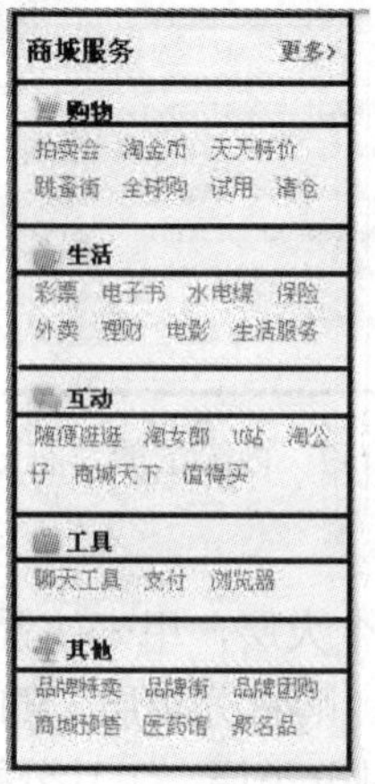

图 16-9 内容左层的 1 号区域布局搭建

2 号区域如图 16-10 所示，这是由一组图片进行幻灯播放的层。内部包含两部分：图片显示层和切换数字层，因为该区域并无其他影响排版的内容，所以可以不建立图片层，直接插入图片，但是用来切换的数字层不能省略，因为要控制其位置和图片重叠。

图 16-10　内容左层的 2 号区域布局搭建（幻灯）

3 号区域如图 16-11 所示，很明显分成上中下 3 层。第一层可以省略，因为并无其他可能影响布局的内容存在，只需要用<h4></h4>标签来占位，当然也可以选择其他元素来进行占位；第二层包含左右控制按钮和 4 幅图片；第三层是 5 幅图片依次排列。

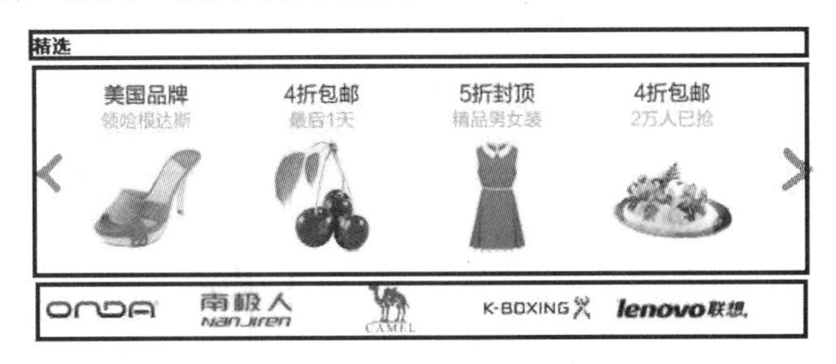

图 16-11　内容左层的 3 号区域布局搭建

4 号区域如图 16-12 所示，该区域的内部比较简单，只有两行文字，其中左边是标题，右边是超链接。这里采用的是<h3></h3>标签，当然也可以采用其他标签，如<p></p>等。

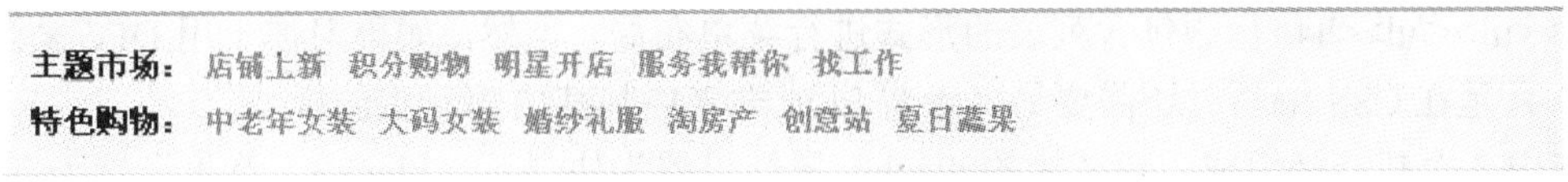

主题市场： 店铺上新　积分购物　明星开店　服务我帮你　找工作

特色购物： 中老年女装　大码女装　婚纱礼服　淘房产　创意站　夏日蔬果

图 16-12　内容左层的 4 号区域布局搭建

5 号区域如图 16-13 所示，很多初学者在遇到这种布局时往往束手无策，其实很简单，可以把左上角的部分忽略即可，先做好其他的布局，分别是 4 行左右两层共 8 层的搭建，最后再把左上角的小层添加进去，添加的位置根据观察应该是在 5 号区域的左边，那就在 8 个子层的上面加一个层，这样，形成了 9 个层的布局，但是如何把“所有类目”的小层放到整个 5 号区域的外面去呢？其实，在前面的学习中已经接触过，那就是用 position 属性中的 absolute 值。绝对定位层会独立于页面排版之外，就是说它不会对其他元素（静态或相对定位元素）产生影响，最后再设置其 left 值为负值，或者 margin-left（左外边距值）为负值，就能达到效果，这在后面的 CSS 代码编写中还会提到。内部其他的 8 个层基本上都是相同的布局，如图 16-14 所示，右浮动一幅图片，一个标题行，6 行内容，其中每行首个链接颜色为蓝色。

☑　内容右“fenlei_you”层的搭建

如图 16-15 所示，内容右层按照上下可以分成区域 A～区域 J 10 个层，接下来依次来搭建。

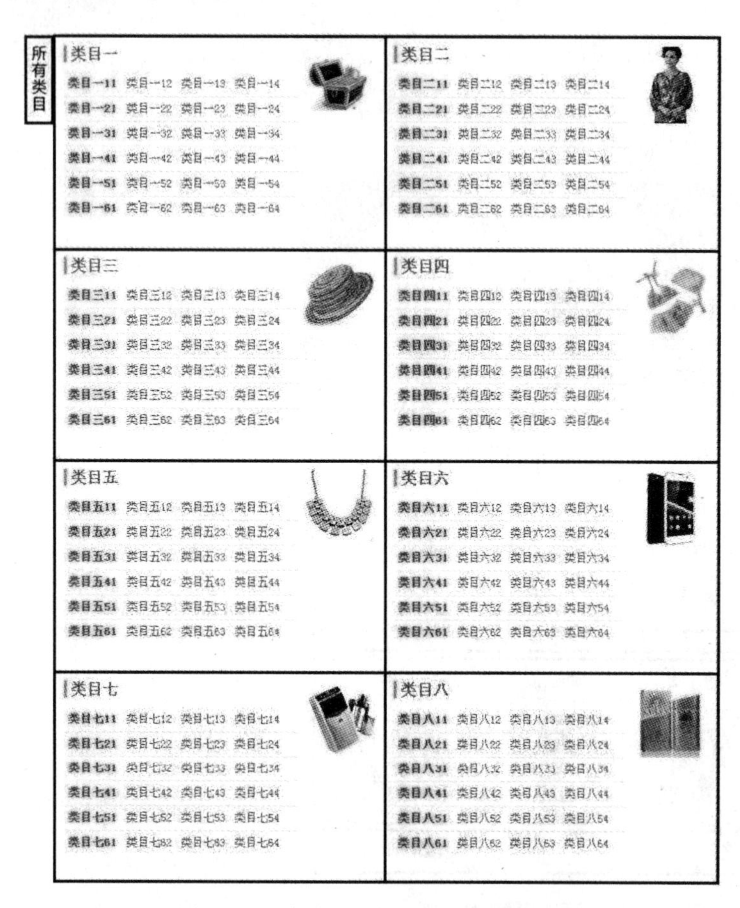

图 16-13　内容左层的 5 号区域布局搭建

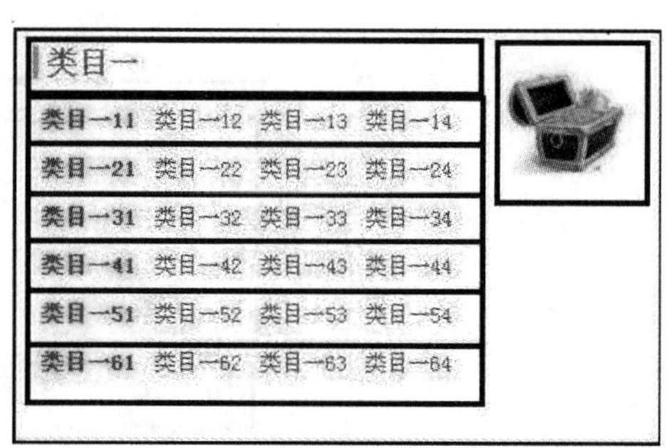

图 16-14　具体类目层的搭建

A 区域包含一个菜单控制层、两个内容层（因为只有两个菜单，如果有 3 个菜单，那就需要 3 个内容层），这里要注意的是，id 命名必须唯一，不然在 JavaScript 控制时就会出错。为了方便拓展，这里采用<h4><ul></ul><h4>标题包含列表的形式进行菜单布局，当然，如果习惯于用 DIV 来做容器，也是可以的，只是在 CSS 编写时还需要另外设置 id 或类来控制其内部元素的样式。

B 区域由 3 个超链接组成，超链接的 display 属性设置为块显示（block），背景设置为图片，hover 事件中再更改图片。

C 区域和 A 区域相近，只要添加一个标题，同时把菜单列表右浮动即可。

D 区域属于广告区域，根据图片大小设置高度，一般来说，固定好了就不要再改变，可以对广告图片进行处理后再添加进来。

E 区域与 D 区域类似，高度有所不同。

F 区域中为今日活动栏目，包含标题和图片超链接。如有需要，可以设置成 JavaScript 控制的形式。

G 区域中为旅行栏目，包含一个标题行，因为有右浮动对象，所以要使用<div></div>标签来占位，应用 CSS 类 bt，内容部分比较简单，可以不再使用分层，直接插入元素，左边为图片超链接，右边可以使用段落标签<p></p>等容器标签来分行显示，这里推荐使用段落标签，便于设置行高。

H 区域和 I 区域与 G 区域类似。

J 区域同 D 区域、E 区域类似，仅高度不同。

图 16-15　内容右层布局搭建

（5）热卖“remai”层的搭建

如图 16-16 所示，热卖层包含一个标题层，宽度默认为 100%，标题“热卖单品”采用<h4></h4>标签做容器；“更多”采用<span></span>标签右浮动；其他关键字链接直接使用<a></a>标签。

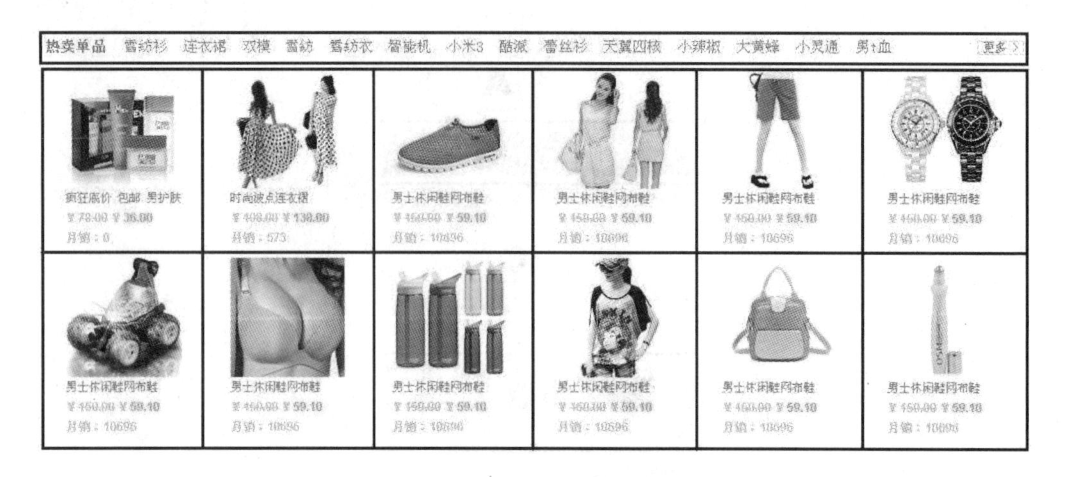

图 16-16 热卖层的搭建

下面的内容层可以再使用<div></div>封装，也可以不封装，只要设置好子内容层的属性即可。从前面的练习可知，要使层顺序平铺，必须设置好宽度、高度，然后采用相同的浮动，这里设置为左浮动，最后加上适当的 margin 值就能达到效果。

如图 16-17 所示，子内容层包含 3 部分：一张图片加文字形成的超链接，两个段落行。价格行内把不同颜色的部分用<span></span>容器包含进去，删除线的效果可使用很多方式实现，这里采用 HTML 语法中的<del></del>标签来完成。

图 16-17 热卖层子内容层的搭建

（6）底部“dibu”层的搭建

如图 16-18 所示，底部“dibu”层里面有 6 段内容：右浮动的图片、第一行链接、<hr/>标签做的分隔线，其余部分采用段落标签。

图 16-18 底部层的搭建

16.2.3 布局图片的分离与制作

框架搭建完毕后，要对相关的修饰图片进行分离或者重新制作，如图 16-19 所示。

图 16-19 使用到的布局图片和 CSS Sprites 图片

很多初学者总是把图片到处放，这不是一个好习惯，还有一些设计人员喜欢把所有图片都放在同一个文件夹，这也是不合适的，要尽量把内容和网页本身的布局图片分离，如图 16-20 所示。

网页内容图片文件夹：

图 16-20 布局图片和内容图片分离

16.2.4 框架代码的编写

按照前面的框架结构，首先编写大框架。

（1）打开 Dreamweaver，如图 16-21 所示，新建一个网页，修改标题、编码及文档类型。

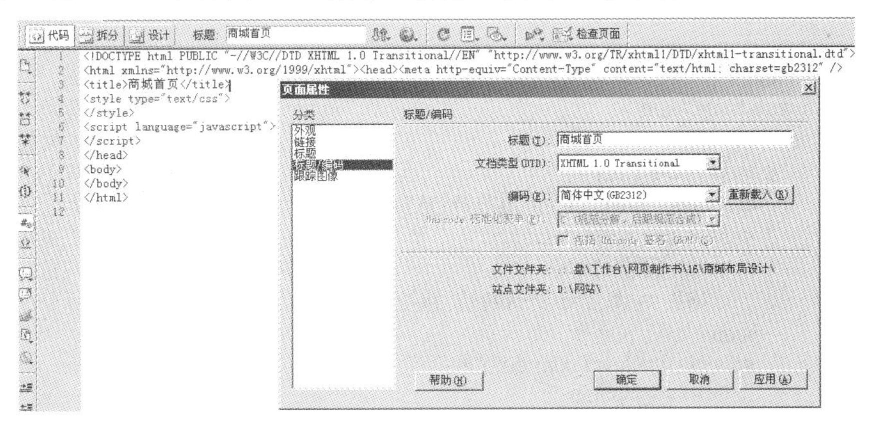

图 16-21 新建一个网页，修改标题、编码及文档类型

（2）链接外部 CSS 文件或者在文档内部编写 CSS 代码。

```
<head>
<meta http-equiv="Content-Type" content="text/html; charset=gb2312" />
<title>商城首页</title>
<style type="text/css">
/*这里写 CSS 代码，当然如果要考虑到多页面，还是尽量链接外部 CSS 文件*/
</style>
<script language="javascript">
//这里写 JavaScript 代码，也可以链接外部 JavaScript 文件，在网页设计过程中，大家按照需要使用
</script>
</head>
```

（3）编写大框架。

```
<body>
<div class="gongjutiao">                                                    /*工具条*/
      <div></div>                                                           /*工具条内容*/
</div>
<div class="yemian">                                                        /*整个页面（除工具条）*/
      <div class="logo dahezi">                                             /*logo 层*/
      <div class="f_zuo bianju20"></div>                                    /*logo 图*/
          <div class="f_zuo bianju20">                                      /*logo 层右半部分*/
            <div class="sousuofenlei" id="sousuofenlei">宝贝  店铺</div>     /*搜索分类选项*/
               <div class="sousuo">搜索</div>                               /*搜索按钮*/
               <div class="sousuoreci" style="clear:both">热门搜索：</div>   /*搜索关键热词*/
          </div>
     </div>
     <div class="dahezi">                                                   /*菜单层*/
      <div class="caidan">                                                  /*菜单容器*/
               <ul>                                                         /*菜单列表*/
                    <li>首页</li>
                    <li>搜索列表</li>
                    <li>分类列表</li>
                    <li>商品详情</li>
               </ul>
      </div>
     </div>
     <div class="dahezi">                                                   /*内容层*/
      <div class="f_zuo fenlei_zuo">                                        /*内容左层*/
           <div class="fuwu">                                               /*服务盒子背景层*/
                 <div class="fuwu_hezi">                                    /*服务盒子*/
                      <div class="fuwu_bt">商城服务  更多</div>              /*总标题*/
                        <div class="fuwu_xiangmu">                          /*项目一*/
                            <h4>购物</h4>
                            拍卖会  淘金币  天天特价  跳蚤街  全球购  试用  清仓
                        </div>
                        <div class="fuwu_xiangmu">                          /*项目二*/
                            <h4>生活</h4>
                                 彩票  电子书  水电煤  保险  外卖  理财  电影  生活服务
                        </div>
```

```
            <div class="fuwu_xiangmu">                                       /*项目三*/
                <h4>互动</h4>
                    随便逛逛 淘女郎 U 站 淘公仔 商城天下 值得买
            </div>
            <div class="fuwu_xiangmu">                                       /*项目四*/
                <h4>工具</h4>
                    聊天工具 支付 浏览器
            </div>
            <div class="fuwu_xiangmu">                                       /*项目五*/
                <h4>其他</h4>
                    品牌特卖 品牌街 品牌团购 商城预售 医药馆 聚名品
            </div>
        </div>
    </div>
    <div class="huandeng">                                                   /*幻灯图片*/
      <a><img /></a>                                                         /*图片展示*/
        <div class="shuzi"><a>1</a><a>2</a></div>                            /*控制按钮*/
    </div>
    <div class="jingxuan">                                                   /*精选*/
      <h4>精选</h4>                                                          /*标题*/
        <div class="jingxuantu">                                             /*精选图容器*/
            <a id="zuoqie">&lt;</a>                                          /*左切图按钮*/
              <a href=#><img id="tu1" /></a>                                 /*图一*/
              <a href=#><img id="tu2" /></a>                                 /*图二*/
              <a href=#><img id="tu3" /></a>                                 /*图三*/
              <a href=#><img id="tu4" /></a>                                 /*图四*/
            <a id="youqie">&gt;</a>                                          /*右切图按钮*/
        </div>
        <div>                                                                /*固定图 5 张*/
            <a href=#><img /></a>
            <a href=#><img /></a>
            <a href=#><img /></a>
            <a href=#><img /></a>
            <a href=#><img /></a>
        </div>
    </div>
    <div class="zhuti">                                                      /*主题*/
      <h3>主题市场： 店铺上新 积分购物 明星开店 服务我帮你 找工作</h3>   /*项目一*/
      <h3>特色购物： 中老年女装 大码女装 婚纱礼服 淘房产 创意站 夏日蔬果</h3>   /*项目二*/
    </div>
    <div class="suoyouleimu_kuang">                                          /*所有类目*/
        <div class="suoyouleimu"></div>                                      /*突出显示到边上的小层*/
      <div class="leimu501">                                                 /*类目一*/
            <img />
            <p class="leimu_bt">类目一</p>
              <div class="leimu_nr"><span></span>类目一 11 类目一 12 类目一 13 类目一 14</div>
              <div class="leimu_nr"><span></span>类目一 21 类目一 22 类目一 23 类目一 24</div>
              <div class="leimu_nr"><span></span>类目一 11 类目一 12 类目一 13 类目一 14</div>
              <div class="leimu_nr"><span></span>类目一 21 类目一 22 类目一 23 类目一 24</div>
              <div class="leimu_nr"><span></span>类目一 11 类目一 12 类目一 13 类目一 14</div>
              <div class="leimu_nr"><span></span>类目一 21 类目一 22 类目一 23 类目一 24</div>
```

```
        </div>
        <div class="leimu502">                                        /*类目二*/
            <img />
            <p class="leimu_bt">类目二</p>
              <div class="leimu_nr"><span></span>类目二 11 类目二 12 类目二 13 类目二 14</div>
              <div class="leimu_nr"><span></span>类目二 11 类目二 12 类目二 13 类目二 14</div>
              <div class="leimu_nr"><span></span>类目二 11 类目二 12 类目二 13 类目二 14</div>
              <div class="leimu_nr"><span></span>类目二 11 类目二 12 类目二 13 类目二 14</div>
              <div class="leimu_nr"><span></span>类目二 11 类目二 12 类目二 13 类目二 14</div>
              <div class="leimu_nr"><span></span>类目二 11 类目二 12 类目二 13 类目二 14</div>
        </div>
      <div class="leimu501">                                          /*类目三*/
            <img />
            <p class="leimu_bt">类目三</p>
              <div class="leimu_nr"><span></span>类目一 11 类目一 12 类目一 13 类目一 14</div>
              <div class="leimu_nr"><span></span>类目一 21 类目一 22 类目一 23 类目一 24</div>
              <div class="leimu_nr"><span></span>类目一 11 类目一 12 类目一 13 类目一 14</div>
              <div class="leimu_nr"><span></span>类目一 21 类目一 22 类目一 23 类目一 24</div>
              <div class="leimu_nr"><span></span>类目一 11 类目一 12 类目一 13 类目一 14</div>
              <div class="leimu_nr"><span></span>类目一 21 类目一 22 类目一 23 类目一 24</div>
        </div>
        <div class="leimu502">                                        /*类目四*/
            <img />
            <p class="leimu_bt">类目四</p>
              <div class="leimu_nr"><span></span>类目二 11 类目二 12 类目二 13 类目二 14</div>
              <div class="leimu_nr"><span></span>类目二 11 类目二 12 类目二 13 类目二 14</div>
              <div class="leimu_nr"><span></span>类目二 11 类目二 12 类目二 13 类目二 14</div>
              <div class="leimu_nr"><span></span>类目二 11 类目二 12 类目二 13 类目二 14</div>
              <div class="leimu_nr"><span></span>类目二 11 类目二 12 类目二 13 类目二 14</div>
              <div class="leimu_nr"><span></span>类目二 11 类目二 12 类目二 13 类目二 14</div>
        </div>
      <div class="leimu501">                                          /*类目五*/
            <img />
            <p class="leimu_bt">类目五</p>
              <div class="leimu_nr"><span></span>类目一 11 类目一 12 类目一 13 类目一 14</div>
              <div class="leimu_nr"><span></span>类目一 21 类目一 22 类目一 23 类目一 24</div>
              <div class="leimu_nr"><span></span>类目一 11 类目一 12 类目一 13 类目一 14</div>
              <div class="leimu_nr"><span></span>类目一 21 类目一 22 类目一 23 类目一 24</div>
              <div class="leimu_nr"><span></span>类目一 11 类目一 12 类目一 13 类目一 14</div>
              <div class="leimu_nr"><span></span>类目一 21 类目一 22 类目一 23 类目一 24</div>
        </div>
        <div class="leimu502">                                        /*类目六*/
            <img />
            <p class="leimu_bt">类目六</p>
              <div class="leimu_nr"><span></span>类目二 11 类目二 12 类目二 13 类目二 14</div>
              <div class="leimu_nr"><span></span>类目二 11 类目二 12 类目二 13 类目二 14</div>
              <div class="leimu_nr"><span></span>类目二 11 类目二 12 类目二 13 类目二 14</div>
              <div class="leimu_nr"><span></span>类目二 11 类目二 12 类目二 13 类目二 14</div>
              <div class="leimu_nr"><span></span>类目二 11 类目二 12 类目二 13 类目二 14</div>
              <div class="leimu_nr"><span></span>类目二 11 类目二 12 类目二 13 类目二 14</div>
        </div>
```

```
            <div class="leimu501">                                          /*类目七*/
                <img />
                <p class="leimu_bt">类目七</p>
                  <div class="leimu_nr"><span></span>类目一 11 类目一 12 类目一 13 类目一 14</div>
                  <div class="leimu_nr"><span></span>类目一 21 类目一 22 类目一 23 类目一 24</div>
                  <div class="leimu_nr"><span></span>类目一 11 类目一 12 类目一 13 类目一 14</div>
                  <div class="leimu_nr"><span></span>类目一 21 类目一 22 类目一 23 类目一 24</div>
                  <div class="leimu_nr"><span></span>类目一 11 类目一 12 类目一 13 类目一 14</div>
                  <div class="leimu_nr"><span></span>类目一 21 类目一 22 类目一 23 类目一 24</div>
              </div>
              <div class="leimu502">                                        /*类目八*/
                <img />
                <p class="leimu_bt">类目八</p>
                  <div class="leimu_nr"><span></span>类目二 11 类目二 12 类目二 13 类目二 14</div>
                  <div class="leimu_nr"><span></span>类目二 11 类目二 12 类目二 13 类目二 14</div>
                  <div class="leimu_nr"><span></span>类目二 11 类目二 12 类目二 13 类目二 14</div>
                  <div class="leimu_nr"><span></span>类目二 11 类目二 12 类目二 13 类目二 14</div>
                  <div class="leimu_nr"><span></span>类目二 11 类目二 12 类目二 13 类目二 14</div>
                  <div class="leimu_nr"><span></span>类目二 11 类目二 12 类目二 13 类目二 14</div>
              </div>
          </div>
      </div>
      <div class="f_you fenlei_you">                                        /*内容右层*/
        <div id="xiaohezi1" class="xiaohezi" style="height:88px;">          /*A 区域*/
            <h4><ul class="f_zuo">
                <li id="xiaohezibt1_1">标签 1</li>
                <li id="xiaohezibt1_2">标签 2</li>
              </ul></h4>
              <div id="xiaohezi1_1" class="xiaohezi_nr">123</div>
              <div id="xiaohezi1_2" class="xiaohezi_nr" style="display:none;">456</div>
          </div>
          <div class="xiaohezi" style="height:45px;">                       /*B 区域*/
            <a href=# title="免费注册"></a><a href=# title="立刻登录"></a><a href=# title="免费开店"></a>
          </div>
        <div id="xiaohezi2" class="xiaohezi" style="height:170px;">         /*C 区域*/
            <h4>便民服务<ul class="f_you">
                <li id="xiaohezibt2_1" class="xuanzhong"><a href=#>标签 1</a></li>
                  <li id="xiaohezibt2_2"><a href=#>标签 2</a></li>
              </ul></h4>
              <div id="xiaohezi2_1" class="xiaohezi_nr">123</div>
              <div id="xiaohezi2_2" class="xiaohezi_nr" style="display:none;">456</div>
          </div>
          <div class="xiaohezi"><a href=#><img /></a></div>                  /*D 区域*/
          <div class="xiaohezi"><a href=#><img width="298" /></a></div>      /*E 区域*/
          <div class="xiaohezi">                                            /*F 区域*/
            <h4>今日活动</h4>
              <div class="jinrihuodong">
              <a href=#><img /></a>
              <a href=#><img /></a>
              <a href=#><img /></a>
              </div>
```

```
            </div>
            <div class="lvxing">                                                        /*G 区域*/
              <div class="bt">旅行<span>1032530 人在淘旅行</span></div>
                <a href=# class="f_zuo"><img /></a>
                <p> [旅行大促] 如何省钱买机票</p>
                <p> [千万补贴] 夏天去玩水喽</p>
            </div>
            <div class="paimai">                                                        /*H 区域*/
              <div class="bt">拍卖<span>723974 人正在举牌</span></div>
                <a href=# class="f_zuo"><img /></a>
                <p> [和田玉] 顶级奢华维纳斯发晶</p>
                <p> [二手车] 奥迪品荐合肥抄底专场</p>
            </div>
            <div class="ershou">                                                        /*I 区域*/
              <div class="bt">二手市场<span class="f_you">1066572 人正在淘啊淘</span></div>
                <a href=# class="f_zuo"><img /></a>
                <p> [以旧换新] iphone/ipod  二手专区</p>
                <p> [二手自行车] 二手单反专区</p>
            </div>
            <div class="xiaohezi"><img /></div>                                         /*J 区域*/
        </div>
    </div>
    <div class="dahezi remai">                                                          /*热卖栏目*/
     <div class="bt"><span class="f_you">更多 &gt;</span><h4>热卖单品</h4>雪纺衫 连衣裙 双模 雪纺 雪
纺衣 智能机 小米 3 酷派 蕾丝衫 天翼四核 小辣椒 大黄蜂 小灵通 男 T 恤</div>    /*标题层*/
                  /*以下为 12 层子内容*/
<div class="nr"><a><img />文字</a><p>￥<del></del> ￥<span></span></p><p>月销：0</p></div>
<div class="nr"><a><img />文字</a><p>￥<del></del> ￥<span></span></p><p>月销： </p></div>
<div class="nr"><a><img />文字</a><p>￥<del></del> ￥<span></span></p><p><span class="baoyou">
</span>月销： </p></div>
        <div class="nr"><a><img />文字</a><p>￥<del></del> ￥<span></span></p><p>月销：0</p></div>
        <div class="nr"><a><img />文字</a><p>￥<del>198.00</del> ￥<span>138.00</span></p><p>月销：
573</p></div>
        <div class="nr"><a><img />文字</a><p>￥<del>150.00</del> ￥<span>59.10</span></p><p><span
class="baoyou"></span>月销：10696</p></div>
        <div class="nr"><a><img />文字</a><p>￥<del>78.00</del> ￥<span>36.00</span></p><p>月销：
0</p></div>
        <div class="nr"><a><img />文字</a><p>￥<del>198.00</del> ￥<span>138.00</span></p><p>月销：
573</p></div>
        <div class="nr"><a><img />文字</a><p>￥<del>150.00</del> ￥<span>59.10</span></p><p><span
class="baoyou"></span>月销：10696</p></div>
        <div class="nr"><a><img />文字</a><p>￥<del>78.00</del> ￥<span>36.00</span></p><p>月销：
0</p></div>
        <div class="nr"><a><img />文字</a><p>￥<del>198.00</del> ￥<span>138.00</span></p><p>月销：
573</p></div>
        <div class="nr"><a><img />文字</a><p>￥<del>150.00</del> ￥<span>59.10</span></p><p><span
class="baoyou"></span>月销：10696</p></div>
    </div>
    <div class="dahezi dibu">                                                 /*底部层*/
     <img src="images/dibu.png" class="f_you" />                              /*右浮动图片*/
        <p>第一排链接： 连接一 连接一 连接一 连接一</p>                        /*第一排*/
```

```
        <hr noshade="noshade" />                                    /*分隔线*/
<p>第二排链接：  连接一  连接一  <span>&copy;Copyright 2013. 第 16 章  商城页面布局设计</span></p>
        <p></p>                                                     /*第三排*/
        <p></p>                                                     /*第四排*/
    </div>
</div>
</body>
```

16.2.5　内容代码的编写

内容的添加就不详细介绍了，下面着重看几个关键地方的内容代码。

1. 工具条部分

```
<div class="gongjutiao">
    <div class="dahezi font12 hanggao30">
    亲，欢迎来商城！请
        <a href=# title="登录">登录</a>
        <a href=# title="注册">免费注册</a>
        <a href=# title="会员俱乐部">会员俱乐部 &gt;</a>
    <span class="f_you">                                                    /*菜单整体*/
        <ul>
            <li><a href=#>我要逛</a>                                        /*菜单选项一*/
                <ul class="sub"><li>逛一</li><li>逛二</li></ul>              /*子菜单*/
              </li>
              <li><a href=#>我的商城</a>                                    /*菜单选项二*/
                <ul class="sub"><li>我买到的 11111</li><li>我的二</li></ul>  /*子菜单*/
              </li>
              <li><a href=#>卖家中心</a>                                    /*菜单选项三*/
                <ul class="sub"><li>卖家一</li><li>卖家二</li></ul>          /*子菜单*/
              </li>
              <li class="kong"><a href=#>联系客服</a></li>                  /*无子菜单选项*/
              <li><a href=#>购物车 0 件</a>     /*菜单选项五*/
                <ul class="sub"><li>购物车一</li><li>购物车二</li></ul>      /*子菜单*/
              </li>
              <li><a href=#>收藏夹</a>     /*菜单选项六*/
                <ul class="sub"><li>收藏一</li><li>收藏二</li></ul>          /*子菜单*/
              </li>
          </ul>
        </span>
    </div>
</div>
```

2. 幻灯的设计

```
<div class="huandeng">                                                  /*幻灯图片*/
    <a id="lianjie" href=#><img id="tu" src="content/01.png" /></a>     /*图片占位*/
    <div class="shuzi">                                                 /*数字切换*/
        <a href="#" onmousemove="javascript:qietu('#1','content/01.jpg');">1</a>    /*切换到图 1*/
```

```
            <a href="#" onmousemove="javascript:qietu('#2','content/02.jpg');">2</a>        /*切换到图 2*/
      </div>
</div>
```

这里使用 JavaScript 设计了一个函数 qietu（链接地址、图片地址），下面来看一下如何实现。

```
function idming(objstr){            //这段函数的作用是返回 id 为 objstr 变量中值的对象
return document.getElementById(objstr);
}
function qietu(src1,src2){          //第一个参数是图片超链接到的地址，一般是网址；第二个参数是图片地址
idming("lianjie").href=src1;        //修改幻灯图片的超链接地址
idming("tu").src=src2;              //修改幻灯图片的地址
}
```

这里要注意的是，“lianjie”和“tu”这两个 id 名在网页中必须是唯一的，命名部分见 16.2.4 节。这里有两个属性值的修改，一个是<a>标签的 href 属性修改，另一个是<img>标签的 src 属性的修改。

说明： 其实在网页设计中，DIV+CSS只占了静态的部分，而动态交互还是要依赖于JavaScript。建议大家在学完本书的内容后再继续学习JavaScript部分。编程没有大家想象的那么难。

3. 搜索选项的设计

```
<div class="sousuofenlei" id="sousuofenlei">
      <a href="javascript:jiaodian(sousuofenlei,1);" class="xuanzhong">宝贝</a>
      <a href="javascript:jiaodian(sousuofenlei,2);">店铺</a>
</div>
```

这里将命名 id 放在了父层上，目的是什么，看了 JS 代码就知道了。这里用到了“jiaodian”这个函数，包含两个参数，一个是对象，另一个是序号，先来看一下程序构成。

```
function jiaodian(obj,id){
      if(id==1){   //如果是切换到图 1，那么对象的 innerHTML 值修改如下
obj.innerHTML='<a href="javascript:jiaodian(sousuofenlei,1);" class="xuanzhong">宝贝</a>';
obj.innerHTML+='<a href="javascript:jiaodian(sousuofenlei,2);">店铺</a>';
}
      if(id==2){   //如果是切换到图 2，那么对象的 innerHTML 值修改如下
obj.innerHTML='<a href="javascript:jiaodian(sousuofenlei,1);">宝贝</a>';
obj.innerHTML+='<a href="javascript:jiaodian(sousuofenlei,2);" class="xuanzhong">店铺</a>';
}
}
```

这里因为篇幅排版的原因，本来 innerHTML 赋值的字符串是不需要第二行的，为了大家能看清楚，所以分了两行。该函数修改了对象的 innerHTML 属性值，意思是修改对象容器里面的代码。通过这个方法修改了“宝贝”和“店铺”选项的背景色和前景色（xuanzhong 类中设计好了，直接应用即可），其实在网站制作过程中还要考虑到搜索提交属性的因素，应该再加一段代码用作提交，例如，可以修改表单的提交地址，还可以给表单的隐藏变量设置新的值。因为这里不是动态网页设计，所以这里略过，有兴趣的读者可以参考一下本出版社的动态网页设计相关丛书。

4. 所有类目的设计

```
.leimu501{width:336px;height:200px;border:1px solid #efefef;float:left;display:block;        /*左侧*/
margin-left:-1px;margin-top:-1px;position:relative;z-index:1;border-left-color:transparent;
border-top-color:transparent;padding:10px;}
.leimu502{width:336px;height:200px;border:1px solid #efefef;float:right;display:block;       /*右侧*/
margin-left:-1px;margin-top:-1px;margin-right:-1px;position:relative;z-index:1;
border-right-color:transparent;border-top-color:transparent;padding:10px;}
.leimu501:hover,.leimu502:hover{border:1px solid orange;z-index:999;}                         /*鼠标移上去*/
```

关键点在于鼠标的移动过程中，左右两侧的边框是重合的，上下也是重合的，但是又不会产生遮盖现象，此处的设计要点在于加粗的几句。

Margin-left:-1px，不管左右层都有这一句，作用是整体左移 1px，看上去左侧右边框和右侧左边框就重合了。

Margin-top:-1px，同样的作用，上下层之间的边框也重合了。

Margin-right:-1px，这一句只有右层有，目的就是将右边框与整个容器的边框重合。

最后是无遮盖现象的关键语句：z-index:999，在正常情况下，层的 z-index 值是 1，鼠标移上去之后，即 hover 事件触发后，鼠标所在层的 z-index 值变为 999，这样就保证了当前鼠标所在的层在其他层上面。

5. 精选部分的切换设计

```
function qietu2(id){                                          //切换到第 id 页
     var quanbu=2;                                            //全部页数
     var youid=id+1;                                          //下一页
     var zuoid=id-1;                                          //上一页
     if(zuoid<1){zuoid=quanbu;}                               //如果没有上一页了，自动切换到最后一页
     if(youid>quanbu){youid=1;}                               //如果没有下一页了，自动切换到第一页
     idming("zuoqie").href='javascript:qietu2('+zuoid+');';   //更新上一页链接
     idming("youqie").href='javascript:qietu2('+youid+');';   //更新下一页链接
     switch(id){                                              //页码选择
          case 1:                                             //第一页的图片地址，链接地址可以根据需要自行添加
          idming("tu1").src='content/02.png';
          idming("tu2").src='content/03.png';
          idming("tu3").src='content/04.png';
          idming("tu4").src='content/05.png';
          break;
          case 2:                                             //第二页的图片地址，链接地址可以根据需要自行添加
          idming("tu1").src='content/06.png';
          idming("tu2").src='content/07.jpg';
          idming("tu3").src='content/08.png';
          idming("tu4").src='content/09.png';
          break;
     //如果设计中页码比较多，依次在这里添加就可以了
}
}
```

16.2.6 CSS 代码的编写

CSS 代码的编写前面已经提到，可以放置到外部 CSS 文件中，或者在“<head><style type=text/css>这里插入 CSS 代码</style></head>”标签中编写。

1. 插入公共元素代码

```
/*公共元素*/
*{padding:0;margin:0;}
body{font-size:12px;}
img{border:0;}
ul{list-style:none;}
li{list-style:none;}
a{color:gray;text-decoration:none;}
a:hover{color:orange;text-decoration:underline;}
/*文字浮动元素*/
.f_zuo{float:left;}
.f_you{float:right;}
.w_zuo{text-align:left;}
.w_zhong{text-align:center;}
.w_you{text-align:right;}
.font10,.font10 a,.font10 a:link,.font10 a:visited{font-size:12px;}
.font12,.font12 a,.font12 a:link,.font12 a:visited{font-size:12px;}
.font14,.font14 a,.font14 a:link,.font14 a:visited{font-size:14px;}
.hanggao30{line-height:30px;}
.hanggao1{line-height:1;}.hanggao15{line-height:1.5;}.hanggao2{line-height:2;}
.bianju20{padding:20px;}
```

2. 插入框架层及内容 CSS 代码

```
.yemian{position:relative;}
.dahezi{width:1020px;margin:0 auto;clear:both;}
.gongjutiao{background:url(images/01.png) repeat-x 0 -44px;height:30px;}
.gongjutiao a{margin-right:10px;}
.gongjutiao span li:hover{border-color:#d5d5d5;background:#fefefe;position:relative;z-index:2;}
.gongjutiao span li.kong:hover{border-color:#eeeeee;background:#eeeeee;}
.gongjutiao span li{float:left;list-style:none;border:1px solid #eeeeee;
border-bottom-width:0;padding:0;background:#eeeeee;line-height:24px;position:relative;}
.gongjutiao span li a{display:block;padding:0px 5px;margin:0 0px;position:releative;}
.gongjutiao span li:hover > ul{display:block;position:absolute;margin:-1px 1px 10px -1px;z-index:0;}
.gongjutiao span li:hover > a{z-index:9999;}
ul.sub{list-style:none;display:none;background:inherit;padding-top:5px;padding-bottom:10px;
border:1px solid #d5d5d5;min-width:100px;float:left;}
ul.sub li{float:none;padding:0 10px;cursor:pointer;background:#fefefe;border:0;}ul.sub li:hover{color:orange;}
a[title="会员俱乐部"]{border:1px solid gray;padding:2px 5px 0 5px;}
a[title="会员俱乐部"]:hover{background:orange;color:white;border-color:orange;text-decoration:none;}
.sousuofenlei a{padding:2px 5px;margin:0;font-size:12px;}
.sousuofenlei a:hover{text-decoration:none;}
```

```
.sousuofenlei a.xuanzhong{padding:2px 10px;background:orange;color:white;margin:0;}
.sousuo{border:3px solid orange;display:block;float:left;}
.sousuokuang{width:400px;height:24px;font-size:14px;line-height:24px;border:0px solid #ffffff;
padding:0 5px;display:block;float:left;}
.sousuokuang:focus{border:0px solid #ffffff;}
.sousuoanniu{width:100px;height:24px;display:block;text-align:center;float:left;padding:0
15px;background:orange;color:white;font:bold 18px/24px "黑体","微软雅黑";cursor:pointer;}
.sousuoreci{color:gray;line-height:25px;}
.sousuoreci a{margin:0 5px;}
.sousuoreci a.hot{color:orange;}
.sousuoreci a:hover{text-decoration:underline;}
.caidan{border-bottom:3px solid orange;float:left;width:100%;}
.caidan li{list-style:none;float:left;margin:0 8px;}
.caidan a{border:1px solid white;font-size:14px;color:#990000;font-weight:bold;display:block;
padding:5px 8px;border-bottom-width:0;}
.caidan a:hover{border-color:orange;background:#FFCCCC;text-decoration:none;}
.caidan a.xuanzhong{background:orange;color:white;border-color:orange;}
.fenlei_zuo{width:715px;}
.fenlei_you{width:300px;}
/*=============左层=============*/
.fuwu{float:left;background:url(images/03.png) no-repeat right bottom;background-position:0 181px;width: 200px;}
.fuwu .fuwu_hezi{width:185px;height:397px;float:left;border:3px solid orange;
border-top-width:0;margin-bottom:5px;background:#fff8ed;}
.fuwu_bt{font-size:14px;line-height:25px;margin:5px;padding:3px;font-weight:bold;margin-bottom:0;}
.fuwu_bt a{font-size:12px;padding-right:5px;background:url(images/jiao.png) no-repeat right;}
.fuwu_xiangmu{margin:0 5px 5px 5px;padding:5px;border-top:1px dotted orange;
word-break:keep-all;line-height:20px;}
.fuwu_xiangmu a{margin:0 3px;}
.fuwu_xiangmu h4{line-height:20px;background:url(images/04.png) no-repeat;padding-left:20px;}
h4.xiangmu1{background-position:-201px -20px;}
h4.xiangmu2{background-position:-201px -40px;}
h4.xiangmu3{background-position:-201px -60px;}
h4.xiangmu4{background-position:-201px -80px;}
h4.xiangmu5{background-position:-201px -100px;}

.huandeng{padding:10px;float:left;}
.huandeng img{width:490px;height:170px;border:1px solid #dedede;}
.huandeng .shuzi{position:relative;top:-20px;text-align:right;padding:0 20px;}
.huandeng .shuzi a{padding:2px 5px;margin-right:5px;background:#eee;}

.jingxuantu{border-top:1px solid #efefef;}
#zuoqie{width:20px;height:135px;display:block;float:left;line-height:135px;}
#youqie{width:20px;height:135px;display:block;float:right;line-height:135px;}
#zuoqie,#youqie{font-size:60px;font-family:"Comic Sans MS";text-decoration:none;}
#zuoqie:hover,#youqie:hover{background:#efefef;}

.zhuti{border-top:2px solid #a0a0a0;background:#efefef;line-height:25px;padding:10px;font-weight:bold;}
.zhuti a{font-size:13px;margin:0 5px;}

.suoyouleimu{background:url(images/04.png)
no-repeat;width:30px;height:90px;margin-left:-32px;margin-top:-1px;border:1px solid #d9d9d9;
```

```
background-position:5px 10px;border-right-color:#efefef;position:absolute;}
.suoyouleimu_kuang{float:left;border:1px solid #d9d9d9;width:713px;height:883px;position:relative;z-index:2;}
.leimu501{width:336px;height:200px;border:1px solid #efefef;float:left;display:block;
margin-left:-1px;margin-top:-1px;position:relative;z-index:1;border-left-color:transparent;
border-top-color:transparent;padding:10px;}
.leimu502{width:336px;height:200px;border:1px solid #efefef;float:right;display:block;
margin-left:-1px;margin-top:-1px;margin-right:-1px;position:relative;z-index:1;
border-right-color:transparent;border-top-color:transparent;padding:10px;}
.leimu_di{border-bottom-color:#d9d9d9;}
.leimu501:hover,.leimu502:hover{border:1px solid orange;z-index:999;}
p.leimu_bt{font-size:16px;font-weight:bold;border-left:3px solid orange;
padding-left:5px;color:gray;margin-bottom:10px;}
.leimu_nr{line-height:25px;border-bottom:1px dotted #efefef;width:250px;}
.meidi{border-bottom:1px solid white;}
.leimu_nr a{margin:0 5px;}
.leimu_nr span+a{font-weight:bold;color:#0099FF;}
.leimu_nr span+a:hover{color:orange;}
/*===============右层==============*/
.xiaohezi{border:1px solid #d9d9d9;margin-top:10px;}
.xiaohezi h4{height:25px;background:#efefef;line-height:25px;font-size:14px;padding-left:10px;}
.xiaohezi h4 ul{padding:5px 10px 0 0;display:inline;}
.xiaohezi h4 li{float:left;padding:0 5px;border:1px solid #efefef;
border-bottom-width:0;line-height:19px;font-weight:normal;font-size:12px;}
.xiaohezi h4 li.xuanzhong{border-color:#d9d9d9;background:#ffffff;}
.xiaohezi h4 li.xuanzhong a{font-weight:bold;}

a[title=免费注册]{display:block;float:left;width:104px;height:45px;
background:url(images/03.png) no-repeat 0 -230px;}
a[title=免费注册]:hover{background-position:0 -280px;}
a[title=立刻登录]{display:block;float:left;width:93px;height:45px;
background:url(images/03.png) no-repeat -104px -230px;}
a[title=立刻登录]:hover{background-position:-104px -280px;}
a[title=免费开店]{display:block;float:left;width:101px;height:45px;
background:url(images/03.png) no-repeat -196px -230px;}
a[title=免费开店]:hover{background-position:-196px -280px;}
.jinrihuodong img{width:298px;}
.jinrihuodong a{border-bottom:1px solid #efefef;height:55px;display:block;}
.lvxing{padding:10px;color:gray;line-height:25px;min-height:108px;}
.lvxing .bt{border-bottom:2px solid #00CCFF;color:#00ccff;font-size:15px;font-weight:bold;margin-bottom:10px;}
.lvxing .bt span{font-size:12px;color:#999999;font-weight:normal;}
.lvxing a.xbt{color:#00ccff;}
.lvxing a{color:#000000;}
.lvxing a:hover{color:orange;}
.lvxing img{margin-right:20px;}
.paimai{padding:10px;color:gray;line-height:25px;min-height:108px;}
.paimai .bt{border-bottom:2px solid #663300;color:#663300;font-size:15px;font-weight:bold;margin-bottom:10px;}
.paimai .bt span{font-size:12px;color:#999999;font-weight:normal;}
.paimai a.xbt{color:#663300;}
.paimai a{color:#000000;}
.paimai a:hover{color:orange;}
.paimai img{margin-right:20px;}
```

```
.ershou{padding:10px;color:gray;line-height:25px;min-height:108px;}
.ershou .bt{border-bottom:2px solid #006600;color:#006600;font-size:15px;font-weight:bold;margin-bottom:10px;}
.ershou .bt span{font-size:12px;color:#999999;font-weight:normal;}
.ershou a.xbt{color:#006600;}
.ershou a{color:#000000;}
.ershou a:hover{color:orange;}
.ershou img{margin-right:20px;}
/*====================热卖==================*/
.remai{padding:30px 0;height:420px;}
.remai .bt{border-bottom:2px solid #efefef;line-height:30px;font-size:15px;}
.remai .bt h4{display:inline;font-weight:bold;margin-right:10px;}
.remai .bt a{margin:0 4px;}
.remai .bt a.gengduo{border:1px solid #d9d9d9;font-size:12px;padding:0 5px;}
.remai .bt a.gengduo:hover{text-decoration:none;}
.remai .nr{width:120px;height:180px;margin:5px 25px;float:left;line-height:20px;}
.remai .nr p{color:#c6c6c6;font-family:Arial, Helvetica, sans-serif;font-weight:bold;}
.remai .nr span{color:orange;}
.baoyou{background:url(images/03.png) no-repeat -150px -348px;width:30px;height:25px;display:block;float:left;}
.dibu{border-top:2px solid orange;height:200px;padding-top:10px;font-size:14px;line-height:35px;}
.dibu a{margin:0 5px;}
.jianbianxian{FILTER: alpha(opacity=100,finishopacity=0,style=1);height:1px;border:0;background:#d9d9d9;}
.dibu p span{color:#666;margin-left:40px;}
.dibu p{color:#999;}
```

3. 难点 CSS 代码

不是所有的单独对象设置都需要用类或者 id 来设置 CSS，还可以根据对象的属性值来选择。例如：

```
a[title=免费注册]{/*代码*/}
```

这段 CSS 代码的意思是，只有 title 属性设置为“免费注册”的 a 标签才会应用本段设计。

再来看一个关键的子菜单设计，大家可能注意到上面的设计中并没有利用 JavaScript 去控制菜单的显示与隐藏，完全是运用 CSS 实现。来看以下代码。

```
ul.sub{list-style:none;display:none;background:inherit;padding-top:5px;padding-bottom:10px;
border:1px solid #d5d5d5;min-width:100px;float:left;}   /*子菜单的默认属性*/
```

从子菜单的默认代码中，可以看到 display 属性设置为 none，即不显示。那怎样才能显示呢？关键代码如下。

```
.gongjutiao span li:hover > ul{display:block;position:absolute;margin:-1px 1px 10px -1px;z-index:0;}
```

在父级菜单的 hover 事件下激发了菜单选项内部的 ul 属性启用，“>”的作用就是属于该容器内部才会被激活的 CSS 设置。这里有两个注意点，一是子菜单必须在父级菜单选项内部，不然不会被激发；二是注意必须在 hover 事件下触发，不然不需要将鼠标移上去便能直接显示。

16.2.7　预览效果及微调

经过以上步骤，页面已经基本制作完成，剩下的就是进行一些微调，可视具体情况进行修改。预览的效果图如图 16-1 所示。

附录 A　CSS 标记速查

本书详细探讨了网页布局的各种技巧，其中用到了大量的 CSS 标记，为了方便读者学习，笔者把常用属性列举如下，以供速查。

A.1　字 体 属 性

CSS 的字体属性主要包括字体族科、字体大小、字体风格、加粗字体以及英文字体的大小写转换。

A.1.1　设置字体——font-family

font-family 用于改变 HTML 标志或元素的字体，相当于 HTML 标记中 font-face 属性的功能。

【语法】font-family: "字体 1","字体 2",⋯

【说明】如果在 font-family 属性中定义了不只一个字体，那么浏览器会由前向后选用字体。也就是说，当浏览器不支持第一个字体时，会采用第二个字体；如果前两个字体都不支持，则采用第三个字体，依此类推。如果浏览器不支持定义的所有字体，则会采用系统的默认字体。同时需要注意的是，必须用双引号引住任何包含空格的字体名。

A.1.2　设置字号——font-size

字号即字体大小，该属性用于修改字体显示的大小。

【语法】font-size:大小取值

【取值范围】

☑　绝对大小：xx-small | x-small | small | medium | large | x-large | xx-large。

☑　相对大小：larger | smaller。

☑　长度值或百分比。

【说明】绝对大小根据对象字体进行调节，包括 xx-small | x-small | small | medium | large | x-large | xx-large。相对大小则是相对于父对象中字体尺寸进行相对调节，它使用成比例的 em 单位计算，可设置为 larger 或 smaller。长度则是由浮点数字和单位标识符组成的长度值，使用的单位可以为 pt——点（1 点=1/72 英寸）、px——像素、in——英寸等，其中，浮点数字不能为负值。百分比取值是基于父对象中字体的尺寸。

A.1.3　字体风格——font-style

字体风格就是字体样式，主要是设置字体是否为斜体。

【语法】font-style:样式的取值

【取值范围】normal | italic | oblique

【说明】normal 是以正常的方式显示；italic 则是以斜体显示文字；oblique 属于其中间状态，以偏斜体显示。

A.1.4 设置加粗字体——font-weight

font-weight 属性用于设置字体的粗细，实现对一些字体的加粗显示。

【语法】font-weight:字体粗度值

【取值范围】normal | bold | bolder | lighter | number

【说明】font-weight 的取值可以是其中的任何一种。其中，normal 表示正常粗细；bold 表示粗体；bolder 则表示特粗体，就是在粗体的基础上再加粗；lighter 表示特细体，就是比正常字体还要细；number 不是真正的取值，它表示 font-weight 还可以取数值，其范围是 100～900，而且一般情况下都是整百的数字，如 100、200 等。正常字体相当于取数值 400 的粗细；粗体则相当于 700 的粗细。

A.1.5 小型的大写字母——font-variant

font-variant 属性用来设置英文字体是否显示为小型的大写字母。

【语法】font-variant:取值

【取值范围】normal | small-caps

【说明】normal 表示正常的字体，small-caps 表示英文显示为小型的大写字母。

A.1.6 复合属性：字体——font

font 属性是复合属性，用于对不同字体属性的略写，特别是行高。

【语法】font:字体取值

【说明】在这里，字体取值可以包含字体族科、字体大小、字体风格、加粗字体、小型大写字母，之间用空格相连。例如，可以设置为 p { font: italic small-caps bold 12pt/18pt 宋体; }，表示设置的段落文字是粗体和斜体的宋体，大小是 12 点、行高是 18 点，文字中的英文采用小型的大写字母。

A.2 颜色及背景属性

颜色和背景属性主要包括颜色属性设置、背景颜色、背景图像、背景重复、背景附件和背景位置。

A.2.1 颜色属性设置——color

颜色属性允许网页制作者指定一个元素的颜色。颜色值是一个关键字或一个 RGB 格式的数字。常用的预设颜色关键字有 16 个，具体如表 A-1 所示。

表 A-1　常用的 16 种颜色关键字

颜色关键字	中 文 含 义	十六进制 RGB 值
aqua	水绿色	#00FFFF
black	黑色	#000000
blue	蓝色	#0000FF
fuchsia	紫红色	#FF00FF
gray	灰色	#808080
green	绿色	#008000
lime	酸橙色	#00FF00
maroon	栗色	#800000
navy	海军蓝	#000080
olive	橄榄色	#808000
purple	紫色	#800080
red	红色	#FF0000
silver	银色	#C0C0C0
teal	水鸭色	#008080
white	白色	#FFFFFF
yellow	黄色	#FFFF00

为了避免与用户的样式表之间的冲突，建议颜色和背景属性始终一起指定。

【语法】color:颜色取值

【说明】在这里，颜色取值可以是颜色关键字，如 yellow，也可以是 RGB 颜色代码。在 CSS 中，RGB 颜色代码有多种写法。

- ☑ #rrggbb：如#FF0000。
- ☑ #rgb：如#F00。
- ☑ rgb(x,x,x)：其中，x 是一个介于 0～255 之间的整数，例如，rgb(255,0,0)。
- ☑ rgb(y%,y%,y%)：其中，y 是一个介于 0.0～100.0 之间的整数，例如，rgb(100%,0%,0%)。

这些颜色代码都表示红色，即关键字为 red 的颜色。

A.2.2　背景颜色——background-color

在 CSS 中，使用 background-color 属性设置背景颜色。

【语法】background-color:颜色取值

A.2.3　背景图像——background-image

在 CSS 中，背景图像属性为 background-image，用来设定一个元素的背景图像。

【语法】background-image: url(图像地址)

【说明】在该语法中，图像地址是作为背景的图像文件的地址，可以设置绝对地址，也可以设置相对地址。背景图片一般是 JPG、PNG 或者 GIF 格式。

A.2.4　背景重复——background-repeat

背景重复属性也称为背景图像平铺属性，用来设定对象的背景图像是否铺排以及如何铺排。

【语法】background-repeat:取值

【取值范围】repeat | no-repeat | repeat-x | repeat-y

【说明】repeat 表示背景图像在纵向和横向上平铺；no-repeat 表示背景图像不平铺；repeat-x 表示背景图像只在水平方向上平铺；repeat-y 则表示背景图像只在垂直方向上平铺。

A.2.5　背景附件——background-attachment

背景附件属性用来设置背景图像是随对象内容滚动还是固定的。

【语法】background-attachment:取值

【取值范围】scroll | fixed

【说明】scroll 表示背景图像随对象内容滚动，是默认选项；fixed 表示背景图像固定在页面上静止不动，只有其他的内容随滚动条滚动。

A.2.6　背景位置——background-position

图像位置属性用于指定背景图像的最初位置。这个属性只能应用于块级元素和替换元素。替换元素仅指一些已知原有尺寸的元素，在 HTML 中，替换元素包括 img、input、textarea、select 和 object。

【语法】background-position:位置取值

【取值范围】[<百分比> | <长度>]{1,2} | [top | center | bottom] || [left | center | right]

【说明】该语法中的取值范围包括两种。一种是采用数字，即[<百分比> | <长度>]{1,2}；另一种是关键字描述，即[top | center | bottom] || [left | center | right]，它们的具体含义如下。

☑ [<百分比> | <长度>]{1,2}：表示使用确切的数字表示图像位置，使用时应首先指定横向位置，接着是纵向位置。例如，20% 65%，指定图像会被放在元素的左起 20%、上起 65%的那点的所在位置。百分比和长度可以混合使用，设定为负值也是允许的。默认情况下，位置的取值是 0% 0%。

☑ [top | center | bottom] || [left | center | right]：left、center、right 是横向的关键字，它们表示在横向上取 0%、50%、100%的位置，即采用居左、居中、居右；top、center、bottom 是纵向的关键字，分别表示在纵向上取 0%、50%、100%的位置，即位于顶端、居中和底端。

A.2.7　复合属性：背景——background

与字体 font 属性类似，背景 background 也是复合属性，它是一个更明确的背景关系属性的略写。

【语法】background:取值

【说明】在这里，取值范围可以包含背景颜色、背景图像、重复属性、附件属性、背景位置，之间用空格相连。例如，可以设置为 body{ background:#00F url(pic02.jpg) no-repeat}，表示<body>标记内的背景颜色为蓝色 blue、背景图像为 pic02.jpg，图像不重复显示。

A.3 文本属性

在 CSS 中，文本属性主要包括单词间隔、字符间隔、文字修饰、纵向排列、文本转换、文本排列、文本缩进和文本行高等几种属性。

A.3.1 单词间隔——word-spacing

单词间隔用来定义附加在单词之间的间隔的数量，但其取值必须符合长度格式。单词间隔的设置多用于英文文本中。

【语法】word-spacing:取值

【取值范围】normal | <长度>

【说明】normal 是指正常的间隔，是默认选项；长度是设定单词间隔的数值及单位，可以使用负值。

A.3.2 字符间隔——letter-spacing

字符间隔和单词间隔类似，不同的是字符间隔用于设置字符的间隔数。

【语法】letter-spacing:取值

【取值范围】normal | <长度>

A.3.3 文字修饰——text-decoration

文本修饰属性主要用于对文本进行修饰，如设置下划线、删除线等。

【语法】text-decoration:修饰值

【取值范围】none | [underline || overline || line-through || blink]

【说明】none 表示不对文本进行修饰，这是默认属性值；underline 表示对文字添加下划线；overline 表示对文本添加上划线；line-through 表示对文本添加删除线；blink 则表示文字闪烁效果，这一属性值只有在 netscape 浏览器中才能正常显示。

A.3.4 纵向排列——vertical-align

纵向排列属性也成为垂直对齐方式，它可以设置一个内部元素的纵向位置，相对于它的上级元素或相对于元素行。内部元素是没有行在其前和后断开的元素，例如，在 HTML 中的 A 和 IMG。它主要用于对图像的纵向排列。

【语法】vertical-align:排列取值

【取值范围】baseline | sub | super | top | text-top | middle | bottom | text-bottom | <百分比>

【说明】baseline 是使元素和上级元素的基线对齐；sub 是作为下标；super 为上标；text-top 使元素和上级元素的字体向上对齐；middle 是纵向对齐元素基线加上上级元素的 x 高度的一半的中点，其中，x 高度是字母“x”的高度；text-bottom 使元素和上级元素的字体向下对齐。

影响相对于元素行的位置的关键字有 top 和 bottom。其中，top 使元素和行中最高的元素向上对齐；

bottom 是使元素和行中最低的元素向下对齐。

百分比是一个相对于元素行高属性的百分比，它会在上级基线上增高元素基线的指定数量。这里允许使用负值，负值表示减少相应的数量。

A.3.5　文本转换——text-transform

文本转换属性仅被用于表达某种格式的要求，确切地说，是用来转换英文文字的大小写。

【语法】text-transform:转换值

【取值范围】none | capitalize | uppercase | lowercase

【说明】文本转换属性允许通过 4 个属性中的一个来转换文本。其中，none 表示使用原始值；capitalize 使每个字的第一个字母大写；uppercase 使每个字的所有字母大写；lowercase 则是使每个字的所有字母小写。

A.3.6　文本排列——text-align

文本排列属性能够使元素文本进行排列。这个属性的功能类似于 HTML 的段、标题和部分的 align 属性。

【语法】text-align:排列值

【取值范围】left | right | center | justify

【说明】在该语法中，可以选择 4 个对齐方式中的一个。其中，left 为左对齐；right 为右对齐；center 为居中对齐；justify 为两端对齐。

A.3.7　文本缩进——text-indent

文本缩进属性用于定义 HTML 中的块级元素（如 p、h1 等）的第一行可以接受的缩进的数量，常用于设置段落的首行缩进。

【语法】text-indent:缩进值

【说明】文本的缩进值必须是一个长度或一个百分比。若设定为百分比，则以上级元素的宽度而定。

A.3.8　文本行高——line-height

行高属性用于控制文本基线之间的间隔值。

【语法】line-height:行高值

【取值范围】normal | <数字> | <长度> | <百分比>

【说明】normal 表示默认的行高，一般由字体大小的属性自动产生；值为数字时，行高由元素字体大小的量与该数字相乘所得；长度属性则是直接使用数字和单位设置行高；值为百分比时，表示相对于元素字体大小的比例，不允许使用负值。

A.3.9　处理空白——white-space

white-space 属性用于设置页面对象内空白（包括空格和换行等）的处理方式。默认情况下，HTML

中的连续多个空格会被合并成一个，而使用这一属性可以设置成其他的处理方式。

【语法】white-space:值

【取值范围】normal | pre | nowrap

【说明】white-space 只能取 3 个值中的一个，其中，normal 是默认属性，即将连续的多个空格合并；pre 会导致源中的空格和换行符被保留，但这一选项在 IE 6 中才能正确显示；nowrap 则表示强制在同一行内显示所有文本，直到文本结束或者遇到
对象。

A.3.10 文本反排——unicode-bidi 与 direction

unicode-bidi 属性用于设置或获取关于双向法则的嵌入级别，通俗地说，就是用于同一个页面中存在从不同方向读进的文本显示，它一般与 direction 属性一起使用，direction 属性用来设置对象的阅读顺序。

1. unicode-bidi 属性

【语法】unicode-bidi:normal | bidi-override | embed

【说明】normal 是系统的默认值，表示对象不打开附加的嵌入层；bidi-override 表示严格按照 direction 属性的值重排序，忽略隐式双向运算规则；embed 表示对象打开附加的嵌入层，将 direction 属性的值指定给嵌入层，在对象内部进行隐式重排序。如果想要在内联文本中应用 direction 属性，必须设定该属性的值为 embed 或 bidi-override。

注意： unicode双向运算法则是自动翻转嵌入字符顺序依照它们固有的流动方向。例如，英文文档的默认书写方向是从左到右，假如其中包含的部分其他语种的字符其书写方向是从右到左，双向运算法则就可以用来代理用户正确的反转其流动方向。

2. direction 属性

【语法】direction: ltr | rtl | inherit

【说明】direciton 属性的值中，ltr 表示从左到右的阅读顺序；rtl 表示从右到左的阅读顺序；inherit 则表示文本流的值不可继承。

A.4 边距与填充属性

边距属性用于设置元素周围的边界宽度，主要包括上、下、左、右 4 个边界的距离设置。填充属性也称为补白属性，用于设置边框和元素内容之间的间隔数，同样包括上、下、左、右 4 个方向的填充值。

A.4.1 顶端边距——margin-top

顶端边距属性也称上边距，是用一个指定的长度或百分比值来设置元素的上边界。

【语法】margin-top:边距值

【取值范围】长度值 | 百分比 | auto

【说明】长度值相当于设置顶端的绝对边距值，包括数字和单位；百分比值则是设置相对于上级元素的宽度的百分比，允许使用负值；auto是自动取边距值，即取元素的默认值。

A.4.2 其他边距——margin-bottom、margin-left、margin-right

底端边距margin-bottom用于设置元素下方的边距值；左侧边距margin-left和右侧边距margin-right则分别用于设置元素左右两侧的边距值。其语法和使用方法同顶端边距类似。

A.4.3 复合属性：边距——margin

与其他属性类似，边距属性用于对4个边距设置的略写。

【语法】margin:长度值 | 百分比 | auto

【说明】在这里，margin的值可以取1～4个，如果只设置了1个值，则应用于所有的4个边界；如果设置了2个或3个值，则省略的值与对边相等；如果设置了4个值，则按照上、右、下、左的顺序分别对应其边距。

A.4.4 顶端填充——padding-top

顶端填充属性也称为上补白，即上边框和选择符内容之间的间隔数。

【语法】padding-top:间隔值

【说明】间隔值可以设置为长度值或百分比。其中，百分比不能使用负值。

A.4.5 其他填充——padding-bottom、padding-left、padding-right

其他填充属性是指底端、左右两侧的补白值，分别为padding-bottom、padding-left、padding-right，其语法和使用方法同顶端填充类似。

A.4.6 复合属性：填充——padding

该属性与其他复合属性特别是边距属性margin的使用方式和用法类似。

A.5 边框属性

边框属性控制元素所占用空间的边缘。例如，可将文本格式和定位属性应用到div元素，然后应用边框属性以创建元素周围的框并将其设置为远离主要文本。在边框属性中，可以设置边框宽度、边框样式和边框颜色等。而每一类都包含5个属性，例如，边框宽度具体可以分成上边框宽度border-top-width、右边框宽度border-right-width、下边框宽度border-bottom-width、左边框宽度

border-left-width 以及宽度属性 border-width 这 5 个具体的属性。边框属性中包含的具体属性如表 A-2 所示。

表 A-2　边框属性列表

属　　性	含　　义
border-top-width	设置上边框的宽度值
border-right-width	设置右边框的宽度值
border-bottom-width	设置下边框的宽度值
border-left-width	设置左边框的宽度值
border-width	复合属性，是设置边框宽度值的 4 个属性的略写
border-top-color	设置上边框的颜色
border-right-color	设置右边框的颜色
border-bottom-color	设置下边框的颜色
border-left-color	设置左边框的颜色
border-color	复合属性，是设置边框颜色的 4 个属性的略写
border-top-style	设置上边框的样式
border-right-style	设置右边框的样式
border-bottom-style	设置下边框的样式
border-left-style	设置左边框的样式
border-style	复合属性，是设置边框样式的 4 个属性的略写
boder-top	复合属性，可以同时设置上边框的宽度、颜色和样式
boder-right	复合属性，可以同时设置右边框的宽度、颜色和样式
boder-bottom	复合属性，可以同时设置下边框的宽度、颜色和样式
boder-left	复合属性，可以同时设置左边框的宽度、颜色和样式
boder	复合属性，相当于对上面所有属性的集合

由于边框属性的设置与边距、填充属性类似，为了便于理解和对比，对于每一种属性的上、下、左、右 4 个属性将会在一起讲解。

A.5.1　边框样式——border-style

边框样式属性用以定义边框的风格呈现式样，这个属性必须用于指定可见的边框。它可以对元素分别设置上边框样式（border-top-style）、下边框样式（border-bottom-style）、左边框样式（border-left-style）和右边框样式（border-right-style）4 个属性，也可以使用复合属性边框样式（border-style）对边框样式的设置进行略写。

【语法】border-style:样式值
　　　　border-top-style:样式值
　　　　border-right-style:样式值
　　　　border-bottom-style:样式值
　　　　border-left-style:样式值

【说明】样式可以取的值共有 9 种，如表 A-3 所示。

表 A-3　边框样式取值含义

取　　值	含　　义
none	不显示边框，为默认属性值
dotted	点线
dashed	虚线，也称为短线
solid	实线
double	双实线
groove	边框带有立体感的沟槽
ridge	边框成脊形
inset	使整个方框凹陷，即在边框内嵌入一个立体边框
outset	使整个方框凸起，即在边框外嵌入一个立体边框

注意： 虽然这几个属性的取值范围相同，但是上、下、左、右4个具体的边框样式属性都是设置一个值，而复合属性border-style可以设置1～4个值来设置元素的边框样式，而其不同个数的取值及含义与复合属性边距margin、填充padding类似。

A.5.2　边框宽度——border-width

边框宽度用于设置元素边框的宽度值，其语法和用法都与边框样式的设置类似。

【语法】border-width:宽度值
border-top-width:宽度值
border-right-width:宽度值
border-bottom-width:宽度值
border-left-width:宽度值

【取值范围】thin | medium | thick | <长度>

【说明】在该语法中，这几种属性的取值范围相同。其中，medium 是默认宽度；thin 表示小于默认宽度，称为细边框；thick 表示大于默认宽度，称为粗边框；长度则是由数字和单位组成的长度值，不可为负值。

A.5.3　边框颜色——border-color

边框颜色属性用于定义边框的颜色，可以用 16 种颜色的关键字或 RGB 值来设置。可以对 4 个边框分别设置颜色，也可以使用复合属性 border-color 进行统一设置。对于使用边框颜色 border-color 属性，如果指定一种颜色，则表示 4 个边框是一种颜色；指定两种颜色，则定义顺序为上下、左右；指定 3 种颜色，顺序为上、左右、下；指定 4 种颜色，顺序则为上、右、下、左。

A.5.4　边框属性——border

边框属性用来设置一个元素的边框宽度、样式和颜色。边框属性只能设置 4 种边框，它所包含的 5 种属性（即上、下、左、右 4 个边框属性和一个总的边框属性）都是复合属性，在使用中只能给出一组边框宽度和样式。

【语法】border: <边框宽度> || <边框样式> || <颜色>
border-top: <上边框宽度> || <上边框样式> || <颜色>
border-right: <右边框宽度> || <右边框样式> || <颜色>
border-bottom: <下边框宽度> || <下边框样式> || <颜色>
border-left: <左边框宽度> || <左边框样式> || <颜色>

【说明】在这些复合属性中，边框属性 border 只能同时设置 4 种边框，也只能给出一组边框的宽度和式样。而其他边框属性（如上边框属性 border-top）只能给出某一个边框的属性，包括宽度、样式和颜色。

A.6 定位及尺寸属性

定位属性控制网页所显示的整个元素的位置。例如，如果一个层元素（<div>标记）既包含文本又包含图片，则可用定位属性控制整个层元素的位置。可设置元素放置在页面中的绝对位置，也可设置为相对于其他元素的位置。定位属性主要通过相对定位和绝对定位两种方式定位。相对定位是指允许元素在相对于文档布局的原始位置上进行偏移，而绝对定位允许元素与原始的文档布局分离且任意定位。定位属性主要包括定位方式、层叠顺序等。尺寸属性主要包括长度和宽度属性，用于确定元素的大小。下面对这些属性进行具体介绍。

A.6.1 定位方式——position

定位方式属性用于设定浏览器应如何来定位 HTML 元素。

【语法】position : static | absolute | fixed | relative

【说明】其中，static 表示无特殊定位，对象遵循 HTML 定位规则，是默认取值；absolute 表示采用绝对定位，需要同时使用 left、right、top、bottom 等属性进行绝对定位，而其层叠通过 z-index 属性定义，此时对象不具有边距，但仍有补白和边框；relative 表示采用相对定义，对象不可层叠，但将依据 left、right、top、bottom 等属性设置在页面中的偏移位置。

注意： 当使用absolute（绝对）定位元素时，该元素就被当作一个矩形覆盖物来格式化，格式化后的矩形区域就变成了一个可以放置其他HTML元素的容器，这个容器也就是层元素，它可以凌驾于HTML文档的布局之上，区域下面的文字和图形永远也无法环绕和透过该容器显示出来。

A.6.2 元素位置——top、right、bottom、left

元素位置属性与定位方式共同设置元素的具体位置。

【语法】top : auto |长度值|百分比
right : auto |长度值|百分比
bottom : auto |长度值|百分比
left : auto |长度值|百分比

【说明】这 4 个属性分别表示对象与其最近一个定位的父对象顶部、右侧、底部和左侧的相对位

置，其中，auto 表示采用默认值，长度值则需要包含数字和单位，也可以使用百分数进行设置。

A.6.3　层叠顺序——z-index

层叠顺序属性用于设定层的先后顺序和覆盖关系，z-index 值高的层覆盖 z-index 值低的层。一般情况下，z-index 值为 1 表示该层位于最下层。

【语法】z-index: auto | 数字

【说明】当 z-index 取值为 auto 时，表示它遵循其父对象的定位属性；如果设置为数字，必须是无单位的整数值，可以取负值，但一般情况下都取正整数。

A.6.4　浮动属性——float

浮动属性也称漂浮属性，用于将文字设置在某个元素的周围。它的功能相当于 img 元素的 align=left 和 align=right，但是 float 能应用于所有的元素，而不仅是图像和表格。

【语法】float: left | right | none

【说明】在该语法中，left 表示文字浮在元素左侧；right 表示文字浮在元素右侧；none 属于默认值，表示对象不浮动。

A.6.5　清除属性——clear

清除属性指定一个元素是否允许有其他元素漂浮在它的周围。

【语法】clear: none | left | right | both

【说明】none 表示允许两边都可以有浮动对象；left 表示不允许左边有浮动对象；right 表示不允许右边有浮动对象；both 则表示完全不允许有浮动对象。

A.6.6　可视区域——clip

可视区域用于设置层对象的可视区域，在区域外的部分是透明的。也可以认为通过设定了上、下、左、右的边界值将对象剪切成一个矩形区域，在页面中只显示这个区域。但只有在 position 的值设定为 absolute 时，该属性才能正常使用。

【语法】clip : auto | rect（数值）

【说明】auto 表示对象不剪切，rect（数值）中可以设定 4 个数字，它表示依据上、右、下、左的顺序提供以对象左上角为（0,0）坐标计算的 4 个偏移数值，其中任何一个数值都可用 auto 替换，表示此边不剪切。

A.6.7　设定大小——width、height

height、width 分别用于设定层的高度和宽度。

【语法】width : auto | 长度

　　　　height: auto | 长度

【说明】此处，auto 表示自动设定长度，一般以层包含的内容为准，如果设定确切的长度，需要设定数值和单位。

注意：对于一个层来说，一般只能设定宽度或高度中的一个值，另外一个值则根据内容自动确定。如果同时设定两个值，则需要同时定义后面将要讲解的overflow属性。

A.6.8 超出范围——overflow

超出范围属性用于设定当层的内容超出所能容纳的范围时的显示属性。

【语法】overflow: visible | auto | hidden | scroll

【说明】visible 表示不剪切内容也不添加滚动条；auto 是 body 对象和 textarea 对象的默认值，它在需要时剪切内容并添加滚动条；hidden 表示不显示超过对象尺寸的内容；scroll 则表示总显示滚动条。

注意：如果显式声明visible为默认值，对象将被剪切为包含对象的窗口或框架的大小。并且clip属性设置将失效。

A.6.9 可见属性——visibility

可见属性用于设定嵌套层的显示属性，此属性可以将嵌套层隐藏，但仍然为隐藏对象保留其占据的物理空间。如果希望对象为可视，其父对象也必须是可视的。

【语法】visibility : inherit | visible |hidden

【说明】在该语法中，inherit 表示继承上一个父对象的可见性，即如果父对象可见，则该对象也可见，反之则不可见；visible 表示对象是可见的；hidden 表示对象隐藏。

A.7 列表属性

列表属性主要用于设置列表项的样式，包括符号、缩进等。

A.7.1 列表符号——list-style-type

列表符号属性用于设定列表项的符号。

【语法】list-style-type: <值>

【说明】可以设置多种符号作为列表项的符号，其具体取值范围如表 A-4 所示。

表 A-4 列表符号的取值

符号的取值	含 义
none	不显示任何项目符号或编号
disc	以实心圆形●作为项目符号
circle	以空心圆形○作为项目符号
square	以实心方块■作为项目符号
decimal	以普通阿拉伯数字 1、2、3…作为项目编号
lower-roman	以小写罗马数字 i 、ii 、iii…作为项目编号
upper-roman	以大写罗马数字 I、II、III…作为项目编号

续表

符号的取值	含　义
lower-alpha	以小写英文字母 a、b、c…作为项目编号
upper-alpha	以大写英文字母 A、B、C…作为项目编号

A.7.2　图像符号——list-style-image

图像符号属性是使用图像作为列表项目符号，以美化页面。

【语法】list-style-img: list-style-image : none | url(图像地址)

【说明】none 表示不指定图像；url 则使用绝对或相对地址指定作为符号的图像。

A.7.3　列表缩进——list-style-position

列表缩进属性用于设定列表缩进的设置。

【语法】list-style-position:outside | inside

【说明】outside 表示列表项目标记放置在文本以外，且环绕文本不根据标记对齐，inside 是列表的默认属性，表示列表项目标记放置在文本以内，且环绕文本根据标记对齐。

A.7.4　复合属性：列表——list-style

列表函数 list-style 是以上 3 种列表属性的组合。

A.8　光标属性——cursor

光标属性是 CSS 中专门设置在对象上移动的鼠标指针采用的光标形状。

【语法】cursor : auto | 形状取值 | url(图像地址)

【说明】在该语法中包含 3 种类型的取值，auto 表示根据页面的内容自动选择光标形状；url（图像地址）则表示采用自定义的图像作为光标形状；形状取值则是系统预定义的几种光标形状，其具体含义如表 A-5 所示。

表 A-5　光标形状取值

光标形状取值	具 体 含 义
hand	手形
crosshair	交叉十字形十
text	文本选择形状 I
default	默认的箭头形状
help	带有问号的箭头?
e-resize	向东的箭头↔
ne-resize	向东北的箭头↗

续表

光标形状取值	具体含义
n-resize	向北的箭头↕
nw-resize	向西北的箭头↘
w-resize	向西的箭头↔
sw-resize	向西南的箭头↗
s-resize	向南的箭头↕
se-resize	向东南的箭头↘

A.9 滤镜属性

Filter（滤镜）是微软对 CSS 的扩展，与 Photoshop 中的滤镜相似，它可以用很简单的方法对页面中的文字进行特效处理。使用滤镜属性可以把一些特殊的效果添加到 HTML 元素中，使页面更加美观。但一般情况下，滤镜属性需要应用在已知大小的块级元素中，才能达到很好的效果。滤镜的基本语法如下：

filter：滤镜名称(参数 1,参数 2, …)

下面介绍几种常见的滤镜效果的具体设置方法。

A.9.1 不透明度——alpha

alpha 滤镜用于设置图片或文字的不透明度。它是把一个目标元素与背景混合，通俗地说就是一个元素的透明度。通过指定坐标，可以指定点、线、面的透明度。

【语法】filter: Alpha(参数 1=参数值, 参数 2=参数值,…)

【说明】alpha 属性包括很多参数，如表 A-6 所示。

表 A-6 alpha 属性的参数设置

参数	具体含义及取值
opacity	代表透明度水准，默认的范围是从 0～100，表示透明度的百分比。也就是说，0 代表完全透明，100 代表完全不透明
finishopacity	是一个可选参数，如果要设置渐变的透明效果，可以使用该参数来指定结束时的透明度。范围也是 0～100
style	参数指定了透明区域的形状特征。其中，0 代表统一形状、1 代表线形、2 代表放射状、3 代表长方形
startx	代表渐变透明效果的开始 X 坐标
starty	代表渐变透明效果的开始 Y 坐标
finishx	代表渐变透明效果的结束 X 坐标
finishy	代表渐变透明效果的结束 Y 坐标

A.9.2 动感模糊——blur

blur 滤镜用于在指定块级元素的方向和位置上产生动感模糊的效果。

【语法】filter: blur(add=参数值, direction=参数值, strength=参数值)

【说明】在语法中，add 参数是一个布尔判断，可取值为 true 或 false，它指定图片是否被改变成印象派的模糊效果。direction 参数用来设置模糊的方向，是按顺时针的方向以 45° 为单位进行累积的，例如，0 代表垂直向上，135 表示垂直向上开始顺时针旋转 135° 的方向，默认值是 270，即向左的方向。strength 值只能使用整数来指定，代表有多少像素的宽度将受到模糊影响，默认是 5 个。

注意：动感模糊对HTML的块级元素（如层、图像等）有效，如果要对文字进行动感模糊，要首先将文字放置于一个块状元素内（如层），然后要确定这个块级元素的大小。

A.9.3　对颜色进行透明处理——chroma

chroma 滤镜可以实现对所选择的颜色进行透明处理的效果。

【语法】filter: chroma(color=颜色代码或颜色关键字)

【说明】参数 color 即要透明的颜色。

A.9.4　设置阴影——dropShadow

dropShadow 滤镜在指定的方向和位置上产生阴影。

【语法】Filter: DropShadow(color=阴影颜色, OffX=参数值, OffY=参数值, Positive=参数值)

【说明】color 属性用于设置阴影的颜色；OffX、OffY 分别用于设置阴影相对图像移动的水平距离和垂直距离；Positive 是一个布尔值（0 或 1），其中，0 表示给透明像素生成阴影，1 表示给不透明像素生成阴影。

A.9.5　对象的翻转——flipH、flipV

flipH 滤镜可以沿水平方向翻转对象，flipV 滤镜可以沿垂直方向翻转对象。

【语法】filter: flipH
　　　　filter: flipV

A.9.6　发光效果——glow

glow 滤镜可以实现在对象周围上发光的效果。当对一个对象使用 glow 属性后，这个对象的边缘就会产生类似发光的效果。

【语法】Filter:glow(Color=颜色代码, Strength=强度值)

【说明】Color 参数用来指定发光的颜色；Strength 参数用于设置强度，可以使用从 1～255 之间的任何整数来指定这个力度。

A.9.7　灰度处理——gray

gray 滤镜是把一张图片变成灰度图；灰度也不需要设定参数。它去除目标的所有色彩，将其以灰度级别显示。

【语法】filter:gray

A.9.8 反相——invert

invert 滤镜是把对象反相，也就是将其可视化属性全部反转，包括色彩、饱和度和亮度值。

【语法】filter: invert

A.9.9 X 光片效果——Xray

Xray 滤镜是让加亮对象的轮廓呈现所谓的“X”光片。X 光效果滤镜不需要设定参数，是一种很少见的滤镜。它可以像灰色滤镜一样去除图像的所有颜色信息，然后将其反转（黑白像素除外）。

【语法】filter: xray

A.9.10 遮罩效果——mask

使用 mask 滤镜可以为对象建立一个覆盖于表面的膜。该滤镜将可看见的像素遮蔽，将看不见的像素以指定的颜色显示。

【语法】filter:mask(color=颜色代码)

【说明】这里的颜色是最后遮罩显示的颜色，而这种滤镜对 GIF 图像支持的最好。

A.9.11 波形滤镜——wave

波形滤镜能造成一种强烈的变形幻觉，它对目标对象生成正弦波变形。实际上，它是把对象按垂直的波形样式打乱。

【语法】filter:wave(add=参数值, freq=参数值, lightstrength=参数值, phase=参数值,strength=参数值)

【说明】在该滤镜的参数中，add 表示是否要把对象按照波形样式打乱，默认是 True；freq 为波纹的频率，也就是指定在对象上一共需要产生多少个完整的波纹；lightstrength 参数设定对于波纹增强光影的效果，范围是 0～100；phase 参数用于设置正弦波的偏移量；strength 用于设定振幅。

“网站开发非常之旅”系列全新推荐书目

网站建设作为一项综合性的技能，对许多计算机技术及其各项技术之间的关联都有着很高的要求，而诸多方面的知识也往往会使得许多初学者感到十分困惑，为此，我们推出了“网站开发非常之旅”系列，自出版以来，因具有系统、专业、实用性强等特点而深受广大读者的喜爱。本系列为广大读者学习网站开发技术提供了一个完整的解决方案，集技术和应用于一体，将网络编程技术难度与热点一网打尽，可全面提升您的网络应用开发水平。以下是本系列最新书目，欢迎选购！

ISBN	书　名	著译者	定　价	条　码
9787302345725	ASP.NET 项目开发详解	朱元波	58.80 元	
9787302345732	CSS+DIV 网页布局技术详解	邢太北 许瑞建	58.80 元	
9787302344865	Linux 服务器配置与管理	张敬东	66.80 元	
9787302344858	iOS 移动网站开发详解	朱桂英	69.80 元	
9787302344308	Android 移动网站开发详解	怀志和	66.80 元	
9787302344339	Dreamweaver CS6 网页设计与制作详解	张明星	52.80 元	
9787302344100	Java Web 开发技术详解	王石磊	62.80 元	
9787302343202	HTML+CSS 网页设计详解	任昱衡	53.80 元	
9787302343189	PHP 网络编程技术详解	葛丽萍	69.80 元	
9787302342540	ASP.NET 网络编程技术详解	闫继涛	66.80 元	

·····更多品种即将陆续出版，欢迎订购······

出版社网址：www.tup.com.cn
技术支持：zhuyingbiao@126.com